半导体与集成电路关键技术丛书

功率半导体器件

关艳霞　刘　斌　吴美乐　卢雪梅　编著

机 械 工 业 出 版 社

本书内容包括4部分。第1部分介绍功率半导体器件的分类及发展历程，主要包括功率半导体器件这个“大家族”的主要成员及各自的特点和发展历程。第2部分介绍功率二极管，在传统的功率二极管（肖特基二极管和PiN二极管）的基础上，增加了JBS二极管和MPS二极管等新型单、双极型二极管的内容。第3部分介绍功率开关器件，主要分为传统开关器件和现代开关器件，传统开关器件以晶闸管为主，在此基础上，介绍以GTO晶闸管为主的派生器件；现代功率开关器件以功率MOSFET和IGBT为主。第4部分为功率半导体器件应用综述，以脉冲宽度调制（PWM）为例说明如何根据器件的额定电压和电路的开关频率选择适合应用的最佳器件。

本书适合电子科学、电力电子及电气传动、半导体及集成电路等专业技术人员参考，也可作为相关专业本科生及研究生教材。

本书配有教学视频（扫描书中二维码直接观看）及电子课件等教学资源，需要配套资源的教师可登录机械工业出版社教育服务网www.cmpedu.com免费注册后下载。

图书在版编目（CIP）数据

功率半导体器件/关艳霞等编著. —北京：机械工业出版社，2023.5（2024.9重印）
（半导体与集成电路关键技术丛书）
ISBN 978-7-111-72774-3

Ⅰ.①功… Ⅱ.①关… Ⅲ.①功率半导体器件 Ⅳ.①TN303

中国国家版本馆CIP数据核字（2023）第045092号

机械工业出版社（北京市百万庄大街22号 邮政编码100037）
策划编辑：罗 莉 责任编辑：朱 林
责任校对：郑 婕 王明欣 封面设计：马若濛
责任印制：常天培
固安县铭成印刷有限公司印刷
2024年9月第1版第2次印刷
184mm×260mm · 15.5印张 · 379千字
标准书号：ISBN 978-7-111-72774-3
定价：79.00元

电话服务
客服电话：010-88361066
010-88379833
010-68326294

网络服务
机 工 官 网：www.cmpbook.com
机 工 官 博：weibo.com/cmp1952
金 书 网：www.golden-book.com
机工教育服务网：www.cmpedu.com

前　言

如果“芯片”是电子设备的大脑的话，那么功率半导体器件以及所构成的系统就是电子设备的心脏，为大脑提供能源，二者缺一不可。

作为电力电子技术核心器件的功率半导体器件，自1956年第一只晶闸管诞生以来，得到了迅速的发展。如今的功率半导体器件种类繁多，相关文献大量涌现，很多著作都非常具有代表性，其中，《功率半导体器件基础》（美，B. J. Baliga 著，韩郑生等译，2013年2月由电子工业出版社出版），内容全面、系统，既包含理论基础，又包含各种功率半导体器件的工作原理，并有对理论模型的仿真验证，但对于学时有限的读者来说，篇幅过大。《电力半导体新器件及其制造技术》（王彩琳编著，2015年6月由机械工业出版社出版），内容新颖，对功率半导体器件制造技术进行了较详细的介绍，非常适合专业人士阅读学习。《功率半导体器件——原理、特性和可靠性》（德，J. Lutz 著，卞抗译，2013年6月由机械工业出版社出版），分析透彻，尤其是对功率半导体器件损坏机理的分析非常精彩，翻译准确，但更适合有一定专业基础的专业人士阅读学习，对初学者有一定难度。《功率半导体器件与应用》（瑞士，S. Linder 著，肖曦、李虹等译，2009年5月由机械工业出版社出版），语言简练，篇幅虽然不大，但包含的内容很有实用性，更适合专业人士阅读学习。为了方便初学读者系统、全面地学习功率半导体器件的相关知识，需要一本全面系统介绍各种功率半导体器件工作原理，内容由浅入深，而且篇幅适中的图书。

为适应这种需求，作者综合了诸多相关文献，结合多年的教学和科研工作经验，完成了本书。书中包括以下几个方面的内容：

1. 功率半导体器件的分类及发展历程

功率半导体器件分为功率二极管和功率开关器件。功率二极管分单极型和双极型两大类。功率开关器件从结构上可分为晶闸管类开关器件和晶体管类开关器件，从时间上可分为传统开关器件（以晶闸管及派生器件为主）和现代开关器件（以功率 MOSFET 和 IGBT 为主）。这一部分内容为读者介绍了功率半导体器件这个“大家族”的主要成员，及各自的特点和发展历程。

2. 功率二极管

功率二极管分单极型和双极型进行讨论和分析。单极型二极管以传统的单极型二极管——肖特基二极管为基础，在此基础上，介绍 JBS 等改进型的单极型二极管。双极型二极管以传统的双极型二极管——PiN 二极管为基础，在此基础上，介绍 MPS 等改进型双极型二极管。

3. 功率开关器件

功率开关器件分为传统开关器件和现代开关器件。传统开关器件以晶闸管为主，在此基础上，介绍以GTO晶闸管为主的晶闸管派生器件。现代功率开关器件以功率MOSFET和IGBT为主。

4. 功率半导体器件应用综述

以脉冲宽度调制（PWM）为例说明如何根据器件的额定电压和电路的开关频率选择适合应用的最佳器件。

本书特点：

1）功率二极管的内容更加丰富。随着高性能功率开关器件的出现（如功率MOSFET和IGBT），功率二极管的性能成为限制功率电路性能的主要因素。本书在传统的功率二极管（肖特基整流器和PiN整流器）的基础上，增加了结势垒控制肖特基（JBS）二极管、沟槽肖特基势垒控制肖特基（TSBS）二极管、沟槽MOS势垒控制肖特基（TMBS）二极管等先进的单极型二极管，以及MPS等新型双极型二极管的内容。

2）增加了仿真案例。对器件特性进行仿真，将器件外部特性和器件内部微观机制建立可视化的对应关系，不仅能够佐证理论模型，还可以帮助读者加深对所学理论的理解。

3）设置了设计案例。对于经典器件，如晶闸管，书中给出了实际设计案例，将所学理论内容，以设计案例的形式连接在一起，形成整体化的知识体系。

4）增加了应用综述内容，这一内容的增加旨在让读者了解电路系统对功率器件特性的要求。没有完美的器件，只有更合适的器件，不同的应用场合，需要不同的器件。

本书由关艳霞、刘斌、吴美乐和卢雪梅合作完成，第2章由刘斌编写，第3章由吴美乐编写，第6章由卢雪梅编写，其他章节由关艳霞编写。

在本书的编写过程中，我们得到了已故潘福泉老师的无私帮助，尤其在晶闸管设计方面。潘老师将实际案例和理论设计相结合，对理论设计提出了修正建议，谨以此书对潘老师表示深切怀念。

本书在正式出版之前，已在沈阳工业大学作为校内教材使用多年，很多毕业生为此书提出了宝贵意见，在此表示深深的感谢。

关艳霞

二维码清单

视频名称	二维码	页码	视频名称	二维码	页码
第 1 讲　说课		1	第 8 讲　PiN 二极管的结构及耐压设计		47
第 2 讲　绪论——功率半导体器件的种类与发展		1	第 9 讲　PiN 二极管的终端技术		47
第 3 讲　肖特基基本理论		14	第 10 讲　PiN 二极管通态特性之 Hall 模型		49
第 4 讲　欧姆接触		14	第 11 讲　PiN 二极管通态特性之 i 区体压降		53
第 5 讲　肖特基二极管的结构和阻断特性		14	第 12 讲　PiN 二极管通态特性之通态压降		54
第 6 讲　肖特基二极管的通态特性		15	第 13 讲　PiN 二极管的反向恢复特性		60
第 7 讲　JBS 二极管		20	第 14 讲　MPS 二极管		73

（续）

目　录

第1章 绪 论

本章主要介绍功率半导体器件的定义、种类以及发展概况。

第1讲 说课

第2讲 绪论——功率半导体器件的种类与发展

1.1 电力电子器件和电力电子学

电子技术包括信息电子技术和电力电子技术，信息电子技术包括模拟电子技术和数字电子技术，用于信息检出、传送和处理的低电平电路中。电力电子技术用于电力传送、变换、控制或开关的高电平电路中。对于电力电子技术，转换效率和散热是必须考虑的问题。变换的功率可达 MW，甚至 GW。

电力电子电路中能实现电能变换和控制的器件，称为电力电子器件，英文为 Power Electronic Devices，又称 Power Semiconductor Devices，或简称为 Power Devices，Power 又可翻译为功率，因此也称功率器件。

电力电子技术与电力电子学之间的关系是工程技术领域和学术之间的关系，工程上称为电力电子技术，学术上称为电力电子学。1956 年晶闸管整流器（英文缩写 SCR，也称可控硅）的发明是半导体器件由弱电跨入强电的里程碑。电力电子技术就是以晶闸管为主体的功率（电力）半导体器件为核心部件，跨于电力、电子和控制三大领域的一门边缘学科，可用如图 1.1 所示的“倒三角”定义来说明。

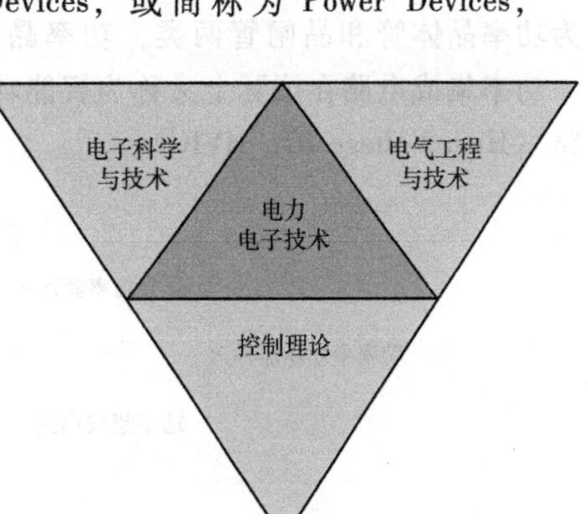

图 1.1 电力电子学“倒三角”定义

1.2 功率半导体器件的定义

功率半导体器件就是能进行功率处理的半导体器件，早期的功率半导体器件，如大功率二极管、晶闸管等主要应用于工业和电力系统，因此在国内又称为电力电子器件。典型的功率处理功能包括：变频、变压、变流、功率放大、功率管理等。随着以功率 MOS 器件为代表的新型功率半导体器件的迅速发展，目前以计算机、通信、消费类产品和汽车电子为代表的 4C 市场占据了三分之二的功率半导体应用市场。高压横向功率器件结构的改进又产生了单片功率集成电路市场。功率管理集成电路（Power Management IC，也称为电源管理IC）成为目前功率半导体器件的热点与快速发展领域。因此采用“功率半导体器件”这样一个术语较“电力电子器件”更准确，更具时代意义。

计算机、通信和汽车工业方面应用的功率半导体器件，其耐压等级在200V以下；电动控制、机器人和动力分配方面应用的功率半导体器件，其耐压等级超过200V。功率器件的应用是工作频率的函数，如图1.2所示。大功率系统（例如高压直流输电配电系统和机车驱动装置）在相对低的频率下进行兆瓦级功率控制。随着工作频率的增加，对于100W的典型微波器件，其额定功率有所降低。

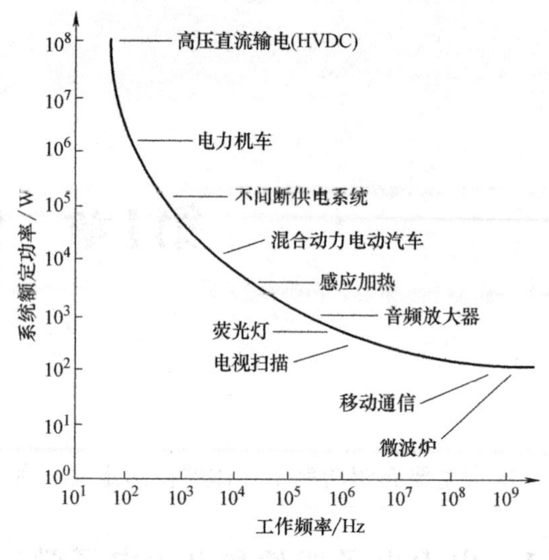

图1.2　功率器件的应用

1.3　功率半导体器件的种类

功率半导体器件的分类如图1.3所示。功率半导体器件包括分立功率器件和功率集成电路（Power IC，PIC），分立功率器件由功率二极管和功率开关器件组成，功率开关器件又可分为功率晶体管和晶闸管两类，功率晶体管包括功率MOS器件、IGBT、双极型功率晶体管。功率集成电路在国际上又称为智能功率集成电路（Smart Power IC，SPIC）或高压集成电路（High Voltage IC，HVIC）。

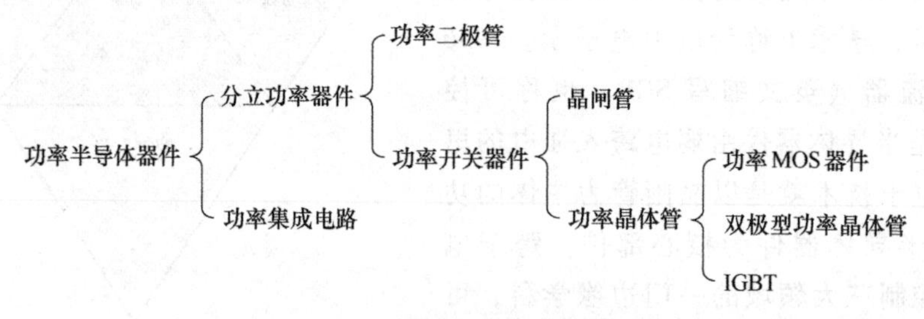

图1.3　功率半导体器件的分类

20世纪80年代之前的功率半导体器件主要是功率二极管、晶闸管和双极型功率晶体管。除双极型功率晶体管中部分功率不大的晶体管可工作至微波波段外，其余的功率半导体器件都是低频器件，一般工作在几十至几百赫兹，少数可达几千赫兹。由于功率电路在更高频率下工作时具有高效、节能、减小设备体积与重量及节约原材料等优点，所以在20世纪80年代发生了“20kHz革命”，即功率半导体电路中的工作频率提高到20kHz以上。这时传统的功率半导体器件如晶闸管和GTR（电力晶体管）等因速度慢、功耗大而不再适用，因此以VDMOS和IGBT为代表的新一代功率半导体器件应运而生。新一代功率半导体器件除具有高频（相对于传统功率器件而言）工作的特点外还都是电压控制器件，因而使驱动电路简单，逐渐成为功率半导体器件的主流和发展方向，在国际上被称为现代功率半导体器件（Modern Power Semiconductor Device）。下面依据图 1.3 的分类，分别就各种功率半导体器件的发展做介绍。

1.4　功率整流管

当电源的工作电压相对较小（<100V）时，硅单极型器件具有较好的性能。当电路工作电压相对较大（>100V）时，硅双极型器件具有更好的特性。宽禁带半导体功率器件（例如碳化硅）能将单极型器件的工作电压扩大到 5000V 以上。在现代电源电路中，通常使用功率晶体管作为开关来调节流向负载的功率流，同时使用功率整流器来控制电流的方向。随着高性能功率开关的出现（如功率 MOSFET 和 IGBT），功率二极管的性能成为限制功率电路的主要因素。

传统的单极型功率二极管为肖特基结构，传统的双极型功率二极管为 PiN 结构。为了与高性能功率开关器件相匹配，新型功率二极管的结构不断涌现，下面分别进行介绍。

1.4.1　单极型功率二极管

单极型功率二极管为肖特基整流二极管，利用金属-半导体势垒实现整流。功率肖特基二极管的结构还包含漂移区，如图 1.4 所示。由于漂移区的电阻随着反向电压的增加而迅速增加，所以商用的硅肖特基二极管的阻断电压一般在 100V 以下。对于实际应用而言，当超过该值时，硅肖特基二极管的通态压降变大。对于硅 PiN 二极管，尽管其开关速度较慢，但其通态压降低，可以用来设计具有较大击穿电压的器件。

硅肖特基二极管遇到的基本问题之一是，虽然通态压降可以设计得较小（对于耐压较低的肖特基二极管），但反向漏电流较大。这与肖特基势垒降低效应和击穿前雪崩倍增现象有关，当反向电压从零增加到工作电压时，漏电流增加一个数量级。

减小功率肖特基二极管漏电流的一种方法是通过加入如图 1.5 所示的 PN 结。这种结构被称为结势垒控制肖特基（JBS）二极管，它已经有效地用于提高低压硅器件和高压碳化硅器件的性能。

肖特基接触金属
(阳极)
漂移区
衬底
欧姆接触金属
(阴极)
R_S
V_F

图 1.4　功率肖特基势垒整流器结构及其等效电路

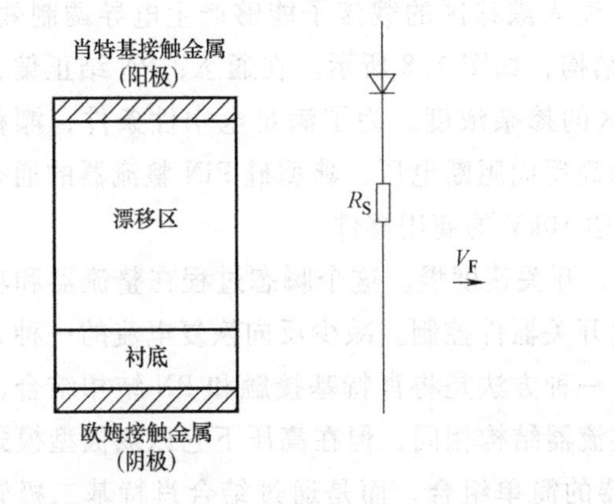

肖特基接触金属
(阳极)
P
N漂移区
N$^+$衬底
欧姆接触金属
(阴极)

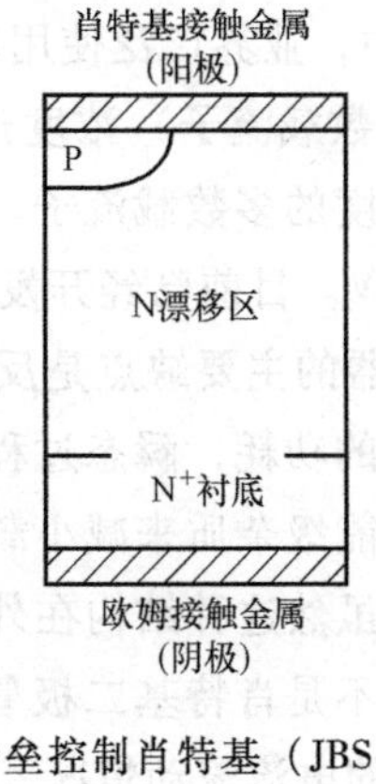

图 1.5　结势垒控制肖特基（JBS）整流器结构

另一种屏蔽阳极肖特基接触高电场强度的方法是使另一个肖特基接触具有较大的势垒高度。将具有较大势垒高度的肖特基接触放置在沟槽内可以增强屏蔽效果，如图 1.6 所示。因此，这种结构也被称为沟槽肖特基势垒控制肖特基（TSBS）整流器。尽管这种结构首先提出来是用于改善硅器件的，但由于宽禁带半导体具有较大的势垒高度，所以这种结构更适用于碳化硅器件。

原则上，还可以通过加入 MOS 结构来屏蔽阳极肖特基接触，如图 1.7 所示。在沟槽内形成 MOS 结构能够提高屏蔽效果。这种方法对于具有成熟 MOS 技术的硅器件是可行的。但在碳化硅结构中，这种方法是不可取的，因为在氧化物中会产生非常高的电场强度，从而会导致器件失效。在硅器件中，这个想法已经与电荷耦合现象结合，以此来减小漂移区的电阻。

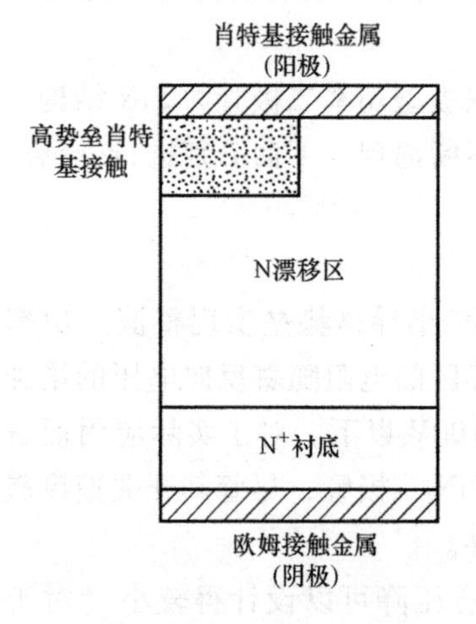

图 1.6　沟槽肖特基势垒控制肖特基（TSBS）整流器结构

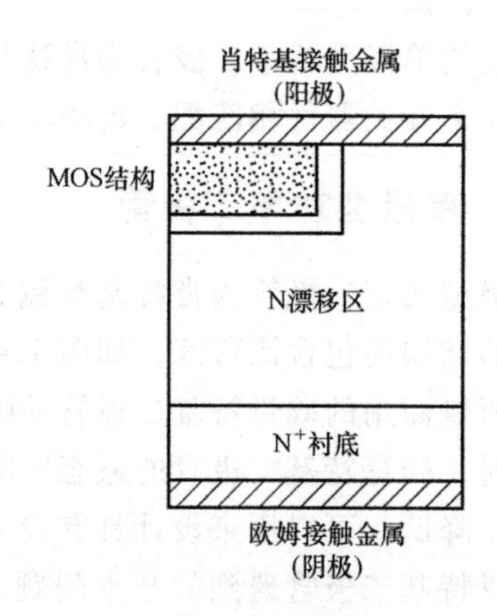

图 1.7　MOS 势垒控制肖特基（MBS）整流器结构

1.4.2　双极型功率二极管

当阻断电压超过 100V 时，硅单极型肖特基二极管漂移区的电阻变得非常大。相比之下，硅双极型器件更具有优势。因为在通态，注入漂移区的载流子能够产生电导调制效应。在过去 50 年中，业界广泛使用的 PiN 整流器结构，如图 1.8 所示。在通态，PN 结正偏，注入的少子（少数载流子）浓度远远超过漂移区的掺杂浓度。为了满足电中性条件，漂移区中会产生等浓度的多数载流子。因此即使承担高反向阻断电压，典型硅 PiN 整流器的通态压降也仅为 1~2V。目前已经开发了阻断电压高达 10kV 的商用器件。

PiN 整流器的主要缺点是反向恢复电流大，开关速度慢。这个瞬态过程在整流器和功率开关中产生大的功耗，瞬态过程发生的频率由开关器件控制。减少反向恢复电流的一种方法是通过使用深能级杂质来减小载流子寿命。另一种方法是将肖特基接触和 PN 结相结合，如图 1.9 所示。虽然这种结构在外观上与 JBS 整流器结构相同，但在高压下它以双极型模式工作。这种结构不是肖特基二极管和 PiN 整流器的简单组合，而是通过结合肖特基二极管和 PiN 二极管中的电流流动情况，实现两个结构的最佳属性。

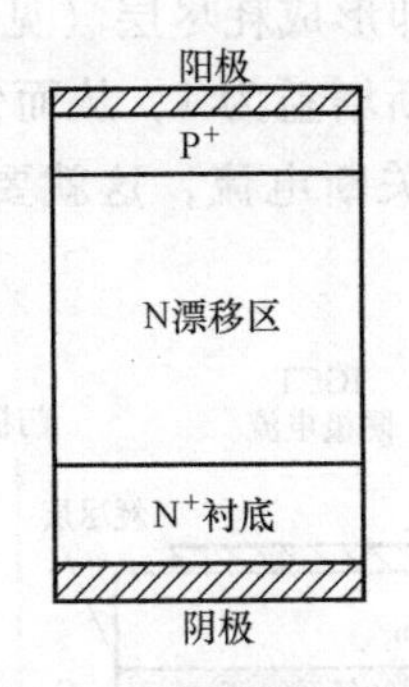

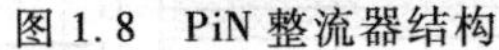

图 1.8 PiN 整流器结构

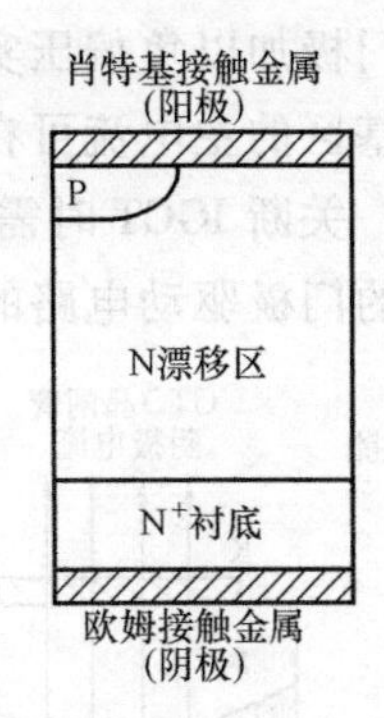

图 1.9 混合 PiN/肖特基势垒（MPS）整流器

1.5 功率半导体开关器件

功率半导体开关器件从结构上来分可分为晶闸管类和功率晶体管类，功率晶体管包括 GTR、功率 MOSFET 和 IGBT。从工作机理上分，晶闸管类和 GTR 属于双极型器件，功率 MOSFET 属于单极型器件，IGBT 为单双极复合型器件。一般来说，阻断电压小于 100V（随着超级结功率 MOSFET 的出现，这个极限被打破），开关速度大于 100kHz 时，选择功率 MOSFET，当电压超过 300V，IGBT 更有优势，因为它的通态压降更低，晶闸管类器件适合有更高阻断电压的场合。

1.5.1 晶闸管类功率半导体器件

在功率半导体开关器件中，晶闸管是目前具有最高耐压容量与最大电流容量的器件，其最大电流额定值达到 8kA，电压额定值可达 12kV。国外目前已能在直径 100mm 的硅片上工业化生产 8kV/4kA 的晶闸管。2005 年英国 Dynex 公司采用 1000 Ω · cm、厚度为 2mm 的硅片，制作出 25℃时雪崩击穿电压为 16~17kV 的晶闸管实验样品。

晶闸管改变了整流管“不可控”的整流特性，为方便地调节输出电压提供了条件。但其门极仅能控制晶闸管导通，不能使已经导通的晶闸管恢复阻断状态，只有借助将阳极电流减小至维持电流以下或阴、阳极间电压反向来关断晶闸管。在整流电路中，交流电源的负半周自然会关断晶闸管，但在直流电路中，要想关断晶闸管必须设置能给其施加反向电压的换向电路才行，这给应用带来很大麻烦。一种通过门极控制其导通和关断的晶闸管——门极关断 GTO 晶闸管应运而生并得到迅速发展，目前市场上已有 6kV/6kA，频率 1kHz 的 GTO 晶闸管，研制水平可达 8kV/8kA。GTO 晶闸管存在的缺陷是，门极驱动电路复杂、di/dt 和 dv/dt 的耐量较低，安全工作区（Safe Operating Area，SOA）较小，以及在工作时需要一个庞大的吸收（Snubber）电路等。针对 GTO 晶闸管的上述缺陷，一种硬关断晶闸管类开关器件——IGCT（Integrated Gate Commutated Thyristor）被研制出来。与常规的 GTO 晶闸管相比，IGCT 具有不用缓冲电路、存储时间短、开通能力强、关断门极电荷少及系统（包括所有器件和外围器件）总功耗小等优点。IGCT 芯片的基本图形和结构与常规 GTO 晶闸管类似，但是它除了采用了阳极短路型的逆导 GTO 晶闸管结构以外，主要是采用了特殊的环状门极，其引出端处于器件的周边，特别是其门、阴极之间的阻抗要比常规 GTO 晶闸管的小得多，所以在门极加以负偏压实现关断时，门、阴极间可立即形成耗尽层（见图 1.10）。此时从阳极注入基区的主电流可在关断瞬间全部流入门极，关断增益为 1，从而使器件迅速关断。不言而喻，关断 IGCT 时需要提供与主电流相等的瞬时关断电流，这就要求包括 IGCT 门、阴极在内的门极驱动电路的引线电感十分小。

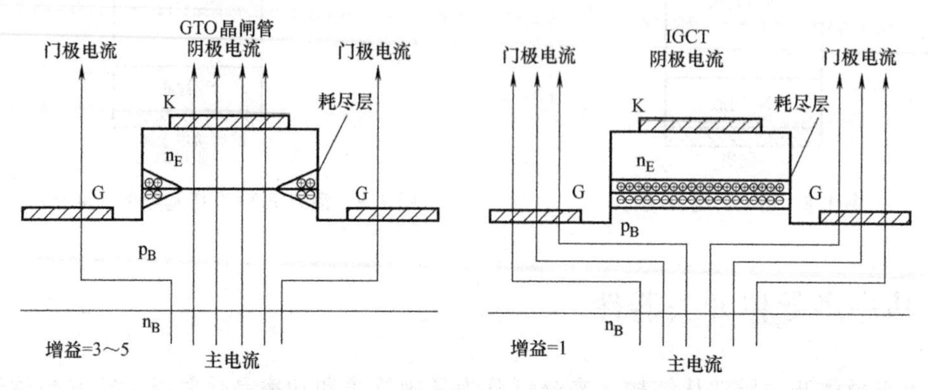

图 1.10　门极关断时，GTO 晶闸管和 IGCT 门、阴极区耗尽层示意图

IGCT 的另一个重要特点是有一个引线电感极低的与管壳集成在一起的门极驱动器，图 1.11 是其门极驱动器的实物照片。图中门极驱动器与 IGCT 管壳之间的距离只有 15mm 左右，包括 IGCT 及其门极驱动电路在内的总引线电感量可以减小到 GTO 晶闸管电路的 1%左右。其改进结构之一称为门极换向晶闸管（SGCT），两者特性相似，主要应用于电流型 PWM 中。

图 1.11　IGCT（左）和 SGCT（右）的实物图

IGCT 具有损耗低、开关速度快、内部机械部件极少等优点，可以以较低的成本，结构紧凑地、可靠且高效率地用于 300kVA～10MVA 变流器，而不需要串联或并联。目前研制的 IGCT 已达到 9kV/6kA 水平，而 6.5kV/6kA 的器件已经开始供应市场了。如采用串联，逆变器功率可扩展到 100MVA 范围，而用于电力设备。因此，IGCT 可望成为大功率高电压低频变流器的优选功率器件之一。但是，从本质上讲，IGCT 仍属于 GTO 晶闸管系列的延伸，它主要是解决了 GTO 晶闸管实际应用中存在的门极驱动的难题。而 IGCT 门极驱动电路中包含了许多驱动用的 MOSFET 和许多储能电容器，所以实际上其门极驱动功率消耗仍较大，影响系统的总效率。开发 MOS 可关断 MTO 晶闸管的直接目的是，去除 IGCT 驱动电路中所需的大量 MOSFET，这些 MOSFET 被集成到功率器件的内部。因此 MTO 外部门极驱动电路的元器件更少，最重要的是不再需要 IGCT 门极驱动电路中的反偏电源，这样器件具有更高的

可靠性。结果显示，MTO 晶闸管的关断性能得到提高，其关断延迟极短，这点与 IGCT 相似，但 MTO 晶闸管的外围电路更加简单。

1.5.2　双极型功率晶体管

双极型功率晶体管虽然存在二次击穿、安全工作区受各项参数影响而变化大、热容量小、过电流能力弱等缺点，学术界也一直有双极型功率晶体管将被功率 MOS 器件和 IGBT 所取代的观点，但由于其成熟的加工工艺、极高的成品率和较低的成本，使双极型功率晶体管仍然在功率开关器件里占有一席之地。

1.5.3　功率 MOSFET

功率 MOSFET 是在低电压方面应用最好的选择，它具有输入阻抗高、通态电阻小、开关速度快等优点。迄今为止，大部分商用功率 MOSFET 的结构为 DMOS 结构，如图 1.12 所示。为了消除 DMOS 结构中的 JFET 电阻，产生了如图 1.12 所示的 UMOSFET。由于 JFET 导通电阻的存在，DMOSFET 的特征导通电阻（specific on-resistance）很难做到小于 $2m\Omega \cdot cm^2$，相比之下能承担 60V 的 UMOSFET 的导通电阻能做到 $1m\Omega \cdot cm^2$，承担 30V 的器件的导通电阻可以做到 $0.25m\Omega \cdot cm^2$，而且有文献表明，如果将沟槽延伸到 N^+区，可以获得 $0.15m\Omega \cdot cm^2$ 的特征通态电阻，但这种结构的器件只能做到 25V，由于栅氧化层必须承担最大漏极电压。

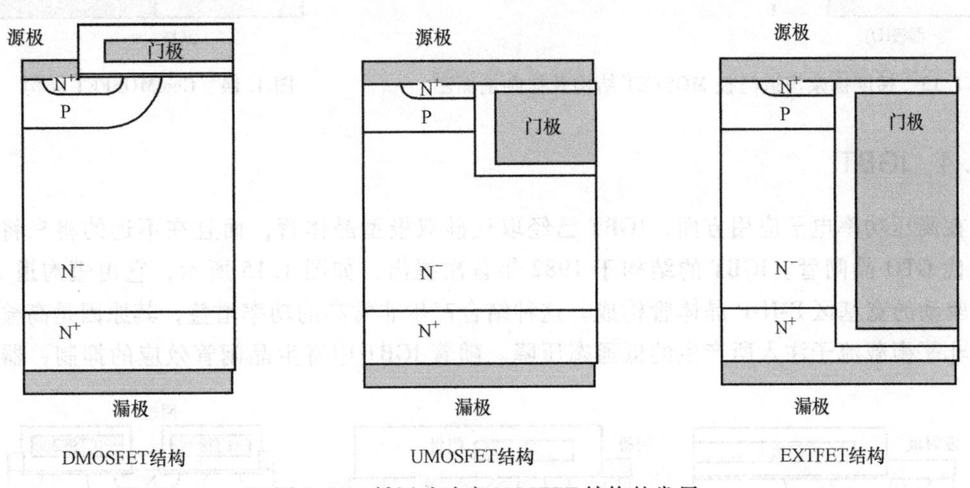

图 1.12　低压硅功率 MOSFET 结构的发展

如果将漂移区的浓度梯度线性增加，如图 1.13 所示，特征通态电阻进一步降低。

在功率 MOS 器件设计中，击穿电压（BV）与特征通态电阻（R_{on}）的关系非常密切，其基本关系式为 $R_{on}=5.93\times10^{-9}(BV)^{2.5}$。为了解决这对矛盾，一种基于电子科技大学陈星弼院士在美发明专利的新结构功率 MOSFET，打破了传统功率 MOS 器件理论极限，被国际上盛誉为“功率 MOS 器件领域里程碑”的新型功率 MOS 器件——CoolMOS 于 1998 年问世并很快走向市场。CoolMOS 由于采用新耐压层（陈院士称为复合缓冲层，Composite Buffer Layer）结构（国际上又称为 Super Junction 结构或 Multi-RESURF 结构或 3D RESURF 结构等），在几乎保持功率 MOS 器件所有优点的同时，又有着极低的导通损耗（$R_{on}=2.6\times10^{-7}b\times BV^{1.23}$，$b$ 为 N/P 柱区的宽度比）。目前国际上已有包括 Infineon、IR、Toshiba 等多家公司采用该技术生产低功耗功率 MOS 器件。图 1.14 为 Super Junction 结构的 CoolMOS 器件结构示意图。从图中可以清晰地看出，CoolMOS 器件采用交替的 P、N 结构代替传统功率 MOS 器件中低掺杂漂移层作电压支持层。在 CoolMOS 器件导通过程中，只有其多数载流子（图中 N 沟道器件为电子）参与导电，因此其开关特性与传统功率 MOS 器件相似。当器件承担电压时，复合缓冲层将产生一个横向电场，使 PN 结耗尽。当电压达到一定值时，复合缓冲层完全耗尽，将起到电压支持层的作用。由于复合缓冲层中 P 柱和 N 柱的掺杂浓度可远高于通常的耐压区，从而使其正向导通时的导通电阻大大降低，进而改善导通电阻与器件耐压之间的矛盾。

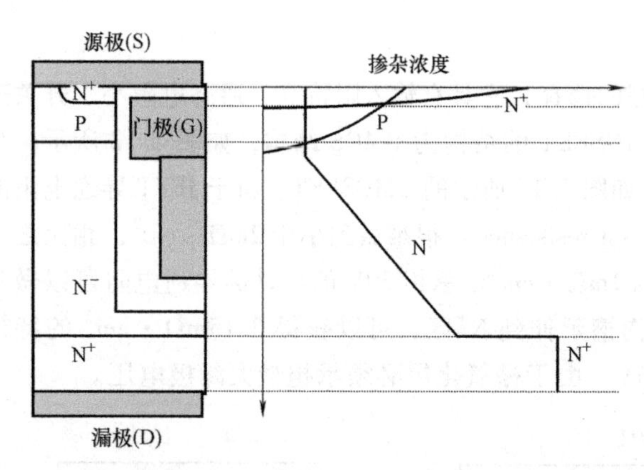

图 1.13 梯度掺杂沟道门极 MOSFET 结构及掺杂剖面图

图 1.14 CoolMOSFET 结构

1.5.4 IGBT

在高压功率电子应用方面，IGBT 已经取代硅双极型晶体管，而且在不远的将来将有可能取代 GTO 晶闸管。IGBT 的结构于 1982 年首次提出，如图 1.15 所示，它由短沟道 MOSFET 驱动的宽基区 P-N-P 晶体管构成。这种结合产生非常高的功率增益，其原因是高输入阻抗和非平衡载流子注入所产生的低通态压降。随着 IGBT 中寄生晶闸管效应的抑制，器件拥

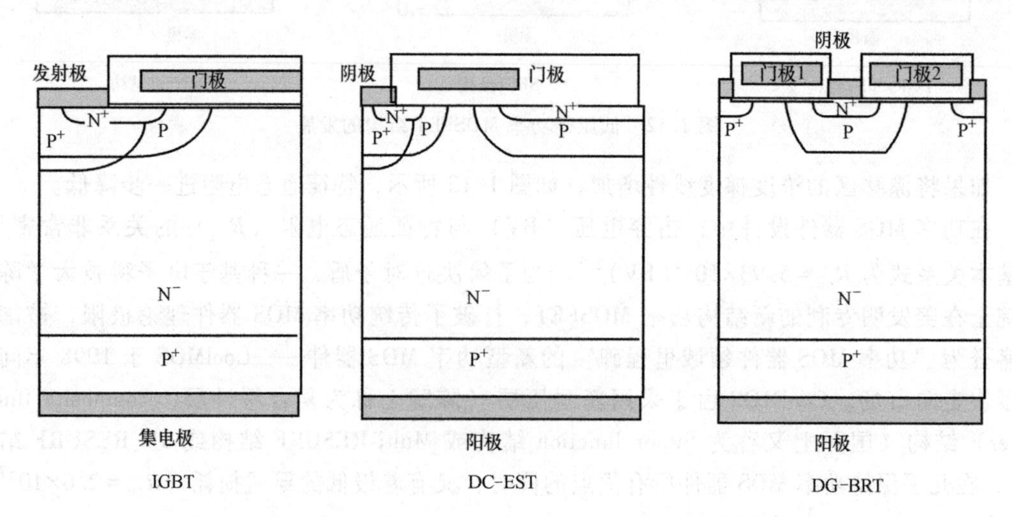

图 1.15 具有饱和电流能力的 MOS-双极型硅功率开关器件的进化

有更大的正反安全工作区。4.5kV 、2000A 的 IGBT 模块已经商品化，这些器件已经代替电力机车的 GTO 晶闸管。尽管 IGBT 的性能非常优秀，但为了进一步降低功耗，MOS 门极控制的晶闸管结构正被研究探索。具有这种结构的第一类器件是：MCT 或 MOS-GTO 晶闸管，如图 1.16 所示。因为 MCT 不存在 FBSOA（正向安全工作区），因此在 PWM 硬开关方面不能替代 IGBT，但它们却非常适合软开关方面的应用。

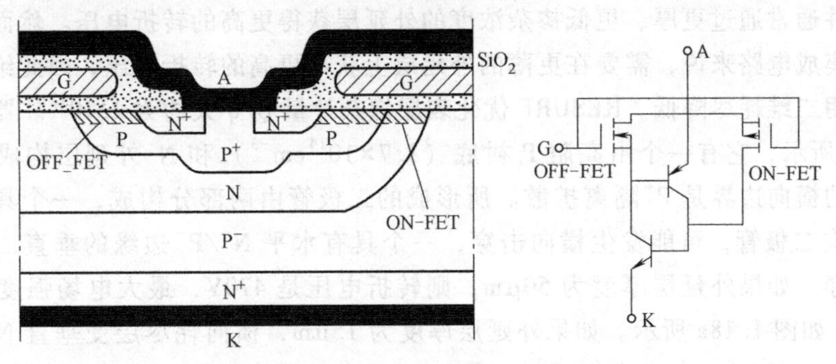

图 1.16　MCT 的基本结构与等效电路

1.6　硅功率集成电路

功率半导体技术的发展得益于大规模集成电路工艺的发展，除了借助光刻线条宽度的减小和沟槽腐蚀技术的改进进行分立器件的生产，还将进一步开发功率集成电路。功率集成电路（PIC）是指将高压功率器件与信号处理系统及外围接口电路、保护电路、检测诊断电路等集成在同一芯片的集成电路。一般将其分为智能功率集成电路（SPIC）和高压集成电路（HVIC）两类。但随着 PIC 的不断发展，两者在工作电压和器件结构上（垂直或横向）都难以严格区分，已习惯于将它们统称为智能功率集成电路。智能功率集成电路是机电一体化的关键接口电路，是 SoC（System on Chip）的核心技术，它将信息采集、处理与功率控制合一，是引发第二次电子革命的关键技术。

SPIC 出现于 20 世纪 70 年代后期，由于单芯片集成，SPIC 减少了系统中的元器件数、互连数和焊点数，不仅提高了系统的可靠性、稳定性，而且减少了系统的功耗、体积、重量和成本。但由于当时的功率器件主要为双极型晶体管、GTO 晶闸管等，功率器件所需的驱动电流大，驱动和保护电路复杂，PIC 的研究并未取得实质性进展。直至 80 年代，由 MOS 栅控制，具有高输入阻抗、低驱动功耗、容易保护等特点的新型 MOS 类功率器件（如功率 MOS 器件、IGBT 等）的出现，使得驱动电路简单且容易与功率器件集成，才迅速带动了 PIC 的发展，但复杂的系统设计和昂贵的工艺成本限制了 PIC 的应用。进入 90 年代后，PIC 的设计与工艺水平和性能价格比不断提高，PIC 逐步进入了实用阶段。迄今已有系列 SPIC 产品问世，包括功率 MOS 智能开关、电源管理电路、半桥或全桥逆变器、两相步进电机驱动器、三相无刷电机驱动器、直流电机单相斩波器、PWM 专用 SPIC、线性集成稳压器、开关集成稳压器等。

近几年随着移动通信、数字消费电子和计算机等产品制造业的强劲增长，以电压调整器为代表的电源管理（Power Management）集成电路也得到迅速发展。

单片功率集成电路是通过PN结绝缘来实现的，如图1.17a所示。PN结绝缘的缺点是高温漏电流大和由于PN结相互作用的原因不能集成双极结构器件。为了消除这方面因素的影响，采用绝缘材料隔离，如图1.17b所示。高压横向MOSFET性能上的突破是通过RESURF（Reduced Surface Field，降低表面电场）原理来实现的，如图1.17所示，图1.17a为PN结隔离的高压横向MOSFET，图1.17b为绝缘介质隔离的横向IGBT。

垂直器件通常通过更厚、更低掺杂浓度的外延层获得更高的转折电压。然而，对于需要横向绝缘的集成电路来说，需要在更薄的外延层上获得更高的转折电压，因此绝缘结表面电场强度需利用二维耗尽降低。RESURF优化表层掺杂计量 Q/q 大约为 1.10^{12}。器件的基本结构如图1.17所示，它有一个由高阻P衬底（$1.7\times10^{14}cm^{-3}$）和 N^- 外延层构成的高压二极管，二极管的横向边界是 P^+ 隔离扩散。所形成的二极管由两部分构成，一个具有垂直 N^-/P^+ 边缘的横向二极管，可能发生横向击穿，一个具有水平 N^-/P^- 边缘的垂直二极管，可能发生垂直击穿。如果外延层厚度为50μm，则转折电压是470V，最大电场强度出现在表面 N^-/P^+ 结处，如图1.18a所示。如果外延层厚度为15μm，横向耗尽层受垂直 N^-/P^- 结耗尽

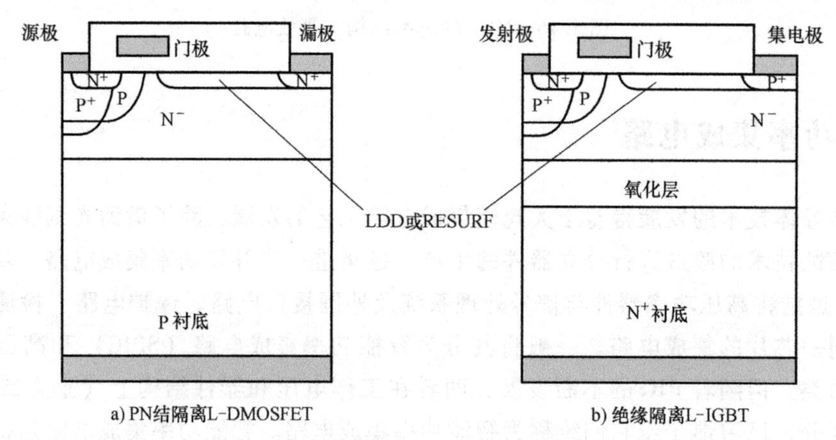

图1.17 PN结绝缘RESURF横向DMOSFET与介质绝缘REFURF横向IGBT

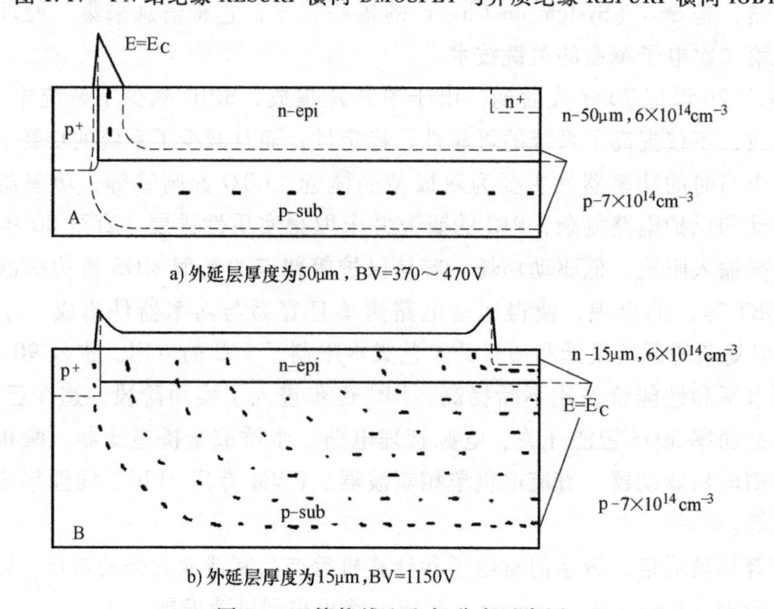

图1.18 等势线和电场分布示意图

层的影响，在更高的电压 1150V 下，表面电场强度有两个尖峰，一个尖峰发生在 N^-/P^+ 结处，另一个发生在 N^-/N^+ 结处，尖峰之间的电场强度均匀，如图 1.18b 所示。如果横向距离足够宽，转折发生在垂直于 N^+ 区的半导体体内。外延层掺杂剂量的选择原则是：在横向结发生转折之前，垂直耗尽层必须扩展到表面。图 1.17b 中的顶部的浅 P 型层必须受到影响，使电子电流从表面反型层沟道流向漏极。

1.7 碳化硅功率开关

在工作电压低于 100V 的情况下，单极型硅器件具有非常良好的性能，而且制作成本低。然而，硅器件中漂移区的电阻随阻断电压的增高而迅速增加，这使得通态压降升高。虽然 IGBT 的发明和商业化很大程度上降低了通态压降，但双极型特性使其开关速度降低了，这限制了该器件在更高频率下工作。理论分析表明漂移区导通电阻与材料特性之间有如下关系：

$$R_{\mathrm{onsp}}=(4\mathrm{BV}^2)/\varepsilon E_{\mathrm{C}}\mu_{\mathrm{n}}$$

该公式表明，宽禁带半导体材料将大幅度降低器件的导通电阻。用碳化硅制作的单极型器件将拥有更低的通态压降，阻断电压可以高达 10000V。

第一个 400V 碳化硅肖特基整流管于 1992 年被研制出，之后 1000V 和 1600V 器件相继研制成功。

尽管碳化硅肖特基整流管具有非常好的性能，但在漏电方面仍需继续改进。碳化硅中相对高的电场强度使器件的肖特基势垒比硅器件还大，这使得其在高电压下的漏电流更大。为了解决这一问题，必须在结构上进行改进，如前面提到 JBS 结构。为了解决 P 型区离子注入合金温度高以及欧姆接触难以实现等问题，提出了沟槽肖特基结构，如图 1.19 所示。

虽然碳化硅肖特基整流管取得了令人瞩目的进步，但更大的惊喜是用碳化硅制作的功率开关在性能方面的提高。漂移区电阻的分析表明碳化硅 MOSFET 可以超越硅双极型器件，阻断电压可达 10000V。由于碳化硅杂质的扩散速度低，第一个碳化硅 MOSFET 采用的是 UMOS 结构。

为了克服氧化层高电场强度和反型层迁移率低的问题，对 UMOS 结构进行了改进，如图 1.20 所示。

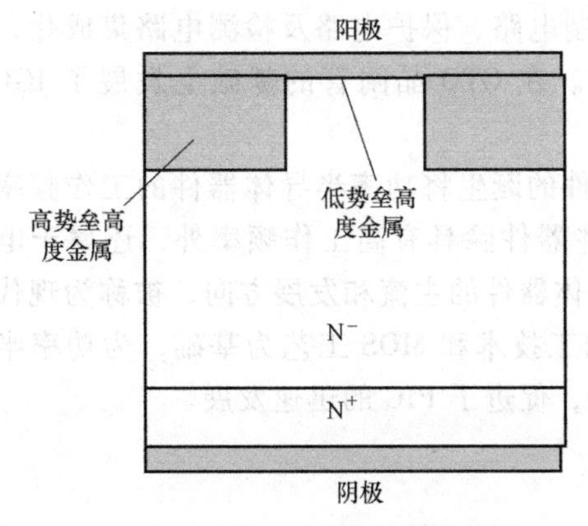

图 1.19 碳化硅 TSBS 整流管结构

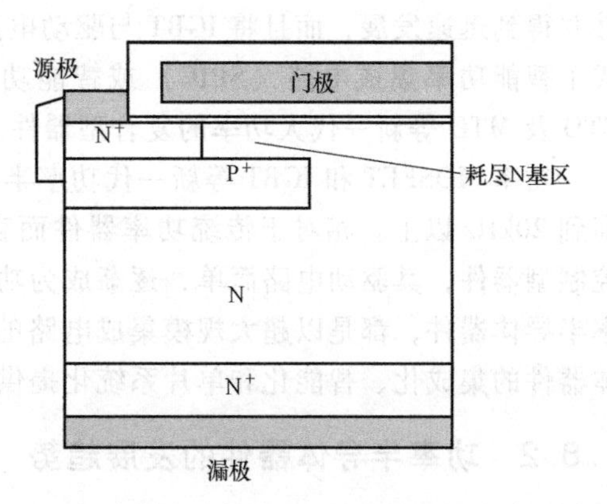

图 1.20 碳化硅增强型（ACCUFET）的结构示意图

在如图 1.20 所示的结构中，植入的次表层 P 用来耗尽门极氧化层下的薄 N 型层，N 型层的厚度和掺杂浓度的选择原则是：在 0 门极偏置电压下依靠 PN 结的自建电势完全耗尽。P 区下面的 N 漂移区用来承担阻断电压。在不加门极电压时，器件处于关断状态，即常关型器件，当门极施加正电压时，门极表面的积累层使器件开通。这种结构的重大贡献是门极氧化层的低电场强度，因为相邻 P 型区所形成的 JFET 结构屏蔽了门极氧化层下的半导体区域的漏电场。

功耗和速度是功率器件的主要问题，尤其是在高频下降低功耗更为重要。碳化硅功率器件具有明显的优势。

1.8 功率半导体器件的发展

1.8.1 功率半导体器件的发展历程

1956 年晶闸管被发明并于次年由美国通用电气（GE）公司推出商品，是半导体应用由弱电跨入强电的里程碑。其后平面工艺和外延技术的发明，又使半导体器件向两大分支发展：一支以晶体管或其他半导体器件组成越来越小的集成电路，为适应微型化发展，形成了以半导体集成电路为主体的新兴学科——微电子学；另一分支则是以晶闸管为主体的功率（电力）半导体分立器件，向越来越大的功率方向发展。随着新技术、新工艺的出现，特别是微电子精细加工技术的引入，使功率半导体器件种类更多，应用范围更广。功率半导体器件的发展历程可分如下几个阶段：

（1）晶闸管时代

晶闸管属于半控型器件，只能通过门极信号使其开通，不能通过门极信号进行关断，需要借助强迫换向电路实现关断，这使晶闸管的应用受到很大的限制。

（2）全控型器件

20 世纪 70 年代后期，以双极型功率晶体管、GTO 晶闸管及功率 MOSFET 为代表的全控型器件迅速发展。这类器件通过对其控制极（基极、门极或栅极）施加电流或电压信号实现开通和关断。

（3）复合型全控器件和智能功率集成电路

20 世纪 80 年代中期，在功率 MOSFET 的基础上形成了以 IGBT 为代表的复合型全控器件并得到迅速发展，而且将 IGBT 与驱动电路、控制电路、保护电路及检测电路集成化，形成了智能功率集成电路（SPIC）或智能功率模块。在 GTO 晶闸管的基础上发展了 IGCT、ETO 及 MTO 等新一代大功率的复合型器件。

功率 MOSFET 和 IGBT 等新一代功率半导体器件的诞生将功率半导体器件的工作频率提高到 20kHz 以上。相对于传统功率器件而言，这些器件除具有高工作频率外，还属于电压控制型器件，其驱动电路简单，逐渐成为功率半导体器件的主流和发展方向，被称为现代功率半导体器件，都是以超大规模集成电路的微细加工技术和 MOS 工艺为基础，为功率半导体器件的集成化、智能化和单片系统化提供了可能，促进了 PIC 的迅速发展。

1.8.2 功率半导体器件的发展趋势

目前硅基功率半导体器件的未来发展方向依然是高耐压、大电流、高容量、低损耗及快速高频等。图 1.21 为几种功率半导体器件的工作频率和功率容量，其中实线为现状，虚线为未来的发展趋势。

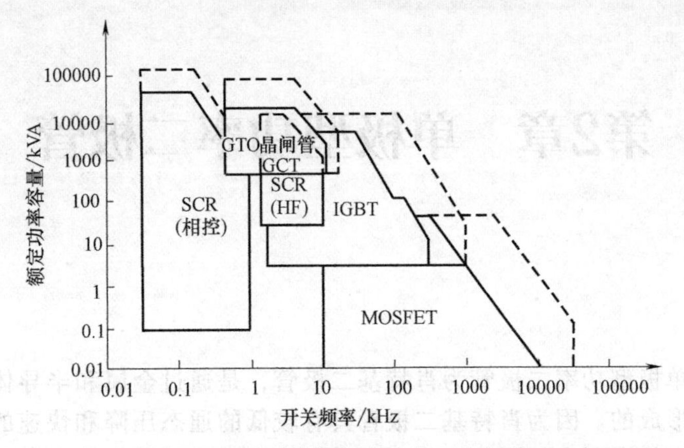

图 1.21　功率半导体器件的工作频率与功率容量

碳化硅（SiC）材料具有临界电场强度高、热导率高和饱和漂移速度高的特点，因此可以在耐压、导通电阻和温度特性方面取得良好的折中。用 SiC 材料制得的各种耐高温、高频、大功率器件，可以应用于普通硅器件难以胜任的场合，扩大了功率半导体器件的应用范围。

SPIC 的发展趋势是工作频率更高、功率更大、功耗更低、功能更全。

参考文献

[1]　BALGA B J. The Future Power Semiconductor Device Technology [J]. Proceedings of the IEEE, 2001, 89 (6).

[2]　BALGA B J. 功率半导体器件基础 [M]. 韩郑生，等译. 北京：电子工业出版社，2013.

[3]　BALGA B J. 先进功率整流管原理、特性和应用 [M]. 关艳霞，潘福泉，等译. 北京：机械工业出版社，2020.

[4]　王彩琳. 电力半导体新器件及其制造技术 [M]. 北京：机械工业出版社，2015.

[5]　何杰，夏建白. 半导体科学与技术 [M]. 北京：科学出版社，2007.

[6]　钱照明，盛况. 大功率半导体器件的发展与展望 [J]. 大功率变流技术，2010，1：1-9.

[7]　高金铠. 电力半导体器件原理与设计 [M]. 沈阳：东北大学出版社，1995.

第2章　单极型功率二极管

第3讲
肖特基
基本理论

第4讲
欧姆接触

第5讲
肖特基二极管的结构和阻断特性

传统的单极型功率二极管为肖特基二极管，是通过金属和半导体漂移区之间的非线性电接触形成的。因为肖特基二极管具有较低的通态压降和快速的开关特性，并且可以用硅生产技术制成，因此在电力电子应用中是非常引人注意的单极型器件，广泛应用于低压电源电路中。硅肖特基二极管的最大击穿电压受漂移区电阻增加的限制，漂移区电阻随击穿电压的增加而增加，限制了肖特基二极管的最大击穿电压，因此市场上能买到的肖特基二极管的击穿电压通常低于100V。

本章介绍肖特基二极管的结构、定义及组成部分，从正向、反向两种工作模式讨论了器件的电流传输机制。

由于肖特基势垒降低效应强烈地影响着硅肖特基二极管的漏电流，本章在肖特基二极管理论的基础上，以结势垒控制肖特基（JBS）二极管为主介绍改进型的单极型功率二极管。

2.1　功率肖特基二极管

2.1.1　功率肖特基二极管的结构

金属-半导体一维结构及反向偏置状态下的电场分布如图2.1所示。外加电压由漂移区承担。如果漂移区为均匀掺杂，则电场分布为三角形分布。最大电场强度位于金属接触处。当该处的电场强度等于半导体的临界电场强度时，器件发生击穿。

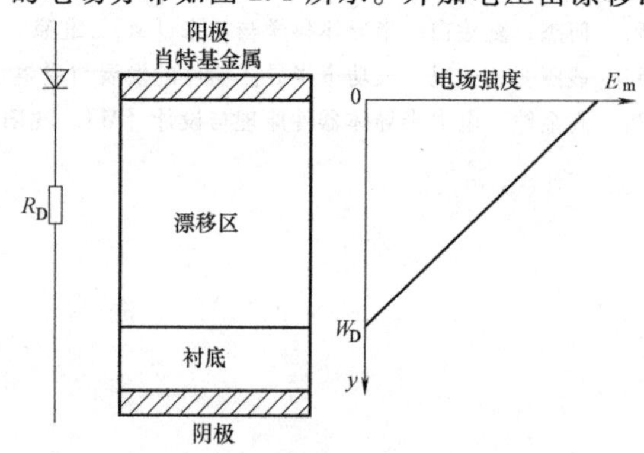

图2.1　肖特基二极管的电场分布

当阴极施加负偏置电压时，电子经衬底和漂移区，越过金属-半导体接触形成电流。通态压降主要由金属-半导体界面压降以及漂移区电阻、衬底和欧姆接触的欧姆压降构成。在典型的通态电流密度下，电流传输以多数载流子为主，因此在功率肖特基二极管的漂移区中所存储的少数载流子是微不足道的。这使得肖特基二极管能快速从通态切换到反向阻断状态，因为耗尽层能快速在漂移区中建立。肖特基二极管的快速开关能力使其在高频状态下具有低功耗的特性，成为高频开关电源应用的常用器件。随着商用高压碳化硅肖特基二极管的出现，它们也有望应用于电机控制中。

肖特基势垒高度的有效关系式为

$$\phi_{BN}=\phi_{M}-\chi_{S} \tag{2.1}$$

式中，ϕ_M 为金属功函数；χ_S 为半导体的电子亲和势。

金属费米能级（E_{FM}）与半导体费米能级（E_{FS}）的电势差被称为接触电势差（V_C），可表示为

$$qV_C=(E_{FS}-E_{FM})=\phi_M-\phi_S=\phi_M-(\chi_S+E_C-E_{FS}) \tag{2.2}$$

式中，ϕ_S 为半导体功函数；E_C 为导带底。

零偏下肖特基接触的内建电势（V_{bi}）（等于接触电势）在半导体一侧形成的耗尽层宽度可表示为

$$W_0=\sqrt{\frac{2\varepsilon_S V_{bi}}{qN_D}} \tag{2.3}$$

2.1.2 正向导通状态

第6讲 肖特基二极管的通态特性

通过金属-半导体结的电流是通过给 N^- 漂移区施加负偏置电压形成的。对于 N 型半导体来说，通过界面的电流主要由多数载流子——电子形成。对于高迁移率半导体，如硅、砷化镓和碳化硅，用热发射理论描述通过肖特基势垒界面的电流：

$$J=AT^2 e^{(q\phi_{BN}/kT)}\left[e^{(qV/kT)}-1\right] \tag{2.4}$$

式中，A 为有效 Richardson 常数；T 为绝对温度；k 为玻尔兹曼常数；V 为外加电压。N 型硅、砷化镓和 4H 碳化硅的 Richardson 常数分别为 $110\text{A}/(\text{cm}^2\cdot\text{K}^2)$，$140\text{A}/(\text{cm}^2\cdot\text{K}^2)$ 和 $146\text{A}/(\text{cm}^2\cdot\text{K}^2)$。无论金属接触所施加的电压是正偏还是反偏，该表达式都是有效的。基于来自于金属和半导体的电流的叠加性，零偏时相互抵消。

当施加正偏电压时［式（2.4）中的 V］，方括号中的第一项占主导，因此正向电流密度可由式（2.5）计算。

$$J=AT^2 e^{(q\phi_{BN}/kT)} e^{(qV_{FS}/kT)} \tag{2.5}$$

式中，V_{FS} 为肖特基接触的正向压降。对于功率肖特基二极管，为了承担反向阻断电压，肖特基接触的下方为轻掺杂的漂移区，如图 2.1 所示。漂移区的电阻性压降（V_R）使压降增加，使其超过 V_{FS}。对于通过热电子发射进行的电流输运，由于少数载流子注入可以忽略，所以漂移区没有电导调制效应。由于漂移区厚度小（一般为 50μm），因此在器件制造过程中，漂移区生长在作为支撑的重掺杂 N^+ 衬底上。在分析时，需要把衬底电阻（R_{SUB}）考虑进来，因为它与漂移区的电阻大小相当，尤其是碳化硅器件。除此之外，阴极的欧姆接触电阻（R_{CONT}）也可能对通态压降产生较大的影响。

包括电阻性压降的功率肖特基二极管通态压降可表示为

$$V_F=V_{FS}+V_R=\frac{kT}{q}\ln\left(\frac{J_F}{J_S}\right)+R_{S,SP}J_F \tag{2.6}$$

式中，J_F 为正向（通态）电流密度；J_S 为饱和电流密度；$R_{S,SP}$ 为总串联比电阻（单位面积的电阻、电压与电流密度的比值），表达式中的饱和电流密度为

$$J_S = AT^2 e^{-(q\phi_{BN}/kT)} \tag{2.7}$$

总串联比电阻为

$$R_{S,SP} = R_{D,SP} + R_{SUB} + R_{CONT} \tag{2.8}$$

对于硅器件，饱和电流强烈依赖于肖特基势垒高度和温度，如图 2. 2 所示。图中势垒高度的选取在典型金属与硅接触的势垒高度范围。饱和电流密度随温度增加而增加，随势垒高度增加而减小。这不仅影响到通态压降，也极大影响着反向漏电流，这个问题将在下节讨论。4H-SiC 器件的相应曲线如图 2. 3 所示。该图所选的肖特基势垒高度范围更大，因为这是宽禁带半导体的典型值。

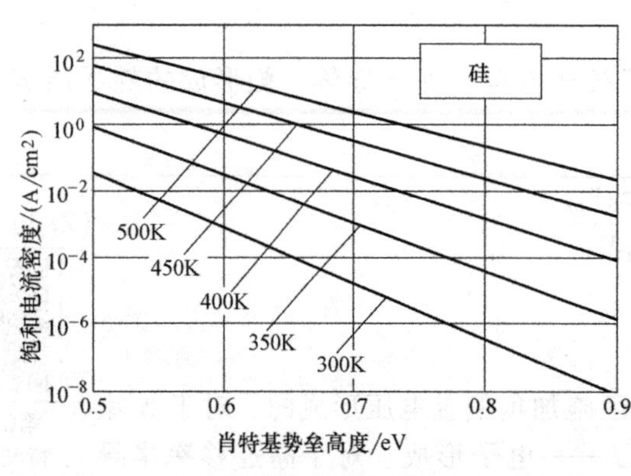

图 2. 2 硅肖特基势垒整流器饱和电流密度

图 2. 3 4H-SiC 肖特基二极管的饱和电流

对于理想漂移区（假设 1：一侧为高掺杂，另一侧为均匀低掺杂的单边突变结；假设 2：平行平面结），电场分布为三角形电场，如图 2. 1 所示。在均匀掺杂的漂移区内，电场分布的斜率取决于掺杂浓度。漂移区可以承担的最大电压取决于半导体材料达到临界击穿时的最大电场强度（E_m）。临界击穿的电场强度和掺杂浓度决定最大耗尽层宽度（W_D）。

理想漂移区的比通态电阻（每单位面积的电阻）由式（2. 9）给出：

$$R_{ON.SP} = \frac{W_D}{q\mu_n N_D} \tag{2.9}$$

由于该电阻最初被认为是硅器件可以达到的最低值，所以它一直被称为漂移区的理想比电阻。击穿条件下漂移区的宽度由式（2. 10）给出：

$$W_D = \frac{2BV}{E_C} \tag{2.10}$$

BV 是所能达到的击穿电压。获得该击穿电压所需的漂移区掺杂浓度由式（2. 11）给出：

$$N_D = \frac{\varepsilon_S E_C^2}{2qBV} \tag{2.11}$$

联立上式，可得理想漂移区的比通态电阻：

$$R_{ON\text{-}ideal} = \frac{4BV^2}{\varepsilon_S \mu_n E_C^3} \tag{2.12}$$

对相同的击穿电压来说，4H-SiC 漂移区的比通态电阻大约为硅器件的 1/2000，它们的大小可表示为

$$R_{D,SP}=R_{ON\text{-}ideal}(\mathrm{Si})=5.93\times10^{-9}\mathrm{BV}^{2.5} \tag{2.13}$$

与

$$R_{D,SP}=R_{ON\text{-}ideal}(\mathrm{4H\text{-}SiC})=2.97\times10^{-12}\mathrm{BV}^{2.5} \tag{2.14}$$

除此之外，还应考虑较厚、重掺杂的 N^+ 衬底的电阻，因为在某些情况下，该电阻与漂移区电阻相当。N^+ 衬底的比电阻等于电阻率和厚度的乘积。对于硅来说，可用的 N^+ 衬底的电阻率为 1mΩ · cm。如果衬底的厚度是 200μm，N^+ 衬底的比电阻是 $2\times10^{-5}\Omega\cdot\mathrm{cm}^2$。对于碳化硅来说，可用的 N^+ 衬底的电阻率要大很多。对于电阻率为 0.02Ω · cm 和 200μm 厚的典型衬底，其比电阻为 $4\times10^{-4}\Omega\cdot\mathrm{cm}^2$。通过增加接触的掺杂浓度和用低势垒高度的欧姆接触金属，可使 N^+ 衬底的欧姆接触比电阻减少至 $1\times10^{-6}\Omega\cdot\mathrm{cm}^2$ 以下。

不同击穿电压硅肖特基二极管计算所得的正向导通特性如图 2.4 所示。图中所选取的肖特基势垒高度是 0.7eV，这是实际功率器件所用的典型值。从图中可以看出，击穿电压为 50V 的器件，在 100A/cm² 通态额定电流密度下，漂移区串联电阻对通态压降没有什么负面影响。但是，当击穿电压超过 100V 时该电阻变得非常明显，这将硅肖特基二极管的应用限制在工作低于 100V 的系统中，如开关电源电路。

碳化硅整流器漂移区电阻的显著减小使其击穿电压更大，能够应用到典型的中等功率和大功率电力电子系统中，如应用于电机控制中。高压 4H-SiC 肖特基二极管的正向特性如图 2.5 所示（肖特基势垒高度为 1.1eV）。计算所采用的 N^+ 衬底电阻是 $4\times10^{-4}\Omega\cdot\mathrm{cm}^2$。从图中可以看出，击穿电压不超过 3000V 时，漂移区电阻不能明显增加通态压降。从这些结果可以得出结论，碳化硅肖特基二极管是使用绝缘栅双极型晶体管（IGBT）的中等功率和大功率电子系统的极佳匹配二极管。在电机控制应用方面，快速开关和无反向恢复电流降低了功耗，提高了效率。

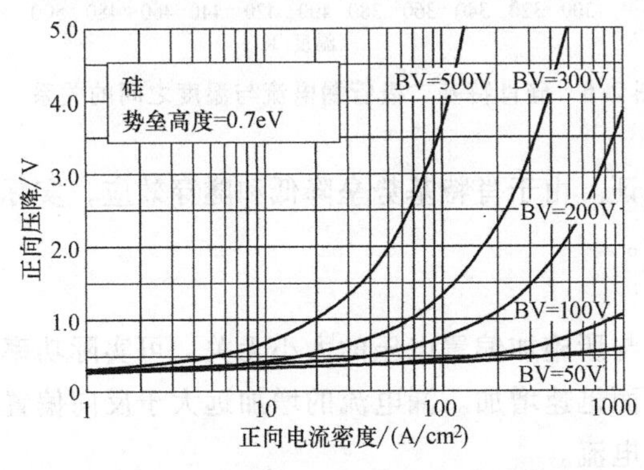

图 2.4　硅肖特基二极管正向导通特性

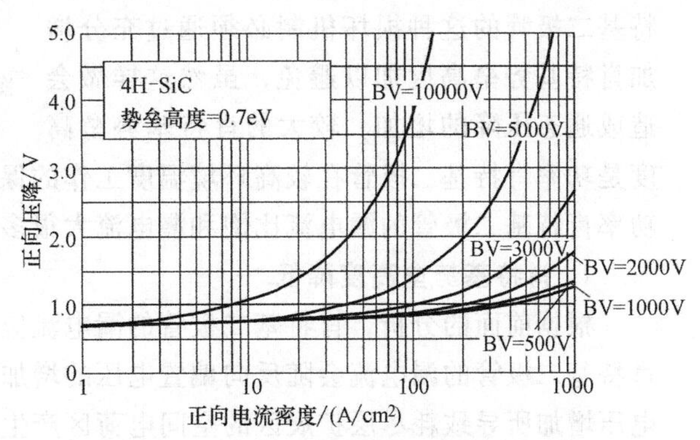

图 2.5　4H-SiC 肖特基二极管的正向特性

肖特基势垒高度的选取对通态压降的影响很大。对于一般的肖特基二极管来说，通态压降与肖特基势垒高度成正比例关系。因此，为了降低通态压降，应选用低肖特基势垒高度。对于低压硅器件来说，肖特基二极管的正向压降随温度的增加而减小，因为肖特基接触的压降随温度增加而减小。对于高压 4H-SiC 整流器，通态压降随温度增加而增加，因为漂移区电阻压降随温度增加而增加。任何功率肖特基二极管的设计都要求通过选择肖特基势垒高度使通态压降最小，同时又能避免在阻断模式下产生额外的漏电流。肖特基二极管的反向阻断特性将在下节讨论。

2.1.3 反向阻断特性

当给肖特基二极管施加反向偏置电压时，电压由漂移区承担，最大电场强度位于金属-半导体接触处，如图2.1所示。由于金属不能承担电压，肖特基二极管的反向阻断能力近似由突变PN结的阻断能力决定。对应于平行平面结的击穿电压BV_{pp}，其漂移区的掺杂浓度和厚度为

$$N_D = 2\times10^{18}(BV_{pp})^{-4/3} \tag{2.15}$$

$$W_D = 2.58\times10^{-6}(BV_{pp})^{7/6} \tag{2.16}$$

实际功率肖特基二极管的击穿电压还受限于边缘击穿。必须采取终端技术来提高肖特基二极管的击穿电压，使其接近平行平面结的击穿电压。

由于硅肖特基二极管的势垒高度相对较小，因此热电子发射成为主导。肖特基二极管的漏电流可通过将负偏置电压V_R带入式（2.4）获得。漏电流由饱和漏电流决定：

$$J = -AT^2 e^{(q\phi_{BN}/kT)} = -J_S \tag{2.17}$$

反向漏电流强烈依赖于肖特基势垒高度和温度。为了减小漏电流，使阻断功耗达到最小，需要较大的肖特基势垒高度。而且随着温度增加，漏电流会迅速增大，如图2.6所示。如果漏电流功耗成为主导功耗的话，那么器件温度增加将形成正反馈机制。这种正反馈导致由热失控（thermal runaway）所形成的肖特基二极管的不稳定工作状态。肖特基二极管的这种损坏机制必须通过充分增加肖特基势垒高度加以避免，虽然这样做会造成通态压降的增加。较大的肖特基势垒高度是功率肖特基二极管在较高环境温度工作的保证。由于肖特基势垒降低和隧穿效应，实际功率肖特基二极管的漏电流比饱和漏电流大很多。

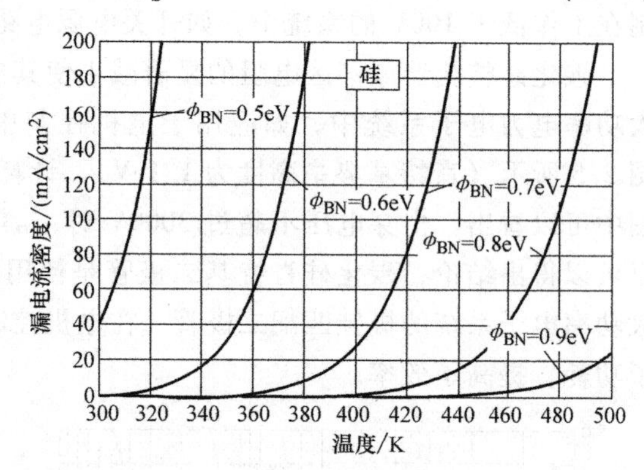

图2.6 硅肖特基二极管漏电流与温度之间的关系

1. 肖特基势垒高度降低

根据前面的分析，肖特基二极管的漏电流应与所施加偏置电压的大小无关。可实际功率肖特基二极管的漏电流会随反向偏置电压的增加而迅速增加。漏电流的增加远大于反向偏置电压增加所导致耗尽层扩展区的空间电荷区产生电流。

在反向工作状态下，由于镜像力势垒降低效应，肖特基势垒高度会随之降低。势垒降低的量由金属-半导体接触界面的最大电场强度（E_M）决定。

$$\Delta\phi_{BN} = \sqrt{\frac{qE_M}{4\pi\varepsilon_S}} \tag{2.18}$$

对于一维结构，最大电场强度与反向偏置电压的关系为

$$E_M = \sqrt{\frac{2qN_D}{\varepsilon_S}(V_R+V_{bi})} \tag{2.19}$$

举例说明，图2.7为漂移区掺杂浓度为$1\times10^{16}cm^{-3}$时硅和4H-SiC肖特基势垒高度的降

低。对于硅结构，在最大反向偏置电压下肖特基势垒高度降低 0.065 eV。因为碳化硅二极管发生碰撞电离时电场强度更大，因此可以预计碳化硅二极管的肖特基势垒高度降低比硅器件更严重。漂移区掺杂浓度为 $1\times10^{16}\text{cm}^{-3}$ 时，在雪崩击穿电压下，碳化硅势垒高度降低是硅势垒高度降低的 3 倍，如图 2.7 所示。这将导致碳化硅器件的反向漏电随反向偏置电压的增加有更大的增加。因为硅器件（50V）和碳化硅器件（3000V）的击穿电压具有不同值，因此在图 2.7 所示的比较中，反向电压被归一化到击穿电压（反向电压与击穿电压的比值）。

考虑到肖特基势垒高度降低的漏电流可表示为

$$J_L = -AT^2 e^{-q(\phi_{BN}-\Delta\phi_{BN})/kT} \tag{2.20}$$

图 2.8 对 50V 击穿电压的硅器件在有无肖特基势垒高度降低效应下所计算的漏电流进行了比较。图中忽略了空间电荷区产生的漏电流，因为该电流远小于流过金属-半导体接触处的漏电流。从图中可以看出，当反向电压增加到接近击穿电压时，由于势垒高度降低效应，漏电流增大了 5 倍。硅肖特基二极管实际反向漏电流的增加程度比肖特基势垒高度降低效应预测要大很多。

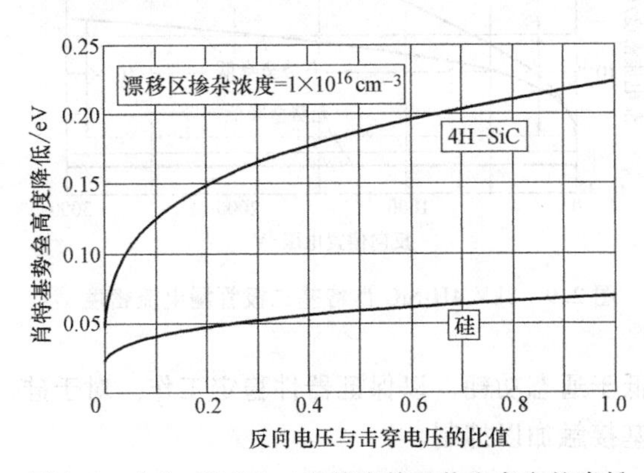

图 2.7　硅和 4H-SiC 二极管肖特基势垒高度的降低

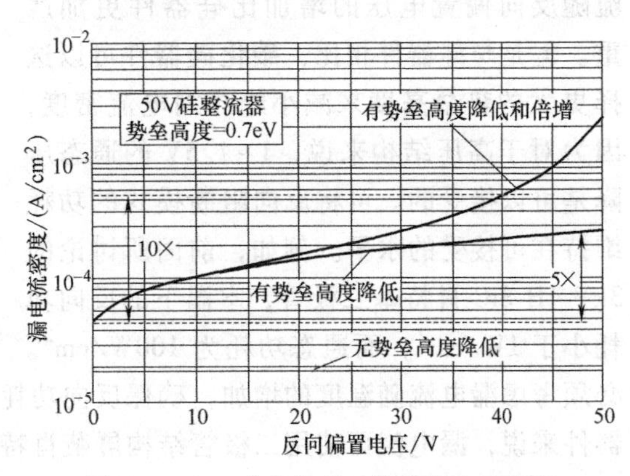

图 2.8　50V 硅肖特基二极管漏电流密度

2. 击穿前雪崩倍增

实际硅功率肖特基二极管漏电流的大幅度增加可以这样理解：当反向偏置电压接近击穿电压时，大量可动载流子通过处于大电场强度下的肖特基结构时，发生了击穿前雪崩倍增效应。到达耗尽层边缘的电子数比通过金属-半导体接触处的电子数增大 M_n 倍。倍增因子（M_n）由金属-半导体接触处的最大电场强度（E_m）决定：

$$M_n = \{1-1.52[1-\exp(-7.22\times10^{-25}E_m^{4.93}W_D)]\}^{-1} \tag{2.21}$$

式中，W_D 为耗尽层宽度。考虑到击穿前倍增效应的影响，漂移区掺杂浓度为 $1\times10^{16}\text{cm}^{-3}$ 的硅肖特基二极管的漏电流密度如图 2.8 所示。当电场强度接近击穿的临界电场强度时，考虑了雪崩倍增系数的电流增大效应非常明显。考虑了肖特基势垒降低效应和击穿前倍增效应的漏电流与市场上买到的硅器件特性一致，反向偏置电压从低压增大到额定电压（大约为击穿电压的 80%），漏电流增大一个数量级。

3. 碳化硅肖特基二极管

碳化硅肖特基势垒高度降低的加剧导致漏电流随反向偏置电压的增加而急剧增加，如图 2.9 所示。该模型预计：当反向电压接近击穿电压时，漏电流大约增加 3 个数量级。可是，当给高压碳化硅肖特基二极管施加反向偏置电压时，实验所观察到的漏电流的增加远大于肖特基势垒高度降低模型所给出的结果，尽管模型中考虑了很大的势垒高度降低效应。当反向偏置电压增加时，实验所观察到的漏电流增加大约为 6 个数量级。

为了解释在碳化硅二极管中所观察到的漏电流更加迅速的增加，有必要考虑场发射（或者隧道效应）漏电流成分。用于计算隧道电流的热电场发射模型使势垒高度降低与金属-半导体界面处的电场强度的二次方成正比。结合热电场发射模型，漏电流密度表达式可写为

$$J_S = AT^2 \exp\left(-\frac{q\phi_{BN}}{kT}\right) \exp\left(\frac{q\Delta\phi_{BN}}{kT}\right) \exp(C_T E_M^2) \tag{2.22}$$

式中，C_T 为隧道系数。$8\times10^{-13}\mathrm{cm}^2/\mathrm{V}^2$ 的隧道系数可使漏电流增加 6 个数量级，如图 2.9 所示，与实验观测的结果一致。因此，除了肖特基势垒高度降低效应，隧道模型漏电流增加 3 个数量级。

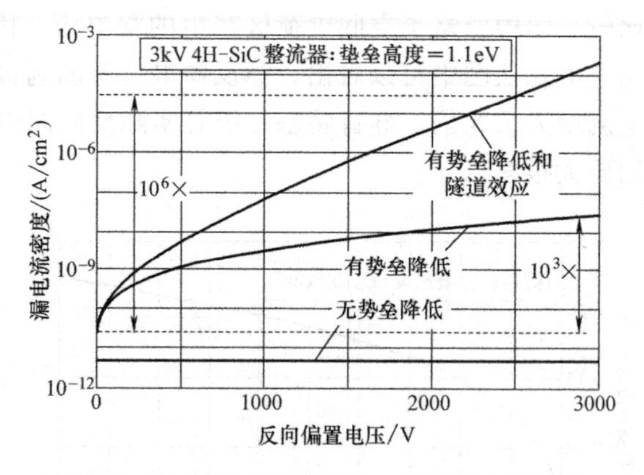

图 2.9　3kV 4H-SiC 肖特基二极管漏电流密度

如前所述，碳化硅肖特基二极管的漏电流随反向偏置电压的增加比硅器件更加严重。但是与硅器件相比，碳化硅器件可以选择更大的势垒高度来减小绝对漏电流密度，因为对于高压结构来说，1~1.5V 的通态压降是可以接受的。可将反向阻断模式的功耗维持在可接受的水平。例如，前面所讨论的 3kV 4H-SiC 肖特基二极管，室温下的反向功耗小于 $1\mathrm{W/cm}^2$，而通态功耗为 $100\mathrm{W/cm}^2$。必须考虑漏电流随温度的增加，确保反向功耗低于通态功耗，以保证器件稳定工作。对于硅器件来说，漏电流可使用二极管结构屏蔽肖特基接触加以抑制。

第7讲
JBS二极管

2.2　结势垒控制肖特基（JBS）二极管

对于肖特基二极管来说，需要通过优化肖特基势垒高度来折中通态（或传导）功耗与反向阻断功耗。随着肖特基势垒高度的降低，通态压降随之降低，使得通态功耗减小。但同时，较小的势垒高度会导致漏电流增加，从而导致较大的反向阻断功耗的形成。虽然可通过降低肖特基势垒高度来降低功耗，但代价是降低了最高工作温度。肖特基势垒高度的降低和击穿前雪崩倍增现象，使得漏电流随着反向偏置电压的增加而快速增加，因此此优化无法实现。引入横向电场降低肖特基表面电场强度可改善肖特基二极管的性能，下面介绍两种二维电荷耦合单极型功率二极管。

2.2.1　JBS 二极管的结构

通过在肖特基接触和其周围设置紧密相间的 P^+ 区形成势垒，屏蔽肖特基接触处半导体一侧的高电场。因为该结构是利用 PN 结势垒来控制肖特基最高电场的，所以被称为“结势垒控制肖特基（JBS）二极管”。JBS 二极管的结构如图 2.10 所示。它由肖特基接触和其周

围的P^+区组成，在反向阻断模式下，P^+区在金属-半导体接触下面产生势垒，屏蔽肖特基接触。势垒的大小取决于PN结之间的距离和结深。较小的间距和较大的结深有利于增加势垒的大小，从而使肖特基接触处电场有更大的减小。肖特基接触处电场的减小将减小势垒高度降低效应和场发射效应，这有利于减小高反向偏压下的漏电流。

选择合理P^+区之间的距离，确保在导通状态下，肖特基接触的下方存在未耗尽区域，实现单极传导。在JBS二极管中，二极管两端的压降不足以使PN结导通。具有低击穿电压的硅器件具有的低通态压降（大约0.45V），远低于PN结产生大注入所需要的0.7V。碳化硅的幅度甚至更大，因为其带隙更宽。由于漂移区的比电阻小，典型的碳化硅肖特基二极管的通态压降低于1.5V，远低于使PN产生注入所需的3V。因此，JBS概念非常适合开发高击穿电压的碳化硅JBS二极管。

在硅器件中，PN结是由热退火形成的一个平面结，其横向扩展如图2.11所示。在JBS二极管的分析过程中，必须考虑横向扩散所占据的附加面积，而且结为圆柱形。对于碳化硅JBS二极管，在离子注入的退火期间没有显著的扩散。如图2.11所示，碳化硅结构的PN结为矩形。

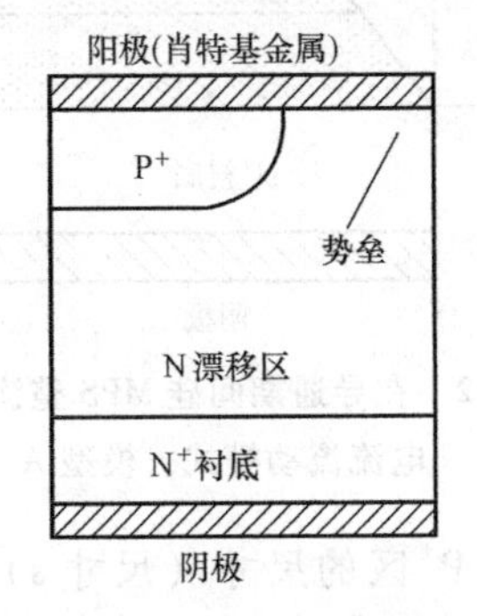

图2.10 JBS二极管结构

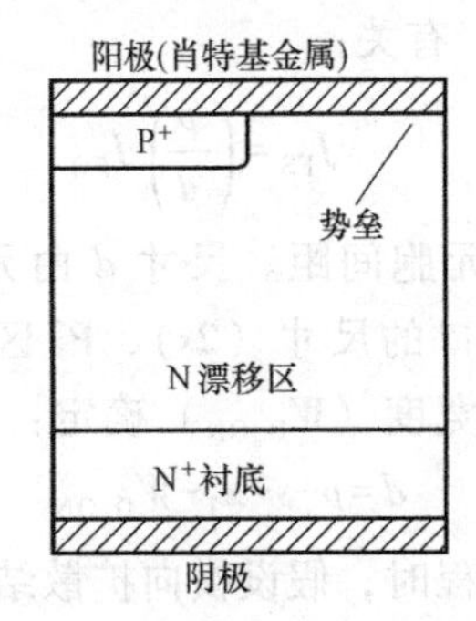

图2.11 碳化硅JBS二极管结构

值得指出的是，在JBS二极管中，反向阻断电压由PN结下方所形成的耗尽区承担。这个结同时是硅二极管的终端。对于低电压硅器件，通常利用具有场板的圆柱形终端就足以实现增强击穿电压的目的。击穿电压因此降低到大约理想平行平面结的80%。对于漂移区掺杂浓度的计算必须考虑到击穿电压的降低：

$$N_D = \left(\frac{5.34\times10^{13}}{BV_{PP}}\right)^{\frac{4}{3}} \tag{2.23}$$

式中，BV_{PP}为在考虑边缘终端之后的平行平面结的击穿电压。

在设计这些器件时经常会出现的错误是，使PN结下面的漂移区的厚度等于具有上述掺杂浓度的理想平行平面结的耗尽宽度。实际上，最大耗尽宽度为器件的击穿电压（BV）下的最大耗尽宽度，如由以下给出的：

$$t = W_D(BV) = \sqrt{\frac{2\varepsilon_S BV}{qN_D}} \tag{2.24}$$

因此，在PN结下面所需的漂移区的厚度小于具有上述掺杂浓度的理想平行平面结的耗尽宽度。由于电流在结之间传输和漂移区的较低掺杂浓度，因此肖特基接触下的漂移区的电阻比理想平行平面结构的电阻更高。

2.2.2 正向导通模型

对 JBS 整流器的通态压降的分析要考虑 P^+ 区所引起的肖特基接触的电流收缩，并且由于电流是从肖特基接触扩散到 N^+ 衬底的，因此漂移区电阻有所增加。为适用于不同的 JBS 整流器的设计，开发了几种扩展电阻模型。另外，由于碳化硅中 PN 结的形状不同，因此需要一个独特的模型。这些模型将在后面讨论。在所有模型中，都假设 JBS 整流器的通态压降远低于 PN 结开始形成电流所需的电压。

1. 硅 JBS 整流器：正向导通模型 A

A 型硅 JBS 整流器正向导通工作下的电流模式如图 2.12 所示。该模型考虑了 PN 结处耗尽层的存在，这增加了肖特基接触的电流密度。通过肖特基接触的电流，仅在顶表面处的未耗尽的部分漂移区（具有尺寸 d）内流动。因此，肖特基接触的电流密度（J_{FS}）与元胞（或阴极）电流密度（J_{FC}）有关：

$$J_{FS}=\left(\frac{p}{d}\right)J_{FC} \tag{2.25}$$

式中，p 为元胞间距。尺寸 d 由元胞间距（p）、离子注入窗口的尺寸（$2s$）、P^+ 区域的结深和导通状态耗尽宽度（$W_{D,ON}$）确定：

$$d=p-s-x_J-W_{D,ON} \tag{2.26}$$

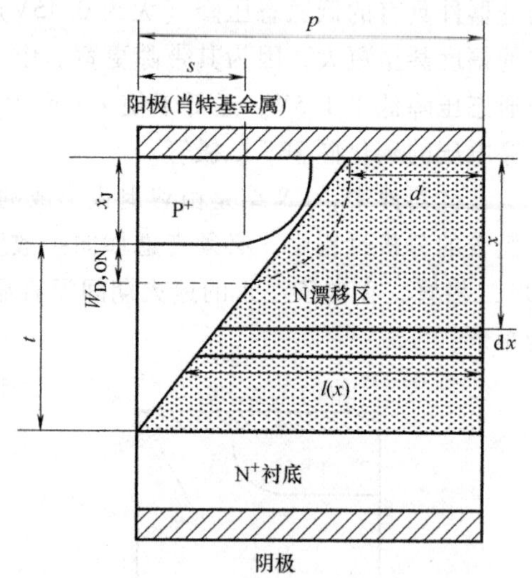

图 2.12 在导通期间硅 MPS 整流器结构电流流动模式：模型 A

在推导该方程时，假设横向扩散结深等于（纵向）结深。P^+ 区的尺寸（尺寸 s）最小化取决于用于器件制造的光刻技术，以及在扩散过程中所产生的结深（x_J），肖特基接触的电流密度可能提高两倍甚至更多。在计算肖特基触两端的压降时，必须考虑到这一点：

$$V_{FS}=\phi_B+\frac{kT}{q}\ln\left(\frac{J_{FS}}{AT^2}\right) \tag{2.27}$$

电流流过肖特基接触之后，流经漂移区的未耗尽部分。由于电流从肖特基接触扩散到 N^+ 衬底，因此漂移区的电阻大于上一章讨论的比导通电阻，如图中模型 A 所示。在该模型中，假定电流从肖特基接触区域（宽度 d）扩散到漂移区域底部的整个元胞间距（p）。为了求解这种扩展电阻，对于距表面的深度为 x，厚度为 dx 的导电区域。该段的宽度 $l(x)$ 由式（2.28）给出：

$$l(x)=d+\frac{(p-d)x}{(x_J+t)} \tag{2.28}$$

该段的电阻为

$$dR_{drift}=\frac{\rho_D dx}{l(x)Z}=\frac{\rho_D(x_J+t)dx}{[d(x_J+t)+(p-d)x]Z} \tag{2.29}$$

式中，Z 为与图中所示的横截面正交的方向上的元胞的长度。漂移区的电阻可以通过在表面（$x=0$）和 N^+ 衬底（$x=x_J+t$）之间积分该电阻来获得

$$R_{drift}=\frac{\rho_D}{Z}\left(\frac{x_J+t}{p-d}\right)\ln\left(\frac{p}{d}\right) \tag{2.30}$$

漂移区的比电阻可通过将元胞电阻乘以元胞面积（pZ）来计算：

$$R_{sp,drift}=\rho_D p\left(\frac{x_J+t}{p-d}\right)\ln\left(\frac{p}{d}\right) \tag{2.31}$$

另外，重要的是还要包括厚的，高掺杂的 N^+ 衬底的电阻，因为这在某些情况下衬底电阻与漂移区的电阻相当。N^+ 衬底的比电阻可以通过其电阻率和厚度的乘积来确定。对于硅，可以使用电阻率为 1mΩ · cm 的 N^+ 衬底。200μm 的典型厚度的 N^+ 衬底所贡献的比电阻为 $2\times10^{-5}\Omega\cdot cm^2$。

包括衬底的贡献，JBS 整流器在正向元胞电流密度 J_{FC} 下的通态压降由式（2.32）给出：

$$V_F=\phi_B+\frac{kT}{q}\ln\left(\frac{J_{FS}}{AT^2}\right)+(R_{sp,drift}+R_{sp,subs})J_{FC} \tag{2.32}$$

当使用该公式计算通态压降时，是从 PN 结的内建电势中减去大约 0.45V 的通态压降来进行耗尽层宽度估算的，结果是令人满意的。此外，还要说明的是，结处的掺杂为线性渐变的，这使得结在 P 侧的耗尽层宽度是总耗尽层宽度的一半。所以：

$$W_{D,ON}=0.5\sqrt{\frac{2\varepsilon_S(V_{bi}-0.45)}{qN_D}} \tag{2.33}$$

式中，V_{bi} 为突变 PN 结的内建电势。击穿电压在 30~60V 范围内，硅 JBS 整流器的耗尽层宽度（$W_{D,ON}$）为 0.1~0.15μm。

2. 硅 JBS 整流器：正向导通模型 B

在模型 B 中，硅 JBS 整流器正向导通电流分布如图 2.13 所示的阴影区域。如已经在模型 A 所讨论的那样，由于 P^+ 扩散和 PN 结耗尽层的存在，肖特基接触处的电流密度（J_{FS}）增强了。如式（2.25）~式（2.27）所定义的，这增加了肖特基接触两端的压降。在电流流过肖特基接触之后，流过结之间漂移区的未耗尽部分。在模型 B 中，假定电流流过具有均匀宽度 d 的区域，直到其到达耗尽区的底部，然后扩展到漂移区底部的整个元胞间距（p）。

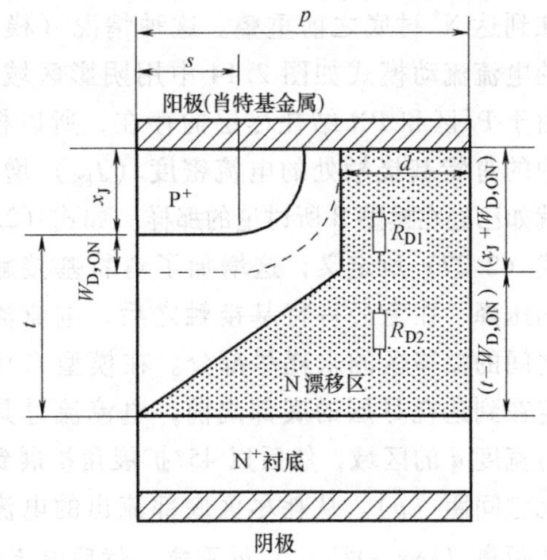

图 2.13　在导通期间硅 JBS 整流器结构电流流动模式：模型 B

对电流的净电阻可通过将两段电阻相加求得。第一段均匀宽度 d 的电阻式（2.34）给出：

$$R_{D1}=\frac{\rho_D(x_J+W_{D,ON})}{dZ} \tag{2.34}$$

第二段的扩展电阻可以通过使用与模型 A 相同的方法得出：

$$R_{D2}=\frac{\rho_D}{Z}\left(\frac{t-W_{D,ON}}{p-d}\right)\ln\left(\frac{p}{d}\right) \tag{2.35}$$

漂移区域的净扩展电阻由式（2.36）给出：

$$R_{\mathrm{drift}}=\frac{\rho_{\mathrm{D}}(x_{\mathrm{J}}+W_{\mathrm{D,ON}})}{dZ}+\frac{\rho_{\mathrm{D}}}{Z}\left(\frac{t-W_{\mathrm{D.ON}}}{p-d}\right)\ln\left(\frac{p}{d}\right) \tag{2.36}$$

漂移区的比电阻可通过将元胞电阻乘以元胞面积（pZ）来进行计算：

$$R_{\mathrm{sp,drift}}=\frac{\rho_{\mathrm{D}}p(x_{\mathrm{J}}+W_{\mathrm{D,ON}})}{d}+\rho_{\mathrm{D}}p\left(\frac{t-W_{\mathrm{D.ON}}}{p-d}\right)\ln\left(\frac{p}{d}\right) \tag{2.37}$$

JBS 整流器在正向元胞电流密度 J_{FC} 下的通态压降由式（2.38）给出：

$$V_{\mathrm{F}}=\phi_{\mathrm{B}}+\frac{kT}{q}\ln\left(\frac{J_{\mathrm{FS}}}{AT^2}\right)+(R_{\mathrm{sp,drift}}+R_{\mathrm{sp,subs}})J_{\mathrm{FC}} \tag{2.38}$$

当使用该公式计算通态压降时，是从 PN 结的内建电势中减去大约 0.45V 的通态压降来进行耗尽层宽度估算的，结果是令人满意的。此外，还要说明的是，结处的掺杂为线性渐变的，这使得结在 P 侧的耗尽层宽度是总耗尽层宽度的一半。所以

$$W_{\mathrm{D,ON}}=0.5\sqrt{\frac{2\varepsilon_{\mathrm{S}}(V_{\mathrm{bi}}-0.45)}{qN_{\mathrm{D}}}} \tag{2.39}$$

式中，V_{bi} 为突变 $\mathrm{P^+N}$ 结的内建电势。击穿电压在 30~60V 范围内，硅 JBS 整流器的耗尽层宽度（$W_{\mathrm{D,ON}}$）为 0.1~0.15μm。

3. 硅 JBS 整流器：正向导通模型 C

当 $\mathrm{P^+}$ 区的离子注入窗口（$2s$）随着光刻设计规则的改进而减小时，漂移区中的电流路径在到达 $\mathrm{N^+}$ 衬底之前重叠。这种情况（模型 C）的电流流动模式如图 2.14 中用阴影区域表示。由于 $\mathrm{P^+}$ 区和 PN 结耗尽层的存在，所以模型 C 中的肖特基接触处的电流密度（J_{FS}）增大了，就如已经在模型 B 所讨论的那样。如式（2.25）~式（2.27）所定义，这增加了肖特基接触两端的压降。在流经肖特基接触之后，电流流过结之间的漂移区的未耗尽部分。在模型 C 中，假定在到达耗尽层的底部之前，电流流过具有均匀宽度 d 的区域，然后以 45°扩展角扩展到整个元胞间距（p）。从耗尽区底部流出的电流路径在距离（$s+x_{\mathrm{J}}+W_{\mathrm{D,ON}}$）处重叠。然后电流均匀地流过横截面积。

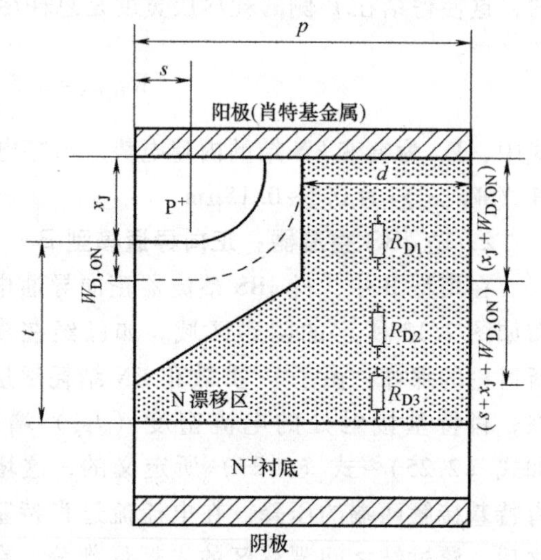

图 2.14 在导通期间硅 JBS 整流器结构电流流动模式：模型 C

电流的净电阻可通过三段的电阻相加来计算。第一段均匀宽度 d 的电阻由式（2.40）给出：

$$R_{\mathrm{D1}}=\frac{\rho_{\mathrm{D}}(x_{\mathrm{J}}+W_{\mathrm{D,ON}})}{dZ} \tag{2.40}$$

第二部分的电阻可以通过使用与模型 A 相同的方法得出。但是，在这个模式下，该电流流动路径的宽度由式（2.41）给出：

$$l(x)=d+x \tag{2.41}$$

由于45°扩展角度。使用该表达式，第二段的电阻由式（2.42）给出：

$$R_{D2}=\frac{\rho_D}{Z}\ln\left(\frac{p}{d}\right) \tag{2.42}$$

具有均匀横截面宽度 p 的第三段的电阻由式（2.43）给出：

$$R_{D3}=\frac{\rho_D(t-s-x_J-2W_{D,ON})}{pZ} \tag{2.43}$$

漂移区的比电阻可通过将元胞电阻（$R_{D1}+R_{D2}+R_{D3}$）与元胞面积（pZ）相乘来计算：

$$R_{sp,drift}=\frac{\rho_D p(x_J+W_{D,ON})}{d}+\rho_D p\ln\left(\frac{p}{d}\right)+\rho_D(t-s-x_J-2W_{D,ON}) \tag{2.44}$$

JBS整流器在正向元胞电流密度 J_{FC} 下的通态压降由式（2.45）给出：

$$V_F=\phi_B+\frac{kT}{q}\ln\left(\frac{J_{FS}}{AT^2}\right)+(R_{sp,drift}+R_{sp,subs})J_{FC} \tag{2.45}$$

当使用该公式计算通态压降时，是从PN结的内建电势中减去大约0.45V的通态压降来进行耗尽层宽度估算的，结果是令人满意的。此外，还要说明的是，结处的掺杂为线性渐变的，这使得结在P侧的耗尽层宽度是总耗尽层宽度的一半。所以

$$W_{D,ON}=0.5\sqrt{\frac{2\varepsilon_S(V_{bi}-0.45)}{qN_D}} \tag{2.46}$$

式中，V_{bi} 为突变 P^+N 结的内建电势。击穿电压在30~60V范围内，硅JBS整流器的耗尽层宽度（$W_{D,ON}$）为0.1~0.15μm。

4. 硅JBS整流器：示例

为了理解上述JBS整流器的正向电流模型之间的差异，对击穿电压为50V的特定器件进行分析。如果终端使击穿电压下降到理想值的80%，则平行平面击穿电压为62.5V。漂移区的掺杂浓度为 $8\times10^{15}cm^{-3}$，承担该电压的耗尽层宽度为2.85μm。在假设通态压降为0.45V的情况下，所计算的 N^- 漂移区中的耗尽区宽度为0.13μm。如果JBS结构具有1.25μm的元胞间距（p），并且使用0.5μm的离子注入窗口（$2s$）产生具有0.5μm结深的 P^+ 区，则尺寸 d 为0.37μm。因此，与阴极（或平均元胞）电流密度相比，肖特基接触区域所传输的电流密度增加了3倍。

使用上述3个JBS整流器模型所得的通态 i-v 特性如图2.15所示。在该分析中，肖特基势垒高度为0.7eV。虽然模型B与其他两个模型相比稍差，但它们对通态压降的预测非常接近。在 $100A/cm^2$ 的通态电流密度下，所预测的JBS整流器的通态压降为0.467V。

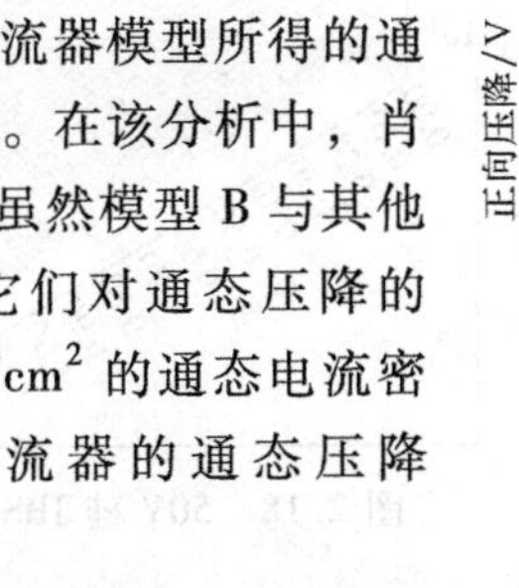

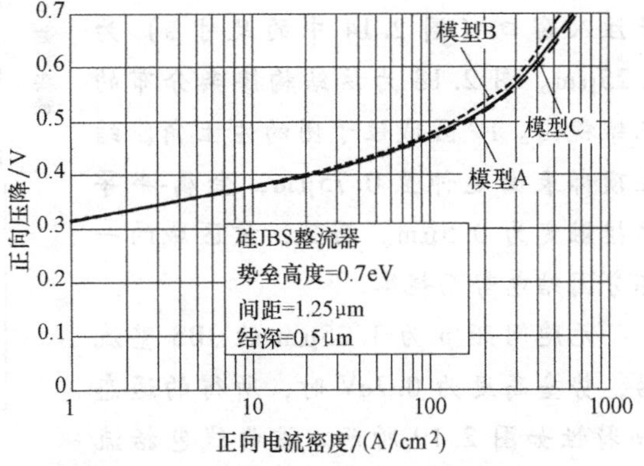

图2.15　50V硅JBS整流器正向导通特性

通过使用3种模型中的任何一种，都可以预测元胞间距（p）的改变对通态特性的影响。肖特基势垒高度为0.7eV时，用模型C所得的结果如图2.16所示。图中还包括具有相同漂移区参数的平面肖特基整流器的 i-v 特性用

于比较。只要间距大于1.25μm，间距对通态压降的影响就很小。然而，由于肖特基接触电流的收缩，当间距减小到1.00μm时，通态压降增加10%。如下面所讨论的，较小的元胞间距和间隔d有利于减小漏电流，因此有必要仔细选择并精确控制JBS整流器中的元胞间距，以优化其特性。

PN结对肖特基接触的屏蔽程度也取决于结的深度。更深的结深提高了平面结之间区域的纵横比（稍后定义）。纵横比越大，对垂直结型场效应晶体管的屏蔽作用越大，阻断增益越大。然而，结深的增加导致元胞间距增加，模型C中的第一个电阻增加，进而使通态压降增加。两个结深的正向i-v特性分析结果如图2.17所示。结深从0.5μm增加到1μm，通态压降从0.467上升到0.487V。

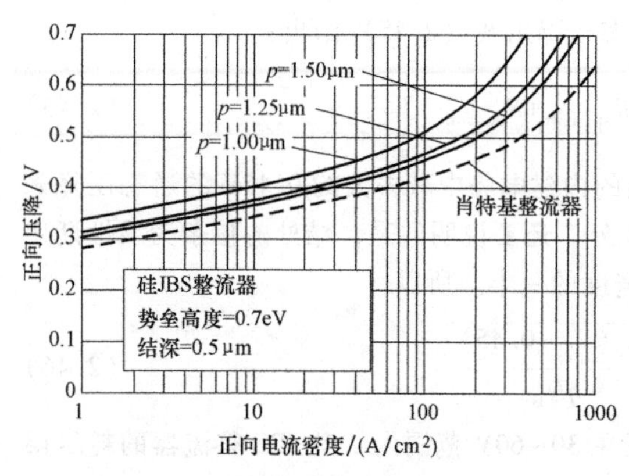

图2.16　50V硅JBS整流器结构正向导通特性

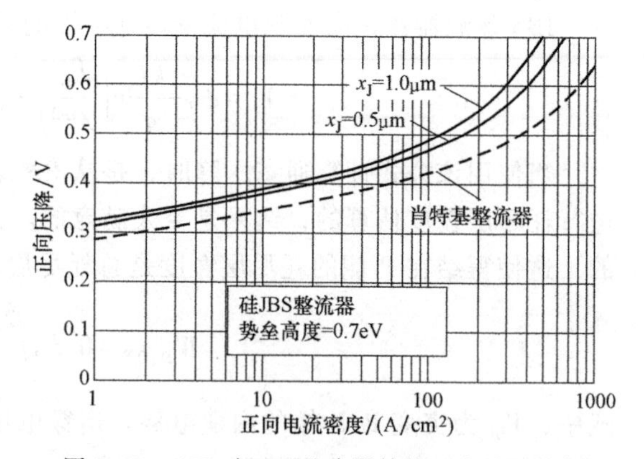

图2.17　50V硅JBS整流器结构正向导通特性

模拟示例

为了验证上述用于硅JBS整流器的通态特性分析的模型的正确性，这里给出了50V器件的二维数值模拟结果。该结构的漂移区厚度为3μm，掺杂浓度为$8\times10^{15}cm^{-3}$。P^+区的结深为0.5μm，离子注入窗口（图2.14中的尺寸s）为0.25μm。图2.18为该结构掺杂分布的三维视图。P^+区域位于图的左上角。结在顶部表面延伸至0.75μm，金属-半导体接触变为0.5μm。而且，该区域的一部分因结电势而耗尽。

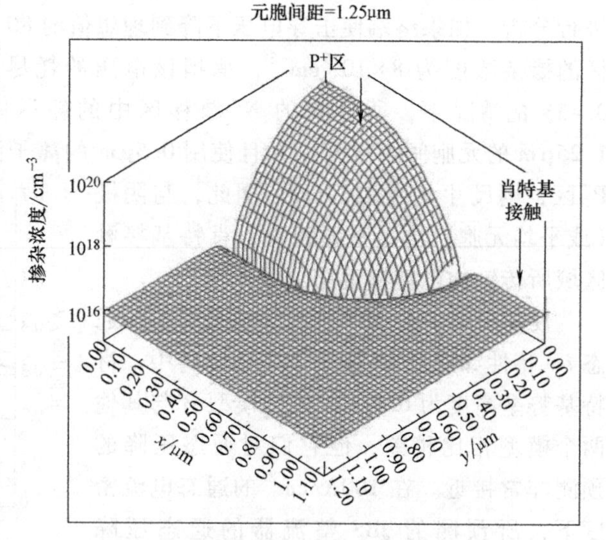

图2.18　50V硅JBS整流器的掺杂分布

元胞间距p为1.25μm的JBS整流器，势垒高度为0.7eV时，所得的通态i-v特性如图2.19所示。该曲线包括流过该结构的总电流（阴极电流）以及流经肖特基接触（点线）和P^+区域（虚线）的电流。由图可知，流过P^+区的电流非常小，除非通态压降超过0.7V。

在通态电流密度为$100A/cm^2$时，通态压降为0.45V，表明没有来自PN结的显著注入，并且所有电流都流经肖特基接触。流经P^+区的电流比流过肖特基接触的电流小6个数量级。这确保了从P^+N结注入的少数载流子对JBS整流器的反向恢复特性的影响最小。

上述JBS整流器结构的电流线如图2.20所示。用于确认其工作在单极电流导通模式下，通态压降为0.5V。可以看出，所有电流线汇聚到位于结构右上侧的肖特基接触，表明没有电流流过P^+区。电流流动模式与模型C一致，在耗尽区的底部之前，横截面基本不变，之后以大约45°的角度扩散电流。距表面1.5μm的深度以下，电流变为均匀分布。这证明了模型C中用三区模型分析串联电阻是正确的。

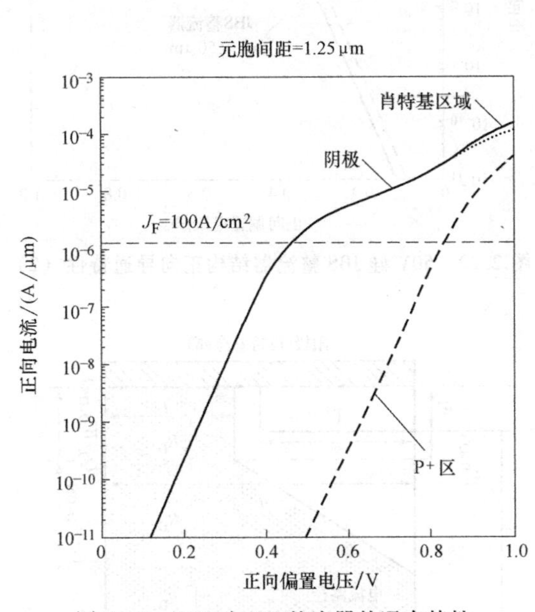

图2.19　50V硅JBS整流器的通态特性

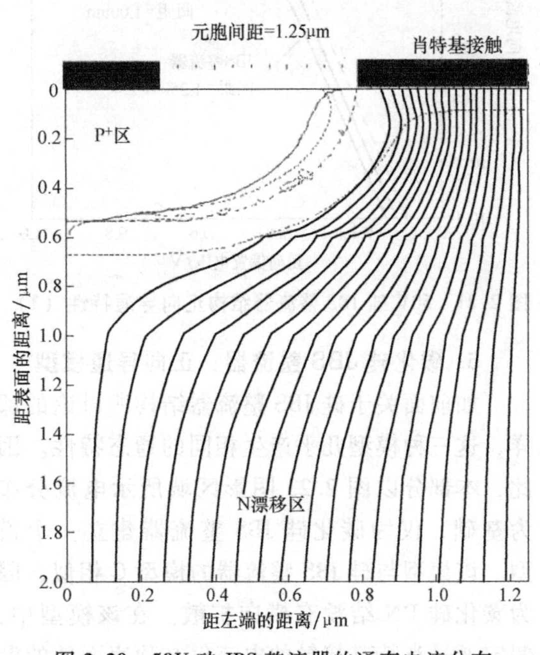

图2.20　50V硅JBS整流器的通态电流分布

将元胞间距为1.00μm和1.25μm的50V JBS整流器的通态*i-v*特性与元胞间距为1.25μm的50V的肖特基整流器的通态*i-v*特性进行比较，如图2.21所示。所有结构的肖特基势垒高度均为0.7eV。在JBS整流器中，P^+区通过0.5μm的窗口（2*s*）注入，深度为0.5μm。可以观察到JBS整流器的通态压降由于P^+区的存在而增加。考虑到面积的差别，在$100A/cm^2$的通态电流密度下，与肖特基整流器的0.41V通态压降相比，JBS整流器的通态压降为0.45V和0.49V。正如预期的那样，JBS整流器的曲线在0.8V的通态压降处出现弯曲，因为此时P^+N结开始注入，而肖特基整流器没有观察到曲线拐点。这些结果与分析模型预测的结果非常接近（见图2.16），证实了对JBS整流器通态特性分析的正确性。

在JBS整流器中，结深的增加改善了肖特基接触的屏蔽效应。但是，它也增加了从肖特基接触到阴极的电流路径的电阻。利用数值模拟，观察JBS整流器结深从0.5μm增加到1.0μm的影响，增加0.5μm的元胞间距以保证肖特基接触尺寸不变。该结构的通态*i-v*特性与0.5μm结深的进行比较，如图2.22所示。因为它们具有相同的肖特基接触尺寸，所以它们的*i-v*特性几乎重合，并且其元胞电阻几乎相等。然而，值得注意的是这两个结构的元胞面积是不相等的。考虑到元胞面积的差别，对于JBS整流器来说，在相同的通态电流密度$100A/cm^2$下的通态压降是不相等的。结深为1.0μm的结构的通态压降大于结深为0.5μm结构的0.02V。这与分析模型的预测非常吻合（见图2.17）。

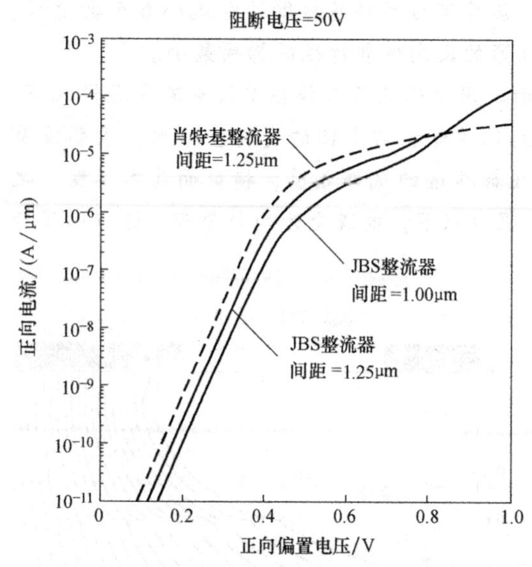

图 2.21　50V 硅 JBS 整流器结构正向导通特性（1）

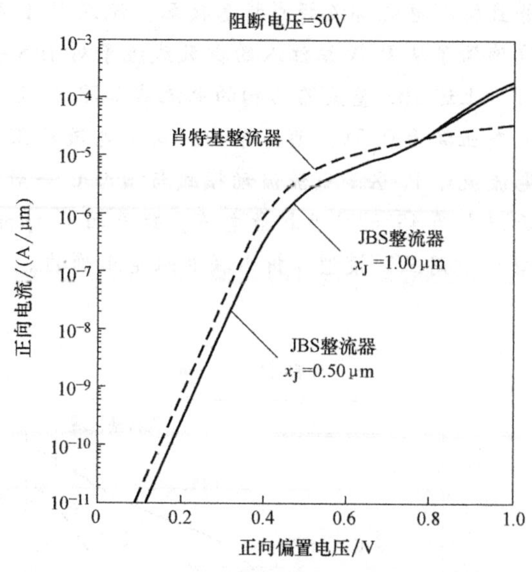

图 2.22　50V 硅 JBS 整流器结构正向导通特性（2）

5. 碳化硅 JBS 整流器：正向导通模型

如前面关于硅 JBS 整流器结构所讨论的那样，这三种模型几乎产生相同的通态特性。因此，本部分以图 2.23 阴影区域所示电流分布为基础，仅为碳化硅 JBS 整流器建立一个模型。该模型与硅 JBS 整流器的模型 C 相似，因为碳化硅 PN 结没有横向扩散。在该模型中，假定通过肖特基接触的电流仅在顶表面处的漂移区的未耗尽部分（具有尺寸 d）内流动。因此，肖特基接触处的电流密度（J_{FS}）与元胞（或阴极）电流密度（J_{FC}）有关：

$$J_{FS}=\left(\frac{p}{d}\right)J_{FC} \tag{2.47}$$

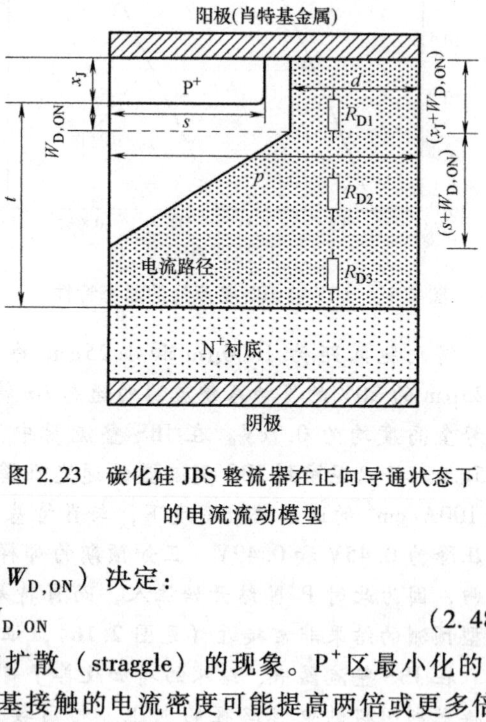

图 2.23　碳化硅 JBS 整流器在正向导通状态下的电流流动模型

式中，p 为元胞间距。尺寸 d 由单元间距（p），离子注入窗口的尺寸（s）和耗尽层宽度（$W_{D,ON}$）决定：

$$d=p-s-W_{D,ON} \tag{2.48}$$

在推导这个等式时，假定在离子注入中没有横向扩散（straggle）的现象。P^+区最小化的尺寸（尺寸 s）取决于器件制造的光刻技术，肖特基接触的电流密度可能提高两倍或更多倍。在计算肖特基接触两端的压降时，必须考虑到这一点：

$$V_{FS}=\phi_B+\frac{kT}{q}\ln\left(\frac{J_{FS}}{AT^2}\right) \tag{2.49}$$

在流经肖特基接触之后，电流流过漂移区的未耗尽部分。在该模型中，假设电流流过具有均匀宽度 d 的区域，直到其到达耗尽区域的底部，然后以 45°扩展角扩展到整个元胞间距（p）电流路径在距耗尽区底部（$s+W_{D,ON}$）处重叠，流过均匀横截面积。

电流净电阻的计算可通过三段电阻相加获得。第一段均匀宽度 d 的电阻由式（2.50）给出：

$$R_{D1}=\frac{\rho_D\cdot(x_J+W_{D,ON})}{dZ} \tag{2.50}$$

第二部分的电阻，可以通过使用和硅 JBS 整流器的模型 C 相同方法得出：

$$R_{D2}=\frac{\rho_D}{Z}\ln\left(\frac{p}{d}\right) \tag{2.51}$$

具有均匀横截面宽度 p 的第三段的电阻由下式给出：

$$R_{D3}=\frac{\rho_D(t-s-2W_{D,ON})}{pZ} \tag{2.52}$$

漂移区的比电阻可以通过将元胞电阻（$R_{D1}+R_{D2}+R_{D3}$）乘以单元面积（pZ）来计算：

$$R_{sp,drift}=\frac{\rho_D p(x_J+W_{D,ON})}{d}+\rho_D p\ln\left(\frac{p}{d}\right)+\rho_D(t-s-2W_{D,ON}) \tag{2.53}$$

此外，还应包括较厚的、高掺杂的 N^+ 衬底的电阻，因为这比硅器件要大得多。N^+ 衬底的比电阻可以用其电阻率和厚度的乘积来确定。对于 4H-SiC，N^+ 衬底的最低可用电阻率为 $20m\Omega\cdot cm$。如果衬底的厚度为 $200\mu m$，则 N^+ 衬底的比电阻为 $4\times10^{-4}\Omega\cdot cm^2$。JBS 整流器在正向元胞电流密度 J_{FC} 下的通态压降由式（2.54）给出：

$$V_F=\phi_B+\frac{kT}{q}\ln\left(\frac{J_{FS}}{AT^2}\right)+(R_{sp,drift}+R_{sp,subs})J_{FC} \tag{2.54}$$

由于碳化硅具有更大的内建电势，其耗尽层宽度也远远高于硅。而且，碳化硅结构在相对较大的 1V 左右的通态压降下工作。因此，当使用上述等式计算通态压降时，可以用 PN 结的约 3.2V 的内建电势减去 1V 的通态压降来计算耗尽层宽度：

$$W_{D,ON}=\sqrt{\frac{2\varepsilon_S(V_{bi}-1.0)}{qN_D}} \tag{2.55}$$

式中，V_{bi} 为 PN 结的内建电势。由于离子注入工艺在碳化硅中形成突变结，所以假定整个耗尽发生在结的轻掺杂 N 侧。对于用 $1\times10^{16}cm^{-3}$ 的掺杂浓度制造的 4H-SiC JBS 整流器，其击穿电压约为 3000V，零偏置耗尽层宽度约为 $0.5\mu m$。因此可以得出结论，考虑碳化硅 JBS 整流器的耗尽层宽度更为重要。

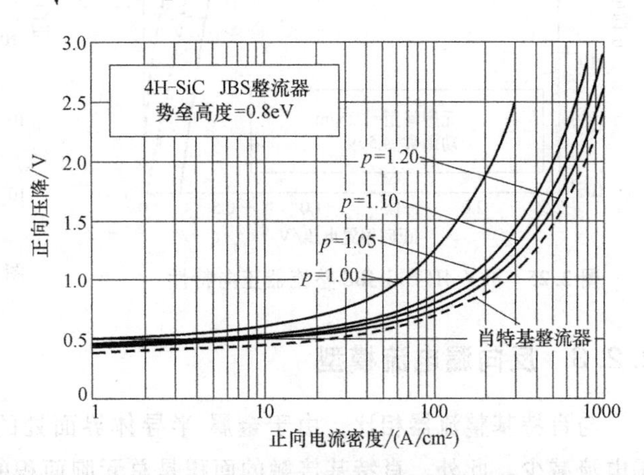

图 2.24 3kV 4H-SiC JBS 整流器正向特性

肖特基势垒高度取 0.8eV，用上述分析模型所计算的 3kV JBS 整流器的正向特性如图 2.24 所示，以元胞间距（p）为参数。对于该分析，P^+ 区域（$2s$）的宽度保持在 $1.0\mu m$，因为碳化硅晶片的直径小，而不使用更小的几何尺寸。结深为 $0.5\mu m$，结下方的漂移区厚度为 $20\mu m$，可以承担

3000V 电压。与肖特基整流器特性（如图中虚线所示）相比，只要元胞间距大于 1.1μm，$100A/cm^2$ 的正向电流密度下通态压降增加很小（小于 0.1V）。如本章后面所述，这种元胞间距足以大大减小金属-半导体接触处的电场。

模拟示例

为了验证上述碳化硅 JBS 整流器的通态特性模型，这里给出了 3000V 器件的二维数值模拟结果。该结构的漂移区厚度为 20μm，掺杂浓度为 $1\times10^{16}cm^{-3}$。P^+ 区的深度为 0.5μm，离子注入窗口（图 2.23 中的尺寸 s）为 0.5μm。假设注入区域没有发生横向扩散。

对于 1.25μm 的元胞间距和与 4.5eV 的接触功函数的情况，通过数值模拟获得的 3000V 4H-SiC JBS 整流器的正向 i-v 特性如图 2.25 所示。对应于 4H-SiC 的 3.7eV 的电子亲和力，肖特基势垒高度约 0.8eV。在 $100A/cm^2$ 的电流密度下，通态压降为 0.7V，这与前一部分的分析模型获得的结果类似，为模型提供了验证。值得指出的是，该二极管展现出通态压降为所期望的正温度系数，而在特性中没有扭结（kink）。

然而，正如分析模型所预测的那样，当元胞间距减小到 1.0μm 时，正向特性大幅下降，如图 2.26 所示。当元胞间距减小时，通态压降增加 0.7V，这也与分析模型一致。通态压降增加的原因在于较小的元胞间距使得肖特基接触电流收缩现象更加严重，因为对于 1.00μm 的元胞间距，尺寸 d 减小到仅为 0.014μm。本章后面将会介绍，1.2μm 的元胞间距足以抑制肖特基接触处的电场。

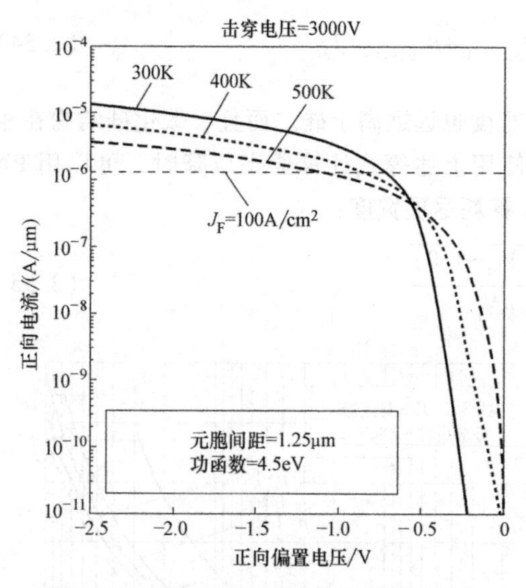

图 2.25　3kV 4H-SiC JBS 整流器正向特性

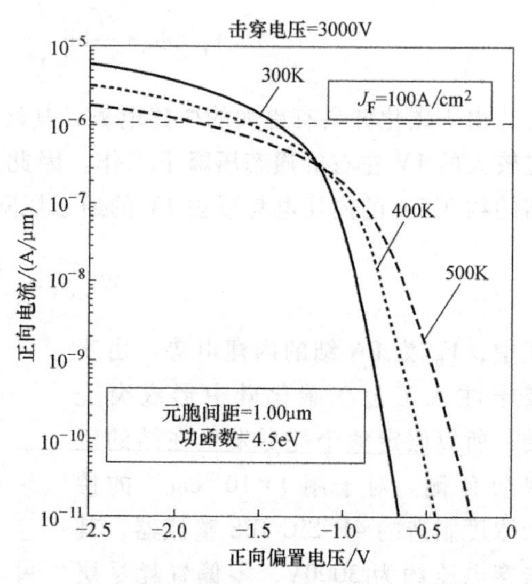

图 2.26　3kV 4H-SiC JBS 整流器正向特性

2.2.3　反向漏电流模型

与肖特基整流器相比，由于金属-半导体界面处的电场强度较小，JBS 整流器中的反向漏电流减少。此外，肖特基接触的面积是总元胞面积的一部分，导致其对反向电流的贡献较小。对于硅 JBS 整流器，肖特基接触处减小的电场强度抑制了势垒高度降低效应。在碳化硅 JBS 整流器的情况下，减小的电场强度不仅减小了势垒高度下降效应，而且降低了热电子场发射的影响。本节将分析 JBS 整流器结构中肖特基接触处电场强度的减少对漏电流的影响。

PN 结的存在减弱了击穿前雪崩倍增效应，因此避免了来自肖特基接触的雪崩倍增电流。

1. 硅 JBS 整流器：反向漏电流模型

对于 JBS 整流器，漏电流模型必须考虑到元胞内肖特基接触面积的减小，以及由于 PN 结的屏蔽而使肖特基接触处电场强度减小的影响。硅 JBS 整流器的漏电流由式（2.56）给出：

$$J_L=\left(\frac{p-s-x_J}{p}\right)AT^2\exp\left(-\frac{q\phi_b}{kT}\right)\exp\left(\frac{q\beta\Delta\phi_{bJBS}}{kT}\right) \tag{2.56}$$

式中，β 为一个常数，用来说明越靠近 PN 结势垒高度降低效应越小，在后面给予讨论。在前面关于肖特基整流器的章节中，已经证明由于镜像力势垒高度降低现象，肖特基接触的大电场强度导致有效势垒高度的减小。与肖特基整流器相比，JBS 整流器的势垒高度降低由接触处减小的电场强度 E_{JBS} 决定：

$$\Delta\phi_{bJBS}=\sqrt{\frac{qE_{JBS}}{4\pi\varepsilon_S}} \tag{2.57}$$

肖特基接触处的电场强度随距 PN 结距离的变化而变化。在肖特基接触的中间观察到最大的电场强度，越接近 PN 结越小。在针对最差情况的分析模型中，很谨慎地使用了（肖特基）接触中间的电场强度来计算漏电流。在来自相邻 PN 结的耗尽区在肖特基接触下产生势垒之前，如肖特基整流器，肖特基接触中间的金属-半导体界面处的电场强度随所施加的反向偏压的增加而增加。在肖特基接触之下的漂移区耗尽之后，通过 PN 结形成势垒。在肖特基接触下，来自相邻结的耗尽区相交时的电压被称为夹断电压。夹断电压（V_P）由器件元胞参数确定：

$$V_P=\frac{qN_D}{2\varepsilon_S}(p-s-x_J)^2-V_{bi} \tag{2.58}$$

尽管在反向偏压超过夹断电压后开始形成势垒，但由于肖特基接触的电势侵入，电场强度在肖特基接触处继续上升。由于平面结的“打开”的形状，这个问题对硅 JBS 整流器来说更为严重。为了分析这一点对反向漏电流的影响，电场强度 E_{JBS} 可以通过以下方式与反向偏置电压建立关系：

$$E_{JBS}=\sqrt{\frac{2qN_D}{\varepsilon_S}(\alpha V_R+V_C)} \tag{2.59}$$

式中，α 为用于说明夹断后在电场中累积的系数；V_C 为肖特基接触电势。

举例说明：以本章前面讨论的 50V 硅 JBS 整流器为例，其元胞间距（p）为 1.25μm，P^+区的尺寸为 0.25μm。对于掺杂浓度为 $1\times10^{16}cm^{-3}$ 的漂移区，该结构的夹断电压仅为 1V。由于硅 JBS 整流器结构中平面 PN 结的二维性质，很难推导出 α 的解析表达式。然而，肖特基接触处的电场的降低可以通过假设式（2.59）中 α 为不同值来预测。对于范围在 0.05 和 1.00 之间的 α 值，结果如图 2.27 所示。α 等于 1 对应于没有屏蔽的肖特基整流器结构。从中可以观察到，随着 α 减小，肖特基接触处电场强度显著降低。

肖特基接触处电场强度降低对肖特基势垒高度下降的影响如图 2.28 所示。如果没有 PN

结的屏蔽，肖特基整流器会出现 0.07eV 的势垒高度下降。在 JBS 整流器结构中，势垒高度下降到 0.05eV，α 值为 0.2。虽然这可能看起来很小，但它对反向漏电流有很大影响，如图 2.29 所示。图中假设常数 β 为 0.7 是基于下面所讨论的数值模拟的结果。对于间距为 1.25μm 的 JBS 结构，0.5μm 的注入窗口（2s）以及 0.5μm 的结深，肖特基接触面积仅减少到元胞面积的 40%。这导致在低反向偏压下漏电流的成比例降低。PN 结的存在使肖特基势垒高度下降和击穿前雪崩倍增受到了抑制，降低了随着反向偏压增加而漏电流增加的速率。净效应是，当 α 等于 0.5 时，反向偏压达到 50V 时，漏电流密度减少到肖特基整流器的 1/35。这表明 JBS 整流器结构可以实现非常大的反向功耗改善。

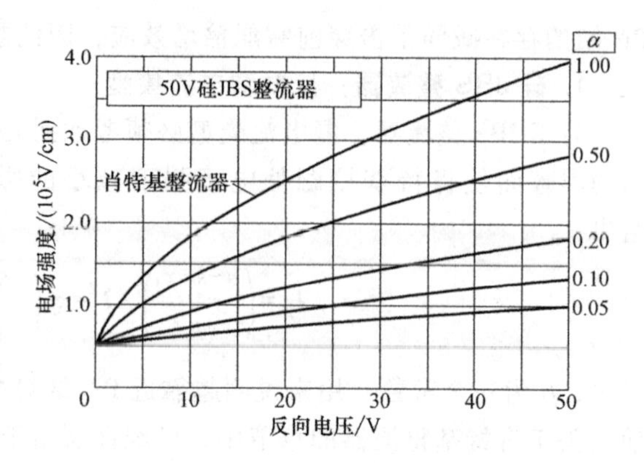

图 2.27　50V 硅 JBS 整流器肖特基接触的电场

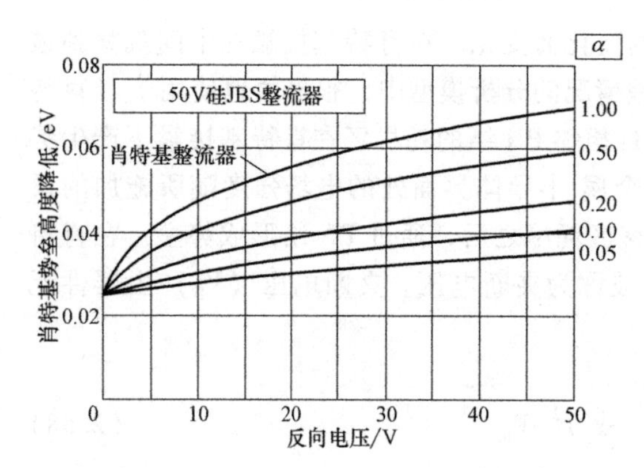

图 2.28　对于不同的 α 值 50V 硅 JBS 整流器的势垒高度降低

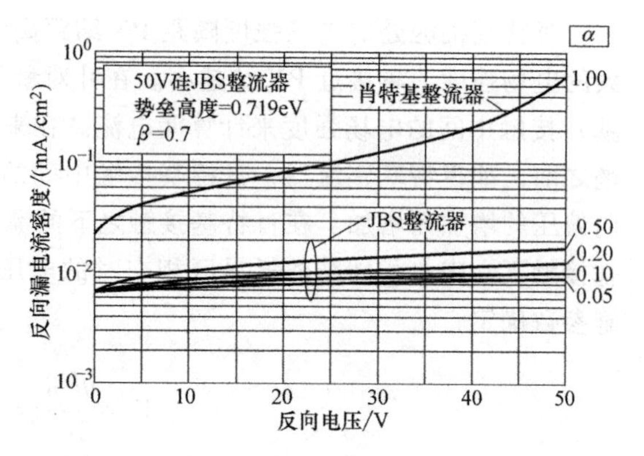

图 2.29　对于不同的 α 值 50V 硅 JBS 整流器的反向漏电流

模拟示例

为了验证上述硅 JBS 整流器反向特性的模型，在此描述了 50V 器件的二维数值模拟结果。该结构的漂移区掺杂浓度为 $8\times10^{15}\text{cm}^{-3}$，厚度为 3μm。$\text{P}^+$ 区域的结深为 0.5μm，离子注入窗口（图 2.14 中的尺寸 s）为 0.25μm。肖特基金属的功函数为 0.65eV。图 2.30 显示了 JBS 整流器元胞中电场分布的三维视图。肖特基接触位于图的右下方，P^+ 区位于图的顶部。由图可知 PN 结处为大电场强度（4×10^5V/cm）。然而，肖特基接触中间的电场强度大大降低了（2.45×10^5V/cm）。还可以看出，越靠近 PN 结，电场强度越小。因此，可以选择肖特基接触的中间区域——最差电场分布情况来进行漏电流的分析。

元胞间距为 1.25μm 的 JBS 整流器中肖特基接触的中间处的电场强度增加情况如图 2.31 所示。为了将该特性与肖特基二极管的特性进行对比，将肖特基整流器的电场强度增长情况也显示在图 2.32 中。从这些图中显而易见，由于结合了 PN 结，在 JBS 整流器中肖特基接触处的电场强度被抑制。可以通过减小元胞间距来获得肖特基接触处更大的电场强度抑制，间距为 1.00μm 的结构电场增长情况，如图 2.33 所示。

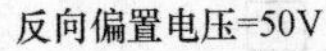

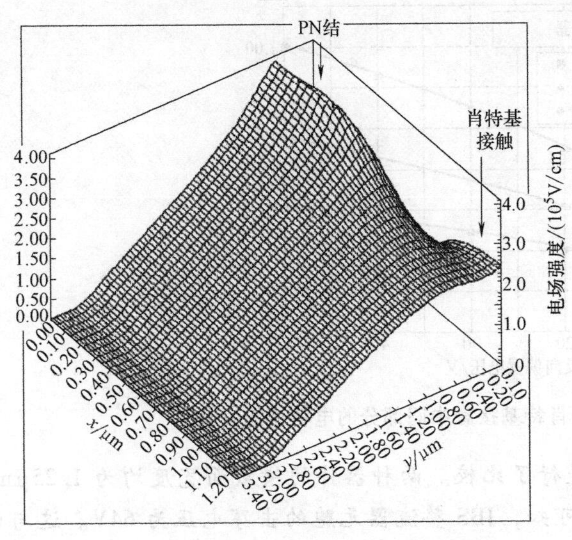

图 2.30 50V 硅 JBS 整流器的电场分布

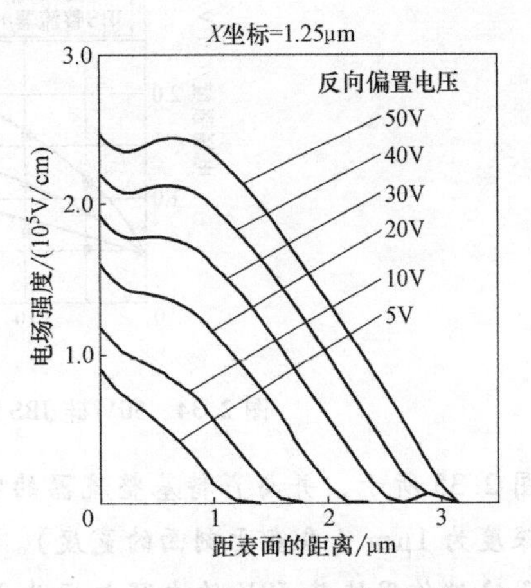

图 2.31 50V 硅 JBS 整流器肖特基接触中间部分的电场强度增加（1）

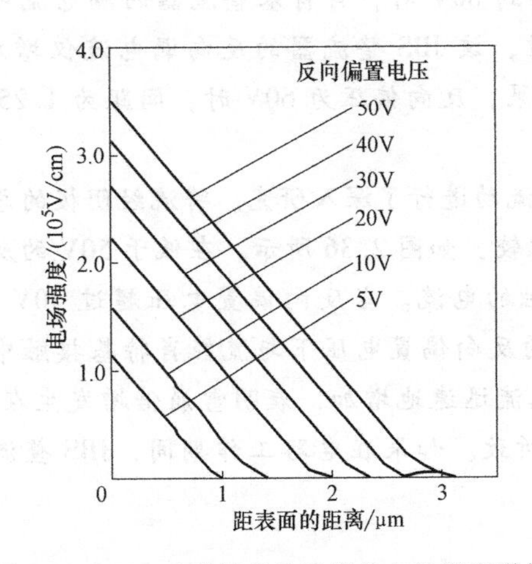

图 2.32 50V 硅肖特基整流器的电场强度增加

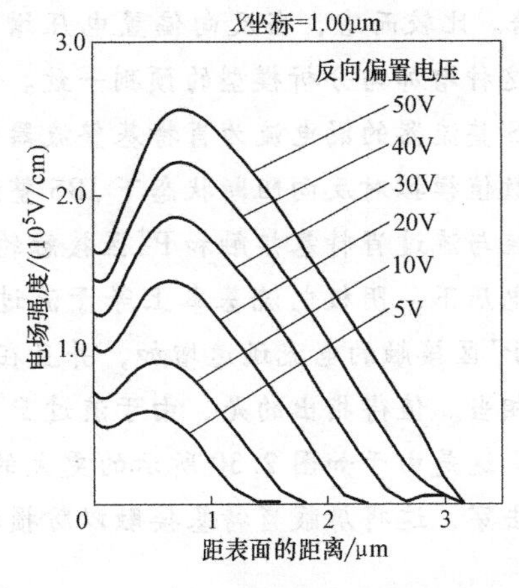

图 2.33 50V 硅 JBS 整流器肖特基接触中间部分的电场强度增加（2）

在 JBS 整流器分析模型中，系数 α 控制肖特基接触中间电场强度增加的速率，该系数可以从二维数值模拟的结果中提取。对于元胞间距（p）为 1.25μm 和 1.00μm 的 JBS 整流器（用各自的符号表示），从数值模拟得到的肖特基接触中间电场强度的增加情况如图 2.34 所示。用解析方程式（2.59）所得到的计算结果用实线表示，通过调整 α 数值，以适合数值模拟的结果。α 等于 1 的情况与预期相当，与肖特基整流器相吻合。元胞间距为 1.25μm 的 JBS 整流器的 α 值为 0.45，而 1.00μm 间距的 α 值为 0.18。利用这些 α 值，分析模型可准确预测肖特基接触处中间的电场特性。因此可用于计算 JBS 整流器中的肖特基势垒高度下降和漏电流。

从数值模拟中得到的元胞间距为 1.25μm 的 50 V 硅 JBS 整流器的反向 i-v 特性，如

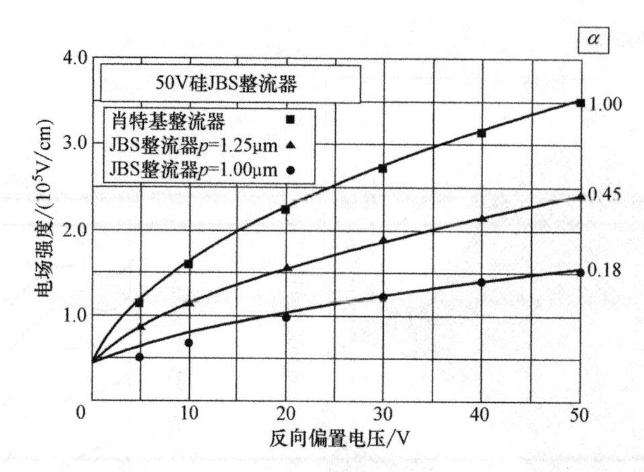

图 2.34　50V 硅 JBS 整流器肖特基接触中间部分的电场增加（3）

图 2.35 所示，并与肖特基整流器的特性进行了比较。两种器件的横截面宽度均为 1.25μm，深度为 1μm（垂直于剖面的宽度）。从图可知，JBS 整流器元胞的击穿电压为 64V。这与由于终端作用使其 50V 的击穿电压为平行平面结的击穿电压的 80%的情况一致。在 JBS 整流器结构中，小反向偏压下，漏电流缩小为原来的 1/2.5。这与 JBS 整流器结构中，肖特基接触面积减少为原来的 1/2.5 一致。当反向电压增加到 60V 时，肖特基整流器的漏电流增加 100 倍。比较而言，当反向偏置电压增加到 60V 时，该 JBS 整流器的反向漏电流仅增加 4 倍。这种增加与分析模型的预测一致。根据模拟结果，反向偏压为 60V 时，间距为 1.25μm 的 JBS 整流器的漏电流为肖特基整流器的 1/75。

数值模拟对反向阻断状态下 JBS 整流器的电流流动进行了深入研究。将流经阴极的总反向电流与流过肖特基接触和 P^+ 区接触的电流进行比较，如图 2.36 所示。在低于 50V 的反向偏置电压下，阴极电流基本上等于流过肖特基接触的电流。当反向偏置电压超过 30V 时，流经 P^+ 区接触的电流迅速增加，并且在 55V 以上的反向偏置电压下与流经肖特基接触中的电流相当。值得指出的是，由于流过 P^+ 区接触的电流迅速地增加，表明雪崩倍增发生在 P^+ 区下，这是由于如图 2.30 所示的更大的局部电场所致。如果在电路工作期间，JBS 整流器被迫击穿，这将屏蔽肖特基接触以防损坏。

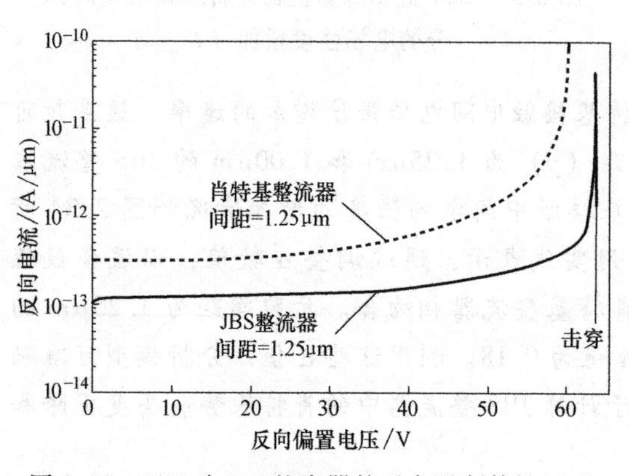

图 2.35　50V 硅 JBS 整流器的反向阻断特性（1）

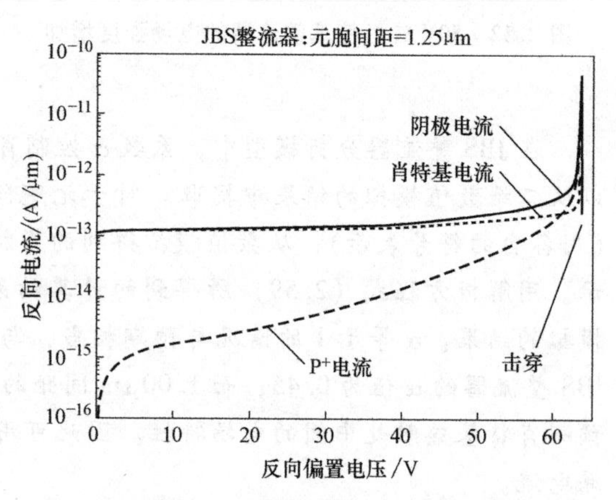

图 2.36　50V 硅 JBS 整流器的反向阻断特性（2）

JBS 整流器结构中肖特基接触的屏蔽作用可通过增加结深来加强。为了说明这一点，在这里分析结深增加到 1.00μm 的情况。为了进行比较，该结构的肖特基接触的尺寸等于间距为 1.25μm，结深为 0.5μmJBS 整流器结构的尺寸。对于各种反向偏置电压，结深为 1.00μm 的结构的电场分布如图 2.37 所示。通过比较图 2.31 中结深为 0.5μm 结构的电场分布，可以观察到肖特基接触中间的电场强度已经降低。这表明 α 的值已经被更大的结深减小了。

图 2.38 比较了不同结深的 JBS 整流器结构，不同的反向偏压下电场强度的增长情况。在该图中，调整分析模型中的 α 值以匹配模拟数据。可以看出，由于较大的纵横比，较大的结深使 α 从 0.45 减小到 0.3。这对于抑制肖特基势垒高度下降和减小漏电流是有益的。更深的结也可以用于边缘终端以增大击穿电压。

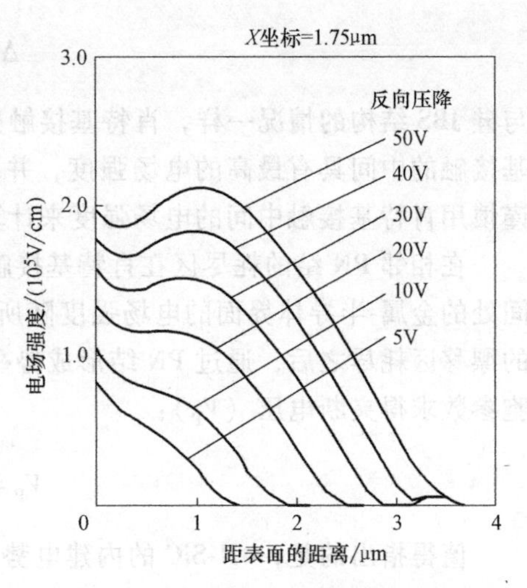

图 2.37　50V 硅 JBS 整流器肖特基接触中间部分的电场强度增加（4）

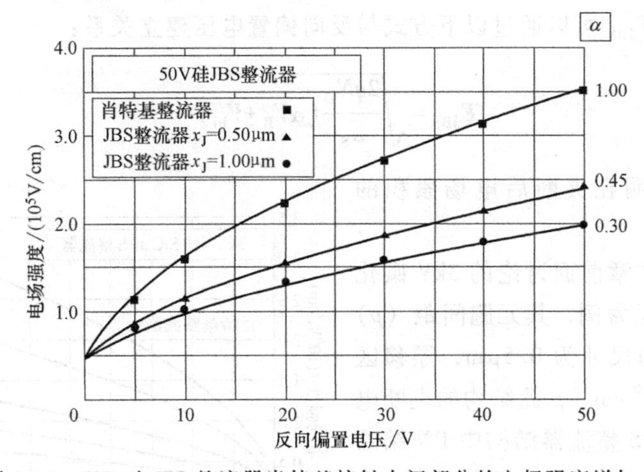

图 2.38　50V 硅 JBS 整流器肖特基接触中间部分的电场强度增加（5）

2. 碳化硅 JBS 整流器：反向漏电流模型

碳化硅 JBS 整流器中的漏电流可以使用与硅 JBS 整流器相同的方法计算。首先，很重要的一点是，JBS 整流器元胞中的肖特基接触面积更小了。第二，在分析肖特基势垒高度降低效应时，必须考虑到由于 PN 结的屏蔽作用，肖特基接触处具有更小的电场强度。第三，在考虑到 PN 结的屏蔽使肖特基接触处具有更小电场强度的同时，还要考虑到热电子场发射电流。经过这些调整之后，碳化硅 JBS 整流器的漏电流可以通过使用式（2.60）计算得出：

$$J_{\mathrm{L}}=\left(\frac{p-s}{p}\right)AT^2\exp\left(-\frac{q\phi_{\mathrm{b}}}{kT}\right)\exp\left(\frac{q\phi_{\mathrm{bJBS}}}{kT}\right)\exp\left(C_{\mathrm{T}}E_{\mathrm{JBS}}^2\right) \tag{2.60}$$

式中，C_{T} 为隧穿系数（对于 4H-SiC，为 $8\times10^{-13}\mathrm{cm}^2/\mathrm{V}^2$）。与肖特基整流器相比，JBS 整流器的势垒高度降低由肖特基接触处减小的电场强度 E_{JBS} 决定：

$$\Delta\phi_{bJBS}=\sqrt{\frac{qE_{JBS}}{4\pi\varepsilon_S}} \tag{2.61}$$

与硅 JBS 结构的情况一样，肖特基接触处的电场强度随距 PN 结距离的变化而变化。在肖特基接触的中间具有最高的电场强度，并且越接近 PN 结越小。在最差条件下使用分析模型，谨慎用肖特基接触中间的电场强度来计算漏电流。

在相邻 PN 结的耗尽区在肖特基接触下产生势垒之前，如肖特基整流器，肖特基接触中间处的金属-半导体界面的电场强度随所施加的反向偏压的增加而增加。在肖特基接触之下的漂移区耗尽之后，通过 PN 结形成势垒。与硅 JBS 整流器结构的情况一样，可以用器件元胞参数求得夹断电压（V_P）：

$$V_P=\frac{qN_D}{2\varepsilon_S}(p-s)^2-V_{bi} \tag{2.62}$$

值得指出的是，4H-SiC 的内建电势远远大于硅。尽管在反向偏压超过夹断电压之后势垒开始形成，但由于肖特基接触电势的侵入，肖特基接触处的电场强度继续上升。与硅 JBS 整流器结构相比，这个问题对于碳化硅结构不那么剧烈，因为 4H-SiC 中的杂质的扩散系数非常低，导致的 PN 结呈矩形形状（可以理解为突变结）。为了分析这一因素对反向漏电流的影响，电场强度 E_{JBS} 可以通过以下方式与反向偏置电压建立关系：

$$E_{JBS}=\sqrt{\frac{2qN_D}{\varepsilon_S}(\alpha V_R+V_{bi})} \tag{2.63}$$

式中，α 为用于说明在夹断后电场累积的系数。

举例说明：以本章前面讨论的 3kV 碳化硅 JBS 整流器的情况为例，其元胞间距（p）为 1.25μm，P^+ 区的尺寸为 0.5μm，漂移区的掺杂浓度为 $1\times10^{16}\ cm^{-3}$，此结构的夹断电压仅为 2V。由于 JBS 整流器结构中 PN 结的二维特性，很难推导出 α 的解析表达式。然而，肖特基接触处电场强度的减少可以通过假设式（2.63）中 α 为不同值来预测。结果如图 2.39 所示，α 值介于 0.05 和 1.00 之间。α 等于 1 对应于没有屏蔽的肖特基整流器结构。从中可以观察到，随着 α 减小，肖特基接触处电场强度显著减少。

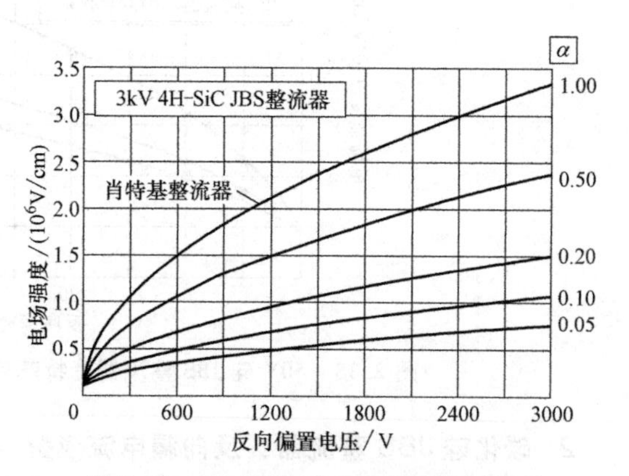

图 2.39 3kV 碳化硅 JBS 整流器肖特基接触的电场分布

由于 JBS 结构中 PN 结的屏蔽作用，肖特基接触处电场强度的减少对肖特基势垒高度下降的影响如图 2.40 所示。如果没有 PN 结的屏蔽，肖特基整流器会出现 0.22eV 的势垒高度下降。这比硅器件要大得多，因为（肖特基）接触处的电场强度较大。在 4H-SiC JBS 整流器结构中，势垒高度降低到 0.15eV 时，α 值为 0.2。这些较小的 α 值适用于碳化硅结构，因为 PN 结的矩形形状有利于在肖特基接触处产生更强的屏蔽。

正如前面所讨论的那样，当 3kV 肖特基整流器的电压升高到 2500V 时，碳化硅的较大势垒高度降低与热电子场发射电流一起导致漏电流增加 6 个数量级。把这种现象重新画在

图 2.41 中，α 为 1 时的势垒高度为 0.8eV。从中可以看出，由于 JBS 整流器结构中的屏蔽，漏电流大大降低。对于间距为 1.25μm 的 4H-SiC JBS 整流器结构，0.5μm 的注入窗口以及 0.5μm 的结深，肖特基接触面积降至元胞面积的 60%。这使得在低反向偏压下的漏电流成比例降低。更重要的是，PN 结的存在抑制了肖特基接触处的电场强度，随着反向偏压的增加，大大降低了漏电流的增加速率。当 α 的值为 0.5，反向偏压达到 3kV 时，漏电流密度降低为肖特基整流器的 1/570，α 值为 0.2 时，漏电流密度降低到肖特基整流器的 1/36000。这表明，4H-SiC JBS 整流器结构能够对反向功耗有巨大的改进，同时通态压降略有增加。

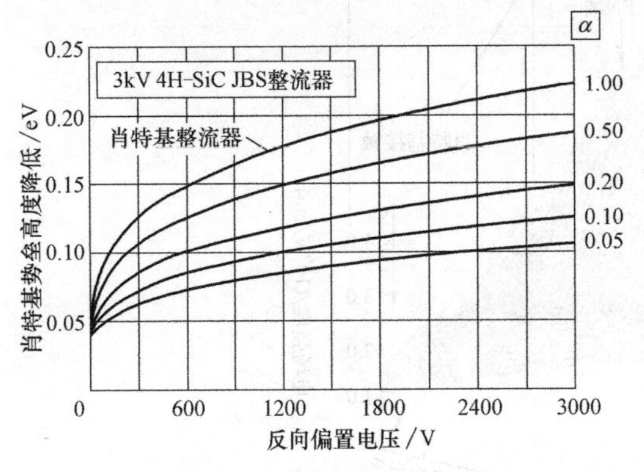

图 2.40　不同 α 值的 3kV 碳化硅 JBS 整流器肖特基势垒高度降低

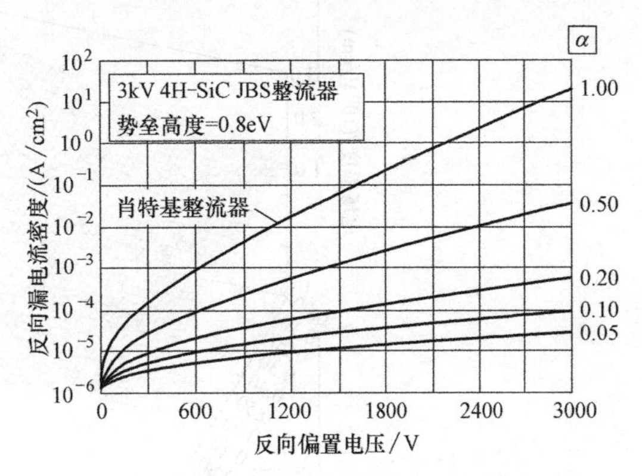

图 2.41　不同 α 值的 3kV 碳化硅 JBS 整流器反向漏电流

然而，在 300K 下，α 为 0.5 的 JBS 整流器，当肖特基势垒高度为 0.8eV 时，漏电流密度导致在 3000V 的反偏压下的功耗为 $100W/cm^2$。通过增加肖特基势垒高度可以减小反向阻断模式下的功耗。例如，如果势垒高度从 0.8eV 增加到 1.1eV，则漏电流减小 5 个数量级，如图 2.42 所示。这足以将反向阻断模式下的功耗降低到正向导通模式的功耗以下，即使在高温下也能保证整流器的稳定工作。势垒高度的这种变化将增加 0.3V 的导通压降，前面的图 2.24 所示的 *i-v* 特性被平移至更大的压降。1.1eV 势垒高度的 4H-SiC JBS 整流器的通态压降仅为 1V，这对于设计承担 3000V 的整流器来说是非常好的选择。

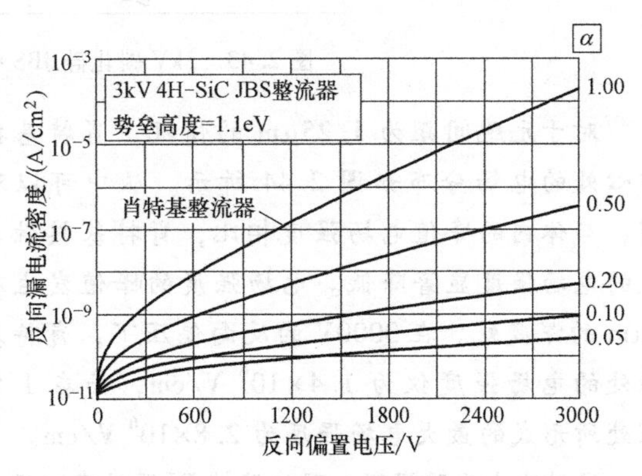

图 2.42　不同 α 值的 3kV 碳化硅 JBS 整流器反向漏电流

模拟示例

为了验证碳化硅 JBS 整流器的反向阻断特性模型，对漂移区掺杂浓度为 $1\times10^{16}cm^{-3}$，厚度为 20μm，击穿电压为 3000V 的结构进行分析研究。下面进行二维数学模拟，保持 1μm 的注入窗口（$2s$）不变，通过改变间距（p）改变 P^+ 区域之间的间距。通过改变 P^+ 区域的结深，以观察其对肖特基接触处电场强度减少的影响。

在 3000V（恰好在击穿之前）的反向偏压下，元胞间距为 1.25μm 的 3000V 4H-SiC JBS

整流器结构中的三维电场分布视图如图 2.43 所示。由图可以看出，最大电场强度出现在 PN 结处，并且肖特基接触处电场强度得到了抑制。值得指出的是，肖特基接触处的最大电场强度出现在距 PN 结最远的位置（对于图 2.43 中的结构，$x=1.25\mu m$）。因此，由于势垒高度下降和隧穿的原因在这个位置会产生最大漏电流。因此，肖特基接触的最大电场强度将用于 4H-SiC JBS 整流器的反向漏电特性的分析。

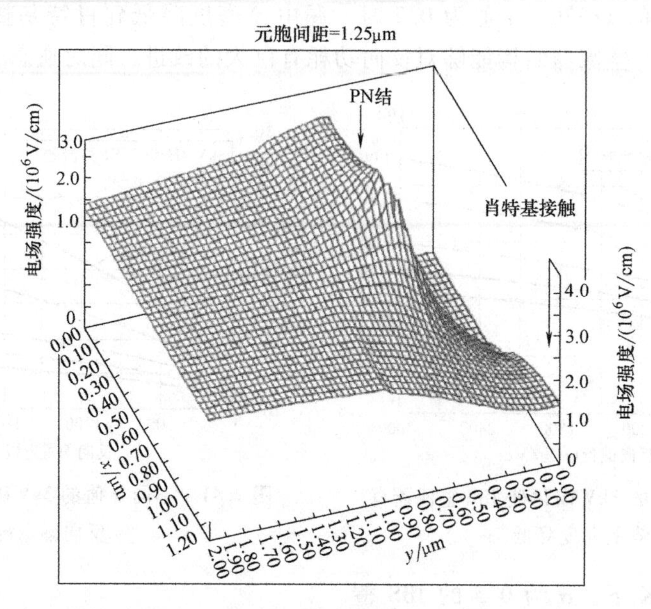

图 2.43　3kV 碳化硅 JBS 整流器的三维电场分布

对于元胞间距为 1.25μm 的情况，肖特基接触中心处的电场分布如图 2.44 所示。从中可以观察到，与体内的峰值电场强度相比，肖特基接触表面处的电场强度显著降低。电场强度的峰值发生在约 2μm 的深度处。在 3000V 的反向偏压下，肖特基接触处的电场强度仅为 1.4×10^6 V/cm，而在 1.5μm 深处所形成的最大电场强度为 2.8×10^6 V/cm。

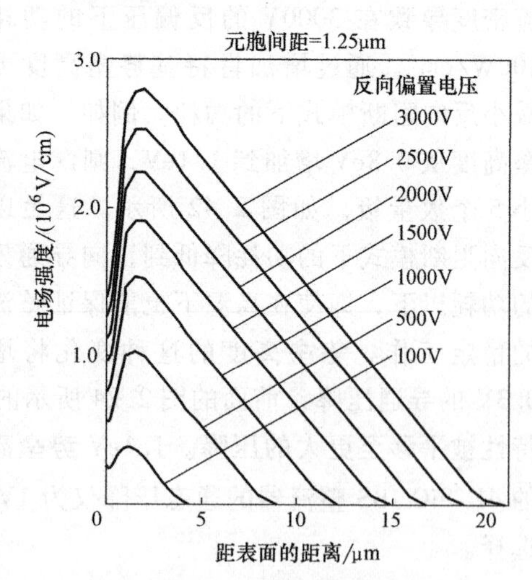

图 2.44　3kV 碳化硅 JBS 整流器在各种电压下的电场分布（1）

通过减小元胞间距，同时保持 P^+ 区的窗口尺寸不变，可以实现肖特基接触处的电场强度进一步减少。元胞间距为 1.00μm 的情况如图 2.45 所示。当反向偏置电压达到 3000V 时，肖特基接触处的电场强度仅为 7×10^5V/cm，最大电场强度为 2.8×10^6V/cm。由于 P^+ 区之间的距离在较小的反向偏置电压下耗尽，并且由于较大的沟道纵横比而在接触下形成较大的势垒高度，因此使肖特基接触处电场强度减小更加强烈。随着反向偏置电压的增加，较大的势垒高度抑制了肖特基接触处电场强度的增加。这对于漏电流随反向偏置电压的增加而增加的抑制具有非常强的影响。

由数值模拟所得的，不同元胞间距的肖特基接触的电场强度随反向偏置电压的增加而增加的关系绘于图 2.46 中。将这些数据点与使用分析模型所获得的如实线所示计算值进行比较。调整 α 的值以使得与每个元胞间距的模拟数据具有良好匹配。与具有相同结深和间距 d 的硅 JBS 整流器结构相比，碳化硅 JBS 整流器结构的 α 值更小。这是由于碳化硅结构中的 PN 结为矩形形状，而硅结构中的结为平面圆柱形。肖特基接触下的结的矩形形状产生更大的势垒高度，从而更大程度上抑制了（肖特基）接触处的电场强度。在分析模型中，这可以用式（2.63）中较小值 α 系数来解释。

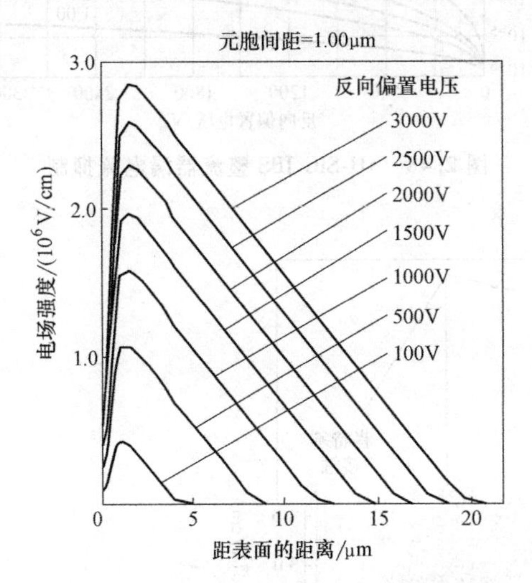

图 2.45　3kV 碳化硅 JBS 整流器在各种电压下的电场分布（2）

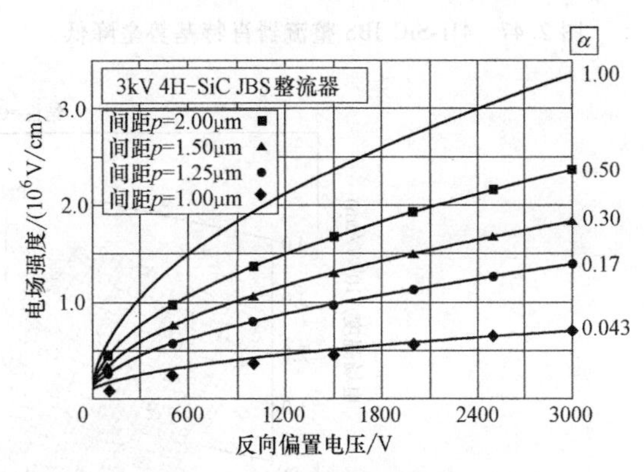

图 2.46　3kV 碳化硅 JBS 整流器在各种电压下的电场分布（3）

对于碳化硅结构，当间距超过 2μm 时，（肖特基）接触处的电场强度接近体内的最大值。然而，当间距减小到 1.25μm 时，（肖特基）接触处的电场强度变成不到正常肖特基整流器结构的一半。肖特基接触处电场强度的减小有利于抑制肖特基势垒高度降低效应。用分析模型对 4H-SiC JBS 整流器的肖特基势垒高度下降进行了计算，并与普通肖特基整流器结构进行了比较，如图 2.47 所示。从中可以观察到，元胞间距为 1.25μm 的 JBS 整流器的肖特基势垒高度降低仅为 0.143eV，而普通肖特基整流器为 0.223eV。

4H-SiC JBS 整流器结构中肖特基接触处的较小电场强度大大降低了漏电流，因为该结构不仅抑制了肖特基势垒高度降低效应，还抑制了隧穿电流。漏电流的减少如图 2.48 所示。元胞间距为 1.25μm 时，在击穿电压附近的反向阻断电压下，漏电流减小到肖特基整流器的 1/100000。由于 1.25μm 的间距被证明可以产生良好的通态特性（见图 2.25），所以该值对于阻断电压为 3000V 的 4H-SiC JBS 整流器来说是最佳的。

通过增加 P^+ 区的结深可以实现对 4H-SiC JBS 整流器中肖特基接触处的电场强度的更大抑制。这可以通过使用各种能量的硼离子注入来完成。举例说明：以结深为 0.9μm 情况下数值模拟的结果为例。与硅结构的情况不同，在碳化硅结构的情况下，由于在离子注入层的退火期间没有横向扩散，所以元胞间距不必增大。在 3000V 的反向偏压下（击穿之前），1.25μm 元胞间距的 3kV 4H-SiC JBS 整流器结构中的三维电场分布如图 2.49 所示。从中可以看出，肖特基接触处的电场强度比 0.5μm 的结深的电场强度抑制得强烈。肖特基接触处的最大电场强度从 1.4×10^6V/cm（见图 2.43）降至 0.6×10^6V/cm。

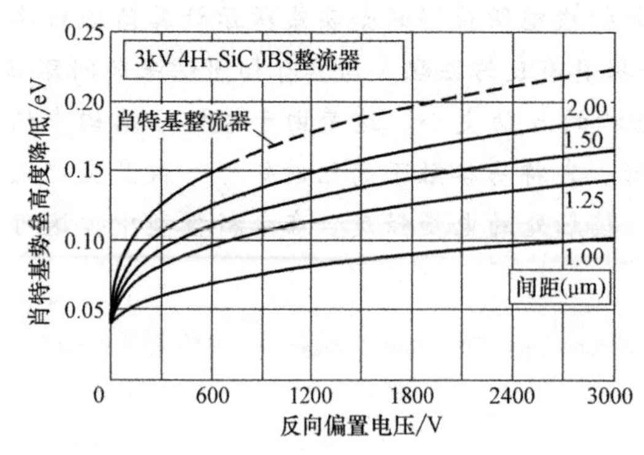

图 2.47　4H-SiC JBS 整流器肖特基势垒降低

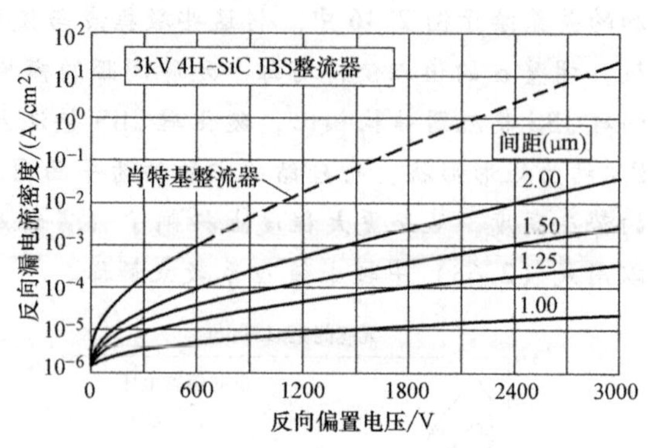

图 2.48　4H-SiC JBS 整流器漏电流抑制

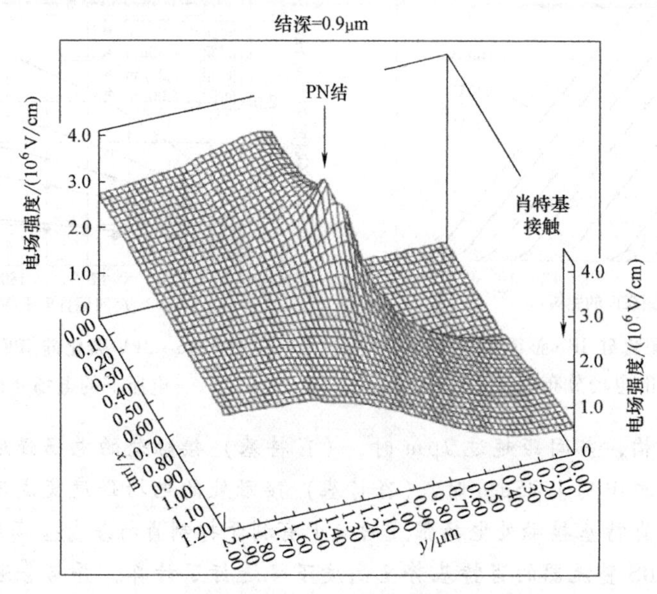

图 2.49　3kV 4H-SiC JBS 整流器电场分布

P^+区结深对肖特基接触处电场强度抑制程度的影响如图 2.50 所示。在该图中，元胞间距保持在 1.25μm，而结深度从 0.1 增加到 0.9μm。数据点提取于二维数值模拟。实线是通过使用不同的 α 所获得的分析值，α 的选取原则是使分析值与数值模拟的数据相匹配。从图中可以看出，α 的值随着结深的增加而减小，因为当结深变大时，在金属接触下形成更大的势垒高度。基于这些结果，可以得出结论，对于元胞间距为 1.25μm 的 JBS 整流器，0.5μm 的结深足以抑制肖特基接触下的电场强度。

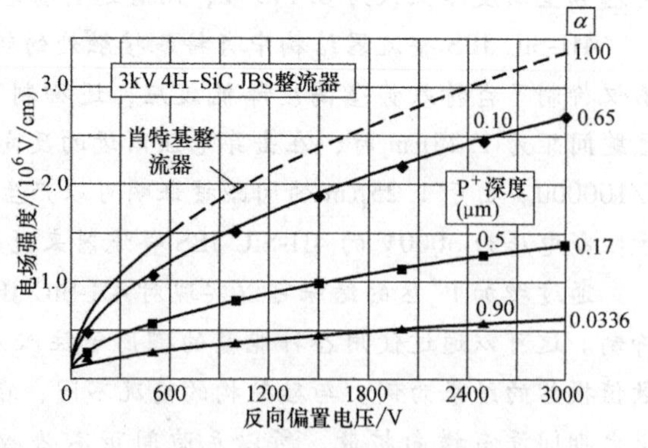

图 2.50　4H-SiC JBS 整流器各种电压下的电场分布

JBS 整流器中肖特基接触下方电流传导区的纵横比，对（肖特基）接触处电场强度的抑

制有很大的影响，影响程度由式（2.59）和式（2.63）中的系数 α 给予量化。纵横比的定义为

$$\mathrm{AR}=\frac{L}{2a} \tag{2.64}$$

式中，L 为长度；$2a$ 为 JFET 结构中沟道的宽度。硅 JBS 整流器结构和碳化硅 JBS 整流器结构的等效尺寸如图 2.51 所示。基于该图，纵横比可以通过将 P^+ 区域的结深（x_J）除以 JBS 整流器中的接触处的 PN 结之间的间距来计算。在硅 JBS 整流器结构中，由于必须考虑 P^+ 区域的横向扩散，因此可以通过使用 $2(p\text{-}s\text{-}x_J)$ 来获得 PN 结之间的（肖特基）接触处宽度。在碳化硅 JBS 整流器结构的情况下，由于 P^+ 区域的横向扩展可忽略不计，因此可以通过使用 $2(p\text{-}s)$ 表示 PN 结之间的间距。

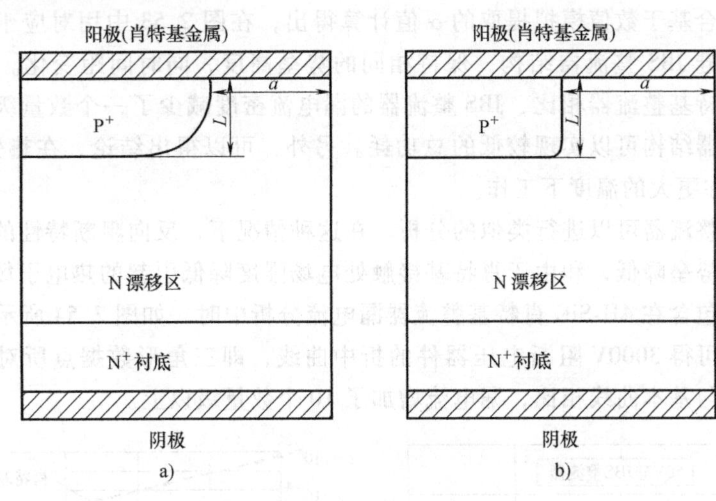

图 2.51　纵横比参数

a）硅 JBS 整流器　b）碳化硅 JBS 整流器

从数值模拟得到的，用于硅和碳化硅 JBS 整流器的系数 α 随纵横比的变化如图 2.52 所示。从中可以观察到，系数 α 随纵横比呈指数倍数变化。与具有相同纵横比的硅器件相比，碳化硅器件的尺寸更小。因为与碳化硅器件的矩形 P^+ 区相比，硅器件 P^+ 区为圆柱形，因此电场强度不能得到相同程度的抑制。JBS 结构因此特别适合于改善碳化硅肖特基整流器的性能。

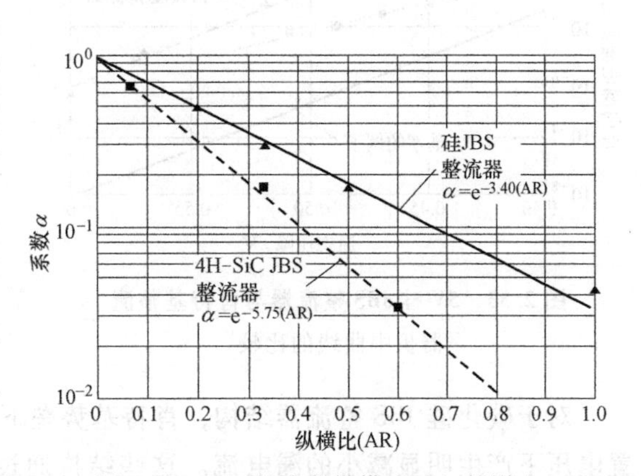

图 2.52　JBS 整流器纵横比对 α 的影响

3. 折中曲线

在优化肖特基整流器的结构时，通过改变肖特基势垒高度，可以使特定占空比和工作温度下的功耗最小化。较小的势垒高度降低了通态压降，降低了通态功耗，而较大的势垒高度降低了漏电流，从而减少了反向阻断功耗。根据占空比和温度的不同，最佳功耗发生在最佳势垒高度。基于这些不依赖于半导体材料的考虑，在书中研究了通态压降和漏电流之间的基本折中曲线。但是，基本的折中曲线不包括

串联电阻对通态压降的影响。更重要的是，它排除了肖特基势垒高度下降和击穿雪崩前倍增效应对肖特基整流器漏电流增加的强烈影响。

当计算硅肖特基整流器压降包含漂移区的压降时，肖特基势垒高度降低和击穿前雪崩倍增的影响被计入漏电流的计算中，折中曲线大幅度下降，如图 2.53 的与三角形数据点相对应的虚线所示。在该图中，通过改变肖特基势垒高度来生成硅肖特基整流器的折中曲线。对于 0.45V 的通态压降，与基本折中曲线相比，肖特基整流器的漏电流增加了两个数量级。

在硅 JBS 整流器中，肖特基势垒降低效应由于（肖特基）接触处的电场强度降低而得到改善。另外，由于肖特基接触附近的电场强度的大幅降低，流经肖特基接触电流的击穿前雪崩倍增效应得到了抑制。正如本章前面所指出的，由于 JBS 整流器中 PN 结处的电场强度较大，因此击穿转移到的 PN 结处。JBS 整流器结构的折中曲线通过使用本章前面部分提供的分析模型，结合基于数值模拟提取的 α 值计算得出，在图 2.53 中用对应于方形数据点的虚线表示。对于硅 JBS 整流器结构，保持相同的势垒高度，同时间距变化。对于 0.45V 的通态压降，与肖特基整流器相比，JBS 整流器的漏电流密度减少了一个数量级。这意味着通过使用 JBS 整流器结构可以实现较低的总功耗。另外，可以得出结论，在热失控开启之前，JBS 整流器可以在更大的温度下工作。

碳化硅 JBS 整流器可以进行类似的分析。在这种情况下，反向阻断特性的主要改进是由于抑制了肖特基势垒降低，和由于肖特基接触处电场强度降低引起的热电子场发射电流的降低。当这些现象包含在 4H-SiC 肖特基整流器漏电流分析中时，如图 2.54 所示，通过改变肖特基势垒高度，可得 3000V 阻断电压器件的折中曲线，即三角形数据点所对应的虚线。从中可以观察到，与基本曲线相比，漏电流增加了 10 个数量级以上。

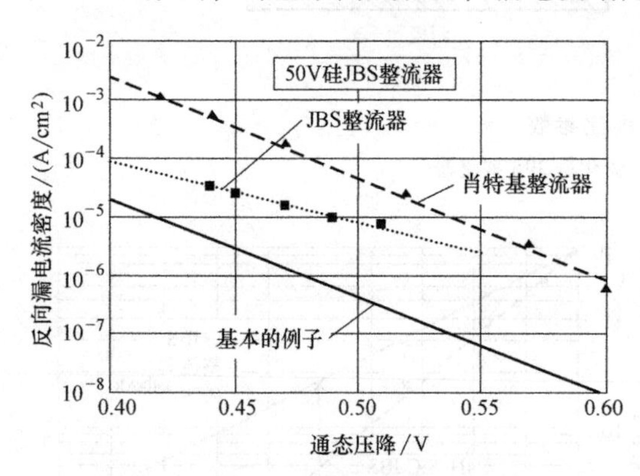

图 2.53　5V 硅 JBS 整流器与肖特基整流器折中曲线的比较

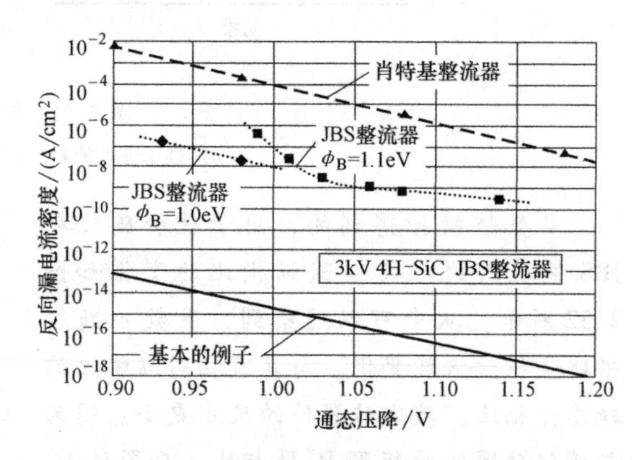

图 2.54　3kV 4H-SiC JBS 整流器与肖特基整流器折中曲线的比较

对于碳化硅 JBS 整流器结构，肖特基势垒下降和热电子场发射现象被抑制，在大反向偏置电压下产生明显减小的漏电流。这些结构通过改变元胞间距获得的折中曲线也在图 2.54 中用虚线示出。从中可以观察到，对于在 1.0~1.1V 范围内的相同通态压降，漏电流比肖特基整流器小 4 个数量级。对于 1.1eV 的势垒高度，通过增加元胞间距可以为 JBS 整流器获得的最小通态压降约为 0.97V。因此，当元胞间距增加到 1.5μm 以上时，其性能开始接近肖特基整流器的性能。然而，如果肖特基势垒高度降低到 1.0eV，同时保持小的元胞间距以抑制漏电流，JBS 整流器的折中曲线仍然比肖特基整流器好 4 个数量级，即使对于低于 1V 的通态压降，如图 2.54 所示。

PN 结对肖特基接触在半导体中所产生大电场强度的屏蔽，可以显著改善肖特基整流器的漏电流特性。在硅器件中，肖特基接触处电场强度的减少抑制了肖特基势垒降低和击穿前雪崩倍增效应现象。这使漏电流减少了一个数量级，但是由于肖特基接触面积的损失使通态压降增加。在碳化硅器件中，肖特基接触处电场强度的减少抑制了肖特基势垒降低和热电子场发射电流的形成，使漏电流降低 4 个数量级。因此，这种方法更有利于碳化硅肖特基整流器的开发。

2.3　沟槽肖特基势垒控制肖特基（TSBS）二极管

将 PN 结引入到肖特基二极管中，形成二维电荷耦合降低肖特基接触的表面电场，可降低硅和碳化硅肖特基二极管在高反向偏置电压下的漏电流。这种方法的缺点之一是需要在非常高的温度下对离子注入的 P 型区进行退火来激活掺杂并消除晶格损伤。在高温下，半导体表面会形成裂解键（dissociation），这必会降低之后形成的金属-半导体结的质量。虽然这个问题出现在硅器件中，但由于碳化硅器件激活离子注入区所需的退火温度更高（约 1600℃），因此这个问题更加严重。

第二种改善势垒降低效应的方法：在垂直肖特基整流器中，利用第二个势垒高度更大的肖特基接触来屏蔽主肖特基接触。其基本思路是：利用间距较近的高势垒的肖特基接触形成一个势垒，屏蔽用来传导电流的低（主）势垒肖特基接触，避免在半导体中产生的大电场强度。为了在主肖特基接触下产生高势垒，要在垂直壁沟槽内设置第二个高势垒肖特基金属。因此这个器件被命名为："沟槽肖特基势垒控制肖特基（TSBS）二极管"。

TSBS 二极管的结构如图 2.55 所示。该结构由设置在沟槽区的高势垒金属组成，以产生势垒。该势垒可以在反向阻断模式下屏蔽低（主）势垒高度的肖特基接触（在位置 B 处）。势垒的大小取决于沟槽和沟槽之间的间距。较小的间距和较大的沟槽深度有助于增加势垒的大小，从而导致肖特基接触处电场强度能够得到更大的减少。肖特基接触处电场强度的减小使势垒降低效应和场发射效应减弱，这有利于降低高反向偏置电压下的漏电流。然而，在沟槽中的金属尖角处会产生大电场强度，导致器件元胞结构内阻断压降低。合理优化元胞结构可以保证元胞击穿电压高于边缘终端处的击穿电压。

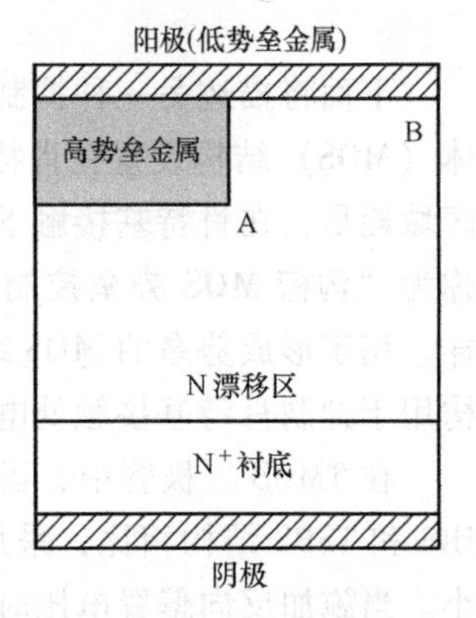

图 2.55　TSBS 二极管结构

沟槽之间间距的选取原则是：保证主肖特基接触（低势垒高度）的下方有未耗尽区域存在，该区域使器件在导通期间能以低通态压降实现单极传导。在 TSBS 整流器中，由于沟槽内的金属势垒高，因此流过沟槽的电流相对较小。由于硅的带隙小，所以主接触处和沟槽金属之间的势垒差难以超过 0.3eV。碳化硅具有较大的带隙，这使得主接触与沟槽金属间有可能产生更大的势垒差。因此，TSBS 理念非常适合开发击穿电压非常高的碳化硅结构。

TSBS 结构的制作：首先将主接触区的低势垒金属沉积在原始半导体表面来获得高质量的界面。然后在金属层上以一定图案的形式形成制作沟槽的窗口。如果使用合适的化学物质进行等离子反应刻蚀，在刻蚀半导体形成自对准沟槽时，金属可用作阻挡层。然后可以蒸发第二种高势垒的金属填充沟槽并覆盖第一层金属形成元胞结构。当然，在边缘第二层金属必须以一定的图案的形式形成器件的终端。图 2.55 所示的结构，可以生产硅和碳化硅两种器件。因此，只需为两种半导体制成的 TSBS 二极管创建一个基本模型。但是，如下所述，适用于硅和 4H-SiC 的肖特基势垒高度的差异会导致器件优化时存在一些差异。

在硅 JBS 整流器中，用退火过程形成的 PN 结为平面结，其横向延伸如图 2.10 所示。横向扩散所占据的附加面积使通态特性变差。而且，随着反向阻断电压增加，圆柱形状使阴极电势侵入到肖特基接触，使其电场增强。与硅 JBS 整流器相比，TSBS 二极管结构沟槽中的矩形金属接触可产生优异的通态特性和反向阻断特性。

与 JBS 整流器结构情况一样，假设由于终端原因，击穿电压大约降低到理想平行平面结的 80%。漂移区掺杂浓度的计算见式（2.23）和式（2.24）。

对 TSBS 二极管的通态特性的分析可采用 JBS 整流器的从 PN 结底部以 45°为电流扩散角的 C 模型。该模型既适合应用于硅 TSBS 二极管，也适合应用于碳化硅 TSBS 二极管通态电流的分析。这里不再赘述。

由于主肖特基接触金属-半导体界面具有更小电场强度的原因，所以与肖特基整流器相比，TSBS 二极管中的反向漏电流更小。此外，主肖特基处接触面积占总元胞面积的一小部分而导致较小的反向电流形成。在硅 TSBS 二极管情况下，被减小的肖特基接触处的电场强度抑制了势垒降低效应。在碳化硅 TSBS 二极管情况下，减小的电场强度不仅减小势垒降低效应，且还可以减轻热电子场发射效应。

2.4 沟槽 MOS 势垒控制肖特基（TMBS）二极管

下面将描述另一种抑制肖特基接触处电场强度的方法。这种方法是将金属-氧化层-半导体（MOS）结构设置在肖特基接触周围所刻蚀的沟槽内。在反向偏压状态下，沟槽之间的区域耗尽，在肖特基接触下产生势垒，避免在半导体体内产生大电场强度。这种器件结构被称为“沟槽 MOS 势垒控制肖特基（TMBS）二极管”结构。与 JBS 和 TSBS 二极管结构一样，用于形成势垒的 MOS 结构深度与总漂移区厚度相比比较小。在该器件理念中，MOS 结构用于抑制肖特基接触处电场强度，但不能用于形成漂移区中的电场。

在 TMBS 二极管中，当二极管正向偏置时，设计通态电流流经沟槽间未耗尽的间隙。与 JBS 和 TSBS 结构相比，采用 MOS 结构，沟槽间的空间很少耗尽，这使得该区域的电阻更小。当施加反向偏置电压时，MOS 结构形成深耗尽区，深耗尽区在沟槽间延伸，在肖特基接触下形成势垒。这抑制了肖特基接触处的电场强度，防止在普通肖特基整流器中出现的由反向偏置电压所引起的漏电流的大量增加。在设计 TMBS 整流器时，要观察氧化层中的电场强度以确保其处于硅器件的可靠工作范围之内。对于碳化硅器件来说，氧化层中的电场强度超过了引起破坏性失效的损坏强度。因此 TMBS 概念不适用于碳化硅器件的开发。

（TMBS）二极管结构如图 2.56 所示。由 MOS 沟槽区和肖特基区组成，在反向阻断状态下，形成势垒能够屏蔽肖特基接触（在位置 B 处）。势垒的大小取决于沟槽间距和沟槽深度。较小的间距和较大的沟槽深度有利于增加势垒的大小，从而导致肖特基接触处电场强度有更大的减小。肖特基接触处电场强度的减小使势垒降低效应和场发射效应减弱，这有利于降低高反向偏压下的漏电流。然而，在沟槽的尖角处会产生大电场强度，导致氧化层中的局部大电场强度的产生，从而降低了可靠性。此外，在肖特基接触的B位置下产生的势垒也取决于氧化层厚度。

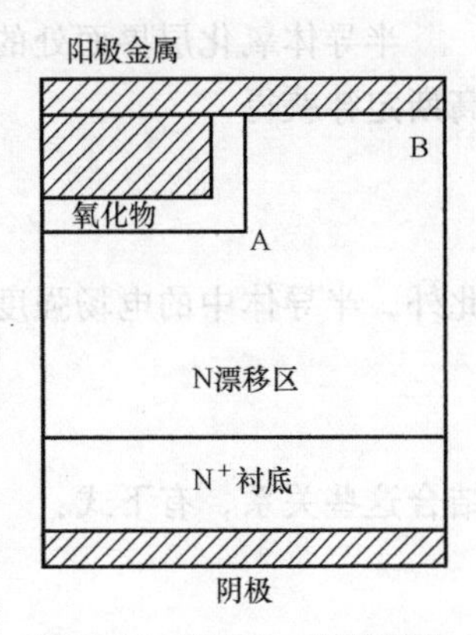

图 2.56 TMBS二极管结构

沟槽间距的选择原则：在通态期间肖特基接触下存在未耗尽区，能实现单极型传导，并具有低通态压降。在导通电流传导期间，内置MOS结构的沟槽间的空间很少耗尽。与JBS和TSBS二极管相比，这有利于减小沟槽间漂移区的电阻。

TMBS结构首先可以通过在半导体表面上淀积的氮化硅层来制造。该氮化硅以一定的图案形式开窗口，用来腐蚀沟槽。沟槽用氮化硅作为掩模层，采用反应等离子刻蚀工艺形成。然后通过热氧化在沟槽底部和侧壁的硅表面上形成氧化层。在该工艺中，硅表面的氮化硅用来作为掩模，以防止上表面的硅被氧化。选择性地去除硅表面的氮化硅层，同时将氧化层保留在沟槽的侧壁和底部。然后蒸发阳极金属来填充沟槽并覆盖上表面，形成元胞结构。

硅和碳化硅器件都以如图2.56所示的相同器件结构生产。然而，在碳化硅器件的情况下，氧化层中产生的大电场强度阻碍了器件的发展。

与JBS二极管的情况一样，将假设击穿电压因终端而降低到大约为理想平行面结的80%。掺杂浓度的计算也如JBS一样必须考虑到击穿电压的降低：

$$N_D = \left(\frac{5.34\times10^{13}}{BV_{PP}}\right)^{4/3} \tag{2.65}$$

式中，BV_{PP} 为平行平面的击穿电压。

TMBS结构中肖特基接触处的最大耗尽层宽度为器件的击穿电压（BV）下的耗尽层宽度，由式（2.66）给出的：

$$t = W_D(BV) = \sqrt{\frac{2\varepsilon_S BV}{qN_D}} \tag{2.66}$$

然而，计算MOS沟槽下的耗尽层宽度时，必须考虑在深耗尽条件下运行时半导体与氧化层所承担的电压。

在反向阻断模式下TMBS二极管MOS沟槽区下的电场分布如图2.57所示。

施加到阴极的正电压由氧化层和半导体共同承担。由于在MOS结构附近存在肖特基接触，所以不能在半导体氧化层界面形成反型层。然而，半导体工作在深耗尽模式时，耗尽层宽度由半导体氧化层界面处的电场强度决定（如图中 E_1 所示）。由于施加的反向偏置电压（V_R）由氧化层和半导体共同承担，则

$$V_R = V_{OX} + V_S = E_{OX} t_{OX} + \frac{1}{2} E_1 W_{D,MOS} \tag{2.67}$$

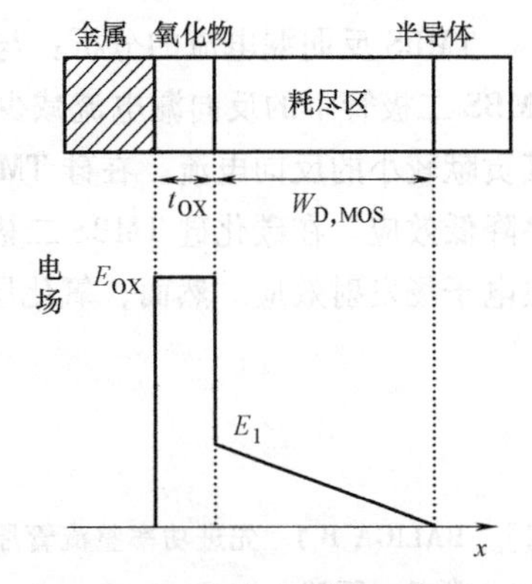

图 2.57 阻断模式下TMBS二极管MOS沟槽区下的电场分布

式中，V_{OX} 为氧化层承担的电压；V_S 为半导体内承担的电压。

半导体氧化层界面处的电场强度（E_1）和氧化层的电场强度（E_{OX}）之间的关系通过高斯定律获得

$$E_{OX}=\frac{\varepsilon_S}{\varepsilon_{OX}}E_1 \tag{2.68}$$

此外，半导体中的电场强度（E_1）与耗尽层宽度之间的关系为

$$E_1=\frac{qN_D}{\varepsilon_S}W_{D,MOS} \tag{2.69}$$

结合这些关系，有下式：

$$V_R=\frac{qN_D}{C_{OX}}W_{D,MOS}+\frac{qN_D}{2\varepsilon_S}W_{D,MOS}^2 \tag{2.70}$$

式中，C_{OX} 为沟槽氧化层的比电容（ε_{OX}/t_{OX}）。求解该二次方程可得沟槽氧化层下半导体中耗尽层的宽度：

$$W_{D,MOS}=\frac{\varepsilon_S}{C_{OX}}\left\{\sqrt{1+\frac{2V_RC_{OX}^2}{q\varepsilon_SN_D}}-1\right\} \tag{2.71}$$

示例：对于掺杂浓度为 $8\times10^{15}\text{cm}^{-3}$ 的漂移区，MOS 沟槽区下的耗尽层宽度如图 2.58 所示。氧化层厚度从 250Å 变化到 1000Å。突变 P^+N 结的耗尽层宽度也用虚线包括在该图中用于比较。从中可以看到，MOS 结构的耗尽层宽度小于 PN 结的耗尽层宽度，这是因为所施加的反向偏压的一部分由氧化层承担。然而，耗尽层宽度的差异仅为 10%左右。

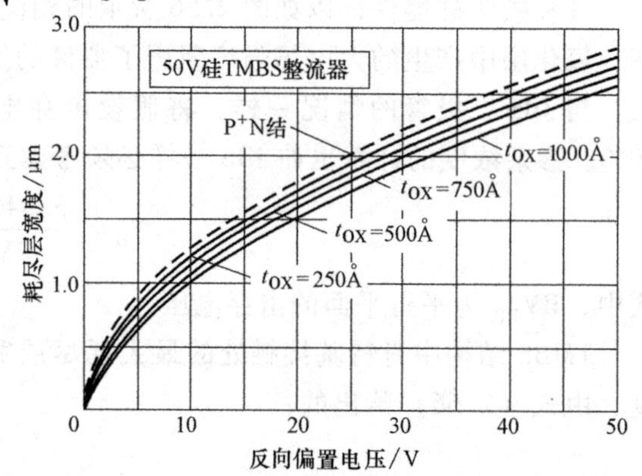

图 2.58　50V 硅 TMBS 二极管中 MOS 沟槽区下的耗尽层宽度

TMBS 的通态特性分析：对 TMBS 二极管通态特性的分析可采用 JBS 二极管的从 PN 结底部以 45°为电流扩散角的 C 模型。因为 MOS 结构的沟槽也是矩形形状，所以可将该模型应用于硅和碳化硅 TMBS 二极管。

TMBS 反向漏电流的分析：与肖特基整流器相比，由于金属-半导体界面的电场强度较小，TMBS 二极管中的反向漏电流减少。此外，肖特基接触面积是总元胞面积的一部分，从而导致其贡献较小的反向电流。在硅 TMBS 二极管的情况下，肖特基接触处电场强度的减小抑制了势垒降低效应。在碳化硅 TMBS 二极管中，减小的电场强度不仅减弱了势垒降低效应，还减弱了热电子场发射效应。然而，氧化层中产生的大电场强度阻碍了该结构的可靠运行。

参考文献

[1]　BALIGA B J. 先进功率整流管原理、特性和应用［M］. 关艳霞，潘福泉，等译. 北京：机械工业出版社，2020.

[2]　BALIGA B J. 功率半导体器件基础［M］. 韩郑生，等译. 北京：电子工业出版社，2013.

[3]　施敏，伍国珏. 半导体器件物理［M］. 耿莉，张瑞智，译. 西安：西安交通大学出版社，2008.

第3章　双极型功率二极管

传统的双极型功率整流管为 PiN 结构。本章主要分析 PiN 功率整流二极管的反向特性、正向特性和开关特性，在此基础上分析 MPS 二极管的正向特性、反向特性和开关特性。

第8讲　PiN 二极管的结构及耐压设计

第9讲　PiN 二极管的终端技术

3.1　PiN 二极管的结构与静态特性

3.1.1　PiN 二极管的结构

根据 PN 结理论，PN 结的一侧必须是轻掺杂才能获得高阻断电压。对于高压半导体器件来说（高于 1kV），通常 N 型区为低掺杂，原因如下：

1）中子嬗变技术能形成非常低、非常均匀的 N 型掺杂；

2）对于给定的电压等级，P^+N 结构的芯片厚度比 N^+P 结构的更薄，这非常重要，因为功率半导体器件损耗的增长大约以厚度的二次方上升。

设计高反向耐压 PN 结二极管的一个重要问题是，掺杂水平在 $10^{19}cm^{-3}$ 以下的 N 型区将与金属产生很大的接触电阻，这对于工作在大电流密度下的功率半导体器件来说是不能被接受的。因此，N 型区为低掺杂的二极管在高电压的应用场合是不可行的。

如果 N 型区高掺杂，P 型区低掺杂，那么就没有接触问题了，因为即使 P 型区的掺杂浓度低也能与金属形成低接触电阻。可是，在相同的雪崩击穿电压下，P^-N 二极管比 PN^- 二极管厚得多，这又削弱了其低接触电阻的优势。

这个问题可以通过在 PN^- 结的 N^- 区添加 N^+ 层得以解决，即形成了 $P^+N^-N^+$ 结构，如图 3.1 所示。为了在阴极形成低接触电阻，N^+ 层的掺杂浓度必须足够大。

穿通（PT）和非穿通（NPT）的设计概念

图 3.1 显示了 N^- 型区的不同掺杂浓度水平的电场分布。当掺杂浓度足够低时，电场在器件达到雪崩击穿电压之前就扩展到 N^+ 层。因为 N^+ 层的高掺杂水平，电场强度在很短的距离内就下降到 0，就像电场被挡住了。因此，这种具有电场阻止特性的区域称为缓冲层。

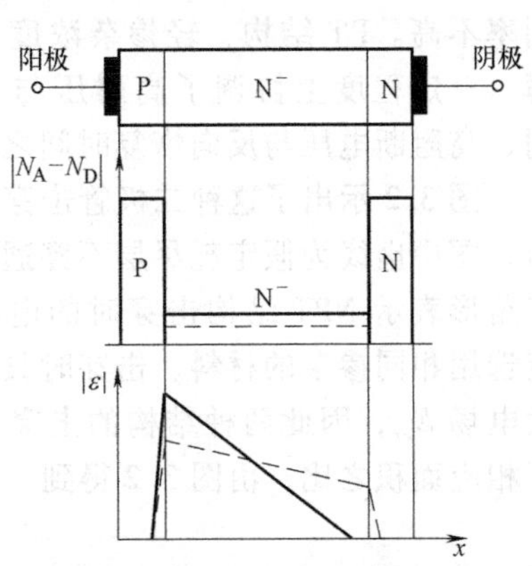

图 3.1　（上图）$P^+N^-N^+$ 二极管的结构和掺杂剖面图和（下图）施加外部反向电压的电场分布

在电场达到缓冲层之后发生雪崩击穿的器件称为穿通（PT）结构；在电场达到缓冲层之前发生雪崩击穿的器件称为非穿通（NPT）结构。

PiN 缩写的由来

当器件处于正向偏置状态时，$P^+N^-N^+$二极管的低中间掺杂区域通常要被驱动到大注入状态（在 3.2 节中详细讨论）。在这种状态下，N^-掺杂原子的电荷不再对总的电荷平衡起主要作用，这种状态就跟中间区域没有掺杂（本征）是一样的，这就是$P^+N^-N^+$二极管通常被称为 PiN 二极管的原因所在。

3.1.2 PiN 二极管的反向耐压特性

功率半导体器件的反向击穿电压是它的重要指标之一，而且击穿电压同最大正向电流一起决定了器件的功率容量。在所有器件中，反向耐压是由其中一个反偏 PN 结的耗尽层来承受的。因此，本节将讨论二极管的击穿电压的计算及二极管阻断特性的设计。

1. NPT 功率整流管的雪崩击穿电压

对于功率整流管来说，击穿电压一般很高，一般可用单边突变结来近似计算二极管的雪崩击穿电压。

对于平行平面结，单边突变P^+N结的情况，施加反向电压后，空间电荷区的展宽主要在轻掺杂区一侧。当轻掺杂区一侧的宽度大于雪崩击穿时空间电荷区在该侧的展宽时，其雪崩击穿电压由轻掺杂区的掺杂浓度决定

$$V_B = 5.34\times10^{13} N_D^{-\frac{3}{4}} = 5.34\times10^{13}(q\mu_n\rho)^{\frac{3}{4}} \tag{3.1}$$

式中，N_D、ρ 分别为P^+N结 N 区的掺杂浓度和电阻率；μ_n 为电子迁移率。若 μ_n 取 1350~1550$cm^2/(V\cdot s)$，则式（3.1）可写成

$$V_B = (94\sim106)\rho_n^{\frac{3}{4}} \tag{3.2}$$

此式便是国内功率半导体器件实际生产中常用的一个公式。

2. PT 功率整流管的击穿电压

前面曾指出，采用 NPT 结构，轻掺杂区较宽，耐电压能力得到提高，但正向电压降大，反向恢复时间较长，功耗增加。另外，材料利用率不高。PT 结构，轻掺杂浓度区的厚度较薄，一定程度上协调了高耐压与正向压降之间、高阻断电压与反向恢复时间之间的矛盾。

图 3.2 示出了这种二极管击穿时的电场分布，图中虚线为假定耗尽层不穿通的情形，即三角形表示 NPT 结构击穿时的电场分布，假定选用相同掺杂的材料，击穿时具有相同的最大电场 E_{cr}，因此两种结构的击穿电压之比等于相应面积之比，由图 3.2 得到

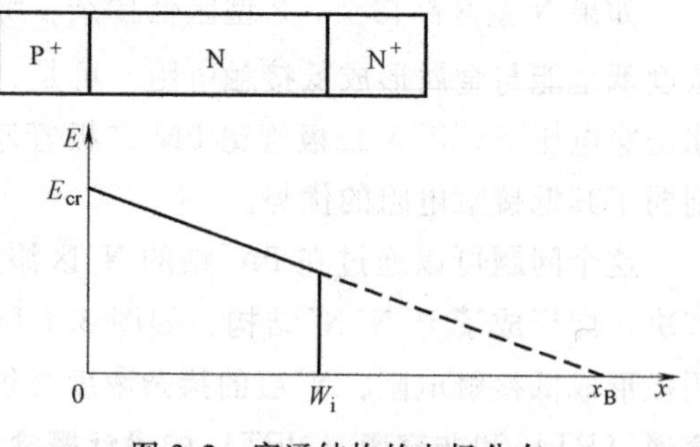

图 3.2 穿通结构的电场分布

$$\frac{V_{PT}}{V_B} = \frac{\frac{1}{2}\left[E_{cr}x_B - \frac{E_{cr}}{x_B}(x_B - W_i)^2\right]}{\frac{1}{2}(E_{cr}x_B)} \tag{3.3}$$

若令 $\eta=\dfrac{W_i}{x_B}$，式（3.3）可写为

$$\frac{V_{PT}}{V_B}=2\frac{W_i}{x_B}-\left(\frac{W_i}{x_B}\right)^2=2\eta-\eta^2 \tag{3.4}$$

式中，$\eta=\dfrac{W_i}{x_B}<1$。虽然穿通二极管的击穿电压比正常突变二极管击穿电压要低，但在高压器件设计中较好地解决了耐压与通态压降、耐压与反向恢复时间的矛盾。

第10讲　PiN二极管通态特之Hall模型

3.1.3　PiN 二极管通态特性

1. 简化模型

PiN 二极管的反向特性与简单的 PN 结反向特性非常相似，可是，它们的正向特性却有很大的差别。在进行详细计算之前，先来了解一下利用简化模型所得到的基本结论。

PiN 二极管的能带图如图 3.3 所示，该结构有两个结，分别用 J_1 和 J_2 结来表示，中间区域是本征区，即，$n=p=n_i$，因此可以假定中间区域是用 N_i 施主或受主进行掺杂的。J_1 和 J_2 结都有内建电势

$$V_{bi(J_1)}=\frac{kT}{q}\ln\left(\frac{N_{Ae}N_i}{n_i^2}\right)=\frac{kT}{q}\ln\left(\frac{N_{Ae}}{n_i}\right)$$

$$V_{bi(J_2)}=\frac{kT}{q}\ln\left(\frac{N_{De}N_i}{n_i^2}\right)=\frac{kT}{q}\ln\left(\frac{N_{De}}{n_i}\right)$$

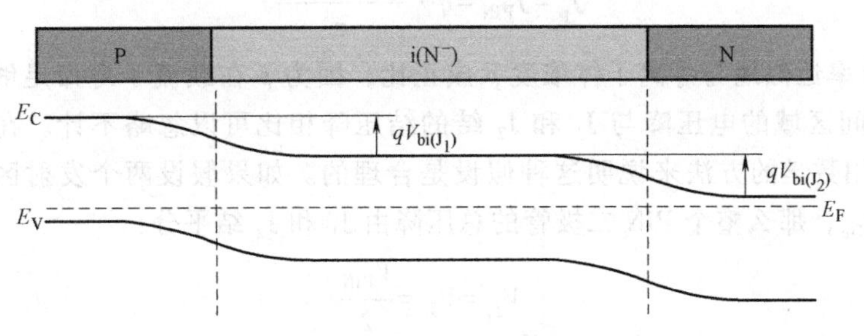

图 3.3　PiN 二极管能带图

当给 PiN 二极管施加正偏电压，J_1 结和 J_2 结的势垒高度降低，因此，电子和空穴分别经 J_1 结和 J_2 结注入到 i 区。假设 J_1 结和 J_2 结是理想发射极，即 γ 为 1，因此通过 J_1 结的所有电流为空穴流，通过 J_2 结的所有电流为电子流。

因为在 PiN 二极管中经 J_1 结注入的空穴不能通过 J_2 结排出，所以它们必须在 i 区完全复合掉，类似的情况也适合经 J_2 结注入的电子。这意味着电流的大小取决于 i 区的复合速度。PiN 二极管的简化模型被称为 Hall 近似。

即使在低注入水平下，i 区的电子和空穴浓度也将超过 n_i，即整个 i 区在非常低正向偏置下也将被驱动到大注入水平。由于电中性的要求，在整个 i 区都有 $n=p$ 成立。i 区充满了带电粒子的准中性混合体，物理上定义为等离子体，如图 3.4 所示。

如果载流子寿命足够大，以至于 i 区的宽度小于扩散长度，那么我们可以假设 i 区被均匀填充，即

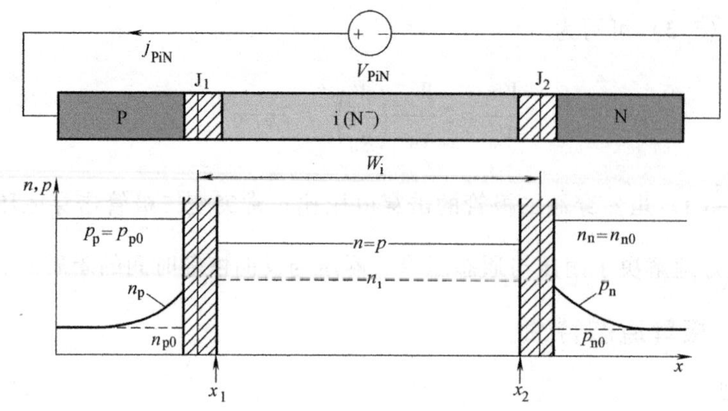

图 3.4 正偏 PiN 二极管的载流子分布。为了比较，平衡载流子浓度用虚线表示。
在 Hall 近似下，注入到 N 和 P 的注入量可忽略，即 $p_n=p_{n0}$ 和 $n_p=n_{p0}$。

$$n(x)=p(x)\equiv\bar{p}$$

i 区每秒复合掉的空穴量

$$\frac{(\bar{p}-n_i)W_i}{\tau}$$

式中，τ 为载流子寿命；W_i 为 i 区的宽度。因为假设 J_1 为理想发射极，所以所有空穴是通过 J_1 被注入到 i 区的，所以总电流密度 J_{PiN} 等于 J_1 结处的空穴电流密度 J_p：

$$J_p=J_{PiN}=q\cdot\frac{(\bar{p}-n_i)W_i}{\tau} \tag{3.5}$$

i 区的电导率近似地与等离子体浓度 $\bar{p}$ 成正比，因为 $\bar{p}$ 在载流子寿命足够高时很高，所以可以假设中间区域的电压降与 J_1 和 J_2 结的结压降相比可以忽略不计。在本章的后面部分，我们也将用数学的方法来说明这种假设是合理的。如果假设两个发射区的掺杂浓度相同，即 $N_{Ae}=N_{De}$，那么整个 PiN 二极管的总压降由 J_1 和 J_2 结平分：

$$V_{J_1}=V_{J_2}=\frac{V_{PiN}}{2}$$

根据 PN 结理论可得

$$p_i=\bar{p}=p_{i0}\exp\left(\frac{qV_F}{kT}\right)=n_i\exp\left(\frac{qV_{PiN}}{2kT}\right) \tag{3.6}$$

将式（3.5）带入式（3.6），得如下表达式：

$$J_{PiN}=\frac{qn_iW_i}{\tau}\left[\exp\left(\frac{qV_{PiN}}{2kT}\right)-1\right] \tag{3.7}$$

PiN 二极管的 $I(V)$ 关系与理想 PN 结有一定的相似性，其主要差别在于对于 PiN 二极管来说，只有一半的外部电压出现在指数中，即 PiN 二极管电流上升速度下降了。

2. 通态的准确计算

在这一节中我们将用更准确的模型来进行 PiN 二极管电流-电压特性的计算。首先我们要更深入地理解 i 区的等离子分布，然后在以下假设的基础上进行计算：

1）Hall 近似仍然成立，即，发射极 J_1 结和 J_2 结是理想发射极（$\gamma_1=\gamma_2=1$）。不考虑发

射区的复合及耗尽层的产生与复合，因此通过 J_1 结的电流完全是空穴电流，通过 J_2 结的电流完全是电子电流。

2）因为发射区（N 区和 P 区）为高掺杂，所以发射区的体电阻可以忽略。

3）i 区载流子寿命的大小与载流子浓度无关。

4）整个 i 区为准中性，即 $n=p$。

在我们进行 PiN 二极管等离子体分布计算之前，先来研究一下双极电流方程，用双极电流方程代替小注入下的经典电流方程。

(1) 双极电流方程

双极电流方程就是在大注入等离子条件下（$n=p$，$\mathrm{d}n/\mathrm{d}x=\mathrm{d}p/\mathrm{d}x$）电流密度方程，下面进行双极电流方程的推导。

将小注入下的经典电流方程相加可得

$$J=J_{\mathrm{p}}+J_{\mathrm{n}}=(\mu_{\mathrm{p}}p+\mu_{\mathrm{n}}n)q\varepsilon+qD_{\mathrm{n}}\frac{\mathrm{d}n}{\mathrm{d}x}-qD_{\mathrm{p}}\frac{\mathrm{d}p}{\mathrm{d}x}$$

因为准中性，在等离子体中 $n=p$ 成立，即 $\mathrm{d}n/\mathrm{d}x=\mathrm{d}p/\mathrm{d}x$ 也成立，所以一般我们用 p 代替上式中的 n，于是可得

$$J=J_{\mathrm{p}}+J_{\mathrm{n}}=(\mu_{\mathrm{p}}p+\mu_{\mathrm{n}}n)q\varepsilon+q(D_{\mathrm{n}}-D_{\mathrm{p}})\frac{\mathrm{d}p}{\mathrm{d}x}$$

解出电场为

$$\varepsilon=\frac{J}{qp(\mu_{\mathrm{p}}+\mu_{\mathrm{n}})}-\frac{1}{p}\frac{D_{\mathrm{n}}-D_{\mathrm{p}}}{(\mu_{\mathrm{p}}+\mu_{\mathrm{n}})}\frac{\mathrm{d}p}{\mathrm{d}x} \tag{3.8}$$

然后将 ε 代回小注入的空穴电流方程中得

$$J_{\mathrm{p}}=q\mu_{\mathrm{p}}p\left[\frac{J}{qp(\mu_{\mathrm{p}}+\mu_{\mathrm{n}})}-\frac{1}{p}\left(\frac{D_{\mathrm{n}}-D_{\mathrm{p}}}{\mu_{\mathrm{p}}+\mu_{\mathrm{n}}}\right)\frac{\mathrm{d}p}{\mathrm{d}x}\right]-D_{\mathrm{p}}\frac{\mathrm{d}p}{\mathrm{d}x}$$

整理可得

$$J_{\mathrm{p}}=\frac{\mu_{\mathrm{p}}}{\mu_{\mathrm{p}}+\mu_{\mathrm{n}}}J-q\left(D_{\mathrm{p}}+\mu_{\mathrm{p}}\frac{D_{\mathrm{n}}-D_{\mathrm{p}}}{\mu_{\mathrm{p}}+\mu_{\mathrm{n}}}\right)\frac{\mathrm{d}p}{\mathrm{d}x}$$

括号中的式子可以用爱因斯坦关系简化，于是可得

$$J_{\mathrm{p}}=\frac{\mu_{\mathrm{p}}}{\mu_{\mathrm{p}}+\mu_{\mathrm{n}}}J-qD_{\mathrm{a}}\frac{\mathrm{d}p}{\mathrm{d}x} \tag{3.9}$$

式中

$$D_{\mathrm{a}}=\frac{kT}{q}\times 2\frac{\mu_{\mathrm{p}}\mu_{\mathrm{n}}}{\mu_{\mathrm{p}}+\mu_{\mathrm{n}}} \tag{3.10}$$

式（3.9）称为空穴双极电流方程，D_{a} 为双极扩散系数。用同样的方法可以推导出电子双极电流方程：

$$J_{\mathrm{n}}=\frac{\mu_{\mathrm{n}}}{\mu_{\mathrm{p}}+\mu_{\mathrm{n}}}J+qD_{\mathrm{a}}\frac{\mathrm{d}n}{\mathrm{d}x} \tag{3.11}$$

需要注意的是：双极扩散系数［式（3.10）］对于电子和空穴来说是相等的。

(2) i 区载流子分布

作为计算等离子分布的第一步是建立 i 区的连续性方程。如果假设没有光激发（$G_{\mathrm{n}}=$

$G_p=0$)，两个连续性方程可以简化为

$$\frac{dn}{dt}=\frac{1}{q}\frac{\partial J_n}{\partial x}-\frac{n-n_{p0}}{\tau_n}$$

$$\frac{dp}{dt}=\frac{1}{q}\frac{\partial J_p}{\partial x}-\frac{p-p_{n0}}{\tau_p}$$

在稳定状态（$dn/dt=dp/dt=0$）下连续性方程可以简化为

$$0=\frac{1}{q}\frac{\partial J_n}{\partial x}-\frac{n-n_{p0}}{\tau_n} \tag{3.12}$$

$$0=\frac{1}{q}\frac{\partial J_p}{\partial x}-\frac{p-p_{n0}}{\tau_p} \tag{3.13}$$

前面的假设条件之一是：整个 i 区的载流子寿命 τ 是恒定的，之二是：$n_{p0}=p_{n0}=n_i$，和 $n=p$（由于大注入的缘故）。将式（3.9）带入式（3.13）中可得

$$0=-\frac{1}{q}\frac{d}{dx}\left(\frac{\mu_p}{\mu_p+\mu_n}J-qD_a\frac{dp}{dx}\right)-\frac{p-n_i}{\tau_a}=\left(-\frac{1}{q}\frac{\mu_p}{\mu_p+\mu_n}\right)\frac{dJ}{dx}+D_a\frac{d^2p}{dx^2}-\frac{p-n_i}{\tau_a}$$

式中，τ_a 为大注入寿命。因为 $dJ/dx=0$，所以上式又可以进一步简化为

$$\frac{d^2p}{dx^2}=\frac{p-n_i}{D_a\tau_a}=\frac{p-n_i}{L_a^2} \tag{3.14}$$

式中，$L_a=\sqrt{D_a\tau_a}$，L_a 被称为双极扩散长度。式（3.14）的通解为

$$p(x)=A\exp\left(\frac{x}{L_a}\right)+B\exp\left(-\frac{x}{L_a}\right)$$

式中，A 和 B 为常数，利用双曲函数 $\sinh(x)=\frac{e^x-e^{-x}}{2}$、$\cosh(x)=\frac{e^x+e^{-x}}{2}$ 上式可以改写为

$$p(x)=Y\sinh\left(\frac{x}{L_a}\right)+Z\cosh\left(\frac{x}{L_a}\right)+n_i$$

现在利用边界条件确定 Y 和 Z。设 i 区的厚度 $W_i=2d$，忽略 J_1 结和 J_2 结的空间电荷区宽度，并将坐标原点取在 i 区的中心位置。因为理想发射极注入效率 $\gamma_1=1$，因此在 $x=-d$ 时，有

$$J_{PiN}=J_p\big|_{x=-d}=\mu_p pq\varepsilon-qD_p\frac{dp}{dx} \tag{3.15}$$

$$J_n\big|_{x=-d}=\mu_n nq\varepsilon+qD_n\frac{dn}{dx}=0 \tag{3.16}$$

即使在小的偏置下也是大注入，因此有 $p=n$ 成立，因此可以用 p 代替（3.16）中的 n，再利用爱因斯坦关系可得：

$$p\varepsilon\big|_{-d}=-\frac{kT}{q}\frac{dP}{dx}\bigg|_{-d}$$

将上式带入式（3.15）中，可得

$$J_p\big|_{-d}=\mu_p q\left(-\frac{kT}{q}\frac{dp}{dx}\bigg|_{-d}\right)-qD_p\frac{dp}{dx}\bigg|_{-d}=-2qD_p\frac{dp}{dx}\bigg|_{-d} \tag{3.17}$$

从式（3.17）可以看到，$x=-d$ 处的空穴电流是扩散电流的 2 倍，由此可以推断，漂移

电流等于扩散电流。然而，对于电子来说，$x=-d$ 处扩散电流与漂移电流相互抵消。

通过式（3.17）可求出 $x=-d$ 处得 $\mathrm{d}p/\mathrm{d}x$：

$$\left.\frac{\mathrm{d}p}{\mathrm{d}x}\right|_{-d}=\frac{J_{\mathrm{PiN}}}{2qD_{\mathrm{p}}} \tag{3.18}$$

对于 J_2 结（$x=+d$），利用相同的方式可以获得

$$\left.\frac{\mathrm{d}p}{\mathrm{d}x}\right|_{+d}=\left.\frac{\mathrm{d}n}{\mathrm{d}x}\right|_{+d}=\frac{J_{\mathrm{PiN}}}{2qD_{\mathrm{n}}} \tag{3.19}$$

由式（3.18）和式（3.19）可以得到 i 区载流子分布的边界条件：

$$p(-d)=\frac{J_{\mathrm{PiN}}}{2qD_{\mathrm{p}}}L \quad p(+d)=\frac{J_{\mathrm{PiN}}}{2qD_{\mathrm{n}}}L$$

接下来的推导比较复杂，因此直接给出结果如下：

$$p(x)=n_{\mathrm{i}}+\frac{J_{\mathrm{PiN}}\tau_{\mathrm{a}}}{2qL_{\mathrm{a}}}\left[\frac{\cosh(x/L_{\mathrm{a}})}{\sinh(x/L_{\mathrm{a}})}-B\frac{\sinh(x/L_{\mathrm{a}})}{\cosh(x/L_{\mathrm{a}})}\right] \tag{3.20}$$

式中，$B=\frac{\mu_{\mathrm{n}}-\mu_{\mathrm{p}}}{\mu_{\mathrm{n}}+\mu_{\mathrm{p}}}=\frac{b-1}{b+1}$，$b=\mu_{\mathrm{n}}/\mu_{\mathrm{p}}$。

从式（3.20），我们得到一个重要结论：载流子的浓度与 PiN 二极管的电流密度 J_{PiN} 成正比。由式（3.20）确定 i 区中载流子分布，如图 3.5 所示。空穴和电子浓度在 $p_{\mathrm{i}}(-d)$ 结及 $n_{\mathrm{i}}(+d)$ 结处最高，由于空穴和电子的迁移率不同，如果 $\mu_{\mathrm{n}}>\mu_{\mathrm{p}}$，其浓度最低点偏向阴极侧。若假定 $\mu_{\mathrm{n}}=\mu_{\mathrm{p}}$、$B=0$，载流子分布是对称的，其最低点在中央处。随着离开结的距离的增加，载流子浓度的下降取决于双极扩散长度 L_{a}，而扩散长度是由大注入寿命 τ_{a} 所控制。

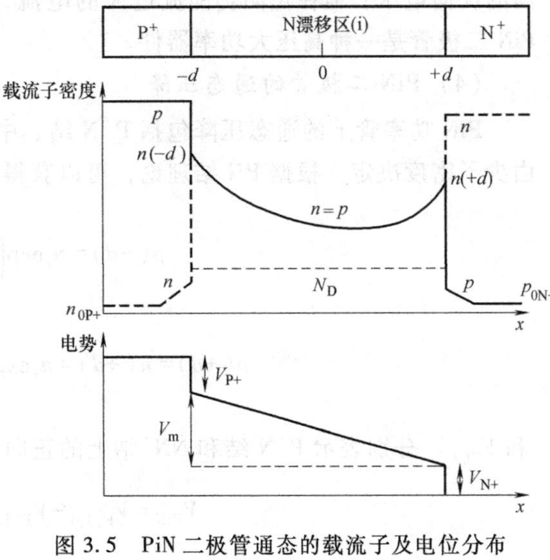

图 3.5　PiN 二极管通态的载流子及电位分布

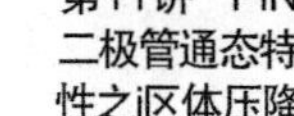

第11讲　PiN 二极管通态特性之i区体压降

（3）i 区体压降

为了确定 i 区的电压降 V_{m}，首先必须知道电场的分布。在 i 区中，电流与电场的关系由下列关系式确定，

$$J_{\mathrm{F}}=J_{\mathrm{p}}(x)+J_{\mathrm{n}}(x) \tag{3.21}$$

及

$$J_{\mathrm{n}}=q\mu_{\mathrm{n}}\left[n(x)E(x)+\frac{kT}{q}\frac{\mathrm{d}n(x)}{\mathrm{d}x}\right] \tag{3.22}$$

和

$$J_{\mathrm{p}}=q\mu_{\mathrm{p}}\left[p(x)E(x)-\frac{kT}{q}\frac{\mathrm{d}p(x)}{\mathrm{d}x}\right] \tag{3.23}$$

联立以上三式并考虑到 $n(x)=p(x)$ 得到

$$E(x)=\frac{J_F}{q(\mu_n+\mu_p)n(x)}-\frac{kT}{q}\frac{B}{n(x)}\frac{dn(x)}{dx} \tag{3.24}$$

在式（3.24）中，右边第一项为欧姆电压降产生的电场分量，第二项是电子和空穴迁移率不等产生的浓度分布不对称形成的电场分量。采用式（3.20）的浓度分布，将式（3.24）在i区内积分得到该区体压降 V_m，即

$$V_m=\int_{-d}^{d}-E\mathrm{d}x\frac{kT}{q}\left\{\frac{8b}{(b+1)^2}\frac{\sinh(d/L_a)}{\sqrt{1-B\mathrm{tgh}(d/L_a)}}\mathrm{arctg}\left[\sqrt{1-B^2\mathrm{tgh}^2(d/L_a)}\sinh\left(\frac{d}{L_a}\right)\right]\right\}+$$
$$B\ln\left[\frac{1+B\mathrm{tgh}^2(d/L_a)}{1-B\mathrm{tgh}^2(d/L_a)}\right] \tag{3.25}$$

i区的体压降 V_m 不依赖于通态的电流密度。当 d/L_a 的比值增加时，漂移区的电压降迅速升高。当 $d/L_a=0.1$ 时，漂移区的电压降只有0.5mV。当 $d/L_a=1$ 时，电压降是50mV，当 $d/L_a=3$ 时，电压降增加到0.7V。因而，为了提高转换速度而降低寿命时，i区的体压降有所增加。

i区体压降 V_m 与通过的电流无关。这是因为电流是由平均载流子所运载，它与电流密度成正比。随着正向电流密度的增加，i区的电导率亦成比例地增加，从而使该区的电压降保持常值，i区中的这种电导调制作用，使得PiN二极管中间的电阻率尽管很高，以承受很高的反向电压，但在正向仍能流过大的电流，并具有较低的正向压降。正因为如此，PiN二极管是一种高压大功率器件。

第12讲 PiN二极管通态特性之通态压降

（4）PiN二极管的通态压降

PiN功率管上的通态压降包括 P^+N 结、中间区和 NN^+ 结的压降。P^+N 结上的压降由少子密度决定。根据PN结理论，可以获得 $+d$ 和 $-d$ 处的载流子浓度

$$p(-d)=n_i\exp\left(\frac{qV_{F(J_1)}}{kT}\right) \tag{3.26}$$

$$p(+d)=n(+d)=n_i\exp\left(\frac{qV_{F(J_2)}}{kT}\right) \tag{3.27}$$

$V_{F(J_1)}$ 和 $V_{F(J_2)}$ 分别表示 P^+N 结和 NN^+ 结上的正向电压。PiN二极管上的总电压 V_{PiN} 是

$$V_{PiN}=V_{F(J_1)}+V_{F(J_2)}+V_m \tag{3.28}$$

式中，V_m 为i区的体压降，如果将式（3.28）和式（3.29）相乘整理可得

$$V_{F(J_1)}+V_{F(J_2)}=\frac{kT}{q}\ln\left(\frac{p(-d)p(+d)}{n_i^2}\right) \tag{3.29}$$

二极管的正向压降

$$V_{PiN}=\frac{kT}{q}\ln\left[\frac{p(-d)p(+d)}{n_i^2}\right]+V_m \tag{3.30}$$

利用式（3.20）求出载流子浓度 $p(-d)$、$p(+d)$，代入式（3.30）即可得到正向压降

$$V_{\text{PiN}}=\frac{kT}{q}\ln\left\{\left(\frac{L_{\text{a}}J_{\text{F}}}{2qn_{\text{i}}D_{\text{a}}}\right)^2\coth^2\left(\frac{d}{L_{\text{a}}}\right)\left[1-B^2\text{tgh}^4\left(\frac{d}{L_{\text{a}}}\right)\right]\right\}+V_{\text{m}}\tag{3.31}$$

式中体压降 V_m 由式（3.25）求得。

若将式（3.31）进行一些变化，即可得到二极管正向电流 J_F 的表达式：

$$J_{\text{F}}=\frac{2qn_{\text{i}}D_{\text{a}}}{d}F\left(\frac{d}{L_{\text{a}}}\right)\text{e}^{\frac{qV_{\text{PiN}}}{2kT}}\tag{3.32}$$

式中

$$F\left(\frac{d}{L_{\text{a}}}\right)=\left[\frac{d}{L_{\text{a}}}\text{tgh}\left(\frac{d}{L_{\text{a}}}\right)\right]\left[1-B^2\text{tgh}^4\left(\frac{d}{L_{\text{a}}}\right)\right]^{-\frac{1}{2}}\text{e}^{\frac{-qV_{\text{m}}}{2k}}\tag{3.33}$$

由式（3.32）看到，PiN 二极管的正向电流 J_F 与大注入 P^+N 结的正向电流的表达式类似，只是增加了与结构因子 d/L_a 有关的系数函数 $F(d/L_a)$。而函数 $F(d/L_a)$ 与电流没有直接关系，它与 d/L_a 间的函数关系如图 3.6 所示。

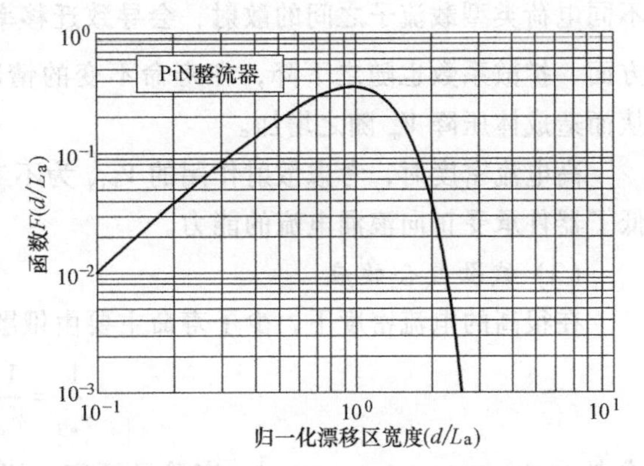

图 3.6　函数 $F(d/L_a)$ 对 d/L_a 的依赖关系

由图 3.6 可知，函数 $F(d/L_a)$ 在 $d/L_a=1$ 时显示极大值，表明在此点上的正向压降达到了最小值。因而为了减小通态压降，应该调整寿命到扩散长度等于一半的漂移区宽度。值得指出的是，当 $d/L_a>3$ 时，函数 $F(d/L_a)$ 的值下降得非常快，这表明：当扩散长度小于$\frac{1}{6}$的 i 区宽度时，通态压降会迅速上升。

i 区的宽度（d）由阻断电压决定，PiN 功率管的通态压降可以由式（3.32）推出

$$V_{\text{PiN}}=\frac{2kT}{q}\ln\left[\frac{J_{\text{F}}d}{2qn_{\text{i}}D_{\text{a}}F(d/L_{\text{a}})}\right]\tag{3.34}$$

当通态电流密度为 100A/cm^2，漂移区宽度为 200μm，PiN 功率管的通态压降如图 3.7 所示。与预料的一样，当 $d/L_a=1$ 时，通态压降最小，当 $d/L_a>3$ 时，通态压降迅速增加。

3. 其他影响通态压降的因素分析

（1）向两端区注入对正向压降的影响

前面的分析都假定 Pi 结和 Ni 结的注入效率皆为 1，全部正向电流都是注入基区空穴和电子在该区复合形成的。在更高的电流密度下，少数载流子向阳极 P^+ 区和阴极 N^+ 区的注入变得不可忽略。因此正向电流密度为

$$J_F=J_M+J_p(+d)+J_n(-d)\tag{3.35}$$

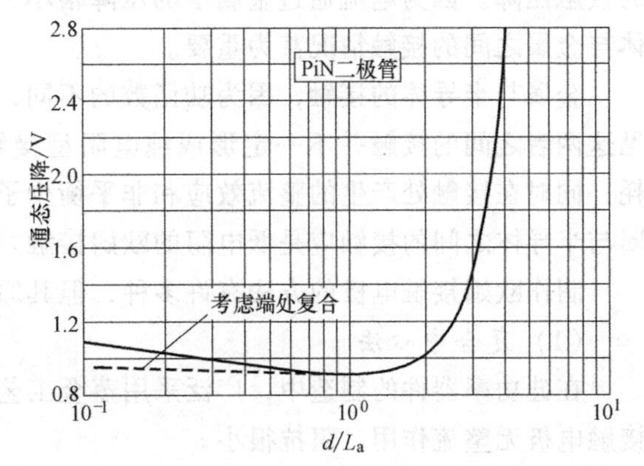

图 3.7　PiN 二极管的通态压降对 d/L_a 的依赖关系

式中，J_M 为基区中复合电流密度，后两个

电流分量表示在N区和P区内的复合电流密度，它们对基区的电导调制作用没有贡献。由于在P区和N区的复合而减小了调制基区电导的正向电流分量，从而使电压降 V_m 增大。

提高P区和N区掺杂浓度和该区的少子寿命，对降低压降有利。但这和结压降的要求是相互矛盾的。事实上，并不需要极其高的掺杂浓度，可用增加掺杂区少子寿命（即扩散长度）的办法也能达到改善正向特性的效果。

（2）载流子之间散射对压降的影响

器件工作在大注入状态时，基区充塞着大量的电子和空穴，当载流子浓度为 $10^{17}cm^{-3}$ 以上时，压降就变得与载流子浓度有很大的依赖关系，这种依赖关系是由于载流子间的散射引起的强相互作用而造成的。同类电荷粒子之间的散射对电导率的净影响不大，可以忽略。不同电荷类型载流子之间的散射，会导致迁移率下降，意味着电阻率增加，压降增大；另一方面，扩散系数也随之下降，在寿命不变的情况下（$L_a=\sqrt{D_a\tau_a}$），相应地（d/L_a）增大，从而造成体压降 V_m 随之增加。

高电流密度时，考虑散射作用的 V_{PiN} 为不考虑散射作用时值的2~5倍，这就大大地降低了器件承受正向浪涌电流的能力。

（3）俄歇复合效应

在很高的电流密度下，少子寿命主要由俄歇复合寿命所支配，这时，有效寿命可表示为

$$\frac{1}{\tau_{eff}}=\frac{1}{\tau_a}+\frac{1}{\tau_A} \tag{3.36}$$

式中，$\tau_a=\tau_{p0}+\tau_{n0}$；$\tau_A=\gamma_3 n^3$。实验已证实，当注入载流子浓度超过 $10^{17}cm^{-3}$ 时，τ_{eff} 将下降，双极扩散系数也将减小，它们的共同作用都是减小扩散长度，使（d/L_a）增大。其结果，造成大注入条件下正向压降严重增加。

（4）接触压降

从正向电流经过二极管的途径可知，管子的正向压降除了基区体压降 V_m 及结压降 $V_F=(V_{Pi}+V_{Ni})$ 外，还应包括两端的接触压降 V_C，即

$$V_F=V_j+V_m+V_C$$

所谓接触压降，是指半导体材料（如硅）同金属电极之间接触上的压降。或者更广泛地说，它还指金属之间（例如压接式结构的钼片与管壳电极之间，铜压块与管芯表面之间）的接触压降。因为电流通过金属层的压降很小，可以忽略不计。因此，在正常情况下，半导体与金属之间的接触情况甚为重要。

金属与半导体的接触，因为功函数的不同，也会形成空间电荷区、自建电场和势垒。可见这两者之间的接触并不一定形成纯电阻型接触。接触电阻大，会造成压降和增加功率损耗；同时在接触处产生的整流效应和非平衡少子注入，会破坏元件本身的性能，所以要求金属与半导体之间的接触应是低电阻的欧姆接触。

制作欧姆接触电极的方法有许多种，但其原理可归纳为两大类：

（1）复合中心法

在硅功率器件的制造中，广泛采用蒸金工艺，用以获得金与硅的高复合接触电极。这种接触电极无整流作用，阻抗很小。

在金属（Cu）与半导体（N-Si）接触处形成一个高复合区，该区域存在大量的强复合

中心，能够复合和产生载流子。正向时，电子可以源源不断地从导带进入复合区，再从复合区进入导带，然后进入金属；反向时，电子不断地从金属进入价带，到复合区再进入导带。随着高复合接触无整流效应，接触电阻可以做得很小，是一种欧姆接触。

根据上述理论，在烧结之前把硅表面进行喷砂打毛，使该处引入大量复合中心，同样可以消除接触处的整流效应。

（2）金属与半导体的高掺杂接触

所谓高掺杂接触，是指在金属电极与电阻率较高的层之间，增加一个高浓度（低阻）的 P^+ 区或 N^+ 区，形成金属—N^+N 或金属—P^+P 结构。

金属与高掺杂（P^+ 或 N^+）区接触时，电阻可借助隧道效应穿过势垒，无论正、反向，电子都不必爬过势垒，可以通过大电流，因而这种接触是低阻的欧姆接触。

N^+N 结或 P^+P 结，通常称为高低结。在高低结的界面附近同样可以形成一个势垒。以 N^+N 结为例，加正向电压时（N 区接正），势垒高度降低，N^+ 区电子很容易进入 N 区。而加负电压时（N 区接负），势垒高度升高，但势垒升高并不阻断电子通过。因为电子是 N 区的多子，所以通过的电流很大。N^+N 结（或 P^+P 结）对任何方向的电流都不呈现高阻，因而具有欧姆接触性质。

由于 P^+ 层或 N^+ 层既可以用含有 P 型或 N 型成分的合金同硅烧结而形成（例如 P 型硅与钼片之间插入铝片，通过烧结形成欧姆电极）；也可以通过扩散工艺提高表面浓度，得到合适的与金属接触的 P^+ 或 N^+ 表面层，然后使金属（如金或铝）淀积到重掺杂的薄层上，以适当温度合金化形成金属—N^+N 结构或金属—P^+P 结构。

欧姆接触制作的好坏直接影响到器件的接触压降大小。除金属与半导体之间接触的浸润程度，P^+ 层或 N^+ 层掺杂的高低，淀积金属层同硅的合金化质量等直接影响接触压降之外，对大功率器件，采用压接式结构时，组装质量、压力大小和材料性质等因素也会影响到接触压降，甚至会造成较大的接触压降。一般地说，当组装较好，压力均匀而适中，各种材料之间的软硬匹配时，以上原因带来的接触压降应该是很小的。

4. 正向导通特性

整流器中的电流密度和压降之间的关系取决于注入水平。在电流非常小时，空间电荷区的产生电荷控制着电流，使电流的大小与（$qV_{\mathrm{PiN}}/2kT$）成正比。当电流受注入漂移区的少数载流子（少子）控制，且少子浓度远低于漂移区的掺杂浓度时，小注入下的载流子扩散形成了电流，此时电流大小与（qV_{PiN}/kT）成正比。随着正向电流密度的进一步增加，注入到漂移区中的载流子浓度超过衬底掺杂浓度，形成大注入。这时，电流再次变为与（$qV_{\mathrm{PiN}}/2kT$）成正比。在这种工作模式下，漂移区中注入的载流子浓度与电流密度呈正比例增加，使漂移区的压降恒定不变。在更大的通态电流密度下，端区的复合减小了注入到漂移区中的载流子浓度。这使得通态压降迅速增加。图 3.8 为 PiN 整流器在不同工作模式下的典型通态特性。

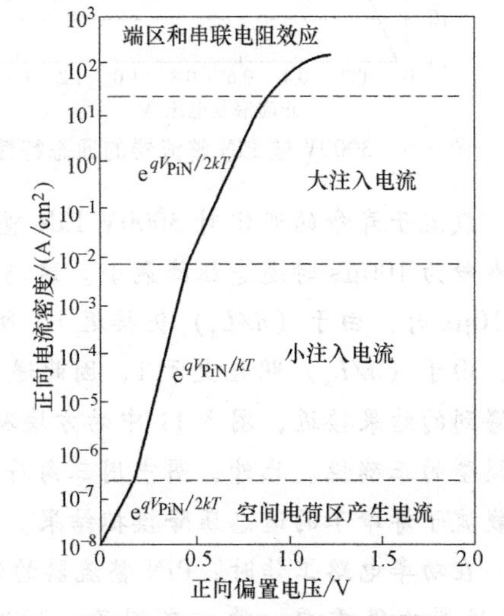

图 3.8　PiN 整流器的通态特性

模拟示例

为了进一步了解 PiN 整流器的工作原理，本节给出了耐压为 3000V 的器件结构的二维数值模拟结果。该器件漂移区的掺杂浓度为 $4.6\times10^{13}\ \text{cm}^{-3}$，厚度为 300μm。$P^+$和 N^+区表面浓度为 $1\times10^{19}\ \text{cm}^{-3}$，结深约 5μm。模拟不同寿命（$\tau_{p0}$ 和 τ_{n0}）下的通态特性，在所有例子中，假定 $\tau_{p0}=\tau_{n0}$。在数值模拟过程中考虑带隙宽度变窄效应，俄歇复合和载流子散射的影响。漂移区寿命（τ_{p0} 和 τ_{n0}）为 10μs 的通态特性模拟结果如图 3.9 所示。特性曲线上的明显地分成几个不同工作区域。当电流密度在 $10^{-7}\sim10^{-3}\text{A/cm}^2$ 范围内时，器件工作在小注入条件。此时，i-v 特性曲线的斜率为（qV_{PiN}/kT），和预期的一样，其中通态电流密度每增加十倍，正向压降增加 60mV。当电流密度在 $10^{-3}\sim10^{1}\text{A/cm}^2$ 范围内时，器件处于大注入状态。此时，i-v 特性曲线的斜率（$qV_{\text{PiN}}/2kT$）和预期一样，其中通态电流密度每增大 10 倍，正向压降增加 120mV。这验证了前文 PiN 整流器电流传导分析理论的正确性。

当通态电流密度为 100A/cm^2，漂移区中载流子的寿命（τ_{p0} 和 τ_{n0}）为 1μs 时，PiN 整流器的载流子分布如图 3.10 所示。空穴浓度用实线表示，电子浓度用虚线表示。从图中可以看出，由于注入的载流子浓度远远大于掺杂浓度，因此漂移区处于大注入状态。在整个漂移区中空穴和电子浓度相等，并且与本章前面部分中推导出的悬链线形状一样。

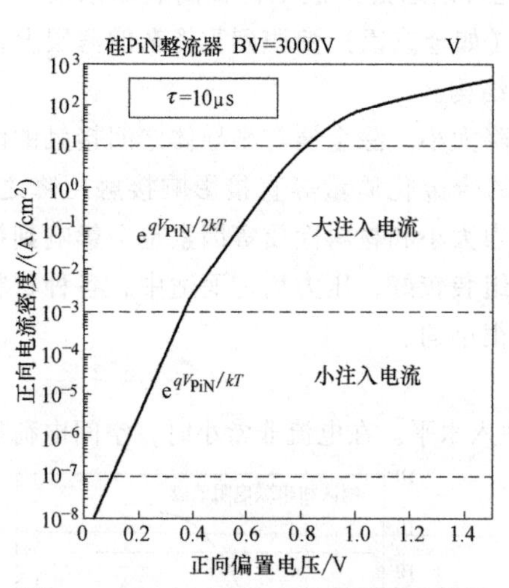

图 3.9　3000V 硅 PiN 整流器的通态特性

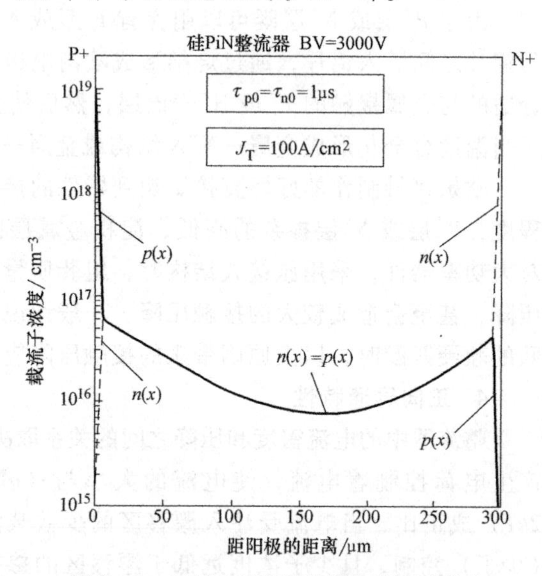

图 3.10　3000V PiN 整流器的载流子分布

载流子寿命的变化对 3000V PiN 整流器结构的影响，如图 3.11 所示。从图可以看出，当寿命为 100μs 时通态压降最小。这与（d/L_a）约为 0.3 时的值一致。当载流子寿命降低到 10μs 时，由于（d/L_a）仍接近 1，所以通态压降仅略有增加。然而，当寿命降低到 1μs 时，由于（d/L_a）明显大于 1，因此通态压降大幅增加。仿真所得到的通态压降与分析模型所得到的结果接近，图 3.11 中的方块符号表示分析模型所得的结果，仿真结果进一步证明了模型的正确性。此外，图中用三角符号表示漂移区厚度为 60μm 的 1000V PiN 整流器在不同载流子寿命下的通态压降模拟结果。

在功率电路工作时，PiN 整流器的结温由于功耗而增加。因此，评估温度对正向导通 i-v 特性影响很重要。举一个例子，3000V PiN 整流器漂移区载流子寿命（τ_{p0} 和 τ_{n0}）为

10μs，其特性如图 3.12 所示。在图中观察到正向电流密度为 $100A/cm^2$ 时通态压降随温度增加略微降低，其原因是结压降降低了。然而，这种特性有助于在器件电流密度过大的位置形成“热点”。然而，当电流密度超过 $300A/cm^2$ 后，通态压降为正温度系数，这表明在 PiN 二极管中，如果电流分布略有不均匀，器件仍能够稳定工作。

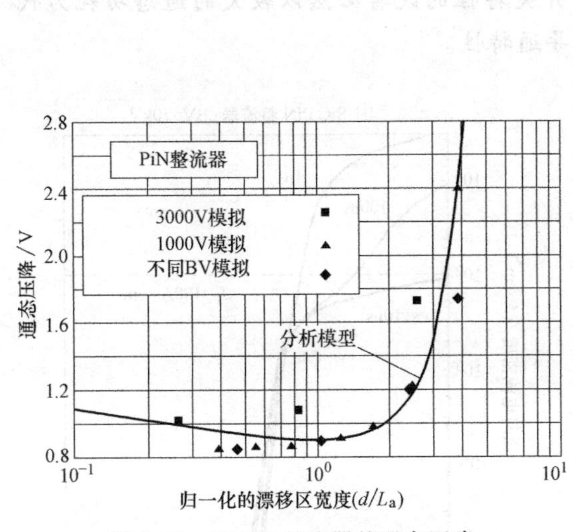

图 3.11　硅 PiN 整流器的通态压降

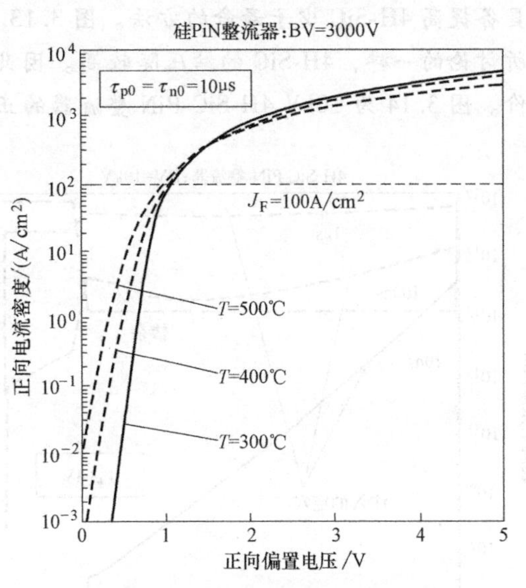

图 3.12　硅 PiN 整流器的正向导通特性

3.2　碳化硅 PiN 二极管

由于碳化硅可以承受更大的电场强度，所以相同击穿电压下，碳化硅漂移区的宽度远小于相应硅器件的宽度。这意味着碳化硅 PiN 整流器中的存储电荷将比硅器件小得多，所以可以改善开关特性。然而，由于碳化硅带隙宽度较大，因此开关特性改善的同时，伴随着通态压降的显著增加。

碳化硅 PiN 整流器的物理性质与前文的描述相同。然而，碳化硅器件的参数不同于硅器件的参数。这对结压降具有强烈的影响。如前文所述，结压降由下式给出：

$$V_{P^+}+V_{N^+}=\frac{kT}{q}\ln\left[\frac{n(+d)n(-d)}{n_i^2}\right]$$

虽然注入的载流子浓度 $n(+d)$ 和 $n(-d)$ 可以假定为与硅 PiN 整流器中的载流子浓度相似，但由于碳化硅具有较大的带隙，所以在 300℃ 时，如果硅的本征载流子浓度为 $1.4\times10^{10}cm^{-3}$，而 4H-SiC 的本征载流子浓度仅为 $6.7\times10^{-11}cm^{-3}$。如果假定漂移区中的自由载流子浓度为 $1\times10^{17}cm^{-3}$，与硅二极管的结压降为 0.82V 相比，4H-SiC 二极管的结压降为 3.24V。因此，4H-SiC PiN 整流器中的功耗是硅器件中的 4 倍。较大的通态功耗抵消了开关特性的改善。因此，最好研发耐压等级低于 5kV 的碳化硅肖特基二极管和耐压等级超过 10kV 的碳化硅 PiN 二极管的。

模拟示例

以耐压 10kV 的 4H-SiC PiN 整流器为例来说明碳化硅 PiN 整流器内部存储电荷的减小。

该器件漂移区的厚度为80μm，而硅器件需要1200μm。同时，漂移区的掺杂浓度相对较高，为$2\times10^{15}cm^{-3}$。如图3.13所示，由于漂移区厚度较小，即使对于100ns非常小的寿命（τ_{p0}和τ_{n0}）值，也可以观察到漂移区具有良好的电导调制效应。然而，当典型的寿命（τ_{p0}和τ_{n0}）值为10ns时，4H-SiC漂移区的电导调制效应差。为了确保二极管具有良好的特性需要具备提高4H-SiC少子寿命的方法。图3.13是正向偏压为4V时的载流子分布情况，如前面所讨论的一样，4H-SiC的结压降较高。因此，开关特性的改善必然以较大的通态功耗为代价。图3.14为10kV 4H-SiC PiN整流器的正向导通特性。

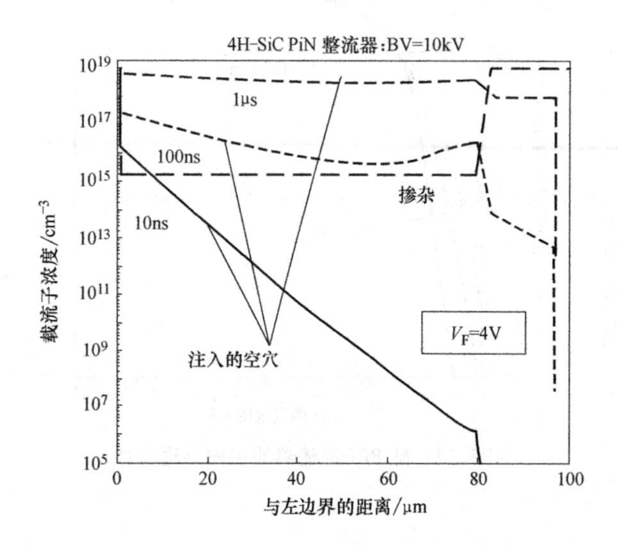

图3.13　10kV 4H-SiC PiN整流器的电导调制效应

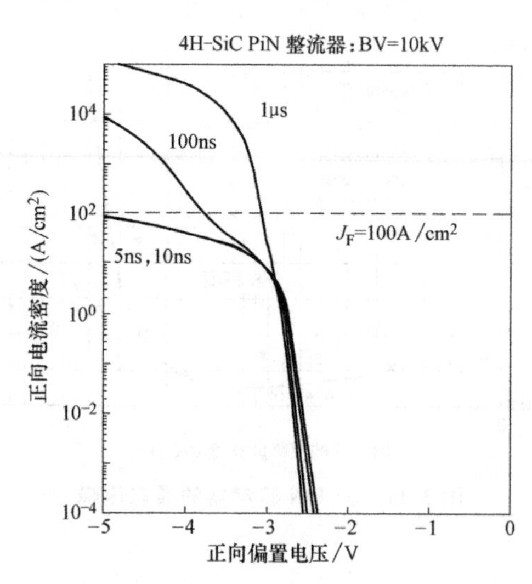

图3.14　10kV 4H-SiC PiN整流器的正向导通特性

第13讲　PiN二极管的反向恢复特性

3.3　PiN二极管的动态特性

二极管在电路中起着控制电流方向的作用。当给二极管施加正偏电压时，二极管呈导通状态；当给二极管施加反偏电压时，二极管呈阻断状态。实际应用中的二极管需要不断地在两个状态之间转换。电力转换器的基本工作模式是利用电力半导体器件以预定的顺序斩断功率流，进而形成所需要的输出信号（例如正弦波）。为了产生含有最少谐波的平稳波形，电力器件的开关频率必须足够高。开关器件的高开关频率导致器件功耗增加、温度升高。器件的冷却能力限制了转换器功率的输出。

具有良好设计的二极管在降低转换电路的功耗方面起到了很大的作用。二极管的特性越好，功率开关导通得越陡（“硬”）。一般来说，导通越硬，导通功耗越小。这就要求与之配套的二极管要具有良好的动态特性，因为二极管可能由于在硬开关的过程中受到很大的应力而损坏，也可能产生瞬间的过电流或过电压。高电磁发射（即电磁干扰，EMI）和绝缘材料的加速老化都与快速瞬态特性密切相关。

在功率半导体器件生产的早期，对于电力电子系统来说，开关器件是限制型器件，随着新型开关器件的不断涌现，二极管对系统性能的影响越来越重要，因此功率半导体器件生产厂商开始注重二极管性能的改善，尤其是对动态特性的改善。

3.3.1　PiN 二极管的开关特性

二极管最关键的工作阶段是从通态向断态的迅速转换，即关断过程。二极管的关断测试电路如图 3.15 所示。假定开关 S 是理想开关，没有电压和电流的瞬态变化，其工作模式为硬开关。

在 t_a 时刻闭合开关 S，在纯电感电路中建立了电流。当 $i(t)$ 达到理想的测试电流 I_f 时（$t=t_b$），S 打开。此时电感的作用与电流为 I_f 的恒流源相类似。因此电流从开关换流至二极管，在由二极管和 L_{load} 构成的环路中“免费”环流；这也是电路中的二极管为什么也叫作续流二极管的原因。

负载电流换流之后，需要一定的时间使二极管中的载流子分布达到它的通态稳态值。这通常需要几微秒，这取决于二极管的厚度。之后开关 S 又一次闭合（t_c 时刻）。此时，二极管和开关上的电压均为 0，因此，整个电压 V_{DC} 由电感 L_i 承担。因此通过 S 的电流迅速建立，电流的变化率为 $di/dt=V_{DC}/L_i$。一旦电流 $i(t)$ 达到原有值 I_f，二极管关断，返回阻断状态。

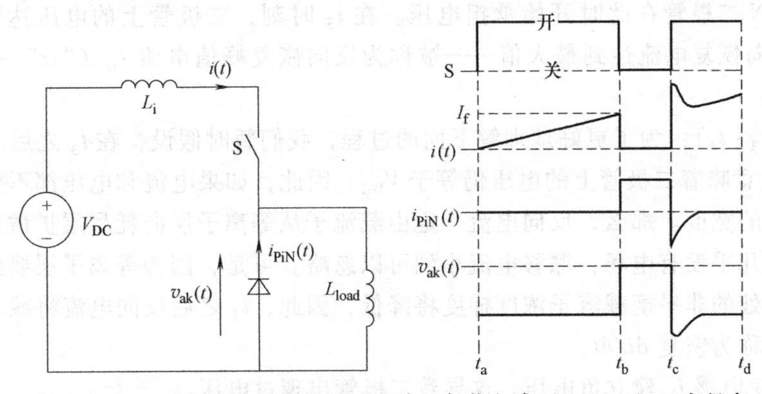

图 3.15　PiN 二极管开关特性测试电路，负载电感（L_{load}）比 L_i 大很多

现在我们更详细地研究二极管的开关过程。t_c 之后的二极管开关电流、电压波形如图 3.16 所示。t_0 时刻表示第二个脉冲开始时 S 开始闭合的时刻（就是图 3.15 中的 t_c）。

关断过程中等离子浓度分布曲线如图 3.17 所示。需要注意的是，导通阶段（t_0 时刻）的等离子分布与之前理论分析得到的不同，如图 3.5 所示。用于硬关断的二极管被设计成具有如图 3.17 所示的等离子分布，其原因在本节的后面讨论，同时介绍获得这样分布所使用的技术。

阶段 1（$t_0 \sim t_1$）：S 导通（如图 3.15 中的 t_c）之后，流过二极管的电流以几乎恒定的变化率 $di/dt=V_{DC}/L_i$ 下降，该电流变化率也叫作换流 di/dt。因为 di/dt 很高，所以与复

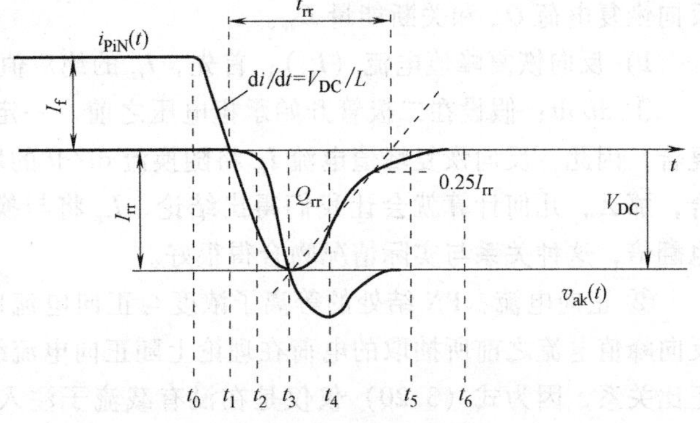

图 3.16　PiN 二极管在如图 3.15 所示的测试电路中的开关特性

合寿命相比，$t_0 \sim t_1$ 之间的时间间隔非常短，因此当电流过 0 时（t_1），二极管内还有大量的非平衡载流子。

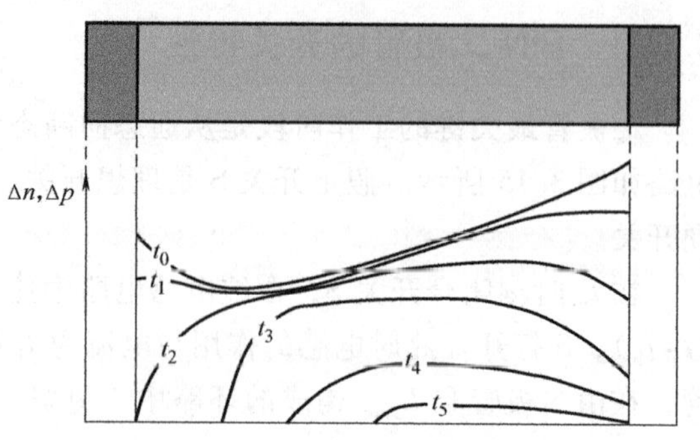

图 3.17　在如图 3.16 中所示的各时刻的载流子浓度分布曲线

阶段 2（$t_1 \sim t_2$）：在电流过 0 之后，N^- 内过量载流子仍然使二极管处于导通状态，二极管上的电压仍然很小。因而通过开关管的电流 $i(t)$ 继续以相同的速度（$di/dt = V_{DC}/L_i$）上升。因为负载电感 L_{load} 上的电流仍然等于 I_f，所以二极管上的电流还将以相同的 di/dt 下降。反向电流是依靠抽取 N^- 区过量载流子来维持的，在过量载流子抽取的过程中，空穴通过阳极排出，电子通过阴极排出，这使得 N^- 区两个边缘处的等离子浓度迅速衰减。

阶段 3（$t_2 \sim t_3$）：在 t_2 时刻，PN^- 结处的等离子浓度下降到 0，因此在 PN^- 结处能够形成耗尽层。PiN 二极管在此时开始承担电压。在 t_3 时刻，二极管上的电压达到 V_{DC}，di/dt 下降到 0。反向恢复电流达到最大值——被称为反向恢复峰值电流 I_{rr}（“rr” 一般代表反向恢复）。

阶段 4（$t_3 \sim t_4$）：为了更好地理解下面的过程，我们暂时假设，在 t_3 之后二极管继续维持电流 I_{rr}。这意味着二极管上的电压仍等于 V_{DC}。因此，如果电流和电压都不变，耗尽层宽度还维持原有的宽度。那么，反向电流一定由载流子从等离子层向耗尽层扩散形成，这是因为等离子层内几乎没有电场，漂移电流小到可以忽略。可是，因为等离子层要继续耗尽，空间电荷区边界处的非平衡载流子浓度梯度将降低，因此，t_3 之后反向电流将减小，与此相关的电流变化率称为恢复 di/dt。

负 di/dt 使电感 L_i 建立负电压，这导致二极管出现过电压。

阶段 5（$t_4 \sim t_6$）：等离子的耗尽使反向电流下降至 0，恢复 di/dt 降低，因此二极管上的电压又降回 V_{DC}。在 t_6 时刻，开关过程结束。

二极管动态参数有 I_{rr}、t_{rr}、反向恢复电荷（Q_{rr}）和关断能量（E_{rr}）。前面我们已经讨论了反向峰值电流 I_{rr} 的重要性。与二极管动态特性相关的重要参数还有反向恢复时间 t_{rr}，反向恢复电荷 Q_{rr} 和关断能量 E_{rr}。

1）反向恢复峰值电流（I_{rr}）：首先，I_{rr} 的绝对值取决于 di/dt 和正向电流。

① di/dt：假设在二极管开始承担电压之前，一定量的电荷需要从阳极区排出，抽取或复合，因此，反向恢复峰值电流 I_{rr} 将随换流 di/dt 的增加而增加是显而易见的。如果忽略复合，那么，几何计算就会让我们得出结论，I_{rr} 将与换流 di/dt 近似成正比，di/dt 翻倍，I_{rr} 也翻倍，这种关系与实际情况吻合得很好。

② 正向电流：PN 结处的等离子浓度与正向电流成正比，见式（3.20），因此，在达到反向峰值电流之前所抽取的电荷在理论上随正向电流线性增加，但实际情况，这种关系不是正比关系，因为式（3.20）仅仅是在没有载流子注入到发射区时才成立，因此我们观察到在大正向电流时 I_{rr} 会出现饱和。

2）反向恢复时间（t_{rr}）：t_{rr} 表示电流过 0（t_1）到开关结束（t_6）之间的时间间隔。因为反向电流逐渐下降，所以很难精确计算这段时间，因此关断时间通常定义为穿过 I_{rr} 和 $0.25I_{rr}$ 的直线与时间轴的交点（见图 3.16）。

3）反向恢复电荷（Q_{rr}）：反向恢复电荷 Q_{rr} 是在开关过程中从二极管所抽取的电荷（如图 3.16 所示）。如果关断得足够快以至于复合可以忽略（如，反向恢复时间比载流子寿命短很多），那么 Q_{rr} 就是开关之前残存于二极管中的非平衡电荷。随关断过程的减慢 Q_{rr} 减少（例如，降低换流 di/dt，或降低电压 V_{DC}）。这是因为一大部分等离子是通过复合消失的。关断能量（E_{rr}）：关断能量就是二极管在关断过程中所消耗的总能量，它由 $i_{PiN}(t)v_{ak}(t)$ 在 $t_1 \sim t_6$ 间的积分决定，开关速度越高，关断能量 E_{rr} 越大。

3.3.2　PiN 二极管的动态反向特性

1. 反向恢复电流所致的电场强度增加

PiN 二极管在反向恢复过程中有较大的反向电流通过，并且同时开始承担反向电压，如图 3.16 的 $t_3 \sim t_5$ 阶段。而且如图 3.17 所示，在 $t_4 \sim t_5$ 之间电压下降而耗尽层宽度反而增加了，是什么原因导致这种现象发生的呢？原因是在有较大反向恢复电流时，PiN 二极管空间电荷区中的电荷密度发生了变化。对于 PiN 二极管来说，通过耗尽层空穴的速度是有限的，载流子的速度在高电场强度下饱和，饱和速度近似为 10^7cm/s。为简化起见，假定空穴以饱和漂移速度通过整个耗尽层。耗尽层中的空穴浓度（p）是电流密度的函数，电流密度可表示为

$$J = qv_{sat}p \tag{3.37}$$

由式（3.37）可得通过耗尽层空穴浓度为

$$p = \frac{J}{qv_{sat}} = J\frac{\mathrm{A}}{\mathrm{cm}^2} \times 6.25 \times 10^{11}\frac{1}{\mathrm{Acm}} \tag{3.38}$$

如果反向电流密度为 $J = 100\mathrm{A/cm^2}$，会在耗尽层中产生 $6.25 \times 10^{13}\mathrm{cm^{-3}}$ 的空穴浓度。

耗尽层在关断过程的总电荷密度由通过耗尽层的空穴浓度和空间电荷区的电离杂质原子构成。N⁻区总空间电荷密度为

$$\rho_{\mathrm{N^-region}} = q(N_D^+ + p) \tag{3.39}$$

在 P 发射区，净空间电荷浓度为

$$\rho_{\mathrm{P^-region}} = -q(N_A^- - p) \tag{3.40}$$

从式（3.39）和式（3.40）看到，N⁻区有效空间电荷区电荷密度增加，P 发射区有效空间电荷密度减少。当空穴电流达到某一值时，p 接近 N 区的掺杂浓度，电场强度由可移动电荷决定。因为二极管所能承受的阻断电压越高，其 N⁻区的掺杂浓度越低，因此高反向阻断电压的二极管在中等电流密度下就能发生这种现象。图 3.18 描述了在关断过程中耗尽层和电场随关断时间的变化。在 t_3 时刻（最大反向电流处），由空穴

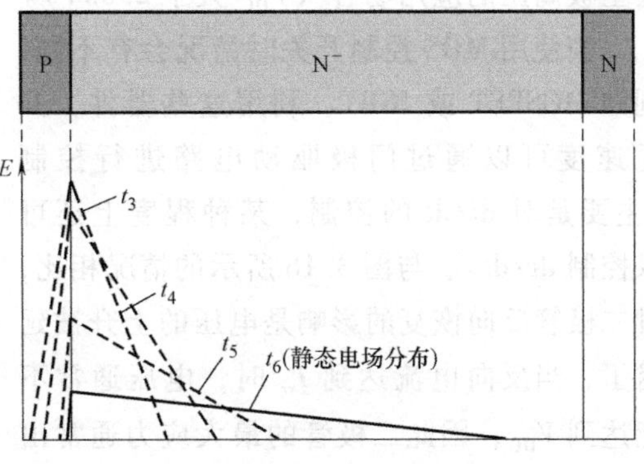

图 3.18　PiN 二极管关断过程电场分布的变化

所形成的空间电荷达到最大值，因此，N^-区的电场梯度达到最大值。在稍后关断过程中，N^-区的空间电荷由于反向电流的减小而减小，电场也变得平缓。因此，耗尽层在 t_4 之后反倒扩展了，尽管电压减小了。当反向电流下降到 0 时（t_6），耗尽层宽度达到最大值。

2. 动态雪崩击穿

在 PiN 二极管反向恢复过程中存在这样一种临界情况：通过耗尽层的空穴使电场强度加强到 PN 结发生雪崩击穿。这种效应被称为动态雪崩击穿。与静态雪崩击穿相比，动态雪崩起源于瞬态电流，因此称为“动态”。

首先分析动态雪崩所发生的条件。我们知道硅 PN 结雪崩击穿电压可表示为

$$V_B = 5.34\times10^{13} N_D^{-3/4} \tag{3.41}$$

该式说明突变 PN 结雪崩击穿电压是 N^-区掺杂浓度的函数。如果将 N_D 替换为移动载流子与电离掺杂原子的和，该式更具有普遍意义。在 PiN 二极管关断过程中，空间电荷浓度由式（3.39）决定，因此击穿电压可表示如下：

$$V_B = 5.34\times10^{13}(N_D^+ + p)^{-3/4} \tag{3.42}$$

将式（3.38）带入上式，并进行电压的求解，可得到临界电压 V_{crit} 是反向电流密度 J 的函数：

$$V_{crit} = \left(\frac{J}{2\times10^{18} q v_{sat}} + \frac{N_D}{2\times10^{18}}\right)^{-3/4} \tag{3.43}$$

下面我们可以求解电流密度，得到临界电流密度 J_{crit} 与电压之间的关系：

$$J_{crit} = q v_{sat}(2\times10^{18} V^{-4/3} - N_D)\,\mathrm{A/cm^2} \tag{3.44}$$

如果电路中所使用的开关为理想开关时，如图 3.15 所示，上式可以估计动态雪崩的起始点。由于开关为理想的开关特性，所以反向恢复峰值电流（I_{rr}）准时发生在二极管的电压达到 V_{DC} 时，此时功率流密度达到最大值。将 V_{DC} 代入式（3.44），可计算出所允许的最大反向恢复电流密度。

例：具有 4500V 的静态阻断能力的 PiN 二极管 N^-区的掺杂浓度为 $N_D = 2\times10^{13}\mathrm{cm^{-3}}$。如果工作电压 V_{DC} 是 2300V，当反向电流密度超过 $J_{rr} = 73\mathrm{A/cm^2}$ 时发生动态雪崩。

理想开关模型适用于大多数内部包含晶闸管结构的器件，如 GTO 晶闸管或 GCT。触发信号一旦给出，这些器件的电流就以很高的速度增加，不能利用门及控制电路对 di/dt 给予限制。晶闸管类型的开关主要应用于高压，甚至极高压的应用场合（V_{DC} 大于 2500V）。

当使用 MOS 控制开关时情况会有不同，例如 MOSFET 或 IGBT。利用这些器件，开通速度可以通过门极驱动电路进行控制（主要是对 di/dt 的控制，某种程度上还可以控制 dv/dt）。与图 3.16 所示的情况相比，对二极管反向恢复的影响是电压的上升被延迟了，当反向电流达到 I_{rr} 时，电压通常不能达到 V_{DC}，因此二极管的最大应力通常出现在反向峰值电流之后。通过比较瞬时功率

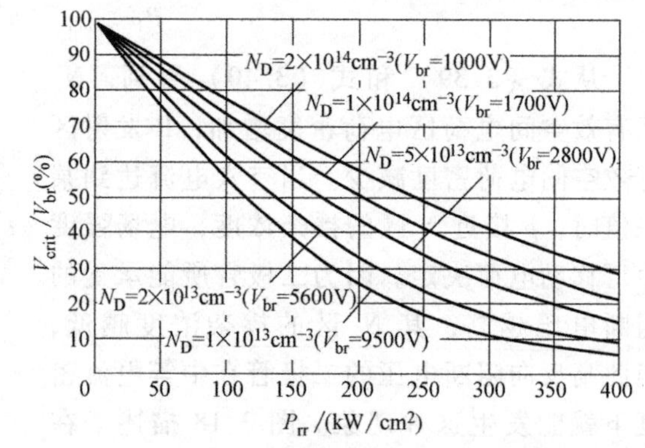

图 3.19　动态雪崩击穿临界电压与开关功率密度和掺杂浓度之间的关系

密度 $P_{rr}(t)=i_{PiN}(t)v_{ak}(t)$ 和图 3.19 能够确定动态雪崩的起始点。在瞬时开关功率密度 P_{rr} 下，当电压 v_{ak} 超过 V_{crit} 时发生动态雪崩。

例：假设 N⁻区的掺杂浓度为 $N_D=2\times10^{13}\text{cm}^{-3}$ 的 4500V 二极管的瞬时开关功率密度是 200kW/cm^2。由图 3.19，瞬时电压不应超过静态雪崩击穿电压的 34%，即 34% × 5600V = 1900V。

现在开始讨论动态雪崩击穿的后果。图 3.20 是 PiN 二极管反向恢复过程中的电场分布和非平衡载流子分布的模型。在 PiN 二极管的关断过程中的某一时刻 $t=t_x$ 时，电场强度超过了发生碰撞电离的临界电场强度。

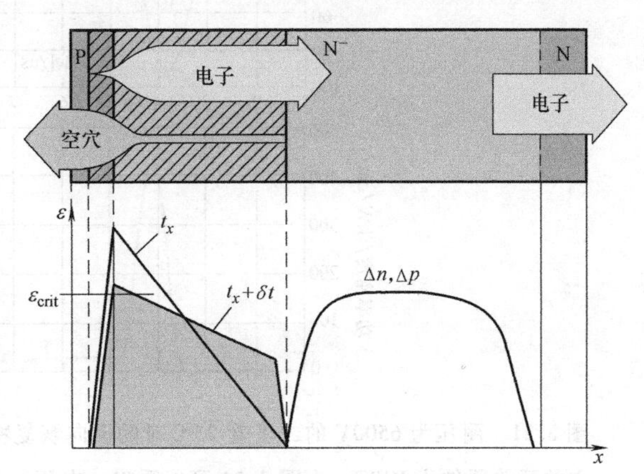

图 3.20 动态雪崩击穿对电场的影响（$t=t_x$ 是碰撞电离即将发生的瞬间。动态雪崩击穿所产生的电子在通向阴极的过程中将改变电场强度。）

在临界电场强度值被超过之前，只有来自于等离子区的空穴穿越耗尽层。在 $t=t_x+\delta t$ 时开始发生碰撞电离，电流分裂成电子成分和空穴成分。穿越耗尽层的电子至少部分地补偿了空穴流产生的空间电荷，因此，电场峰值右侧的电场梯度减缓了。

在动态雪崩开启时刻（即从 $t=t_x$ 到 $t=t_x+\delta t$），必须满足下列条件：①当发生动态雪崩时 PiN 二极管上的电压不能突变；②在 $t=t_x$ 到 $t=t_x+\delta t$ 的时间间隔内，耗尽层宽度不变。

在这些边界条件下，电场分布由原来的三角形变成了梯形，平均电场强度因此减小了。较低的电场强度使雪崩电流减少。因此，可以得出这样的结论：动态雪崩击穿是一个自限制过程，不会导致器件的损坏。

实际上，动态雪崩开始的过程与上述的模型略有不同。在二极管关断过程中，当电场强度接近临界极限时，碰撞电离会逐渐产生。之后自限制会阻碍电场强度的进一步增加，即电场强度的峰值会保持在略高于开始发生雪崩的临界值的水平。雪崩倍增的第二个效应是新的电子被注入到等离子区。这将大大减缓非平衡电荷的抽取速度。在发生动态雪崩之后，电场强度峰值的限制及耗尽层扩展的减慢使得 dv/dt 降低，这种特性很容易在关断波形中检测到。

例如，图 3.21 描绘了高压二极管在关断过程中所发生的无损坏动态雪崩击穿的情形。实际观察的结果表明，具有良好设计的二极管可以被反复驱动进入动态雪崩击穿，而不会有任何问题。开关功率密度通常增加到远远超过临界限制（如图 3.19 所示），可是，一旦超过某一阈值，器件会突然失效。图 3.22 描绘了典型的失效模式，但不能看到失效的确切原因。

对于器件承受动态雪崩的能力具有很大的差别的原因至今尚不能完全搞清楚。但毫无疑问过热是重要的原因。当发生动态雪崩击穿时，单位时间从 N⁻区抽取的净非平衡电荷量减少（见图 3.20），因此，关断过程显著减慢，耗尽层内所消耗的能量增多，最终发生热损坏。掺杂分布的选择，不合理的器件设计能促进过热点的产生，导致电流分布不均匀，形成电流丝。一旦形成过热点，二极管将在较低的平均功率下由于过热而损坏。

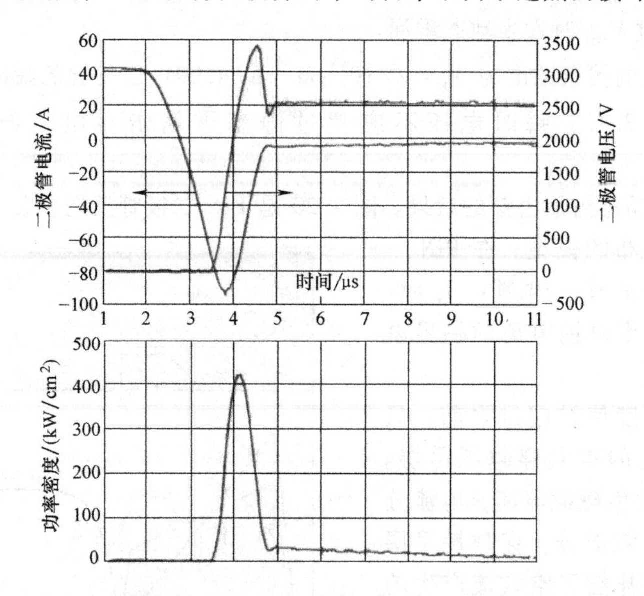

图 3.21　耐压为 6500V 的二极管 25℃时的反向恢复特性（衬底掺杂浓度为 $8\times10^{12}\mathrm{cm}^{-3}$）（电路中的开关器件为 IGBT，由图 3.21 可以看出，电压达到 1500V、开关能量密度为 $200\mathrm{kW/cm}^2$ 时，二极管大约在 3.8μs 进入动态雪崩。动态雪崩击穿的典型特征是 dv/dt 骤降）

图 3.22 为在换流过程中二极管失效的可能原因是过热（二极管的类型与图 3.21 相似）。（二极管在开始时能够承受很高的开关功率密度而不损坏。之后，当电流在反向恢复峰值电流之后开始下降时，开关功率密度开始下降。可是器件突然变得非常不稳定。电流重新开始增加，导致二极管失去阻断能力，最后在 $t=3.7\mu\mathrm{s}$，器件损坏。通过与图 3.19 进行比较我们知道在不稳定时刻没有发生雪崩击穿，至少是在电流是均匀分布的假设下。）

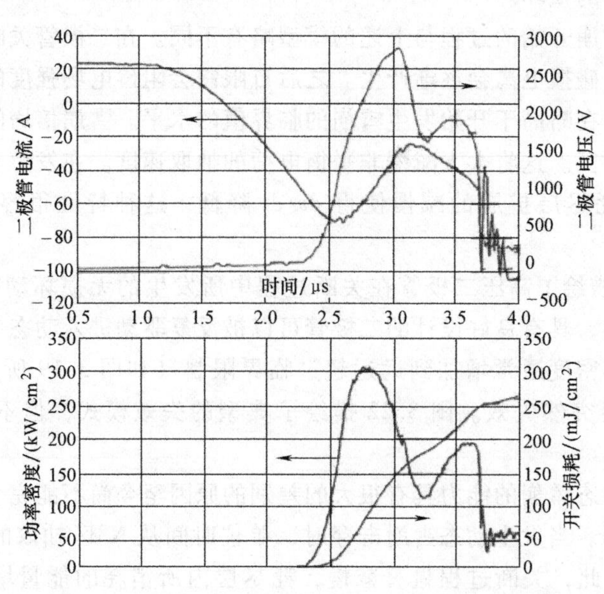

图 3.22　耐压为 6500V 的 PiN 二极管在 25℃的耐损坏能力的展示（衬底掺杂浓度为 $N_D=8\times10^{12}\mathrm{cm}^{-3}$）

假定二极管在反向恢复过程中的参数的简化描述如图 3.23 所示。

根据式（3.42），p_{ex} 的存在使得 PiN 二极管动态雪崩击穿电压小于静态雪崩击穿电压。一旦发生动态雪崩击穿，如图 3.23 所示，动态雪崩击穿也产生浓度为 n_{av} 的电子，这些电子流由右侧流出，补偿了 p_{ex}，在阳极侧空间电荷区内，有效载流子密度为 $N_{eff}=N_D+p_{ex}-n_{av}$。因此，如前面分析，动态雪崩在一定程度上能自我调节。

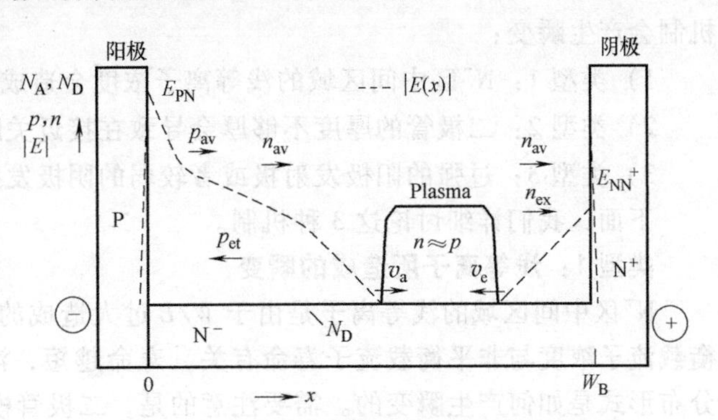

图 3.23　二极管反向恢复过程各参数的简化描述

随着动态雪崩引起电流密度的增加，在阳极和等离子体之间的电场分布将发生弯曲，如图 3.23 所示。微弱的 NDR（负微分电阻）将发生，将产生反向电流密度 5~15 倍的电流管道。

随着动态雪崩的进行，在 NN^+ 结处出现电子聚集，在此处建立起附加的电场，此时 PN 结处还存在动态雪崩。如果在 NN^+ 结处的电场增加，则雪崩在两端发生。双动态雪崩被认为是非常危险的，容易造成器件的损坏。

双端雪崩击穿如图 3.23 所示，如果自由电子浓度超过衬底掺杂的带正电的施主浓度 $n_{ex}+n_{av}>N_D$，NN^+ 结前面的电场梯度变为负值，即

$$\frac{dE}{dx}=-\frac{q}{\varepsilon}(n_{ex}+n_{av}-N_D) \tag{3.45}$$

如果 n_{av} 增加，$\frac{dE}{dx}$ 的绝对值增加，最后在 NN^+ 结处碰撞电离增加。这种情况通常出现在高电流密度丝形成的区域，最后形成双端动态雪崩。

3.4　PiN 二极管反向恢复过程中电流的瞬变

“瞬变”指的是在二极管的关断过程中反向电流的突然下降。瞬变会产生非常不好的效应，产生一系列的问题：

1）瞬变时的高 di/dt 在电感中产生高电压（$V=Ldi/dt$）。瞬变可能非常强，以至于很小的寄生电感就足以产生烧毁半导体器件及电路中其他器件的过电压。

2）瞬变时的高 di/dt 将在 LC 谐振电路产生振荡，产生电磁干扰（EMI）问题。由寄生电感和耗尽层电容所产生的最高干扰频率高达数百兆赫。

3）瞬变的另一个效应是 di/dt 的突变会在电感中产生很高的 dv/dt，即

$$\frac{dv}{dt}=L_i\frac{d^2i}{dt^2}$$

我们都知道，高 dv/dt 会加速一些绝缘材料的老化（例如，电动机绕组的聚合绝缘材料）。

从反向峰值电流到反向恢复过程结束的任意时刻都有可能发生瞬变，有 3 种不同的基本机制会产生瞬变：

1）类型 1：N^-区中间区域的浅等离子浓度会造成在反向峰值电流之后不久易发生瞬变。

2）类型 2：二极管的厚度不够厚会导致在接近关断结束时出现瞬变。

3）类型 3：过强的阳极发射极或者较弱的阴极发射极可能在关断过程中间产生瞬变。

下面，我们详细讨论这 3 种机制。

类型 1：浅等离子所造成的瞬变

N^-区中间区域的浅等离子是由于 W/L 过大造成的，由式（3.20）和图 3.5 可知，非平衡载流子浓度与非平衡载流子寿命有关，寿命越短，浓度越低。图 3.24 描述了这种等离子分布形式是如何产生瞬变的。需要注意的是，二极管模型中非平衡载流子浓度分布是阳极侧的浓度高于阴极侧的浓度。

根据 PN 结的相关理论可知，反向恢复电流主要是由于空间电荷区向器件内扩展，由空间电荷区电场抽取等离子电荷量形成的。因此阳极侧较高的载流子浓度会产生较大的反向恢复峰值电流 I_{rr}。之后（$t_1 \sim t_3$），由于等离子浓度的急剧减少，反向恢复电流迅速下降。一旦耗尽层抽取到最低载流子浓度的区域（t_3），反向电流恢复到软恢复状态。如果阴极侧的载流子浓度大幅度增加，那么反向电流有可能再一次增加，在尾部形成一个突起。

图 3.25 描述了软反向恢复特性和反向恢复峰值电流之后的瞬变。

反向恢复峰值电流之后的瞬变通常导致过电压及高 dv/dt，如前面所描述的那样。在图 3.25 中可清楚地观察到高 dv/dt。在关断的这一阶段，由于谐振电路的强阻尼作用，激发高频振荡不是这种类型瞬变的典型特征：耗尽层消耗着大量的能量，而等离子的反应太慢，跟不上外部条件的快速变化。

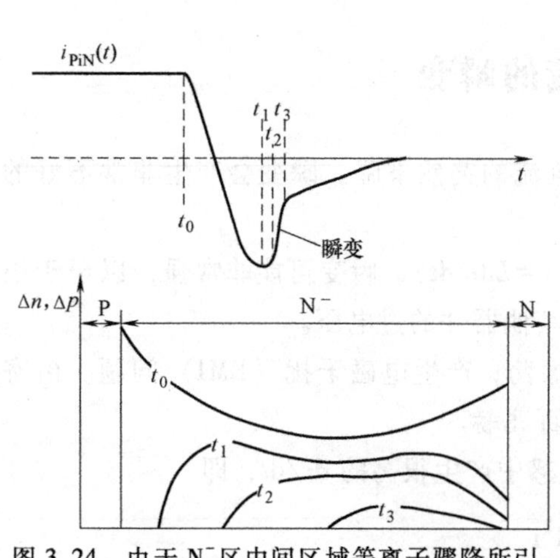

图 3.24　由于 N^-区中间区域等离子骤降所引起的反向峰值电流后的瞬变

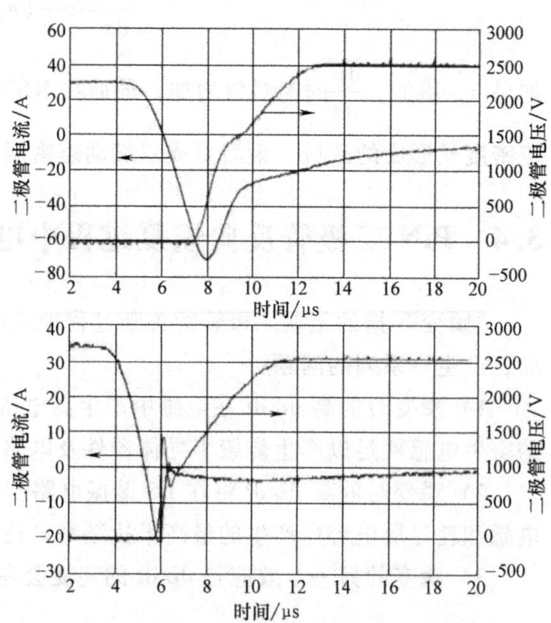

图 3.25　软反向恢复特性（上图）和反向恢复峰值电流后的瞬变（下图）

虽然两个二极管具有相同的设计，但载流子寿命不同，注意瞬变二极管的电压尖峰和高 dv/dt

类型 2：由二极管厚度不够造成的瞬变

图 3.26 描述了薄基区二极管的瞬变，在关断一开始，可看到正常的关断特性。在 PN^- 结处形成耗尽层，并向 N^- 区扩展，抽取等离子。在 t_3 时刻，问题发生了：空间电荷区在电流下降到 0 之前就扩展了 N 发射区，即突然没有非平衡载流子来维持电流，因此电流瞬时突变。

在 N 发射区，瞬变之后仍有一些非平衡载流子。因为 N 发射区的高掺杂，耗尽层不能深入到这个区域，即不能抽取该区域存储的电荷。因此残留的非平衡载流子将慢慢地复合和扩散。发射区载流子向外扩散解释了为什么一般在瞬变之后还能观察到一个小的尾部电流。这种类型瞬变的最严重的后果是无线电波振荡的激发，而且很难阻止。在大多数情况下，满意的解决办法就是把二极管的厚度做厚。

类型 3：由发射效率不理想所造成的瞬变

类型 3 的瞬变机制如图 3.27 所示。如果 PiN 二极管阴极侧的等离子浓度比阳极侧低很多，很可能会造成这样一种情况：阴极侧的等离子浓度完全被耗尽，而 N^- 区中间区域还有很多非平衡载流子。结果会在阴极发射极形成耗尽层和电场。图 3.27 展示了一个极端的例子，在 P^- 发射结耗尽之前，在阴极侧就形成了耗尽层。之后两个空间电荷区相互接近，消耗二极管中间区域的等离子。两个耗尽层接触的时刻，电流将瞬间降为 0。

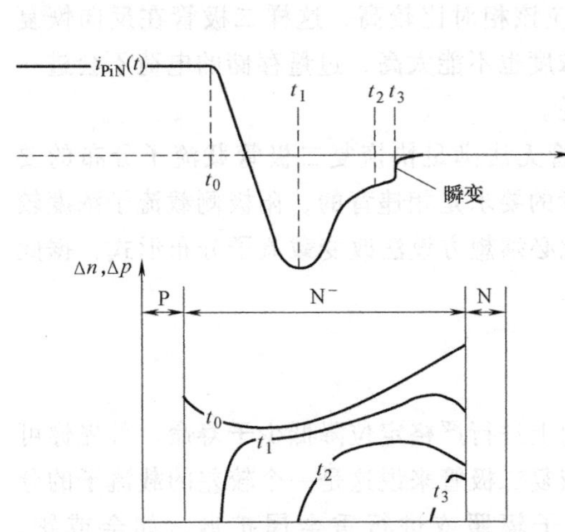

图 3.26　由二极管厚度不够造成的瞬变（下图为在关断过程中的载流子分布）

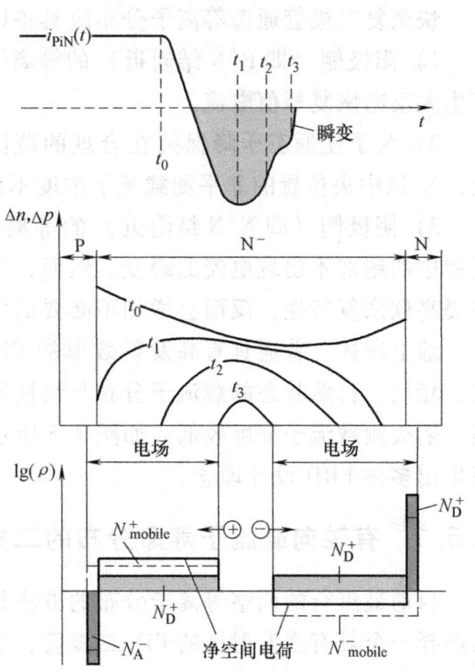

图 3.27　由 PiN 二极管不理想等离子倾斜所引起的瞬变（类型 3）

注：在两个耗尽层在 N^- 区中间相遇后电流迅速下降到 0（见上图和中图）。

下图描述了耗尽层如何在 PiN 二极管的阴极产生的（图中描述了 t_3 时刻所处的条件）

导致二极管阴极侧耗尽层形成的条件如图 3.27 下图所示。该条件要求移动电荷浓度（即穿过耗尽层的电子所形成的空间电荷）过补偿掉了 N^-区的电离掺杂原子，使得在 N^-区有形成净负空间电荷的可能，而反向平衡的正空间电荷在 N 发射区形成。

3.5 现代 PiN 二极管的设计

从应用角度对 PiN 二极管进行分类，PiN 二极管可分为两大类：

1）线性二极管（line Diode），其应用环境要求其具有较低的通态损耗，但关断时的 di/dt、dv/dt 较低。因此这类二极管的设计原则是：使通态压降尽可能地小，即要有较高的发射效率、尽可能薄的基区和尽可能长的少子寿命。线性二极管多用于整流电路，由于其动态特性差，所以不适合应用于逆变电路。

2）快恢复二极管（FRD），适用于高速开关的设备中。这类二极管不仅要有良好的通态特性，即要求通态压降小，还要求具有良好的动态特性，最关键的是：通态压降小和良好的动态特性对器件结构参数的要求是矛盾的，因此需要设计人员找到两者的最优组合（既具有较高的额定功率，又具有较低的关断能量和较低的瞬变可能性）。

线性二极管的设计前面已经介绍了，下面介绍 FRD 的设计原则和常用的 FRD 结构。

快恢复二极管通态等离子分布应具备以下共同特点：

1）阳极侧（即 P^+N 结附近）的等离子浓度较低，这样即使换流时的 di/dt 较高也不能产生大反向恢复峰值电流。

2）为了使通态压降保持在合理的范围内，还要避免反向恢复峰值电流之后电流的瞬变，N^-区中央位置的非平衡载流子浓度不应太低。

3）阴极侧（即 N^+N 结附近）的等离子浓度应该相对比较高，这样二极管在反向恢复过程中的尾部不出现电流的瞬变。然而，等离子浓度也不能太高，过量存储的电荷不会进一步提高软恢复特性，反而会增加不必要的关断损耗。

综上所述，普通具有高发射效率的 PiN 二极管无法满足快恢复二极管载流子分布的要求。相反，自然状态的载流子分布与快恢复二极管的要求是相违背的，阳极侧载流子浓度较高，阴极侧载流子浓度较低，如图 3.5 所示。因此必须想方设法改变载流子分布形式，据此衍生出多种 FRD 设计理念。

3.5.1 有轴向载流子寿命分布的二极管

目前最流行的调整等离子分布的方法是在轴向上进行严格定位降低少子寿命。首先你可以选择一个具有强发射极的 PiN 二极管，对于快恢复二极管来说这是一个较差的载流子的分布。为了提高动态特性要对二极管进行高能粒子辐照或进行重金属扩散，如金或铂。图 3.28 展示了这类二极管的典型轴向载流子寿命分布图。

下面我们简略讨论最常用的载流子寿命减少方法。

1. 植入质子、氦

利用粒子加速器将质子和氦原子核植入到器件中。通过选择适当的能量可以将粒子植入到所需要的位置，精确到 μm。载流子的寿命沿植入轨迹减小，在粒子停留处降到最低。图 3.28 描述了一个用植入两种不同能量的质子与氦所得到的典型的轴向载流子寿命分布。

这种寿命分布能形成从阴极到阳极逐渐减少的理想等离子分布。

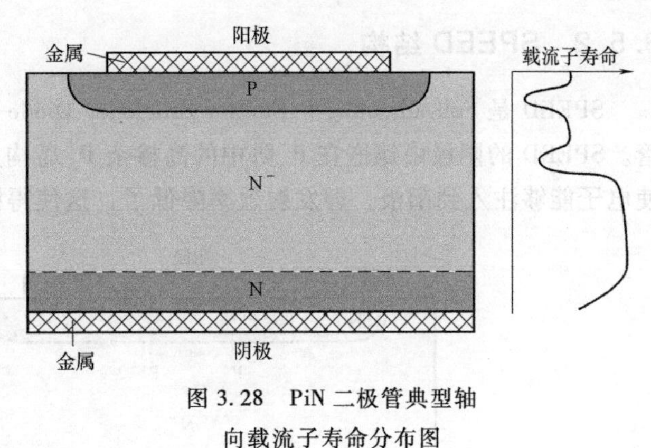

图 3.28　PiN 二极管典型轴向载流子寿命分布图

质子与氦原子在硅中引起非常相似的损伤，但是，一个明显的差别是：质子产生寄生施主中心（N 掺杂），而氦始终保持不产生施主或受主。因此在将质子植入 N^- 区时要特别注意，这可能会降低器件的阻断能力。但与氦植入相比，质子植入的优点是它能用标准加速器，植入到较深的位置。由于氦原子较重，所以即使使用较大功率的加速器，也最多只能植入 100~150μm。

与其他通过复合来降低寿命的技术相同，质子和氦也将产生复合中心，导致二极管的反向漏电流增加。幸运的是，复合效率较低，因此对漏电流的影响是可以接受的。

典型的质子植入量在 10^{11}~$10^{13}cm^{-2}$，相同效果所需要的氦的剂量大约降低一个数量级，这是因为与质子相比，氦原子质量更大。

2. 电子辐照

使用电子辐照通常在轴向上均匀降低非平衡载流子的寿命。选择电子是因为它的质量小。即使使用低辐照能量，它们也能穿透器件。

在轴向上均匀降低载流子寿命的目的是调整存储电荷 Q_{rr} 到一个所要求的值，减小反向恢复峰值电流 I_{rr}。由于开关功耗密度降低了，所以二极管也就更耐用了。但电子辐照也有负面的影响，载流子寿命的降低，W/L 增加，等离子浓度更低，尤其在二极管的中间区域。这导致正向压降增加，瞬变发生概率增加，而且高剂量的电子还会增加二极管的反向漏电流。

例如，一个 1200V 二极管的典型电子注入剂量为 10~100kGy（1~10MRad）。

3. 重金属扩散

纵向载流子寿命的调整还可以通过重金属扩散来获得，首选金或铂，从阳极侧向二极管内部扩散。这些金属能形成接近禁带中央的能级。所得到的载流子寿命的分布不如由质子和氦的注入所形成的理想。

与质子和氦的注入相比，重金属的缺点在于复合寿命对温度的依赖。与质子和氦所形成的复合中心相比，温度越低，重金属越活跃。因此由重金属扩散所制得的二极管的正向压降的温度系数是典型的负值，而粒子植入所制得的二极管具有中性或正的温度系数。压降的负温度系数是我们不希望的，因为它会造成电流集中进而形成过热点，使动态耐用性变差。从好的方面来说，重金属扩散二极管在低工作温度下发生瞬变的可能性较小。这也应该归功于低温复合效率的加强。

扩金的一个缺点是它所产生的复合中心非常靠近禁带中央。理想的复合效果伴随着产生寿命的大幅度降低，这导致漏电流的急剧增加。因此金扩散适用于对反向漏电流的要求不严格的情况下。

3.5.2 SPEED 结构

SPEED 是 Self-adjusting P-Emitter Efficiency Diode 的缩写，表示自调整 P 发射效率二极管。SPEED 的阳极由镶嵌在 P^-阱中的高掺杂 P^+岛构成，如图 3.29 所示。P^-区域的低掺杂使电子能够注入到阳极，即发射效率降低了，这使得阳极侧的等离子浓度降低了。

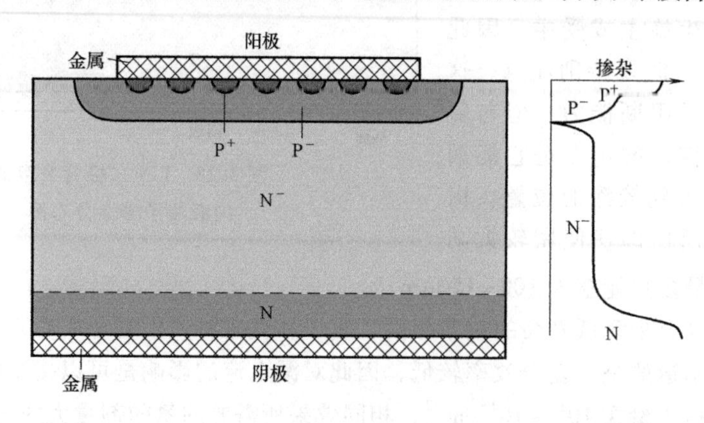

图 3.29 SPEED

根据 PN 结的相关理论可知，只有 P^-区的掺杂浓度是 N^-区掺杂浓度的 2~3 倍时，发射效率才能显著降低。如果这个限制在现实中存在，那么这意味着 SPEED 结构在工艺上无法实现。在如此低的 P^-掺杂浓度下，即使反向电压很低，耗尽层也将贯穿整个 P^-区。当耗尽层扩展到阳极金属电极时，耗尽层将捕获金属中的大量电子，并输运到阴极，导致电流失控，这种效应叫作穿通。由于电流较大，因此穿通一般会造成器件的损坏。

SPEED 还能成功实施的原因在于发射区的掺杂浓度要比 PN 结理论所推荐的浓度值高。这是因为只有 N^-区处于非常低的注入状态时，发射效率才能保持在理论计算值水平。只要 N^-区的电子浓度远远高于平衡浓度，就有更多的电子克服 PN 结势垒，发射效率就降低了。这种现象在图 3.30 中有描述。

仅通过 P^-区来控制发射效率是不可行的，因为二极管的特性不能在小电流和大电流下都得到优化。低 P^-区掺杂将导致大电流时二极管的正向压降增加，如图 3.30 所示。如果为了降低正向压降而使 P^-区掺杂过多，那么过高的发射效率将导致在小电流下的等离子分布呈现不希望的分布形式，二极管出现瞬变。这种折中可以通过在 SPEED 的低掺杂浓度区中设置 P^+岛来解决，如图 3.29 所示。相对掺杂浓度较低的 P^-区确保小电流下的低发射效率，实现软恢复特性；在大电流下，P^+岛起作用，形成大注入，降低通态压降。

当依靠质子和氦植入来控制纵向载流子寿命分布的工程技术还没实现时，SPEED 结构非常流行。然而，SPEED 一般来说动态耐用性较差，这是因为动态穿通。在反向恢复过程中，从中间区域扫出的空穴能补偿掺杂浓度相对较高的 P^-区的负空间电荷，因此 P^-区的掺杂浓度不能优化到既能保证软恢复特性，又具有良好的动态耐用性。具有重掺杂阳极和纵向载流子分布的二极管，如 3.5.1 节所介绍的，不需要这种折中，因此，可以预见 SPEED 结构将不再使用在未来二极管的生产中。

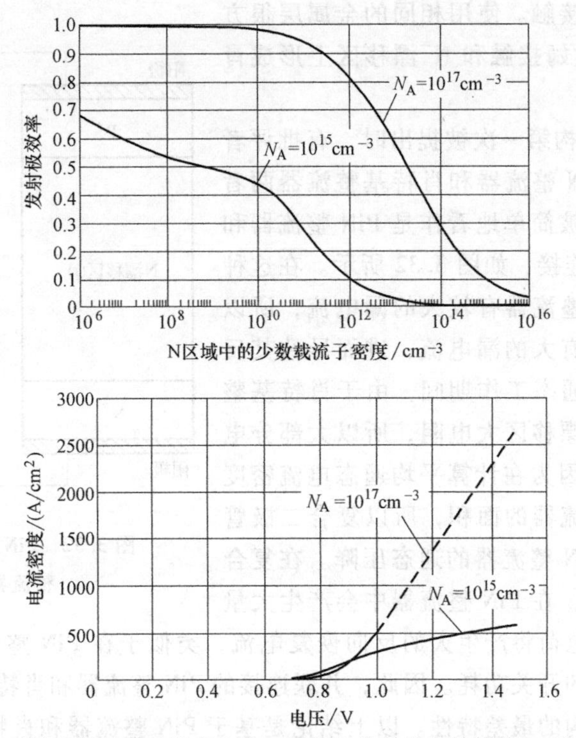

图 3.30　两个不同弱阳极发射效率 PiN 二极管的发射效率计算值和 $I(V)$ 特性，中间区域的掺杂浓度为 $N_D=10^{13}cm^{-3}$，阳极掺杂浓度分别为 $N_A=10^{15}cm^{-3}$ 和 $N_A=10^{17}cm^{-3}$

3.6　MPS 二极管

PiN 二极管之所以能承担高电压，是因为该结构能够在轻掺杂漂移区中注入大量的少数载流子，使其在传导通态电流时具有低通态压降。存储在漂移区内的少数载流子，必须在 PiN 二极管承担反向偏置电压之前被排除。如前面所述那样，在从导通状态切换到反向阻断状态期间，PiN 二极管呈现出非常大的瞬变反向恢复电流以排除所存储的电荷。反向恢复瞬态会在整流器和控制开关的晶体管中产生较大的开关功耗。

通过降低漂移区的寿命，可以降低 PiN 二极管反向恢复瞬变的功耗。这种降低开关功耗的传统方法伴随着通态压降的增加。因此，必须在通态压降和关断时间或反向恢复电荷之间生成折中曲线，以优化总功耗。

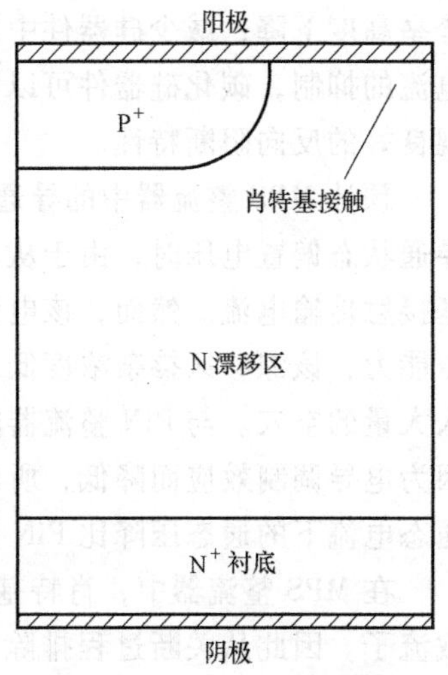

图 3.31　MPS 二极管的结构

在 20 世纪 80 年代，提出了一种在通态和反向恢复功耗之间进行折中的另一种方法，通过将 PiN 二极管和肖特基整流器物理机制的混合，创建如图 3.31 所示的 MPS（Merged PiN-Schottky，PiN-肖特基混合二极管）二极管结构。在这种结构中，漂移区的设计采用与 PiN 二极管相同的标准，以承担反向阻断电压。器件结构包含金属接触下面的 PN 结部分和剩余部分的肖特基接触。使用相同的金属层很方便地在 P^+ 区上形成欧姆接触和 N^- 漂移区上形成肖特基接触。

当 MPS 整流器结构第一次被提出时，有批评者认为该结构将呈现 PiN 整流器和肖特基整流器两者的最差特性，因为它被简单地看作是 PiN 整流器和肖特基整流器的并联连接，如图 3.32 所示。在这种情况下，因为肖特基整流器有较大的漏电流，所以这种复合整流器也具有大的漏电流，进而导致其反向阻断特性变差。在通态工作期间，由于肖特基整流器中存在未调制的漂移区大电阻，所以大部分电流流过 PiN 整流器。因为在计算平均通态电流密度时必须考虑肖特基整流器的面积，所以复合二极管的通态压降将大于 PiN 整流器的通态压降。在复合二极管通态工作期间，在 PiN 整流器中会产生大量的存储电荷。存储的电荷将产生大的反向恢复电流，类似于在 PiN 整流器中所观察到的电流，导致其具有较大的开关功耗。因此，并联连接的 PiN 整流器和肖特基整流器的复合二极管将表现出这两种结构的最差特性。以上结论是基于 PiN 整流器和肖特基整流器在 MPS 整流器结构内各为独立工作状态，但这个前提是错误的。

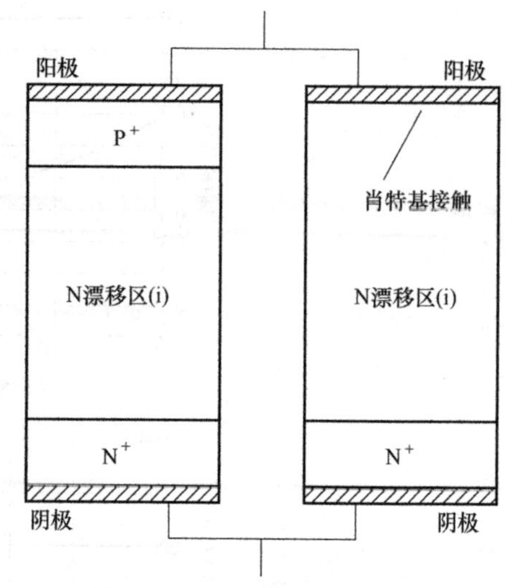

图 3.32　PiN 整流器和肖特基整流器的并联

3.6.1　MPS 二极管的工作原理

如图 3.31 所示，PiN 整流器和肖特基整流器在 MPS 整流器结构中紧密相连，这使两个器件工作机制混合在一起。MPS 整流器结构中的 PN 结之间的间距的设计要能够在相对小的反向偏置电压下被夹断。在 PN 结之间的间距耗尽之后，在肖特基金属之下形成势垒，屏蔽该肖特基接触不受阴极反向偏压的影响。与普通的肖特基整流器相比，通过合理地选择 PN 结之间的间距，MPS 整流器中的肖特基接触的电场强度可以大大减小。这可以抑制肖特基势垒高度下降，减少硅器件中的漏电流，使其远低于肖特基整流器的漏电流。由于热场发射电流的抑制，碳化硅器件可以实现更大的漏电流减少。因此，可以在 MPS 整流器结构中实现良好的反向阻断特性。

预计 MPS 整流器中的导通电流既可以通过 PN 结，也可以通过肖特基接触。当施加低导通状态偏置电压时，由于从 PN 结注入到漂移区中的空穴需要更大的电势，所以通过肖特基接触传输电流。然而，该电流受到未调制漂移区的大电阻的限制，为了获得高反向阻断电压能力，该漂移区掺杂浓度低，厚度厚。随着正向偏置电压的增加，PN 结开始向漂移区注入大量的空穴。与 PiN 整流器的情况一样，漂移区工作在高电平注入条件下。漂移区的电阻因为电导调制效应而降低，所以有大电流通过 MPS 整流器结构中的肖特基接触。这使得在通态电流下的通态压降比 PiN 整流器小。

在 MPS 整流器中，肖特基接触的载流子浓度较低，因为它不能向漂移区注入大量少数载流子。因此从关断过程排除电荷这个角度来说，其载流子分布优于在 PiN 整流器。MPS 整流器具有较小的反向恢复峰值电流和电荷，可降低开关功耗。此外，可以通过改变 MPS

整流器结构中的PN结和肖特基接触的相对面积来进行通态压降和反向恢复功耗之间的折中。通过使用PiN整流器所使用的寿命控制技术，可以实现折中曲线的进一步改进。

1. 低正向偏压条件

MPS整流器中的N^-漂移区必须轻掺杂，以便在反向阻断模式下承担高电压。在小的正向偏置电压下，PN结上的电压在N型漂移区内产生低空穴注入。在小的正向偏置电压下，漂移区没有电导调制效应。因此漂移区的电阻由掺杂浓度决定。MPS整流器的电流输运产生于肖特基接触的热发射，之后流过漂移区。在初始阶段，MPS整流器中用于承担高反向偏置电压的高电阻漂移区限制了电流传输。在小正向偏置电压下，MPS整流器的特性与肖特基整流器相似。

以金属-半导体（肖特基）接触和漂移区电阻的串联为模型分析MPS整流器的正向导电i-v特性。因为PN结占据了一部分上表面区域，因此与阴极电流密度相比，肖特基接触电流密度更大，在分析模型中，要首先考虑到这一点的影响。PN结之间的区域的电流收缩，以及电流从该区域通过扩展进入漂移区使串联电阻增大。这个电阻可以像以前对JBS整流器分析的那样进行建模。与JBS整流器不同的是，对于MPS整流器，因为漂移区被设计承担高电压，所以PN结的结深只是漂移区厚度的一小部分。MPS整流器中的漂移区电阻非常接近漂移区的一维电阻。为了尽可能减小此电阻，有必要对漂移区采用非穿通设计。

由于漂移区的厚度相对于MPS整流器结构中的P^+扩散的结深和窗口的宽度而言很大，所以漂移区中的电流路径在到达N^+衬底之前就重叠了。这种情况的电流流动模式如图2.14中阴影区域所示。在MPS整流器结构中，漂移区的厚度（图2.14中的t）远大于JBS整流器的厚度。

由于P^+区和PN结耗尽层的存在，因此模型C中肖特基接触处的电流密度（J_{FS}）变大了。这增加了肖特基接触两端的压降。肖特基接触的电流仅在顶表面处的漂移区的未耗尽部分（具有尺寸d）流动。因此，肖特基接触的电流密度（J_{FS}）与元胞（或阴极）电流密度（J_{FC}）有关：

$$J_{FS}=\left(\frac{p}{d}\right)J_{FC} \tag{3.46}$$

式中，p为元胞间距。尺寸d由元胞间距（p）、P^+离子注入窗口的尺寸（$2s$）、P^+区的结深以及导通状态耗尽宽度（$W_{D,ON}$）确定：

$$d=p-s-x_J-W_{D,ON} \tag{3.47}$$

在推导该方程时，假定横向扩散长度等于结深。P^+区的尺寸（尺寸s）最小化取决于用于器件制造的光刻技术，以及在扩散过程中所产生的结深（x_J），因此肖特基接触的电流密度可能提高两倍甚至更多。在计算肖特基接触压降时必须考虑这些因素：

$$V_{FS}=\phi_B+\frac{kT}{q}\ln\left(\frac{J_{FS}}{AT^2}\right) \tag{3.48}$$

在电流流过肖特基接触之后，流过结之间的漂移区的未耗尽部分。在模型C中，假定电流流过具有均匀宽度d的区域，直到达耗尽区的底部，然后以45°扩展角扩展到整个元胞（p）。电流路径在距耗尽区的底部（$s+x_J+W_{D,ON}$）处重叠，然后电流均匀地流过横截面积。

电流的净电阻可通过如图2.14所示三段的电阻相加来计算。均匀宽度为d的第一段的电阻由式（3.49）给出：

$$R_{\mathrm{D1}}=\frac{\rho_{\mathrm{D}}(x_{\mathrm{J}}+W_{\mathrm{D,ON}})}{dZ} \tag{3.49}$$

第二段的电阻可以通过使用用于JBS整流器的相同方法导出：

$$R_{\mathrm{D2}}=\frac{\rho_{\mathrm{D}}}{Z}\ln\left(\frac{p}{d}\right) \tag{3.50}$$

具有宽度为p的均匀横截面的第三段的电阻由式（3.51）给出：

$$R_{\mathrm{D3}}=\frac{\rho_{\mathrm{D}}(t-s-x_{\mathrm{J}}-2W_{\mathrm{D,ON}})}{pZ} \tag{3.51}$$

通过将元胞电阻（$R_{\mathrm{D1}}+R_{\mathrm{D2}}+R_{\mathrm{D3}}$）与元胞区域（$pZ$）相乘计算漂移区的比电阻：

$$R_{\mathrm{sp,drift}}=\frac{\rho_{\mathrm{D}}p(x_{\mathrm{J}}+W_{\mathrm{D,ON}})}{d}+\rho_{\mathrm{D}}p\ln\left(\frac{p}{d}\right)+\rho_{\mathrm{D}}(t-s-x_{\mathrm{J}}-2W_{\mathrm{D,ON}}) \tag{3.52}$$

包括衬底的电阻成分，在元胞的正向电流密度J_{FC}下，低正向偏压下的MPS整流器的通态压降，由式（3.53）给出：

$$V_{\mathrm{F}}=\phi_{\mathrm{B}}+\frac{kT}{q}\ln\left(\frac{J_{\mathrm{FS}}}{AT^2}\right)+(R_{\mathrm{sp,drift}}+R_{\mathrm{sp,subs}})J_{\mathrm{FC}} \tag{3.53}$$

当使用式（3.53）计算通态压降时，对于硅器件，是从PN结的内建电势中减去大约0.5V的通态压降来进行耗尽层宽度估算的，结果是令人满意的。在较大的通态偏压下，有必要在漂移区中包括大注入的影响。此外，还要说明的是，结处的掺杂为线性渐变的，这使得结在P侧的耗尽层宽度是总耗尽层宽度的一半。所以

$$W_{\mathrm{D,ON}}=0.5\sqrt{\frac{2\varepsilon_{\mathrm{S}}(V_{\mathrm{bi}}-0.5)}{qN_{\mathrm{D}}}} \tag{3.54}$$

式中，V_{bi}为PN结的内建电动势。由于MPS整流器的导通压降接近PN结处的内建电动势，因此可以忽略正向偏压状态下器件的耗尽层宽度。

2. 大注入状态

当MPS整流器的正向偏压增加时，通过PN结注入到漂移区的少数载流子浓度也增加，直到其最终超过漂移区中的衬底掺杂浓度（N_{D}），形成大注入。当漂移区中注入的空穴浓度变得比衬底掺杂浓度大得多时，电中性要求电子和空穴的浓度相等：

$$n(x)=p(x) \tag{3.55}$$

高浓度自由载流子降低了漂移区的电阻，导致漂移区电导调制效应的形成。如PiN整流器，漂移区的电导调制效应有利于高电流密度通过低掺杂的漂移区，而具有低的通态压降。

由于存在肖特基接触，MPS整流器漂移区内的载流子分布不同于PiN整流器中。载流子分布$p(x)$可以通过求解N^-区中的空穴的连续性方程来获得：

$$\frac{\mathrm{d}^2p}{\mathrm{d}x^2}-\frac{p}{L_{\mathrm{a}}^2}=0 \tag{3.56}$$

式中，L_{a}为双极扩散长度，由式（3.57）给出：

$$L_{\mathrm{a}}=\sqrt{D_{\mathrm{a}}\tau_{\mathrm{HL}}} \tag{3.57}$$

由方程式（3.56）求得的载流子浓度的通解由式（3.58）给出：

$$p(x)=A\cosh\left(\frac{x}{L_{\mathrm{a}}}\right)+B\sinh\left(\frac{x}{L_{\mathrm{a}}}\right) \tag{3.58}$$

其中常数 A 和 B 由 N^- 漂移区的边界条件确定。对于 MPS 整流器，应该沿图 3.33 所标记“A-A”虚线所示的路径求解载流子分布，“A-A”虚线设置通过肖特基接触。在 N^- 漂移区和 N^+ 阴极区（图 3.33 中位于 $x=+d$）之间的界面处，总电流仅由电子传输：

$$J_{FC}=J_n(+d) \tag{3.59}$$

$$J_p(+d)=0 \tag{3.60}$$

由这些方程可得

$$J_{FC}=2qD_n\left(\frac{dp}{dx}\right)_{x=+d} \tag{3.61}$$

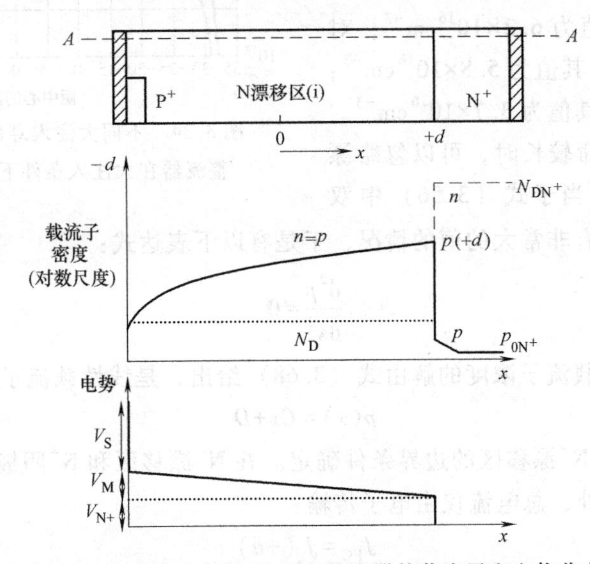

图 3.33　在大注入条件下 MPS 整流器的载流子和电势分布

第二个边界条件发生在 N^- 漂移区和肖特基接触之间的结（位于图 3.33 中的 $x=-d$ 处）。这里，由于可忽略肖特基接触处的注入，所以空穴浓度变为零：

$$p(-d)=0 \tag{3.62}$$

利用上述边界条件可求得方程式（3.58）中的常数 A 和 B：

$$A=-\frac{L_aJ_{FC}}{2qD_n}\left[\frac{\sinh(-d/L_a)}{\cosh(-d/L_a)\cosh(d/L_a)-\sinh(-d/L_a)\sinh(d/L_a)}\right] \tag{3.63}$$

$$B=-\frac{L_aJ_{FC}}{2qD_n}\left[\frac{\cosh(-d/L_a)}{\cosh(-d/L_a)\cosh(d/L_a)-\sinh(-d/L_a)\sinh(d/L_a)}\right] \tag{3.64}$$

将这些常数代入方程式（3.58），并简化表达式，则有

$$p(x)=n(x)=\frac{L_aJ_{FC}}{2qD_n}\frac{\sinh[(x+d)/L_a]}{\cosh(2d/L_a)} \tag{3.65}$$

由该方程所描述的载流子分布示于图 3.33 中。它在漂移区和 N^+ 衬底之间的界面处具有最大值，其大小为

$$p(+d)=n(+d)=\frac{L_aJ_{FC}}{2qD_n}\frac{\sinh(2d/L_a)}{\cosh(2d/L_a)}=\frac{L_aJ_{FC}}{2qD_n}\tanh\left(\frac{2d}{L_a}\right) \tag{3.66}$$

并且在 x 负方向上，朝向肖特基接触的方向单调减小。在肖特基接触处的浓度等于零，以满

足用于推导该表达式的边界条件。

具体示例：击穿电压为500V的硅MPS整流器，漂移区厚度为70μm。在100A/cm^{2}的通态电流密度下，用式（3.65）计算其载流子分布如图3.34所示，其中的大注入寿命为3个值。漂移区中的电子和空穴的最大浓度出现在其与N$^+$端的边界处。当寿命减少时，该边界处的载流子浓度降低。对于100μs的高寿命，其值为6.2×10^{16}cm^{-3}；对于10μs的中等寿命，其值为5.8×10^{16}cm^{-3}；对于1μs的低寿命，其值为3.7×10^{16}cm^{-3}。

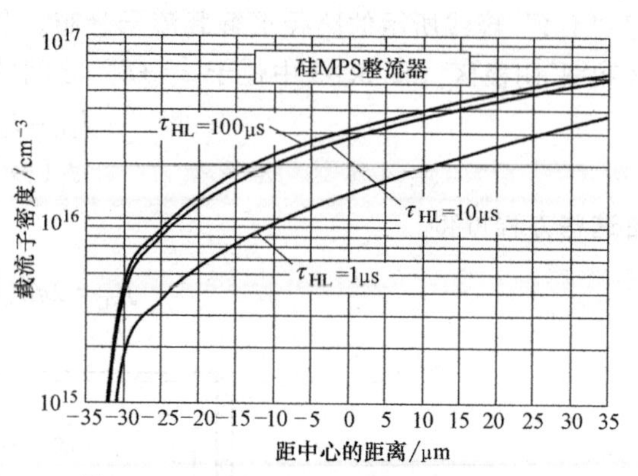

图3.34 不同大注入寿命情况下硅MPS整流器在大注入条件下的载流子分布

当漂移区中的寿命较长时，可以忽略漂移区中的复合。这相当于式（3.56）中双极扩散长度（L_a）具有非常大的值的情况，于是有以下表达式：

$$\frac{d^2p}{dx^2}=0 \tag{3.67}$$

方程式（3.67）给出载流子浓度的解由式（3.68）给出，是线性载流子分布：

$$p(x)=Cx+D \tag{3.68}$$

式中，常数C和D由N$^-$漂移区的边界条件确定。在N$^-$漂移区和N$^+$阴极区（在图3.33中位于$x=+d$）之间的结处，总电流仅由电子传输：

$$J_{FC}=J_n(+d) \tag{3.69}$$

$$J_p(+d)=0 \tag{3.70}$$

利用这些表达式可得

$$J_{FC}=2qD_n\left(\frac{dp}{dx}\right)_{x=+d} \tag{3.71}$$

第二个边界条件发生在N$^-$漂移区和肖特基接触之间的结（位于图3.33中的$x=-d$处）。这里，由于肖特基接触的注入可忽略，所以空穴浓度变为零：

$$p(-d)=0 \tag{3.72}$$

利用上述边界条件可可求得方程式（3.68）中的常数C和D：

$$C=\frac{J_{FC}}{2qD_n} \tag{3.73}$$

$$D=\frac{J_{FC}d}{2qD_n} \tag{3.74}$$

将这些常数代入方程式（3.68），并简化，有

$$p(x)=n(x)=\frac{J_{FC}}{2qD_n}(x+d) \tag{3.75}$$

其中x取值范围是漂移区的$-d$到$+d$。由该等式描述的载流子分布在漂移区和N$^+$衬底之间的界面处具有最大值，其大小为

$$p(+d)=n(+d)=\frac{J_{\mathrm{FC}}d}{qD_{\mathrm{n}}} \tag{3.76}$$

并且当在 x 负方向上，沿肖特基接触方向单调减小。在肖特基接触处的浓度等于零，以满足用于推导表达式的边界条件。

具体示例：转折电压为 500V 的硅 MPS 整流器，漂移区厚度为 70μm，用式（3.76）计算该器件的载流子分布如图 3.35 中的虚线所示。值得指出的是，在该图中使用线性标度表示载流子浓度，而图 3.34 是使用对数标度的。漂移区中电子和空穴的最大浓度出现在其与 N^+ 区的边界处，其值为 $6.3\times10^{16}\mathrm{cm}^{-3}$。考虑漂移区复合，由方程式（3.65）计算出的载流子浓度曲线在图 3.35 中也用实线给出。与预测一致，当寿命值大时，使用两个模型所给出的载流子分布一致，并且漂移区存在大（载流子）寿命值时，有复合所推导出的等式（3.66）的计算值和没有复合推导出的等式（3.76）的计算值也是一致的。即使寿命值小，尽管漂移区与 N^+ 衬底的界面处的浓度值变小，但是可以观察到载流子分布几乎也是线性的。

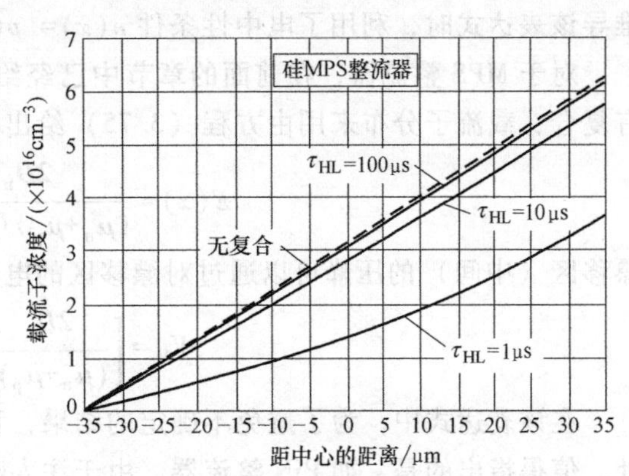

图 3.35　不同大注入寿命时硅 MPS 整流器在大注入条件下载流子分布

3. 通态压降

沿图 3.33 中所标记的穿过肖特基接触的“A-A”路径对压降进行求和，可以求得 MPS 整流器的通态压降。该路径的总压降由肖特基接触（V_{FS}）上的压降，漂移区的压降（中间区域电压 V_{M}）和漂移区与 N^+ 衬底（V_{N^+}）的界面处的压降组成：

$$V_{\mathrm{ON}}=V_{\mathrm{FS}}+V_{\mathrm{M}}+V_{\mathrm{N}^+} \tag{3.77}$$

肖特基接触上的压降由式（3.78）给出：

$$V_{\mathrm{FS}}=\phi_{\mathrm{BN}}+\frac{kT}{q}\ln\left(\frac{J_{\mathrm{FS}}}{AT^2}\right) \tag{3.78}$$

其中肖特基接触的电流密度（J_{FS}）与元胞或阴极电流密度（J_{FC}）之间的关系如式（3.46）所示。对于 JBS 整流器，通常利用低势垒高度以便减小通态压降，尽管伴随着反向漏电流的增加。而对于 MPS 整流器，优先地利用大的势垒高度以减小反向漏电流，因为势垒对总通态压降的影响很小。如果肖特基接触占据一半的元胞面积，在 $100\mathrm{A/cm^2}$ 的通态阴极电流密度下，式（3.78）中的势垒高度为 0.9eV，所得的硅 MPS 整流器中肖特基两端的压降为 0.62V，小于 PiN 整流器中的 PN 结上的压降。

漂移（中间）区的压降的分析可通过对电场强度的积分来求得。在漂移区中流动的空穴和电子电流由式（3.79）和式（3.80）给出：

$$J_{\mathrm{p}}=q\mu_{\mathrm{p}}\left(pE-\frac{kT}{q}\frac{\mathrm{d}p}{\mathrm{d}x}\right) \tag{3.79}$$

$$J_{\mathrm{n}}=q\mu_{\mathrm{n}}\left(nE+\frac{kT}{q}\frac{\mathrm{d}n}{\mathrm{d}x}\right) \tag{3.80}$$

在漂移区中的任何位置，总电流是恒定的，并且由式（3.81）给出：

$$J_{FC}=J_p+J_n \tag{3.81}$$

联立这些关系式，可得

$$E(x)=\frac{J_{FC}}{q(\mu_n+\mu_p)n}-\frac{kT}{2qn}\frac{dn}{dx} \tag{3.82}$$

推导该表达式时，利用了电中性条件 $n(x)=p(x)$。

对于 MPS 整流器，在前面的章节中已经给出载流子分布为线性分布。假设漂移区中没有复合，载流子分布来用由方程（3.75）给出。将该载流子分布代入方程式（3.82），得到

$$E(x)=\frac{2D_n}{(\mu_n+\mu_p)(x+d)}-\frac{kT}{2q(x+d)} \tag{3.83}$$

漂移区（中间）的压降可以通过对漂移区的电场积分求得：

$$V_M=\left[\frac{2D_n}{(\mu_n+\mu_p)}-\frac{kT}{2q}\right]\ln\left(\frac{2d}{x_J}\right) \tag{3.84}$$

在该表达式中，为了避免不确定的结果，积分刚好终止于肖特基接触下方 PN 结的结深处。值得指出的是，如 PiN 整流器，由于注入载流子的电导调制效应，中间区的压降与电流密度无关。对于具有 70μm 的漂移区厚度（$2d$）和 1μm 的 PN 结结深的 MPS 整流器，室温下中间区的压降为 0.091V。对于掺杂浓度为 3.8×10^{14} cm^{-3} 和厚度为 70μm 的没有电导调制效应的漂移区，其压降为 8.47V，该压降（0.091V）远小于 8.47V。这证明了 MPS 整流器结构优于肖特基整流器。

漂移区和 N$^+$衬底之间的界面上的压降可以从 $x=+d$ 处的载流子浓度确定：

$$V_{N^+}=\frac{kT}{q}\ln\left[\frac{n(+d)}{N_D}\right] \tag{3.85}$$

该界面处的漂移区载流子浓度由式（3.76）给出，假设漂移区没有复合。由方程式（3.85）可得

$$V_{N^+}=\frac{kT}{q}\ln\left(\frac{J_{FC}d}{qD_nN_D}\right) \tag{3.86}$$

对于硅 MPS 整流器，漂移区掺杂浓度为 3.8×10^{14}cm^{-3} 时，在 100A/cm^2 的通态阴极电流密度下，漂移区和 N$^+$衬底界面上的压降为 0.132V。在 100A/cm^2 的通态电流密度下，70μm 漂移区宽度的硅 MPS 整流器，通过对肖特基接触上的压降、漂移区压降和 N$^-$/N$^+$界面压降相加，得到通态压降为 0.86V。

式（3.66）是在漂移区存在复合的条件下推导出来的，该表达式所描述的漂移区载流子浓度是变化的，如果将这种变化考虑进来，可以对减少寿命对 MPS 压降的影响进行建模。为了简化分析，假设漂移区中的载流子浓度为线性分布。在这些假设下，基于方程式（3.65），载流子分布由式（3.87）给出：

$$p(x)=n(x)=\frac{J_{FC}L_a\tanh(2d/L_a)}{4qD_nd}(x+d) \tag{3.87}$$

将载流子分布代入式（3.82）中，求得电场强度：

$$E(x)=\frac{4D_nd}{(\mu_n+\mu_p)L_a\tanh(2d/L_a)(x+d)}-\frac{kT}{2q(x+d)} \tag{3.88}$$

漂移（中间）区的压降可对整个漂移区的电场强度积分求得

$$V_{\mathrm{M}}=\left\{\frac{4D_{\mathrm{n}}}{(\mu_{\mathrm{n}}+\mu_{\mathrm{p}})}\left[\frac{(d/L_{\mathrm{a}})}{\tanh(2d/L_{\mathrm{a}})}-\frac{kT}{2q}\right]\right\}\ln\left(\frac{2d}{x_{\mathrm{J}}}\right) \tag{3.89}$$

根据该表达式，寿命通过双极扩散长度强烈影响着漂移区（中间）上的压降。与前面PiN整流器所推导出的等式类似，该表达式也用（d/L_{a}）比值给出。不同漂移区宽度的硅MPS整流器的中间区域压降和（d/L_{a}）比值的函数关系如图3.36所示。从该图可以观察到，对于漂移区厚度的所有情况，当（d/L_{a}）比值变得大于0.5时，漂移区的压降开始快速增加。对于漂移区厚度为70μm的MPS整流器来说，该情况相当于大注入寿命为10μs。

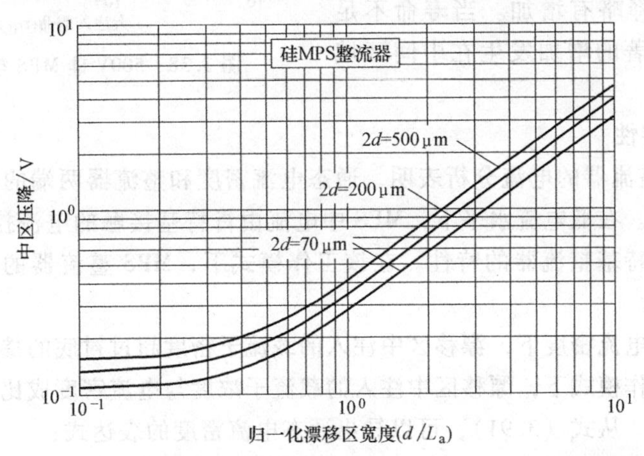

图3.36　MPS整流器中间区域的压降和（d/L_{a}）比值的函数关系

漂移区和N^{+}衬底之间界面上的压降也是MPS整流器的寿命的函数，因为在该界面处的载流子浓度取决于寿命。将方程式（3.65）代入方程式（3.85），得到

$$V_{\mathrm{N}^{+}}=\frac{kT}{q}\left[\frac{J_{\mathrm{FC}}L_{\mathrm{a}}\tanh(2d/L_{\mathrm{a}})}{2qD_{\mathrm{n}}N_{\mathrm{D}}}\right] \tag{3.90}$$

示例，漂移区掺杂浓度为$3.8\times10^{14}\mathrm{cm}^{-3}$，在$100\mathrm{A/cm}^{2}$的通态阴极电流密度下，硅MPS整流器的漂移区和$\mathrm{N}^{+}$衬底之间界面上的压降如图3.37所示。该压降随着$L_{\mathrm{a}}$值的增加而增加，因为界面处的载流子浓度随着寿命的增加而增加（参见图3.35）。

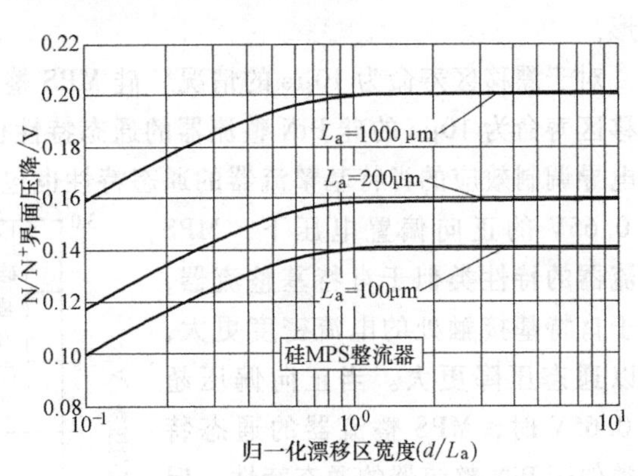

图3.37　硅MPS整流器$\mathrm{N/N}^{+}$界面压降

利用上述三个分量可计算MPS整流器的通态压降。将式（3.89）和式（3.90）代入式（3.77）可得

$$V_{\mathrm{ON}}=\phi_{\mathrm{BN}}+\frac{kT}{q}\ln\left(\frac{J_{\mathrm{FC}}p}{AT^{2}d}\right)+\left\{\frac{4D_{\mathrm{n}}}{(\mu_{\mathrm{n}}+\mu_{\mathrm{p}})}\left[\frac{(d/L_{\mathrm{a}})}{\tanh(2d/L_{\mathrm{a}})}\right]-\frac{kT}{2q}\right\}\ln\left(\frac{2d}{x_{\mathrm{J}}}\right)+\frac{kT}{q}\ln\left[\frac{J_{\mathrm{FC}}L_{\mathrm{a}}\tanh(2d/L_{\mathrm{a}})}{2qD_{\mathrm{n}}N_{\mathrm{D}}}\right] \tag{3.91}$$

MPS整流器的通态压降是漂移区寿命的函数，因为中间区域和$\mathrm{N/N}^{+}$界面压降随寿命而

变化。以反向阻断电压为500V的MPS整流器为例进行分析，该结构漂移区掺杂浓度为$3.8\times10^{14}\text{cm}^{-3}$，厚度为70μm。分析模型所预测的漂移区大注入寿命和通态压降之间的关系如图3.38所示。从中可以观察到，当寿命降低到不足1μs时，通态压降开始增加。通态压降的三个分量也在图中示出。肖特基接触处的压降与寿命无关。当寿命超过1μs时，N/N^+界面处的压降略有增加。当寿命不足1μs时，压降最显著的增加发生在中间区域（漂移区）。

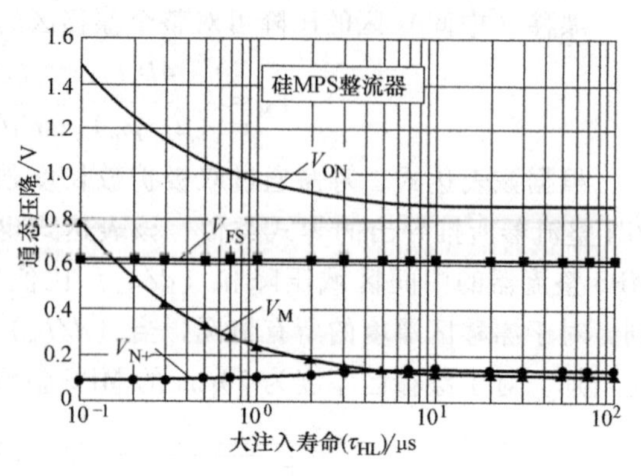

图3.38　500V硅MPS整流器的压降

4. 正向导通特性

前面对MPS整流器的电流分析表明，通态电流密度和整流器两端的通态压降之间的关系取决于注入水平。在低电流水平下，MPS中电流由肖特基接触的电流控制，PN结为小注入，特性类似于肖特基整流器的特性。在该工作模式下，MPS整流器的通态压降小于PiN整流器的通态压降。

在较大的正向电流密度下，漂移区中注入的载流子密度超过衬底的掺杂浓度，形成大注入效应。在这种工作模式下，漂移区中注入的载流子浓度与电流密度成比例地增加，导致漂移区上的压降恒定。从式（3.91），可以导出通态电流密度的表达式：

$$J_{FC}=\sqrt{\frac{2qAT^2D_nN_D}{p}\frac{d/L_a}{\tanh(2d/L_a)}}\ \mathrm{e}^{-\frac{q(\phi_{BN}+V_M)}{2kT}}\mathrm{e}^{\frac{qV_{ON}}{2kT}} \tag{3.92}$$

观察到电流密度与$\mathrm{e}^{(qV_{ON}/2kT)}$成比例。这类似于在大注入条件下PiN整流器所观察到的情形。

对于漂移区寿命为10μs的情况，硅MPS整流器的通态特性由图3.39给出。为了比较，漂移区寿命为10μs的硅PiN整流器的通态特性也在图中用虚线给出。此外，对于没有漂移区电导调制效应的肖特基整流器的通态特性也包括在所讨论的图中。从中可以观察到，在低于0.65V的正向偏置电压下，MPS整流器的特性类似于肖特基整流器，由于肖特基接触处的电流密度更大，所以通态压降更大。当正向偏压超过0.65V时，MPS整流器的通态特性类似于PiN整流器的通态特性，但通态压降小于PiN整流器的通态压降。这表明可以在MPS整流器中获得较小的通态压降，同时还可以在漂移区中获得较小的存储电荷。

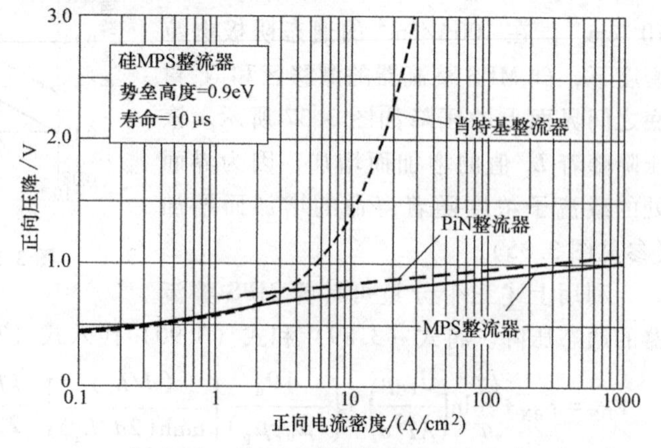

图3.39　硅MPS整流器漂移区寿命为10μs时的正向导通特性

降低漂移区寿命对硅MPS整流器通态特性的影响如图3.40所示。

当漂移区中的寿命减少到 1μs 时，MPS 整流器的通态压降增加。相反，PiN 整流器的通态压降略有下降，因为（d/L_a）比值增加到更接近于 1。尽管在这些条件下 MPS 整流器的通态压降较大，但其关断功耗远小于 PiN 整流器的关断功耗，如本章后面所示。

硅 MPS 整流器的通态压降也由肖特基金属的势垒高度决定。通过降低势垒高度可以实现 MPS 整流器的通态压降的降低，如图 3.41 所示，可以比较两个势垒高度的器件的特性。分析模型预测通态压降的减小量等于势垒高度的减小量。这与肖特基整流器中所呈现到的特性相似。

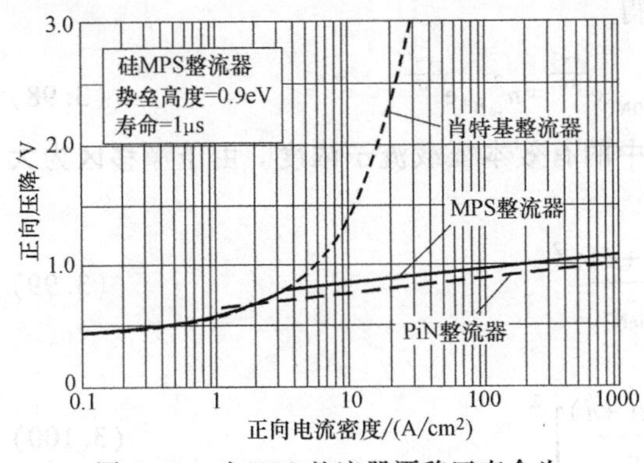

图 3.40　硅 MPS 整流器漂移区寿命为 1μs 时的正向导通特性

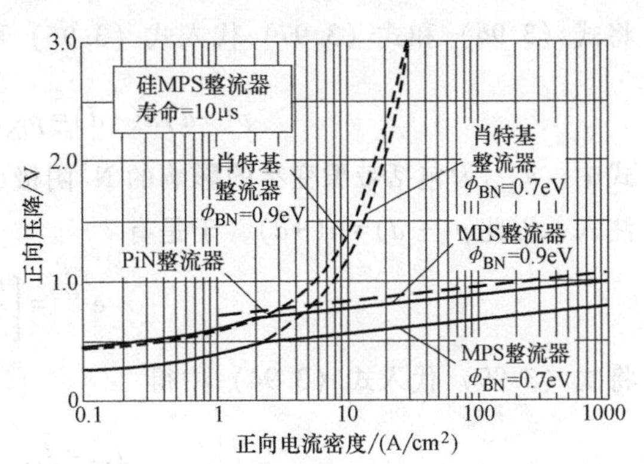

图 3.41　硅 MPS 整流器在不同势垒高度下的正向导通特性

5. 端区注入

对于 PiN 整流器，在端区（P^+和 N^+区）中的复合已经表现出对通态特性的强烈影响，特别是当漂移区中的寿命很大时。在端区中存在复合时，漂移区中的载流子浓度不再和通态电流密度成比例地增加。中间区域中的压降不再恒定，而是随着电流密度增加而增加。这导致通态压降的显著增加。在 MPS 整流器中可以预期发生类似的现象。

由于 MPS 整流器的端区复合的存在，总电流不仅必须包括漂移区（中间）中的载流子的复合电流，而且还必须包括端区中的载流子的复合电流，因此有

$$J_{FC}=J_M+J_{N^+} \tag{3.93}$$

因此，与中间区相关的电流密度（J_M）不再等于如在前面部分中假设的总（阴极）通态电流密度（J_{FC}），而是一个较小的值。对应于任何给定总电流密度，这减小了漂移区中的注入水平，导致中间区域压降的增加。由于 N^+端区中的高掺杂浓度，因此即使在非常高的通态电流密度下工作，该区域中注入的少数载流子浓度也远低于多数载流子密度。因此，在假设 N^+区域中为均匀掺杂的情况下，可以使用小注入理论来分析对应于端区的电流。在小注入条件下：

$$J_{N^+}=\frac{qD_{pN^+}p_{0N^+}}{L_{pN^+}\tanh(W_{N^+}/L_{pN^+})}e^{\frac{qV_{N^+}}{kT}}=J_{SN^+}e^{\frac{qV_{N^+}}{kT}} \tag{3.94}$$

式中 W_{N^+}为 N^+区的宽度；L_{pN^+}为 N^+区的少数载流子扩散长度；D_{pN^+}为 N^+区中的少数载流子扩散系数；p_{0N^+}为 N^+区中的少数载流子浓度；V_{N^+}为 N^+/N 的接触压降。当 N^+区的宽度（W_{N^+}）相对于空穴的扩散长度（L_{pN^+}）较大时，tanh 项变为 1。在该等式中，J_{SN^+}被称为重掺杂 N^+阴极区的饱和电流密度。

N^+/N 结两侧的注入载流子浓度在准平衡条件下的关系为

$$p_{N^+}(+d)n_{N^+}(+d)=p(+d)n(+d) \tag{3.95}$$

在 N^+ 阴极区内的小注入条件下：

$$n_{N^+}(+d)=n_{0N^+} \tag{3.96}$$

和

$$p_{N^+}(+d)=p_{0N^+}e^{\frac{qVN^+}{kT}} \tag{3.97}$$

将式（3.96）和式（3.97）代入式（3.95）可得

$$p(+d)n(+d)=p_{0N^+}n_{0N^+}e^{\frac{qVN^+}{kT}}=n^2_{ieN^+}e^{\frac{qVN^+}{kT}} \tag{3.98}$$

式中，n_{ieN^+}为包括带隙变窄的影响的 N^+ 阴极区中的有效本征载流子浓度。由于漂移区为大注入，因此 $p(+d)=n(+d)$，于是有

$$e^{\frac{qVN^+}{kT}}=\left[\frac{n(+d)}{n_{ieN^+}}\right]^2 \tag{3.99}$$

将式（3.99）代入式（3.94）中得

$$J_{N^+}=J_{SN^+}\left[\frac{n(+d)}{n_{ieN^+}}\right]^2 \tag{3.100}$$

当漂移区中的寿命较大时，可以忽略漂移区中的复合，总电流密度等于由 N^+ 端区由式（3.100）给出的复合电流。漂移区和 N^+ 区之间的界面处的载流子浓度由式（3.101）给出：

$$n(+d)=n_{ieN^+}\sqrt{\frac{J_{FC}}{J_{SN^+}}} \tag{3.101}$$

从该等式可以得出结论，如果端区复合占优，则漂移区中的载流子浓度将随着总电流密度的二分之一次幂的速度增加。在这种情况下，中间区的压降不再与电流密度无关，因此总通态压降增加。

如果忽略漂移区中的复合，载流子浓度分布可通过求解方程式（3.67）给出：

$$p(x)=n(x)=\frac{n(+d)}{2d}(x+d) \tag{3.102}$$

式中，x 的范围为漂移区的 $-d$ 到 $+d$。中间区域的压降可通过首先求解电场强度来进行计算。将式（3.102）代入早先对电场导出的式（3.82）中得到

$$E(x)=\frac{2dJ_{FC}}{q(\mu_n+\mu_p)n(+d)(x+d)}-\frac{kT}{2q(x+d)} \tag{3.103}$$

漂移区（中间）压降可以通过对漂移区域的电场强度积分求得

$$V_M=\left[\frac{2J_{FC}d}{q(\mu_n+\mu_p)n(+d)}-\frac{kT}{2q}\right]\ln\left(\frac{2d}{x_J}\right) \tag{3.104}$$

将方程式（3.101）给出的漂移区和 N^+ 衬底界面处的载流子浓度代入，则式（3.104）变为

$$V_M=\left[\frac{2d\sqrt{J_{FC}J_{SN^+}}}{q(\mu_n+\mu_p)n_{ieN^+}}-\frac{kT}{2q}\right]\ln\left(\frac{2d}{x_J}\right) \tag{3.105}$$

该表达式表示，当端区复合占优时，中间区的压降不再与电流密度无关。用式（3.94）替

代 N^+ 端区中与掺杂浓度有关的少数载流子密度，可以从等式中消除 N^+ 区的有效的本征浓度，于是有

$$V_M=\left[\frac{2d}{\mu_n+\mu_p}\sqrt{\frac{D_{pN^+}J_{FC}}{qL_{pN^+}N_{DN^+}\tanh(W_{N^+}/L_{pN^+})}}-\frac{kT}{2q}\right]\ln\left(\frac{2d}{x_J}\right) \tag{3.106}$$

当端区的复合变成主导时，漂移区和 N^+ 衬底之间的界面上的压降也被改变。该压降可以由 $x=+d$ 处的载流子浓度确定：

$$V_{N^+}=\frac{kT}{q}\ln\left[\frac{n(+d)}{N_D}\right] \tag{3.107}$$

由于在漂移区中，该界面处的载流子浓度现在由式（3.101）给出，所以有

$$V_{N^+}=\frac{kT}{q}\ln\left(\frac{n_{ieN^+}}{N_D}\sqrt{\frac{J_{FC}}{J_{SN^+}}}\right)=\frac{kT}{2q}\ln\left[\frac{J_{FC}L_{pN^+}\tanh(W_{N^+}/L_{pN^+})}{qN_{DN^+}D_{pN^+}}\right] \tag{3.108}$$

在端区存在复合时，可以通过利用通态压降的三个分量来计算 MPS 整流器的通态压降。将式（3.78）、式（3.106）和式（3.108）代入式（3.77）可得

$$V_{ON}=\phi_{BN}+\frac{kT}{q}\ln\left(\frac{J_{FC}p}{AT^2d}\right)+\left[\frac{2d}{(\mu_n+\mu_p)}\sqrt{\frac{D_{pN^+}J_{FC}}{qL_{pN^+}N_{DN^+}\tanh(W_{N^+}/L_{pN^+})}}-\frac{kT}{2q}\right]\ln\left(\frac{2d}{x_J}\right)+$$
$$\frac{kT}{2q}\ln\left[\frac{J_{FC}L_{pN^+}\tanh(W_{N^+}/L_{pN^+})}{qN_{DN^+}D_{pN^+}}\right] \tag{3.109}$$

因为中间区域压降随电流密度增加而增加，因此与没有端区复合的分析模型相比，通态压降以更快的速率增加。

对于漂移区寿命为 10μs 的情况，通过使用具有端复合的上述分析模型所获得的硅 MPS 整流器的导通特性如图 3.42 所示。为了比较，漂移区寿命为 10μs 的 PiN 整流器的通态特性也在图中用虚线给出。此外，对于没有漂移区电导调制效应的肖特基整流器的通态特性也包括在所讨论的图中。为了比较端区有复合和没有复合两个模型，在该图中还显示了没有端区复合所求得的特性。从中可以观察到，在低于 0.55V 的正向偏置电压下，MPS 整流器的特性类似于肖特基整流器，由于肖特基接触处的电流密度增加，而使通态压降略有增加。当正向电流密度超过 $100A/cm^2$ 时，有端区复合的 MPS 整流器的通态压降大于没有端区复合的情况。值得指出的是，有端区复合的特性的斜率不如没有端区复合的那么陡。同样重要的是，注意图中所示的 PiN 整流器的特性不包括端区复合的影响。当在 PiN 整流器中考虑端区复合时，其通态压降也比图中所示的有更快的增加。

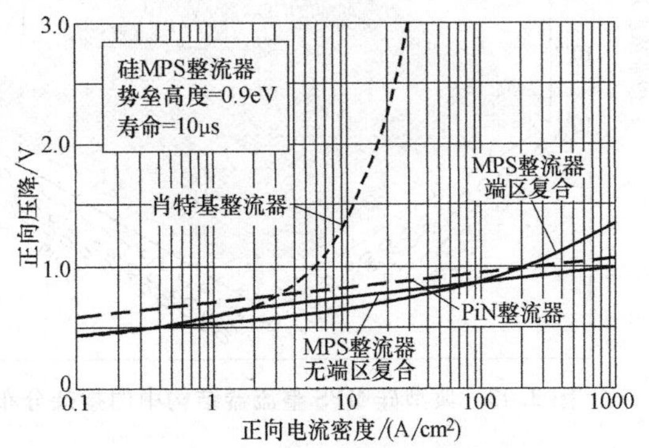

图 3.42　考虑终端复合后的硅 MPS 整流器的正向导通特性

模拟示例

为了进一步了解 MPS 整流器的工作机制，本节中给出了 500V 反向阻断电压的结构的二维数值模拟的结果。该结构的漂移区掺杂浓度为 $3.8\times10^{14}cm^{-3}$，厚度为 70μm。P^+ 和 N^+ 区

的表面浓度为 $1\times10^{19}\text{cm}^{-3}$，结深约 1μm。在所有情况下，假定 $\tau_{p0}=\tau_{n0}$。在数值模拟过程中考虑带隙变窄，俄歇复合和载流子-载流子散射的影响。求解不同寿命（τ_{p0} 和 τ_{n0}）下的通态特性。通过分析肖特基势垒高度的变化对通态特性的影响，以验证分析模型的有效性。

图 3.43 示出了元胞间距为 3μm 的典型硅 MPS 器件结构的上部分的掺杂浓度三维视图。P^+区位于左上方。它是在元胞内由 1μm 深的扩散结构成，扩散窗口 0.5μm 宽。由于 P^+区域的横向扩散，肖特基接触宽度为 1.5μm。因此，在模拟中，硅基 MPS 整流器的 P^+区和肖特基接触处的面积相等。

对于漂移区中的寿命（τ_{p0} 和 τ_{n0}）为 10μs 的情况，数值模拟所获得的硅 MPS 整流器的通态特性如图 3.44 所示。从特性的形状可明显看出器件存在几种不同的工作区。为了将这些特性与 MPS 整流器结构内存在的肖特基和 PiN 整流器的特性相关联，在图中还显示出了流经 P^+区和肖特基区的电流。从中可以观察到，通过肖特基区的电流在整个特性中都占主导地位，这证明了在肖特基接触处建立分析模型的正确性。使用数值模拟获得的在 100A/cm^2 的电流密度下的通态压降为 0.87V。与分析模型预测的 0.86V 的值是非常一致的，验证了分析模型的正确性。

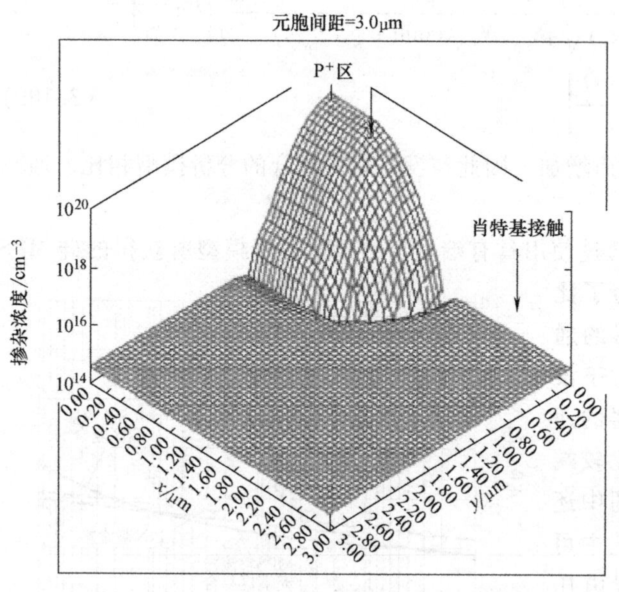

图 3.43　典型硅 MPS 整流器结构中的掺杂分布

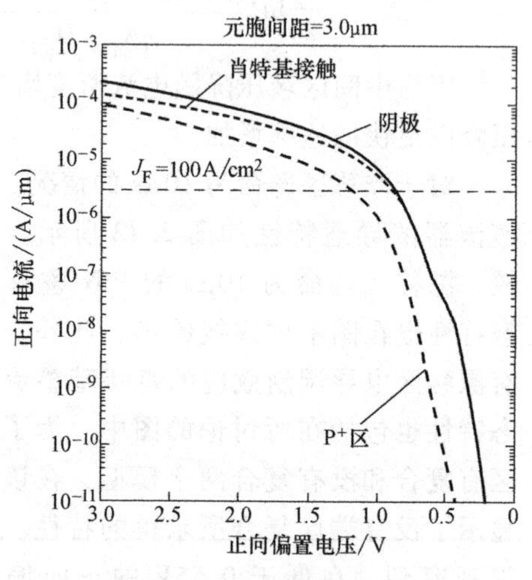

图 3.44　500V 典型硅 MPS 整流器的通态特性

硅 MPS 整流器内的电流分布也可以通过考察通态下的电流线来加以确认。正向偏置电压为 1V 时的电流分布如图 3.45 所示。从中可以观察到，大部分电流流经肖特基区。这验证了 MPS 整流器概念的基本前提——当来自 PN 结的足够大的注入在漂移区产生电导调制效应后，电流以通过肖特基接触的电流为主。在图 3.45 中，也画出了 PN 结的耗尽区。从中可以观察到，由于结为正向偏置，PN 结的耗尽层宽度是可忽略的。这证明了在分析模型中用于电流传导的肖特基面积的假设是正确的。

将硅 MPS 整流器的特性与相同漂移区参数制造的 PiN 和肖特基整流器的特性进行比较是有意义的。寿命为 10μs 情况下的比较在图 3.46 中提供。P^+区的宽度为整个元胞的宽度

(3μm)，表面浓度和结深与 MPS 整流相同的 PiN 整流器特性，通过数学模拟获得，并示于图中。对于肖特基整流器的情况，在整个 3μm 宽元胞中没有 PN 结，并且与 MPS 整流器的情况一样，肖特基接触的势垒高度为 0.9eV。从中可以观察到，在低于 100A/cm² 的通态电流密度下，MPS 整流器呈现出比 PiN 整流器更低的通态压降。这证明了 MPS 整流器具有比 PiN 整流器更好通态特性的预言。MPS 整流器的通态压降类似于肖特基整流器在通态压降低于 0.5V 时的压降。从中可以观察到，MPS 整流器的 *i-v* 特性的斜率不如在交叉点处的 PiN 整流器的斜率陡峭。该特性被 MPS 整流器的分析模型准确地预测了，因为漂移区寿命大的原因，模型考虑到了 N^+ 端区（参见图 3.43）复合。

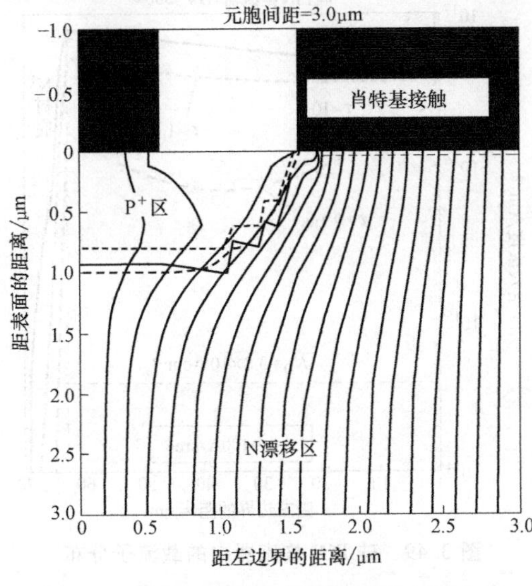

图 3.45　500V 硅 MPS 整流器内的电流分布

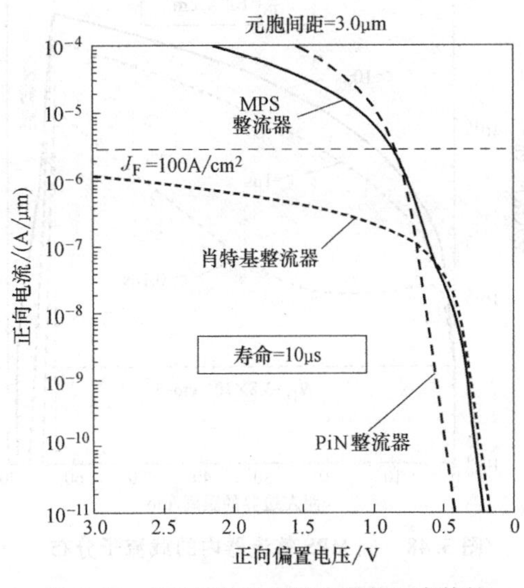

图 3.46　500V 硅 MPS 整流器的通态特性

在 100A/cm² 的通态电流密度下，漂移区中寿命（τ_{p0} 和 τ_{n0}）为 10μs 的硅 MPS 整流器内的载流子分布如图 3.47 所示。图中，在肖特基接触（$x=3\mu m$）的空穴浓度用实线表示，在 PN 结（$x=0\mu m$）处的用虚线表示。从中可以看出，在漂移区内为大注入，因为注入的载流子浓度远远大于衬底掺杂浓度，除了临近肖特基接触。从模拟获得的空穴浓度分布与图 3.33 中所示的在肖特基接触的分布类似。尽管从 PN 结注入空穴，但从图中可以观察到，结下方的空穴分布与肖特基接触处的空穴分布非常相似。这证明利用一维模型推导 MPS 整流器结构中的载流子分布是合理的。由于大注入条件，在整个漂移区中的空穴和电子浓度相等。从该图中，也可以在 N^+ 衬底区中观察到显著的空穴注入。因此，分析 MPS 整流器中的电流时，应包括端区复合。

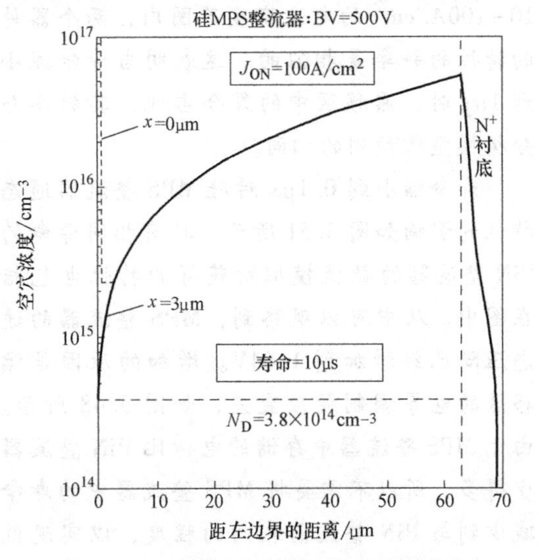

图 3.47　硅 MPS 整流器内的载流子分布

当硅 MPS 整流器的寿命减小时，漂移区中注入的载流子浓度减小。这种现象示于图 3.48 中，这是三个寿命值下，数值模拟所获得的空穴浓度分布。漂移区和 N^+ 衬底之间的界面处的最大空穴浓度随着寿命减小而减少，因此漂移区的电导调制效应降低。这一特性用漂移区存在复合的分析模型进行了很好的分析（参见图 3.34）。在图 3.49 中观察到 PiN 整流器也具有类似的特性，即漂移区的寿命越小，电导调制效应越小。相同寿命下的 MPS 和 PiN 整流器的空穴浓度分布可以用这些图来进行比较。例如，寿命为 1μs 时，可以看出 MPS 整流器中存储的电荷约为 PiN 整流器中存储的电荷的一半。这使其关断特性更好，同时降低了 MPS 整流器的开关功耗。

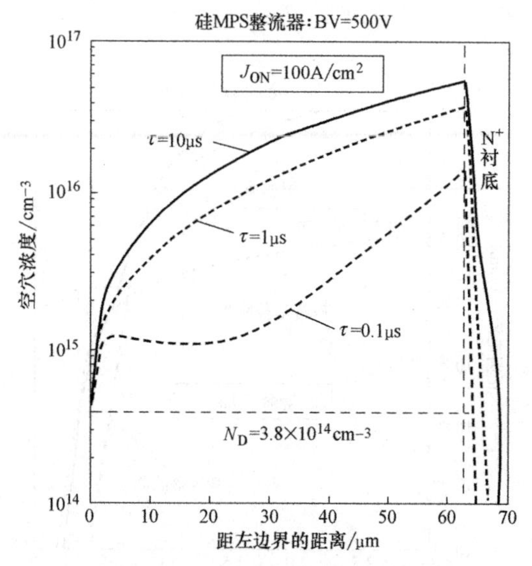

图 3.48　硅 MPS 整流器内的载流子分布

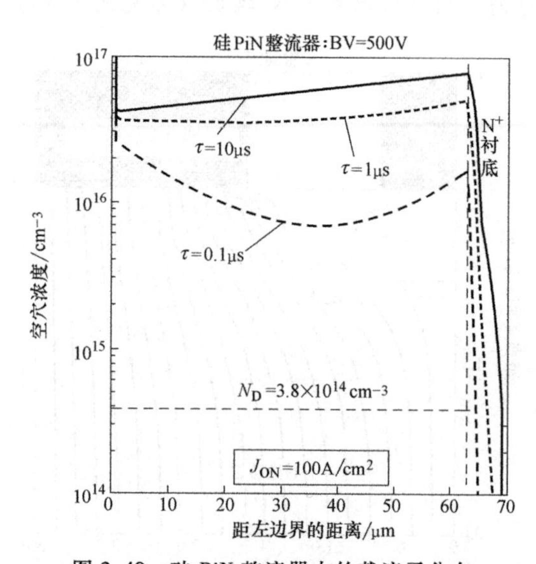

图 3.49　硅 PiN 整流器内的载流子分布

在 MPS 整流器中，漂移区中的寿命越小，载流子浓度越小，导致中间区域的压降增加。这可以在图 3.50 中能够观察到，由数值模拟获得的，寿命为 1μs 的 MPS 整流器的通态特性示于图中。该图还提供了具有相同寿命的 PiN 整流器的特性用于比较。从中可以观察到，在 $10\sim100\text{A/cm}^2$ 的电流密度范围内，两个器件的特性的斜率是相似的。这表明当寿命减小到 1μs 时，漂移区中的复合占优，其斜率与分析模型所预测的相同。

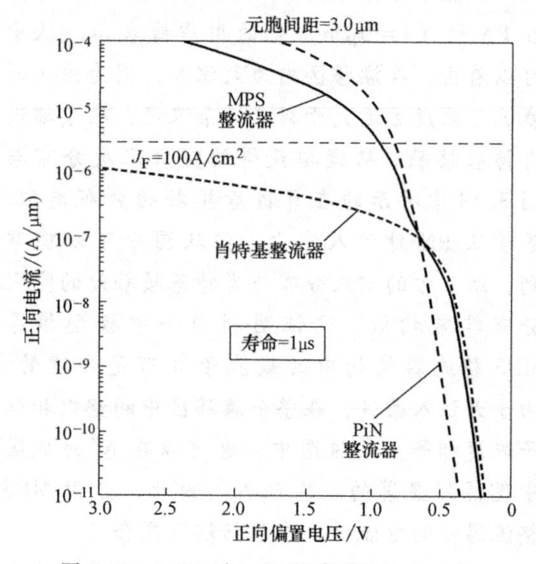

图 3.50　500V 硅 MPS 整流器的通态特性

寿命缩小到 0.1μs 对硅 MPS 整流器通态特性的影响如图 3.51 所示。具有相同寿命的 PiN 整流器的数值模拟所获得的特性也包括在图中。从中可以观察到，MPS 整流器的通态压降已经增加到 1.64V。增加的原因是漂移区的电导调制效应变差，如图 3.48 所示。由于 MPS 整流器中存储的电荷比 PiN 整流器少得多，所以不需要将 MPS 整流器中的寿命减少到与 PiN 整流器相同的程度，以实现低关断开关功耗。在模拟中观察到降低 MPS 整流器寿命，其通态压降增加，这与漂移区中存在复合的分析模型的预测非常一致。在图 3.52 中能观察到，用漂移区中存在复合的分析模型所得到的通态压降，和从数值求解所获得的值之间的比较。

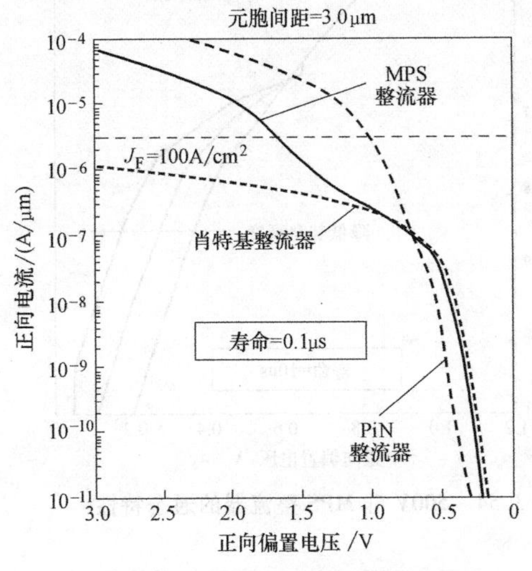

图 3.51　500V 硅 MPS 整流器的通态特性

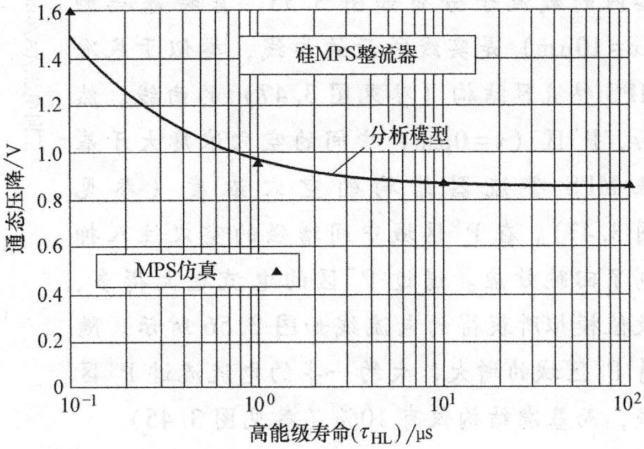

图 3.52　硅 MPS 整流器的通态压降

当肖特基接触的势垒高度减小时，分析模型预测硅 MPS 整流器的通态压降减小（参见图 3.41）。为了验证这一点，对肖特基金属接触为各种功函数的 MPS 整流器结构进行数值模拟。为了进行比较，也对肖特基金属接触为各种功函数的肖特基整流器的特性进行数值模。图 3.53 对这些结构的特性进行了比较。如分析模型预测的那样，当通态电流密度低于 3A/cm² 时，随着肖特基接触的势垒高度的减小，MPS 整流器的通态特性向较低电压移动。在这些电流水平下，MPS 整流器与肖特基整流器的工作机理一致。当电流密度增加超过 10A/cm² 时，MPS 整流器的特性遵循最大势垒高度情况（0.9eV）的分析模型。然而，当势垒高度减小时，观察到特性的回跳（snap-back），并且回跳之后，MPS 整流器的通态压降仍然大于 PiN 整流器的通态压降。这种特性与势垒高度小于 0.8eV 时，不能在 PN 结上产生足够大的电压形成空穴注入有关。如本章前面所述，应当在 MPS 整流器中采用大势垒高度的肖特基接触以减少漏电流。使用大势垒高度还能防止硅 MPS 整流器的通态特性的回跳。

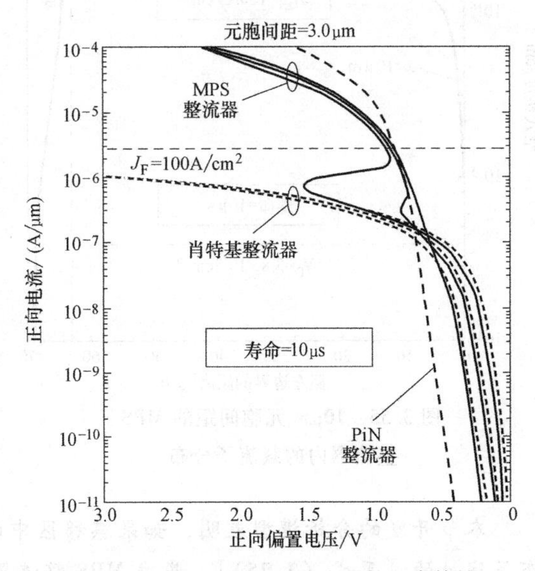

图 3.53　500V 硅 MPS 整流器的通态特性

通过扩大 P⁺区所占据的相对面积，可以抑制肖特基接触势垒高度低时 MPS 整流器特性的回跳。图 3.54 为 10μm 的元胞间距和 1.5μm 的肖特基接触宽度（与基准器件相同）的硅 MPS 整流器结构的数值模拟结果证明了这一点。在通态压降低到 0.6V 以下，器件像肖特基整流器一样工作，当势垒高度降低时，压降变小。然而，在较大的正向偏置电压下，MPS整流器的特性变得与势垒高度无关。P^+区面积更大的MPS整流器没有观察到特性的回跳。

较大元胞间距（10μm）的硅MPS整流器内的载流子分布如图3.55。肖特基接触（$x=10\mu m$）是实线所示的曲线，类似于基准MPS整流器结构（参见图3.47）的曲线。然而，P^+区（$x=0\mu m$）中间的空穴浓度大于基准MPS整流器结构的空穴浓度（参见图3.47）。在P^+区域中间增强的空穴注入抑制了回跳效应。通过P^+区的电流也大得多，数值模拟所获得的电流线如图3.56所示。随着P^+区域的增大，大约一半的电流流过P^+区域，而基准结构仅有10%（参见图3.45）。

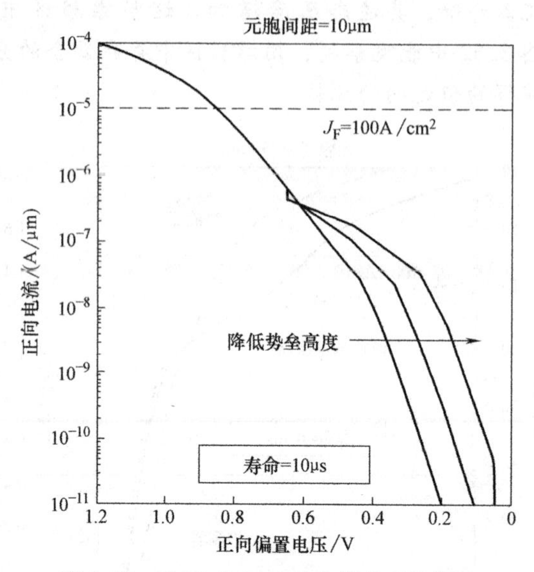

图3.54　500V硅MPS整流器的通态特性

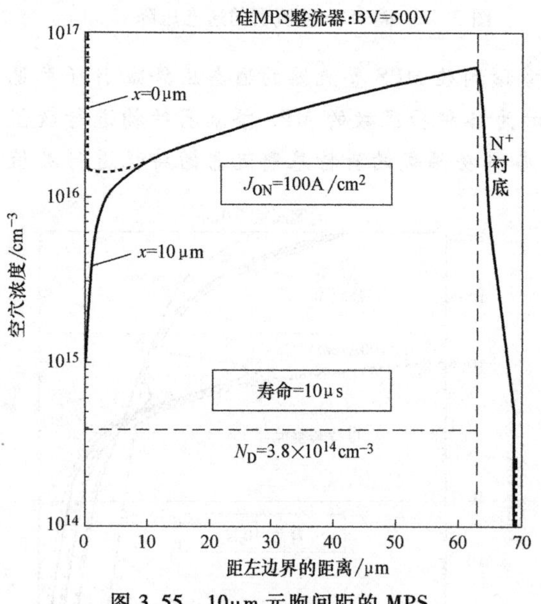

图3.55　10μm元胞间距的MPS整流器内的载流子分布

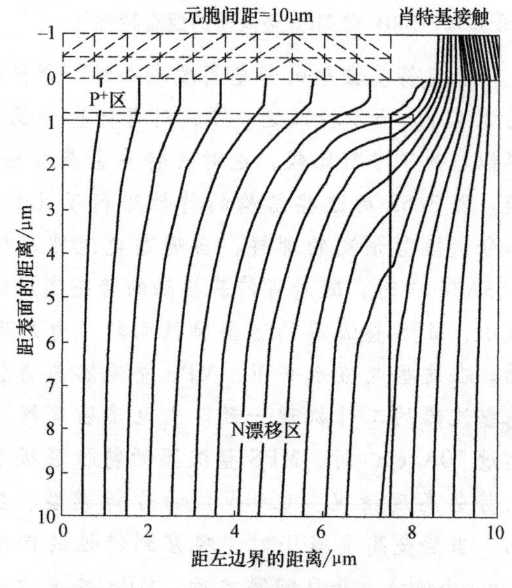

图3.56　硅MPS整流器内的电流分布

本节开发的分析模型表明，如果漂移区中的复合可以忽略的话，则漂移区中的载流子分布是线性的［见式（3.75）］。基准MPS整流器结构的数值模拟的结果验证这个结论是正确的。纵轴为线性刻度，该结构三个寿命值的情况的空穴浓度分布如图3.57。从中可以观察到，当寿命较长（10μs）时，分布曲线在形状上接近线性。尽管当寿命减少时，在漂移区和N^+衬底之间的界面处空穴浓度降低，但是分布曲线仍然可以用直线近似。因此，当计算漂移区中的存储电荷、漂移区两端的压降以及研究建立MPS整流器的关断开关模型时，都可以将载流子分布近似为线性。

3.6.2 碳化硅 MPS 整流器

对于反向阻断电压高于 5000V 的应用，碳化硅 PiN 整流器才是优选，因为碳化硅肖特基整流器具有较大的通态压降。由于碳化硅能承担很大的电场强度，所以碳化硅 PiN 整流器的漂移区宽度远小于具有相同击穿电压的相应硅器件的漂移区的宽度。这意味着碳化硅 PiN 整流器中存储的电荷远小于硅器件，改善了开关特性。在减小通态压降的同时，MPS 结构可以使开关性能进一步改善。

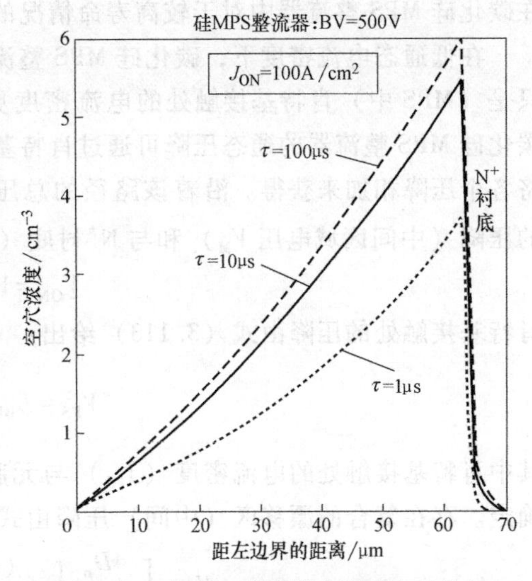

图 3.57 硅 MPS 整流器内的载流子分布

碳化硅 MPS 整流器的工作机理与硅器件相同。但是，碳化硅的宽带隙使 PN 结的内建电势较大，因此必须克服更大的电势才能在漂移区形成实质性的少子注入。对于硅 MPS 整流器，如前文所述，当肖特基势垒高度减小时，注入将受到抑制。这种现象也可以预期发生在碳化硅 MPS 整流器。

在漂移区中存在复合时，载流子分布由式（3.110）给出：

$$p(x)=n(x)=\frac{L_{a}J_{FC}}{2qD_{n}}\frac{\sinh[(x+d)/L_{a}]}{\cosh(2d/L_{a})} \tag{3.110}$$

由该方程描述的载流子分布如图 3.33 所示。它在漂移区和 N^+ 衬底之间的界面处具有最大值，其大小为

$$p(+d)=n(+d)=\frac{L_{a}J_{FC}}{2qD_{n}}\frac{\sinh(2d/L_{a})}{\cosh(2d/L_{a})}=\frac{L_{a}J_{FC}}{2qD_{n}}\tanh\left(\frac{2d}{L_{a}}\right) \tag{3.111}$$

并且当在 x 负方向上，即指向肖特基接触方向，是单调递减。在肖特基接触的浓度等于零，以满足用于推导表达式的边界条件。

以 10kV 碳化硅 MPS 整流器的情况作为具体示例，通过使用式（3.110），在 $100A/cm^2$ 的通态电流密度下所计算的载流子分布，如图 3.58 所示，该器件的漂移区厚度为 80μm，掺杂浓度为 $2\times10^{15}\ cm^{-3}$，大注入寿命为 3 个不同的值。漂移区中电子和空穴浓度的最大值出现在漂移区与 N^+ 端区域的边界处。当寿命降低时，在该边界处的载流子浓度降低。对于 100μs 的高寿命，该值达到 $8.2\times10^{16}cm^{-3}$。对于 10μs 的中等寿命，该值为 $6.3\times10^{16}cm^{-3}$，而对于 1μs 的低寿命，该值为 $2.6\times10^{16}cm^{-3}$。当寿命降低到 1μs 时，分析模型预测整个漂移区没有电导调制效应。如前文对硅 MPS 整流器所讨论的，

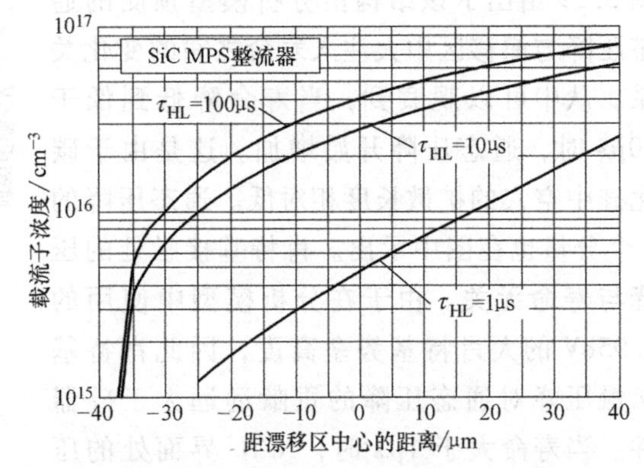

图 3.58 具有不同大注入寿命的 10kV SiC MPS 整流器在大注入条件下的载流子分布

在碳化硅 MPS 整流器中对于较高寿命情况的载流子分布，也可以假定为线性近似。

在低通态电流密度下，碳化硅 MPS 整流器的通态特性与肖特基整流器的通态特性类似，只是（MPS 中）肖特基接触处的电流密度更大。在较大的电流水平下，漂移区为大注入，碳化硅 MPS 整流器的通态压降可通过肖特基接触，沿着如图 3.33 中标记为“*A-A*”的路径，将各个压降相加来获得。沿着该路径的总压降由肖特基接触上的压降（V_{FS}）、漂移区两端的压降（中间区域电压 V_{M}）和与 $\mathrm{N^+}$ 衬底（$V_{\mathrm{N^+}}$）的界面处的压降组成：

$$V_{\mathrm{ON}}=V_{\mathrm{FS}}+V_{\mathrm{M}}+V_{\mathrm{N^+}} \tag{3.112}$$

肖特基接触处的压降由式（3.113）给出：

$$V_{\mathrm{FS}}=\phi_{\mathrm{BN}}+\frac{kT}{q}\ln\left(\frac{F_{\mathrm{FS}}}{AT^2}\right) \tag{3.113}$$

其中肖特基接触处的电流密度（J_{FS}）与元胞或阴极电流密度之间的关系由方程式（3.46）确定。存在复合的漂移区（中间）压降由式（3.114）给出：

$$V_{\mathrm{M}}=\left\{\frac{4D_{\mathrm{n}}}{\mu_{\mathrm{n}}+\mu_{\mathrm{p}}}\left[\frac{(d/L_{\mathrm{a}})}{\tanh(2d/L_{\mathrm{a}})}\right]-\frac{kT}{2q}\right\}\ln\left(\frac{2d}{x_{\mathrm{J}}}\right) \tag{3.114}$$

漂移区和 $\mathrm{N^+}$ 衬底之间的界面上的压降由式（3.115）给出：

$$V_{\mathrm{N^+}}=\frac{kT}{q}\ln\left[\frac{J_{\mathrm{FC}}L_{\mathrm{a}}\tanh(2d/L_{\mathrm{a}})}{2qD_{\mathrm{n}}N_{\mathrm{D}}}\right] \tag{3.115}$$

MPS 整流器的通态压降可利用上述 3 个成分来进行计算。由这些方程可得

$$V_{\mathrm{ON}}=\phi_{\mathrm{BN}}+\frac{kT}{q}\ln\left(\frac{J_{\mathrm{FC}}p}{AT^2d}\right)+\left\{\frac{4D_{\mathrm{n}}}{(\mu_{\mathrm{n}}+\mu_{\mathrm{p}})}+\left[\frac{(d/L_{\mathrm{a}})}{\tanh(2d/L_{\mathrm{a}})}\right]-\frac{kT}{2q}\right\}\ln\left(\frac{2d}{x_{\mathrm{J}}}\right)+\frac{kT}{q}\ln\left[\frac{J_{\mathrm{FC}}L_{\mathrm{a}}\tanh(2d/L_{\mathrm{a}})}{2qD_{\mathrm{n}}N_{\mathrm{D}}}\right] \tag{3.116}$$

MPS 整流器的通态压降是漂移区寿命的函数，因为中间区域和 $\mathrm{N/N^+}$ 界面的压降随寿命而变化。

示例：漂移区掺杂浓度为 $2\times10^{15}\ \mathrm{cm^{-3}}$，厚度为 80μm 的碳化硅 MPS 整流器，该结构能够在反向阻断模式下承担 10000V 电压。图 3.59 给出了该结构由分析模型预测的通态压降与漂移区中大注入寿命之间的变化关系。从中可以观察到，当寿命降低到低于 10μs 时，通态压降开始增加。这是由于碳化硅中空穴的扩散长度相对低。通态压降的 3 个分量也在图中示出。肖特基接触处的压降与寿命无关。由于在分析模型中使用的 2.95eV 的大肖特基势垒高度，因此肖特基接触压降对通态压降的贡献远远大于硅器件。当寿命大于 1μs 时，$\mathrm{N/N^+}$ 界面处的压降略有增加，但是对总通态压降的贡献很小。当寿命减少到 10μs 以下时，压降最显著的增加发生在中间区域。因此，为了使碳化硅 MPS 整流器中具有低通态压降，有必要使寿命值

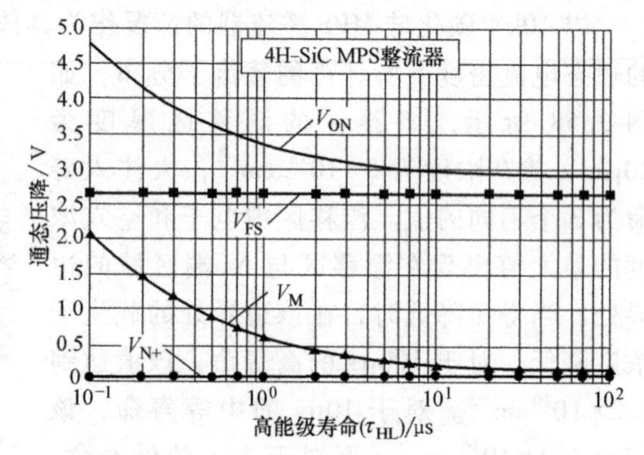

图 3.59　10kV 碳化硅 MPS 整流器的压降

接近 10μs。随着材料质量的改善，在碳化硅功率器件的漂移区中所测量的寿命已经从小于 100ns 改进到 3μs。漂移区寿命为 10μs 的 10kV 碳化硅 MPS 整流器的通态压降稍低于 3V。

在小于 $10A/cm^2$ 的较低的电流密度下，碳化硅 MPS 整流器的通态压降类似于肖特基整流器，如图 3.60 所示。在较大的正向电流密度下，漂移区中注入的载流子密度超过衬底掺杂浓度，形成大注入。在该工作模式中，由 N^+ 端区中没有复合的分析模型可知，漂移区中注入的载流子浓度与电流密度成比例地增加，导致漂移区压降恒定。根据式（3.116），可以推导出通态电流密度的表达式：

$$J_{FC}=\sqrt{\frac{2qAT^2D_nN_D}{p}\frac{(d/L_a)}{\tanh(2d/L_a)}e^{-\frac{q(\phi_{BN}+V_M)}{2kT}}}e^{\frac{qV_{ON}}{2kT}} \tag{3.117}$$

从中观察到电流与 $e^{\frac{qV_{ON}}{2kT}}$ 成比例，类似于在大注入条件下在 PiN 整流器所观察到的，如图 3.60 所示。从中发现，当漂移区寿命为 10μs 时，碳化硅 MPS 整流器的通态压降低于碳化硅 PiN 整流器的通态压降。

对于 10kV 碳化硅 MPS 整流器，降低漂移区寿命到 1μs 对通态压降的影响如图 3.61 中所示。碳化硅 MPS 整流器的通态压降比 PiN 整流器的通状态压降增加更多，使得其通态压降接近 PiN 整流器的通态压降。然而，碳化硅 MPS 整流器中存储的电荷较小，使其开关性能优于 PiN 整流器。

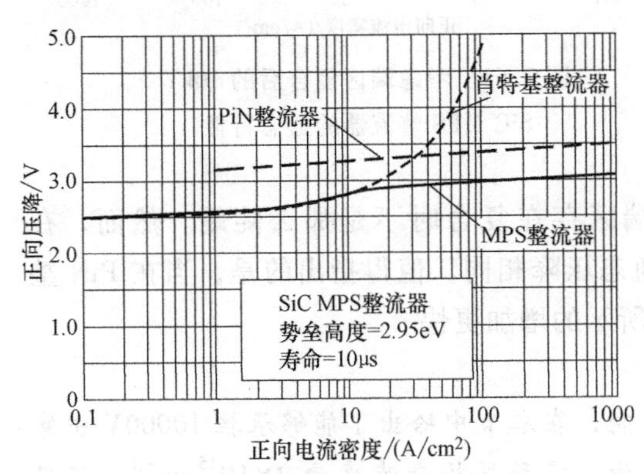

图 3.60　漂移区寿命为 10μs 的 10kV SiC MPS 整流器的通态特性

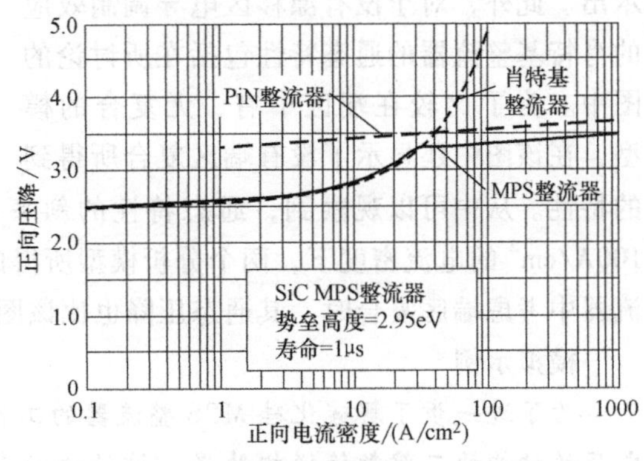

图 3.61　漂移区寿命为 1μs 的 10kV SiC MPS 整流器的通态特性

碳化硅 MPS 整流器的通态压降也由肖特基金属的势垒高度决定。根据分析模型，可以通过降低势垒高度来实现碳化硅 MPS 整流器的通态压降的降低，如图 3.62 所示，图中比较了两个势垒高度器件的特性。分析模型预测通态压降的减小量等于势垒高度的减小量。这种特性类似于在肖特基整流器中所观察到的特性，肖特基的特性在图中由虚线示出。

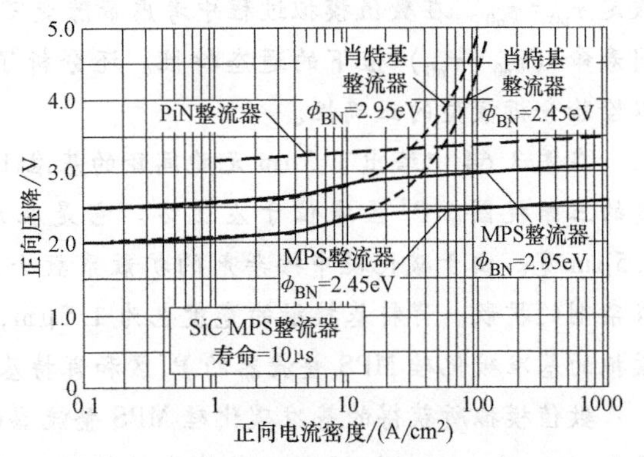

图 3.62　具有不同肖特基势垒高度的 10kV SiC MPS 整流器的通态特性

在端部区域中存在复合的情况下，碳化硅 MPS 整流器的通态压降同样可以利用式（3.109）来计算，该式是为具有这些参数的硅 MPS 整流器推导出来的，也适用于碳化硅器件：

$$V_{ON}=\phi_{BN}+\frac{kT}{q}\ln\left(\frac{J_{FC}p}{AT^2d}\right)+$$

$$\left\{\frac{2d}{\mu_n+\mu_p}\sqrt{\frac{D_{PN^+}J_{FC}}{qL_{PN^+}N_{DN^+}\tanh\ (W_{N^+}/L_{PN^+})}}\frac{kT}{2q}\right\}\ln\left(\frac{2d}{x_J}\right)+$$

$$\frac{kT}{2q}\ln\left[\frac{J_{FC}L_{PN^+}\tanh\ (W_{N^+}/L_{PN^+})}{qN_{ND^+}D_{PN^+}}\right] \tag{3.118}$$

由于中间区域压降随着电流密度增加而增加，因此通态压降比没有端区复合的分析模型所预测的增加得更快。

对于漂移区中寿命为 10μs 的情况，通过使用上述具有端区复合的分析模型所获得的碳化硅 MPS 整流器通态特性如图 3.63 所示。为了比较，漂移区中具有 10μs 寿命的碳化硅 PiN 整流器的通态特性在图中由虚线示出。此外，对于没有漂移区电导调制效应的肖特基整流器的通态特性包括在所讨论的图中。为了比较在端区中有、无复合的模型，在该图中还显示了没有端区复合所得到的特性。从中可以观察到，通态特性的斜率在端区存在复合时不是那么陡峭。然而，在 $100A/cm^2$ 的电流密度下，两个分析模型所得的通态压降相同。值得指出的是，当在 PiN 整流器中考虑端区复合时，其通态压降也比该图中所示的增加更快。

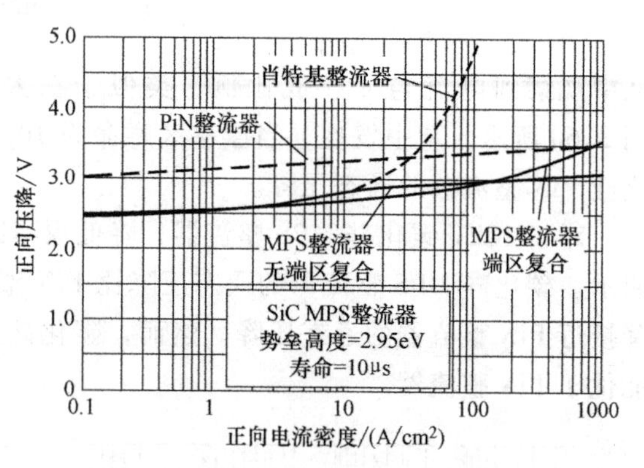

图 3.63　考虑端区复合后的 10kV SiC MPS 整流器的通态特性

模拟示例

为了进一步了解碳化硅 MPS 整流器的工作机制，在本节中给出了能够承担 10000V 击穿电压的结构的二维数值模拟结果。该结构的参数为，漂移区掺杂浓度为 $2\times10^{15}cm^{-3}$，厚度为 80μm。P^+和 N^+端区为均匀掺杂，掺杂浓度为 $1\times10^{19}cm^{-3}$，厚约 1μm。在所有情况下，假定 $\tau_{p0}=\tau_{n0}$。在数值模拟过程中考虑带隙变窄、俄歇复合和载流子散射的影响。给出了不同寿命（$\tau_{p0}=\tau_{n0}$）值下的通态特性。还分析了肖特基势垒高度的变化对通态特性的影响，以检验分析模型的正确性。

在图 3.64 中给出了 3μm 元胞间距的基准 10kV 碳化硅 MPS 器件结构的上部分的掺杂浓度的三维视图。P^+区域位于左上方。它是在元胞内由 1μm 深的扩散结构成，扩散窗口 1.5μm 宽。由于碳化硅中掺杂剂的扩散系数小，因此假设在离子注入退火工艺期间不发生掺杂剂的扩散。肖特基接触的宽度也为 1.5μm，因为没有 P^+区域的横向扩散。因此，用于模拟的基准碳化硅 MPS 整流器的 P^+区和肖特基接触处的面积相等。

数值模拟所获得的基准碳化硅 MPS 整流器的通态特性如图 3.65 所示，该器件漂移区的寿命（τ_{p0} 和 τ_{n0}）为 10μs，肖特基接触的功函数为 6.7eV（对应于 3eV 的肖特基势垒高度）。从特性的形状可明显看出器件存在几种不同的工作区。为了将这些特性与 MPS 整流器

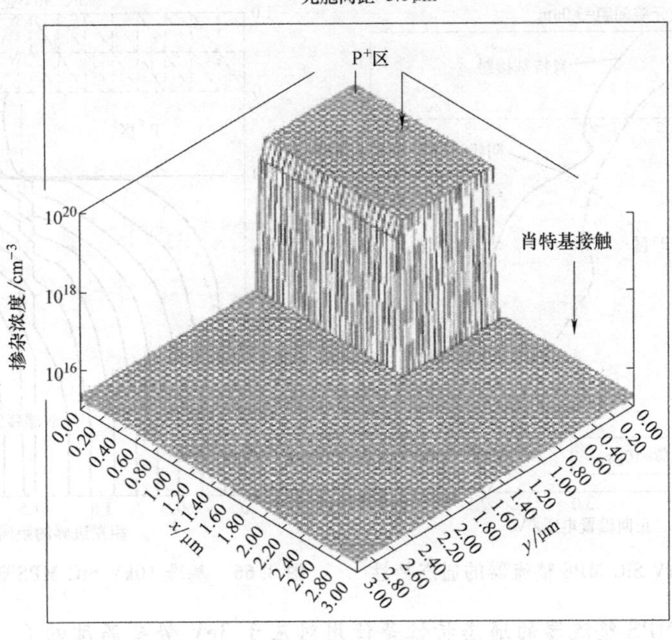

图 3.64　基准 10kV SiC MPS 整流器结构中的掺杂分布

结构内存在的肖特基和 PiN 整流器的特性相关联，在图中还显示出了流经 P^+ 区域和肖特基接触的电流。从中可以观察到，通过肖特基接触的电流在整个特性中都占主导地位，这证明了在肖特基接触处建立分析模型的正确性。采用数值模拟的方法，在 $100A/cm^2$ 的电流密度下获得的通态压降为 3.02V。与有、无端区复合的分析模型所预测的 3V 非常一致，验证了分析模型的正确性。

碳化硅 MPS 整流器内的电流分布也可以通过观察通态下的电流线来确认。$100A/cm^2$ 通态电流密度下的电流分布如图 3.66 所示。从中可以观察到，大部分电流流经肖特基接触。这验证了 MPS 整流器概念的基本前提——当来自 PN 结的足够大的注入在漂移区产生电导调制效应后，电流以通过肖特基接触的电流为主。在图中，也描绘了 PN 结的耗尽区。从中可以观察到，由于结为正向偏置，PN 结的耗尽层宽度是可忽略的。这证明了在分析模型中用于电流传导的肖特基面积的假设是正确的。

漂移区寿命为不同值时，碳化硅 MPS 整流器的特性（实线）与具有相同漂移区参数制造的 PiN 的特性（虚线）的比较如图 3.67 所示。图中所示的 PiN 整流器的特性是通过对 P^+ 区的宽度为整个元胞的宽度（3μm），表面浓度和结深与 MPS 整流相同的（PiN 结构）进行数值模拟所获得的。从中可以观察到，当寿命低于 100μs 时，碳化硅 MPS 整流器的特性存在回跳。然而，对于寿命为 10μs 和 100μs 的情况，碳化硅 MPS 整流器在 $100A/cm^2$ 的通态电流密度下表现出比 PiN 整流器更低的通态压降。这证明了碳化硅 MPS 整流器可以具有优于碳化硅 PiN 整流器的通态特性的预测。当碳化硅 MPS 整流器的漂移区中的寿命减少到 1μs 时，通态压降超过具有该寿命的碳化硅 PiN 整流器。对于寿命为 0.1μs 的情况，在碳化硅 MPS 整流器中不再观察到双极型工作模式，其通态压降变大。对于这种低寿命，碳化硅 PiN 整流器的通态压降也增加到 3.63V。

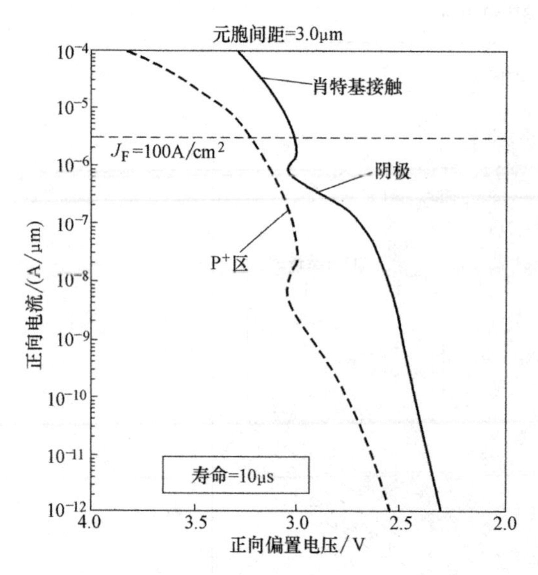

图 3.65 基准 10kV SiC MPS 整流器的通态特性

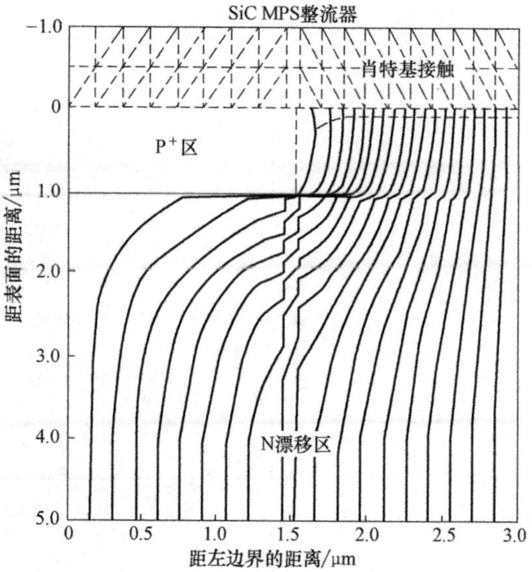

图 3.66 基准 10kV SiC MPS 整流器内的电流分布

上述碳化硅 MPS 整流器的通态特性是使用对应于 3eV 势垒高度的 6.7eV 的较大的功函数获得的。当肖特基接触的功函数减小到 6.2eV 时，来自 PN 结的注入被抑制，并且器件结构呈现单极导通，直到达到 5V 的通态压降，如图 3.68 所示。在这种情况下，碳化硅 MPS 整流器可以通过减小肖特基的宽度来形成双极工作模式，如本节稍后所述。

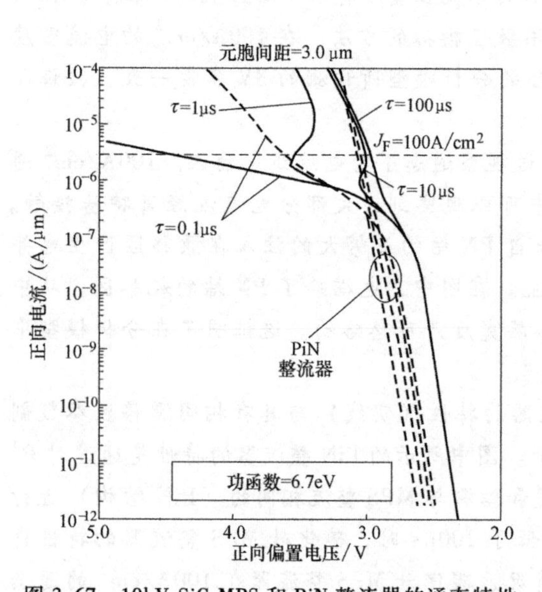

图 3.67 10kV SiC MPS 和 PiN 整流器的通态特性

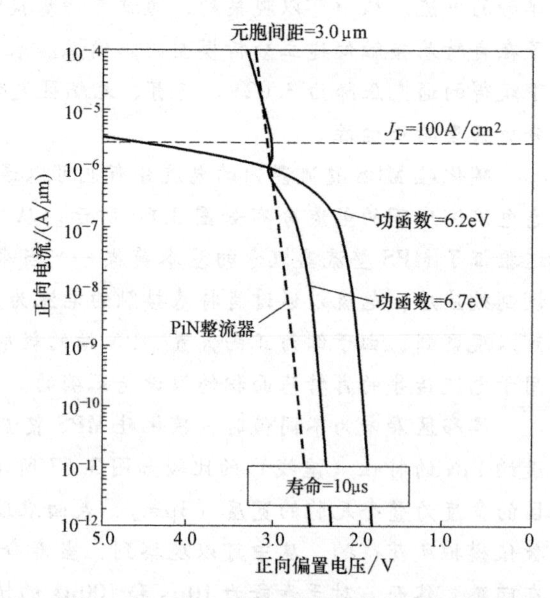

图 3.68 10kV SiC MPS 整流器的通态特性

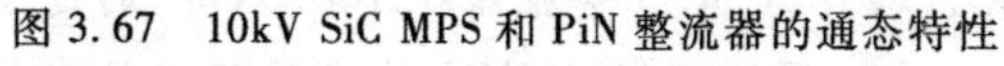

在 100A/cm^2 的通态电流密度和漂移区中的寿命（τ_{p0} 和 τ_{n0}）为 10μs 的情况下，基准碳化硅 MPS 整流器内的载流子分布如图 3.69 所示。这里，肖特基接触（$x=3\mu m$）的空穴浓度用实线和 PN 结（$x=0\mu m$）处的空穴浓度用虚线给出。从中可以看出，漂移区处于大注入状态，因为注入的载流子浓度远远大于衬底掺杂浓度，除了靠近肖特基接触的区域。从

模拟得到的空穴浓度分布与图 3.33 中所示肖特基接触的类似。从图中可以观察到，尽管从 PN 结注入空穴，但 PN 结下方的空穴分布与肖特基接触的空穴分布非常相似。这证明了利用一维模型来推导碳化硅 MPS 整流器结构中的载流子分布的正确性。由于大注入，在整个漂移区域中的空穴和电子浓度相等。从该图中，也可以在 N^+ 衬底区域中观察到显著的空穴注入。因此当分析碳化硅 MPS 整流器中的电流时，应该包括端区复合。

当碳化硅 MPS 整流器结构中的寿命减小时，注入到漂移区的载流子浓度减少。由数值模拟所获得的空穴浓度分布如图 3.70 所示，其中给出了 10kV 基准碳化硅 MPS 整流器的 3 个寿命值。位于漂移区和 N^+ 衬底之间的界面处的最大空穴浓度随着寿命降低而减小，导致漂移区的电导调制效应减弱。这种特性通过漂移区有复合的分析模型给予很好的分析（参见图 3.58）。

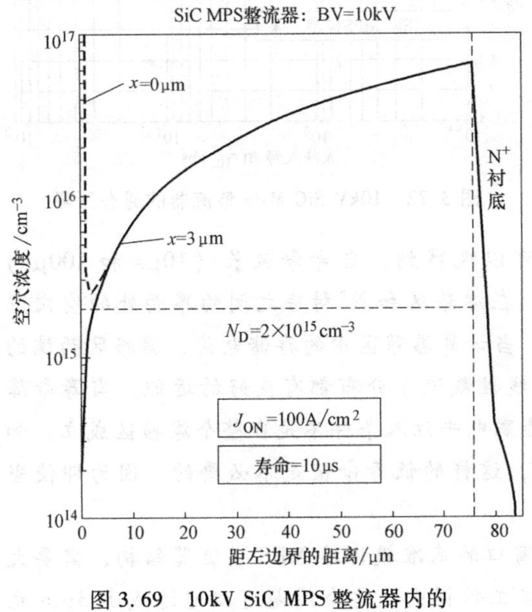

图 3.69　10kV SiC MPS 整流器内的载流子分布

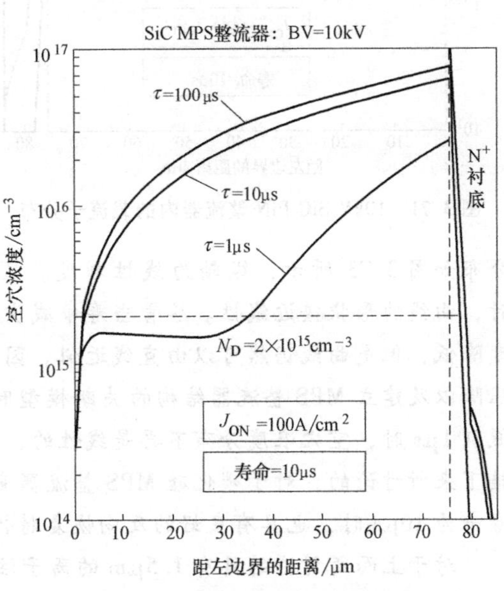

图 3.70　10kV SiC MPS 整流器内的载流子分布

为了比较，应该观测相同漂移区寿命值范围的碳化硅 PiN 整流器的空穴浓度分布。由数值模拟获得的空穴浓度曲线如图 3.71 所示。从中可以观察到，对于 1μs、10μs 和 100μs 的寿命值的情况，存在大量存储电荷的整个漂移区，产生强电导调制效应。这使关断过程的开关损耗性能变差（即关断损耗增加）。当寿命降低到 0.1μs 时，存储的电荷减少，并且电导调制不延伸到整个漂移区。这导致如先前在图 3.67 中所示的碳化硅 PiN 整流器的通态压降的增加。

由数值模拟可知，当寿命减小时，碳化硅 MPS 整流器的通态压降增加，这与漂移区有复合的分析模型的预测非常吻合。漂移区有复合的分析模型所预测的通态压降与从数值求解所获得的值进行比较的情况如图 3.72 所示。这些结果证明了所提出的碳化硅 MPS 整流器的分析模型的有效性。

本节所提出的 MPS 整流器的分析模型表明，如果可以忽略漂移区中的复合，则漂移区中的载流子分布曲线在形状上是线性的［参见式（3.75）］。基准碳化硅 MPS 整流器的数值模拟结果证明该结论也适用于碳化硅结构。该结构在三个寿命值下的空穴浓度

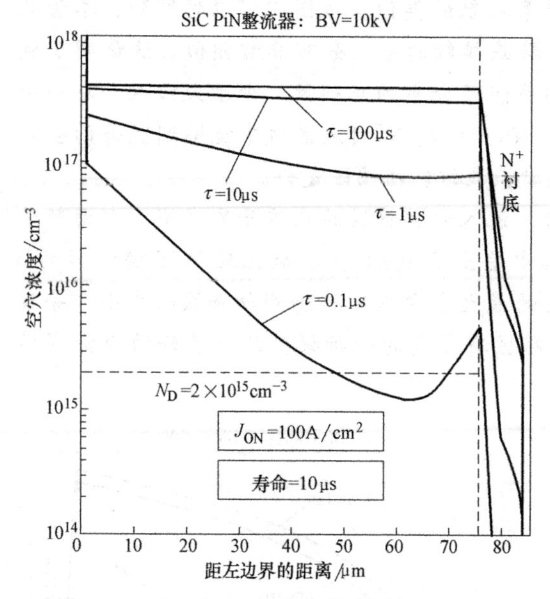

图 3.71　10kV SiC PiN 整流器内的载流子分布

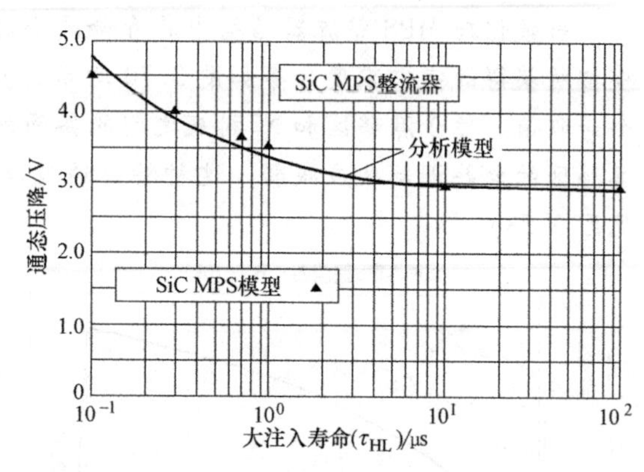

图 3.72　10kV SiC MPS 整流器的通态压降

分布如图 3.73 所示，纵轴为线性刻度。从中可以观察到，当寿命较长（10μs 和 100μs）时，曲线的形状接近线性。尽管当寿命减少时，在漂移区和 N^+ 衬底之间的界面处的空穴浓度降低，但是曲线仍然可以由直线近似。因此，当计算漂移区中的存储电荷、漂移区两端的压降以及建立 MPS 整流器结构的关断模型时，线性载流子分布都有良好的近似。当寿命降低到 1μs 时，空穴浓度分布不再是线性的，因为高电平注入条件不是在整个漂移区成立。如接下来所讨论的，对于碳化硅 MPS 整流器来说，这样的低寿命值是不必要的，因为即使当寿命为 10μs 时，也具有良好的反向恢复特性。

对于上面所讨论的具有 1.5μm 的离子注入窗口的基准碳化硅 MPS 整流器结构，需要大的肖特基势垒高度以确保在导通状态下形成双极工作模式。这个问题可以通过减小 3μm 元胞内的肖特基接触的尺寸来克服。这可以通过将离子注入窗口增大到 2.5μm，同时保持 3μm 的元胞间距（p）不变来说明。数值模拟所得到的该结构的通态特性如图 3.74 中，其中势垒高度为 1.0~3.0eV。一旦器件进入双极工作模式，通态压降基本上独立于势垒高度。在 200A/cm^2 的通态电流密度下，该结构的通态压降为 3.05V，小于在漂移区中具有相同寿命的 PiN 整流器的通态压降。

在 200A/cm^2 的通态电流密度下，元胞间距（p）为 3μm 和离子注入窗口为 2.5μm 的碳化硅 MPS 整流器内的电流分布如图 3.75 所示。从中可以观察到，所有电流都流经肖特基接触，尽管肖特基接触占据较小的元胞面积。这证实了该元胞结构仍然以 MPS 的工作机制进行工作。工作原理的进一步确认可以通过观测结构内的空穴浓度分布来获得。在通态电流密度为 200A/cm^2 时，肖特基接触（x = 3μm）和 PN 结（x = 0μm）中间的空穴浓度分布如图 3.76 中所示。这些分布类似于之前的基准碳化硅 MPS 结构（参见图 3.69）的（空穴浓度）分布和由 MPS 整流器的分析模型预测的（空穴浓度）分布（见图 3.58）。需要注意的是，图 3.58 中的空穴载流子浓度是在电流密度为 100A/cm^2 时获得的，而图 3.76 所示的结果是在 200A/cm^2 的电流密度下获得的，因此，在这种情况下，漂移区和 N^+ 衬底之间的界面处的浓度更大。这些结果表明，在拥有诸如镍和金这样典型金属的肖特基势垒高度的高压碳化硅 MPS 整流器结构中，可以实现双极工作模式。

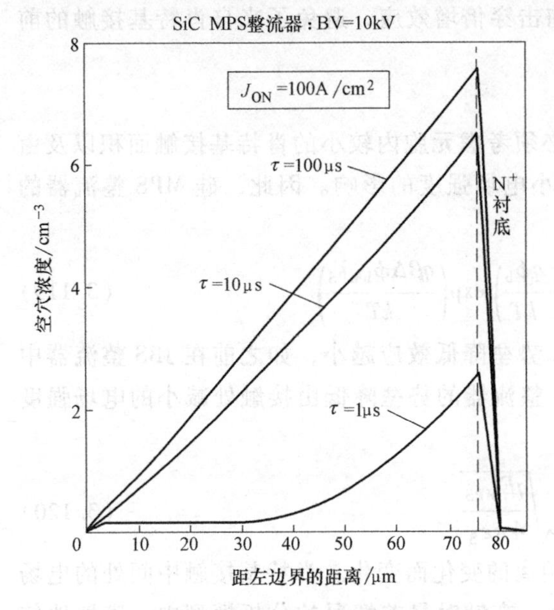

图 3.73　10kV SiC MPS 整流器内的载流子分布

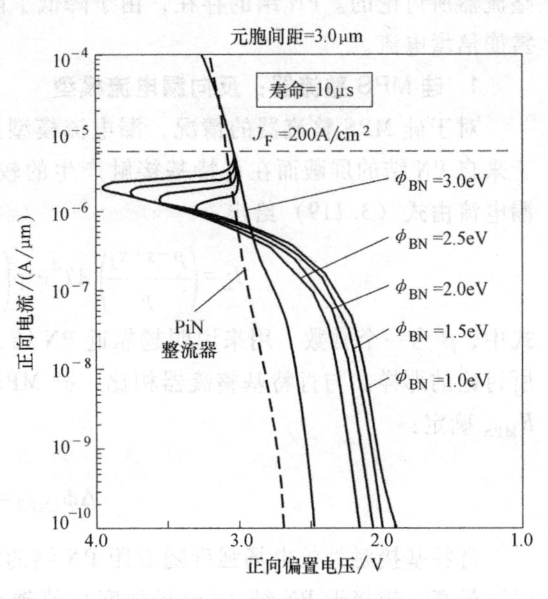

图 3.74　10kV SiC MPS 整流器的通态特性

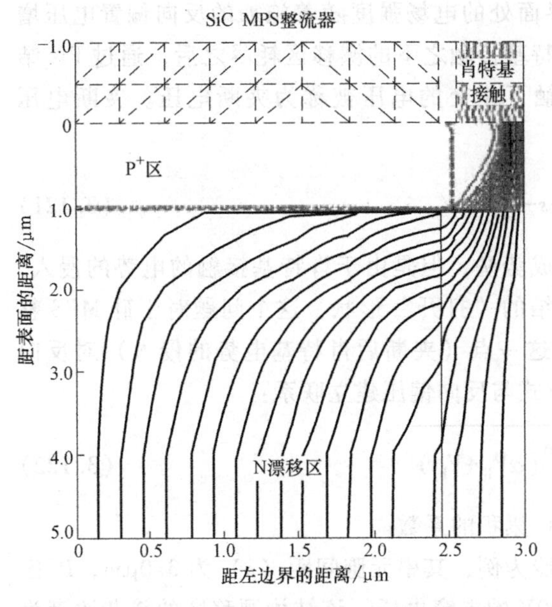

图 3.75　10kV SiC MPS 整流器内的电流分布

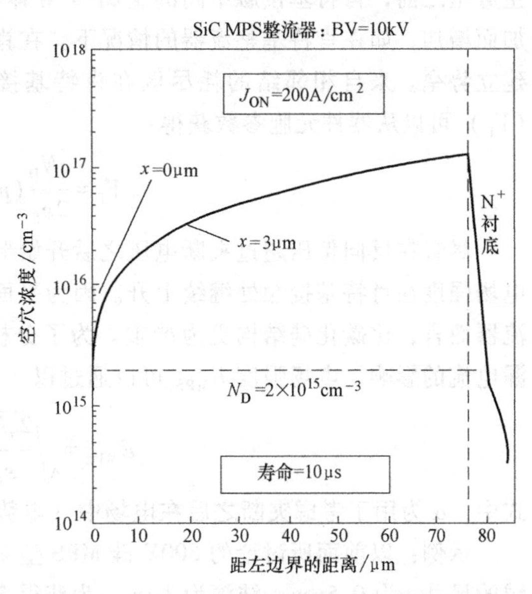

图 3.76　10kV SiC MPS 整流器内的载流子分布

3.6.3　反向阻断特性

MPS 整流器的反向漏电流由肖特基接触的电流输运机制决定。对于硅 MPS 整流器，PN 结的屏蔽导致肖特基接触的电场强度减小，抑制了势垒降低效应。对于碳化硅 MPS 整流器，减小的电场强度不仅抑制了势垒降低，还减小了场致热离子发射的影响。在这两种情况中，大的势垒高度都在 MPS 整流器中占有优势（以获得良好的通态特性），因为可以减小漏电流。MPS 整流器结构中的肖特基接触的电场强度减小对漏电流的影响类似于先前针对 JBS 整流器所讨论的。PN 结的存在，由于降低了前击穿倍增效应，避免了来自肖特基接触的前雪崩倍增电流。

1. 硅 MPS 整流器：反向漏电流模型

对于硅 MPS 整流器的情况，漏电流模型必须考虑元胞内较小的肖特基接触面积以及由于来自 PN 结的屏蔽而在肖特基接触产生的较小电场强度的影响。因此，硅 MPS 整流器的漏电流由式（3.119）给出：

$$J_L = \left(\frac{p-s-x_J}{p}\right) AT^2 \exp\left(-\frac{q\phi_b}{kT}\right) \exp\left(\frac{q\beta\Delta\phi_{bMPS}}{kT}\right) \tag{3.119}$$

式中，β 为一个常数，用来说明越靠近 PN 结，势垒降低效应越小，如之前在 JBS 整流器中所讨论的那样。与肖特基整流器相比，硅 MPS 整流器的势垒降低由接触处减小的电场强度 E_{MPS} 确定：

$$\Delta\phi_{bMPS} = \sqrt{\frac{qE_{MPS}}{4\pi\varepsilon_S}} \tag{3.120}$$

肖特基接触处的电场强度随着距 PN 结的距离的变化而变化。肖特基接触中间处的电场强度最高，越接近 PN 结，（电场强度）值越小。在针对最差情况的分析模型中，谨慎地使用肖特基接触中间的电场强度来计算漏电流。在来自相邻 PN 结的耗尽区在肖特基接触下产生势垒之前，肖特基接触中间的金属-半导体界面处的电场强度随着施加的反向偏置电压增加而增加，如在肖特基整流器的情况下。在肖特基接触之下的漂移区耗尽之后，通过 PN 结建立势垒。来自相邻结的耗尽区在肖特基接触下相交的电压被称为夹断电压。夹断电压（V_P）可以从器件元胞参数获得：

$$V_P = \frac{qN_D}{2\varepsilon_S}(p-s-x_J)^2 - V_{bi} \tag{3.121}$$

尽管在反向偏压超过夹断电压之后开始形成势垒，但是由于肖特基接触的电势的侵入，电场强度在肖特基接触处继续上升。因为平面结的“打开”形状，这个问题对于硅 MPS 整流器而言，比碳化硅结构更为严重。为了分析这一点（夹断后肖特基电势的侵入）对反向漏电流的影响，电场强度 E_{MPS} 可以通过以下方式与反向偏压建立联系：

$$E_{MPS} = \sqrt{\frac{2qN_D}{\varepsilon_S}(\alpha V_R + V_{bi})} \tag{3.122}$$

式中，α 为用于考虑夹断之后在电场中（电势）累积的系数。

示例：以前面所讨论的 500V 硅 MPS 整流器为例，其中元胞间距（p）为 3.0μm，P^+ 区域的尺寸 s 为 0.5μm，结深为 1μm。为获得 500V 的击穿电压，该结构漂移区的掺杂浓度为 $3.8\times10^{14}cm^{-3}$。由于硅 MPS 整流器结构中的平面 PN 结的二维性质，难以得到 α 的解析表达式。然而，肖特基接触处的电场强度的减少可以通过假设式（3.122）中的 α 的各种值来预测。当 α 值在 0.05 和 1.00 之间时，其结果显示在图 3.77 中。α 等于 1 对应于没有屏蔽的肖特基整流器结构。从中可以观察到，当 α 减小时，肖特基接触处的电场强度显著减小。由于高电压结构的漂移区的掺杂浓度较低，所以硅 MPS 整流器的电场强度值小于硅 JBS 整

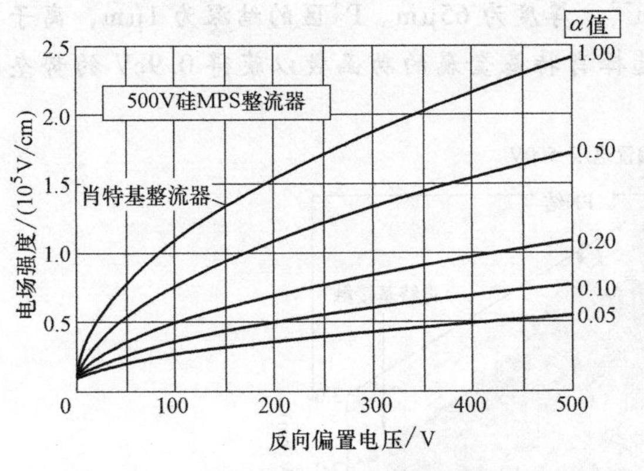

图 3.77　500V 硅 MPS 整流器的肖特基接触处的电场强度

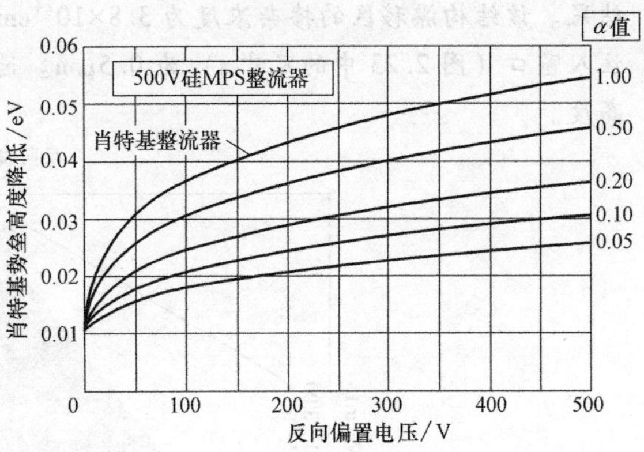

图 3.78　500V 硅 MPS 整流器中肖特基势垒高度的降低

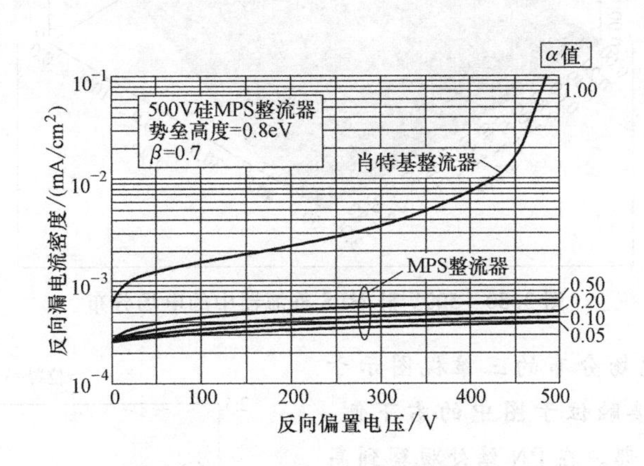

图 3.79　具有各种 α 系数的 500V 硅 MPS 整流器的反向漏电流

流器的电场强度值。

肖特基接触处的电场强度减少对肖特基势垒高度降低的影响如图 3.78 所示。在肖特基整流器中没有 PN 结的屏蔽，势垒高度降低为 0.055eV。在 MPS 整流器结构中，势垒高度降低减小到 0.037eV，α 为 0.2。虽然这看起来可能是一个小的变化，但它对反向漏电流有很大的影响。值得指出的是，由于在 MPS 整流器中的肖特基接触处的电场强度值较小，所以在 MPS 整流器中的势垒高度降低量小于在 JBS 整流器中所观察到的势垒高度降低量。通过使用上述分析模型计算所得的 500 V 硅 MPS 整流器结构的漏电流密度如图 3.79 所示。对于这些图，基于下面讨论的数值模拟的结果，假定常数 β 的值为 0.7。对于间距为 3.0μm，1.0μm 的注入窗口（$2s$）和 1.0μm 的结深的 MPS 结构，肖特基接触面积减小到元胞面积的 50%。这导致在低反向偏压下漏电流的成比例减小。肖特基势垒高度降低和前击穿倍增效应都由于 PN 结的存在而得到了抑制，因此降低了漏电流随着反向偏压增加而增加的速率。当 α 为 0.5，反向偏压达到 500V 时，总的效果是漏电流密度减少了 360 倍。这证明 MPS 整流器结构可以降低反向漏电流。

模拟示例

为了验证上述硅 MPS 整流器的反向特性模型，这里描述了 500V 器件的二维数值模拟的结果。该结构漂移区的掺杂浓度为 $3.8\times10^{14}cm^{-3}$，厚度为 65μm。P^+ 区的结深为 1μm，离子注入窗口（图 2.23 中的尺寸 s）为 0.5μm。选择肖特基金属的功函数以获得 0.9eV 的势垒高度。

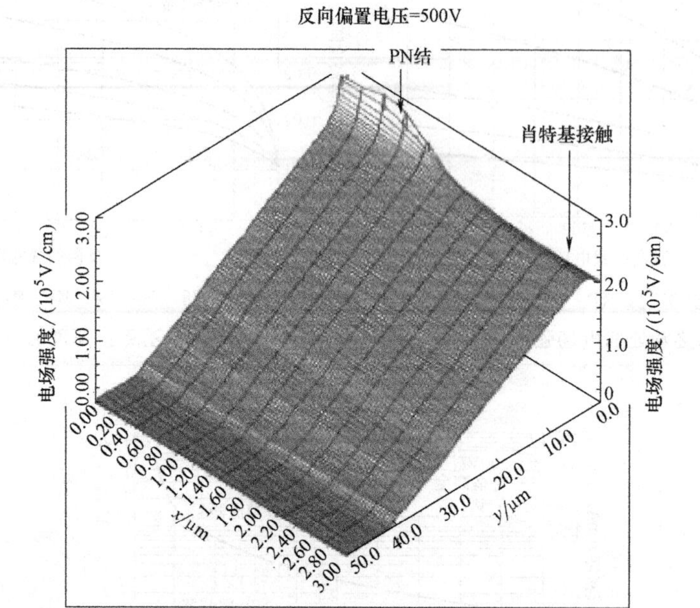

图 3.80　500V 硅 MPS 整流器中的电场分布

硅 MPS 整流器电场分布的三维视图示于图 3.80 中。肖特基接触位于图中的右下侧，其中 P^+ 区位于图的顶部。在 PN 结处观察到高电场强度（3×10^5V/cm）。通过 PN 结的屏蔽，肖特基接触中间的电场强度减小到 2×10^5V/cm。

在具有 3.0μm 的元胞间距和 0.5μm 的 P^+ 扩散窗口的硅 MPS 整流器结构中，肖特基接触中间处的电场强度的增加情况如图 3.81 所示。为了比较，500V 肖特基整流器的接触处的电场强度的增长情况示于图 3.82 中。从图中可以看出，PN 结的存在抑制了 MPS 整流器中肖特基接触处的电场强度。对于元胞间距依然为 3μm，而扩散窗口 s 为 1.5μm 的 P^+ 区的 MPS 整流器结构，通过减小肖特基接触的宽度，可以获得对肖特基接触处的电场强度更大的抑制，如图 3.83 所示。与扩散窗 s 为 0.5μm 的 MPS 结构的 2.0×10^5 V/cm 相比，在 500V 的反向偏压下，这种肖特基接触中间的电场强度减小到 1.4×10^5V/cm。

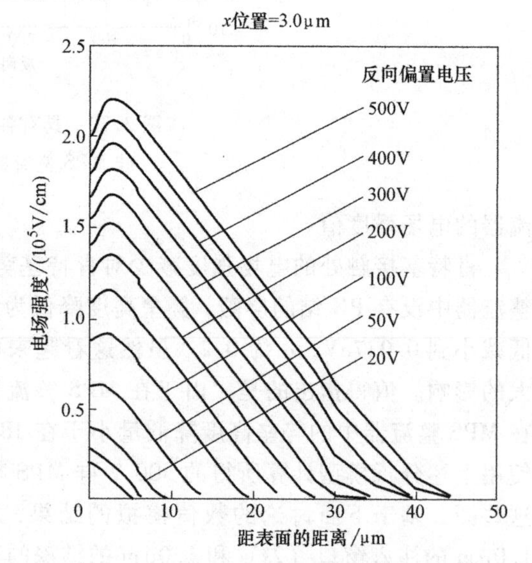

图 3.81　500V 硅 MPS 整流器中肖特基接触中间电场强度的增长

在硅 MPS 整流器的分析模型中，系数 α 控制着肖特基接触中间电场强度增加的速率，该系数可以从二维数值模拟的结果提取。从数值模拟所获得的肖特基接触中间的电场强度增

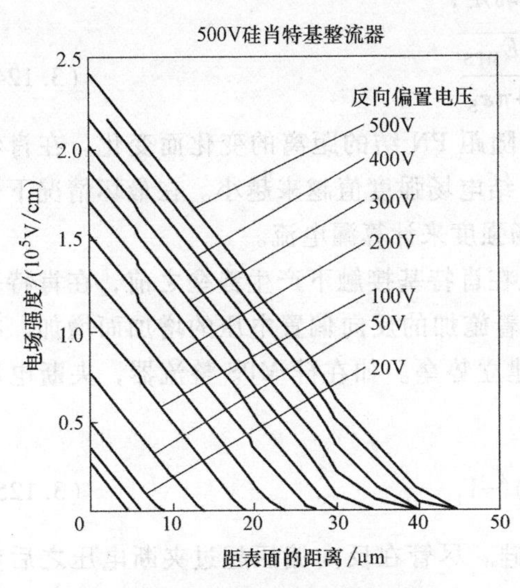

图 3.82　500V 硅肖特基整流器中接触中间电场强度的增长

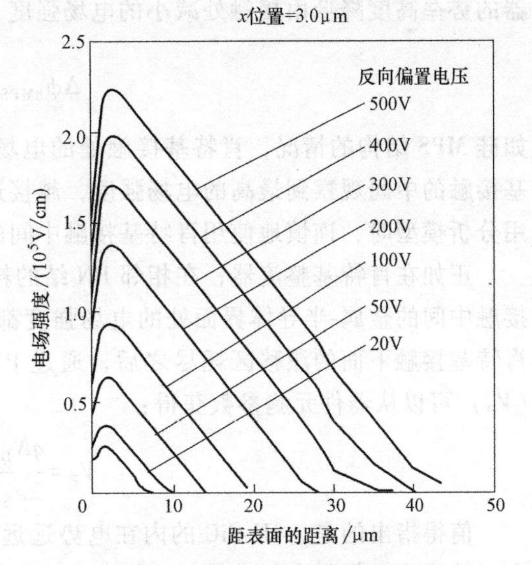

图 3.83　500V 硅 MPS 整流器中肖特基接触中间电场强度的增长

长的情况如图 3.84 所示，其中元胞间距（p）为 3.0μm，扩散窗口（s）为 0.5μm 和 1.5μm，用各自的符号表示。由分析方程式（3.122）所计算的结果由实线示出，其中 α 的值被调整以适合数值模拟的结果。其中 α 等于 1 的情况与预期相当，与肖特基整流器吻合。0.5μm 扩散窗口的硅 MPS 整流器的 α 值为 0.680，而对于 1.5μm 的扩散窗口的 α 值为 0.328。利用这些 α 值，分析模型准确地预测了肖特基接触中间电场强度的特性。因此，它也可以用于计算具有平面扩散结的硅 MPS 整流器中的肖特基势垒高度降低和漏电流。

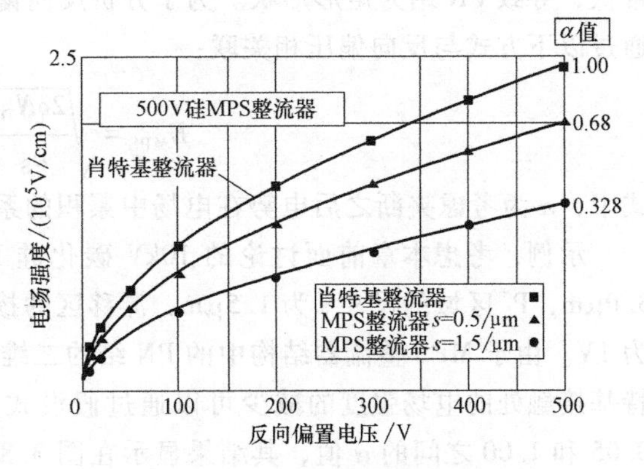

图 3.84　500V 硅 MPS 整流器的肖特基接触中间电场强度的增长

2. 碳化硅 MPS 整流器：反向漏电流模型

碳化硅 MPS 整流器中的漏电流可以使用与硅 MPS 整流器相同的方法计算。首先，很重要的一点是，要考虑到在 MPS 整流器元胞中，肖特基的面积的减小。第二，肖特基势垒高度降低是由较小的肖特基接触处电场强度引起的，而电场强度的减小是由于 PN 结的屏蔽作用，这一点非常有必要。第三，热场发射电流的计算也要考虑到因为 PN 结的屏蔽所引起的肖特基接触处电场强度的减小。进行这些调整后，碳化硅 MPS 整流器的漏电流可以通过使用式（3.123）计算得出：

$$J_L = \left(\frac{p-s}{p}\right) AT^2 \exp\left(-\frac{q\phi_b}{kT}\right) \exp\left(\frac{q\Delta\phi_{bMPS}}{kT}\right) \exp(C_T E_{MPS}^2) \tag{3.123}$$

式中，C_T 为隧穿系数（对于 4H-SiC 为 $8\times10^{-13}\text{cm}^2/\text{V}^2$）。与肖特基整流器相比，MPS 整流

器的势垒高度降低由接触处减小的电场强度 E_{MPS} 确定：

$$\Delta\phi_{\mathrm{bMPS}}=\sqrt{\frac{qE_{\mathrm{MPS}}}{4\pi\varepsilon_{\mathrm{S}}}} \tag{3.124}$$

如硅 MPS 结构的情况，肖特基接触处的电场强度随距 PN 结的距离的变化而变化。在肖特基接触的中间观察到最高的电场强度，越接近 PN 结电场强度值越来越小。在最坏情况下使用分析模型时，谨慎地使用肖特基接触中间的电场强度来计算漏电流。

正如在肖特基整流器，在相邻 PN 结的耗尽区在肖特基接触下产生势垒之前，在肖特基接触中间的金属-半导体界面处的电场强度都将随着施加的反向偏置电压的增加而增加。在肖特基接触下面的漂移区耗尽之后，通过 PN 结建立势垒。如在硅 MPS 整流器，夹断电压（V_{P}）可以从器件元胞参数获得：

$$V_{\mathrm{P}}=\frac{qN_{\mathrm{D}}}{2\varepsilon_{\mathrm{S}}}(p-s)^{2}-V_{\mathrm{bi}} \tag{3.125}$$

值得指出的是，4H-SiC 的内在电势远远大于硅。尽管在反向偏压超过夹断电压之后势垒开始形成，但是由于肖特基接触的电势的侵入，电场强度在肖特基接触处继续上升。该问题对于碳化硅结构来说，没有在硅 MPS 整流器中那么尖锐，因为 4H-Si 杂质的扩散系数非常低，导致 PN 结为矩形形状。为了分析反向偏压对反向漏电流的影响，可将电场强度 E_{MPS} 通过以下方式与反向偏压相关联：

$$E_{\mathrm{MPS}}=\sqrt{\frac{2qN_{\mathrm{D}}}{\varepsilon_{\mathrm{S}}}(\alpha V_{\mathrm{R}}+V_{\mathrm{bi}})} \tag{3.126}$$

式中，α 为考虑夹断之后电势在电场中累积的系数。

示例，考虑本章前面讨论的 10kV 碳化硅 MPS 整流器的情况，其中元胞间距（p）为 3.0μm，P^{+}区域的尺寸 s 为 1.5μm，漂移区的掺杂浓度为 $2\times10^{15}\mathrm{cm}^{-3}$，该结构的夹断电压仅为 1V。由于 MPS 整流器结构中的 PN 结的二维性质，难以导出 α 的解析表达式。然而，肖特基接触处的电场强度的减少可以通过假设式（3.126）中的 α 为不同值来预测。对于在 0.05 和 1.00 之间的 α 值，其结果显示在图 3.85 中。其中 α 等于 1 对应于没有屏蔽的肖特基整流器结构。从中可以观察到，当 α 减小时，肖特基接触处的电场强度显著减小。值得指出的是，对于 10kV 碳化硅 MPS 整流器，肖特基接触处的电场强度小于 3kV 碳化硅 JBS 整流器的电场强度，这是因为较高电压结构的漂移区的掺杂浓度较小。

由于碳化硅 MPS 结构中 PN 结的屏蔽作用，肖特基接触处的电场强度减小对肖特基势垒高度降低的影响如图 3.86 所示。没有 PN 结的屏蔽时，在肖特基整流器中出现 0.20eV 的势垒高度降低。这比硅器件大得多，因为肖特基接触处的电场强度较大。在 4H-SiC MPS 整流器结构中，势垒高度降低到 0.13eV，α 为 0.2。更小的 α 值更适合碳化硅器件，因为碳化硅结构中的 PN 结的矩形形状对肖特基接触有更强的屏蔽作用。

对于 10kV 肖特基整流器，当电压增加到 10000V 时，碳化硅的较大势垒高度降低以及热场发射电流导致漏电流增加 4 个数量级。环境温度为 500K，势垒高度为 1.5eV，α 等于 1 的反向漏电流如图 3.87 所示。PN 结的屏蔽作用使 MPS 整流器中的反向漏电流大大降低。这可以从图 3.87 中不同 α 值下的曲线观察到，其中 4H-SiC MPS 整流器的结构参数为 3.0μm 的间距，2.5μm 的注入窗口和 1μm 的结深。在这种情况下，肖特基接触面积减少到

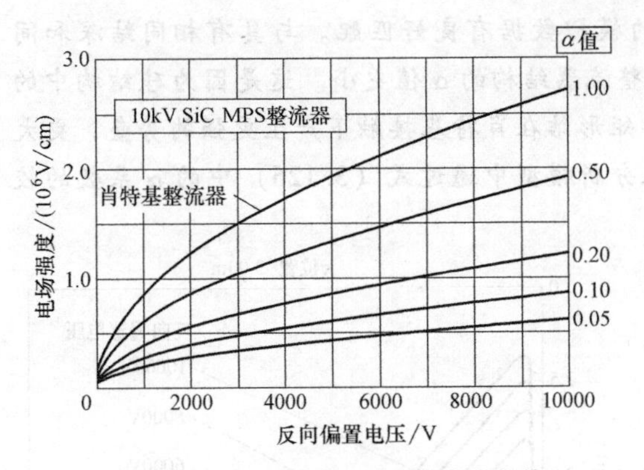

图 3.85　10kV 碳化硅 MPS 整流器肖特基接触处的电场强度

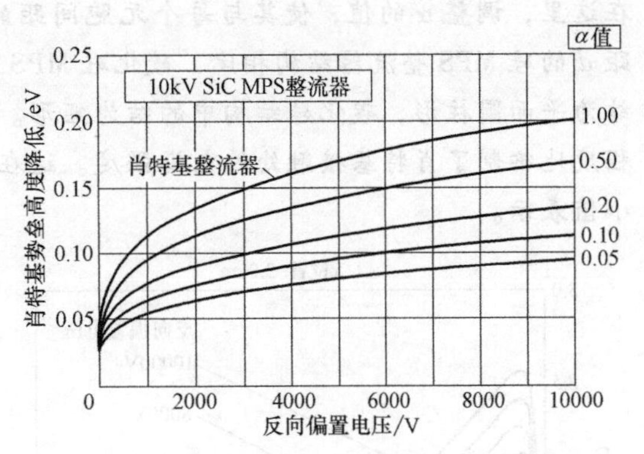

图 3.86　不同 α 系数的 10kV 碳化硅 MPS 整流器中肖特基势垒高度降低

元胞面积的 16.7%。这导致在低反向偏置电压下漏电流的成比例减小。更重要的是，由于 PN 结的存在，肖特基接触处电场强度得到了抑制，这大大降低了漏电流随着反向偏压增加而增加的速率。当 α 的值为 0.5 时，反向偏压达到 10kV 时，漏电流密度降低为以前的 1/250，α 值为 0.2 时，则为以前的 1/3300。

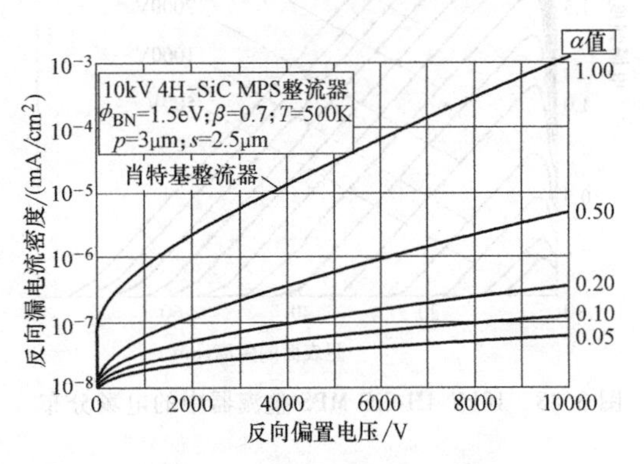

图 3.87　不同 α 系数的 10kV 碳化硅 MPS 整流器中的漏电流

模拟示例

为了验证碳化硅 MPS 整流器的反向阻断特性模型，对漂移区掺杂浓度为 2×10^{15} cm^{-3}，厚度为 80μm，击穿电压为 10000V 的结构进行分析研究。下面进行不同 P^+ 区域之间间距的二维数值仿真，保持间距（p）为 3μm 不变，通过改变注入窗口（$2s$），改变 P^+ 区之间的间距，P^+ 结深为 1μm。

元胞间距（p）为 3μm，P^+ 离子注入窗口为 1.5μm 的肖特基接触的中心处的电场分布如图 3.88 所示。从中可以观察到，与体内的峰值电场强度比较时，在接触表面处的电场强度显著减小。在 10000V 的反向偏压下，肖特基接触处的电场强度仅为 1.4×10^6 V/cm，相比之下，在 2μm 深的体内的电场强度最大值为 2.6×10^6 V/cm。

前面已证明，可通过减小肖特基接触的宽度来增强碳化硅 MPS 整流器的双极工作模式。这种设计能使通态压降降低，而且能减弱通态特性的回跳现象。同时，该设计还能减小肖特基接触处的电场强度，这有利于减小反向漏电流。为了说明这一点，元胞间距（p）为 3μm，离子注入窗口为 2.5μm 结构的肖特基接触的中心处的电场分布示于图 3.89 中。从中可以观察到，与体内的峰值电场强度相比时，肖特基接触表面处的电场强度急剧减小。在 10000V 的反向偏压下，肖特基接触处的电场强度非常小（1.5×10^5V/cm），相比之下，在 2μm 深的体内的电场最大值为 2.6×10^6V/cm。

由数值模拟所得的两种离子注入窗口的肖特基接触处电场强度随反向偏压增加而增加的情况绘制于图 3.90 中。将这些数据点，与如实线所示的分析模型获得的计算值进行比较。

在这里，调整 α 的值，使其与每个元胞间距的模拟数据有良好匹配。与具有相同结深和间距 d 的硅 MPS 整流器结构相比，碳化硅 MPS 整流器结构的 α 值更小。这是因为硅结构中的结为平面圆柱形，碳化硅结构中的结为矩形。矩形结在肖特基接触下产生更强的势垒，更大程度地抑制了肖特基接触处的电场强度。这在分析模型中通过式（3.126）中的 α 系数的较小值表示。

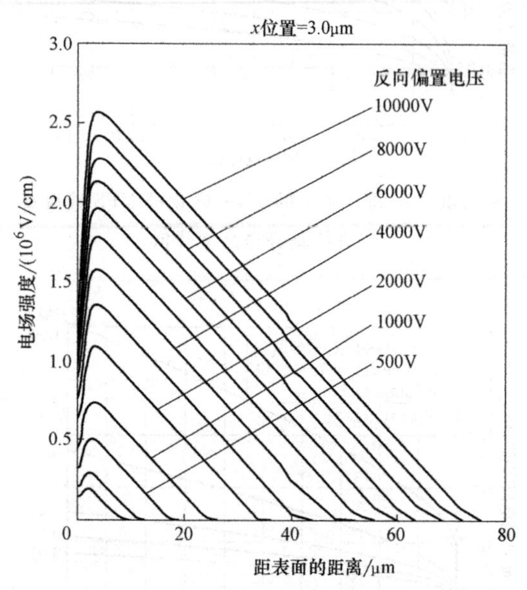

图 3.88 10kV 4H-SiC MPS 整流器中的电场分布

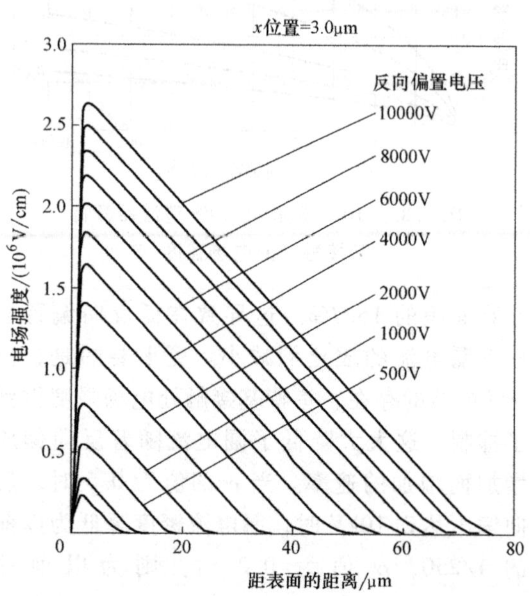

图 3.89 10kV 4H-SiC MPS 整流器中各种反向电压下电场强度变化

10kV 4H-SiC MPS 整流器结构中肖特基接触处的较小电场强度，大大减小了漏电流。因为较小的电场强度不仅抑制了肖特基势垒降低效应，而且还抑制了隧穿电流。上述两个元胞结构的漏电流的减少如图 3.91 所示。离子注入窗口为 1.5μm 时，在接近击穿电压的反向电压下，漏电流减小为以前的 1/600。离子注入窗口为 2.5μm 时，在接近击穿电压的反向电压下，漏电流减为 1/80000。前文所述，较大离子注入窗口的元胞结构能产生优良的通态特性，所以该值对于具有 10000V 的阻断电压的 4H-SiC MPS 整流器来说是优选。

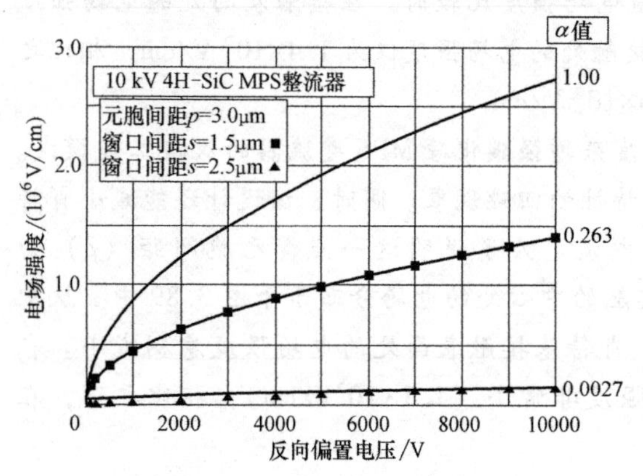

图 3.90 10kV 4H-SiC MPS 整流器电场强度随反向电压的变化

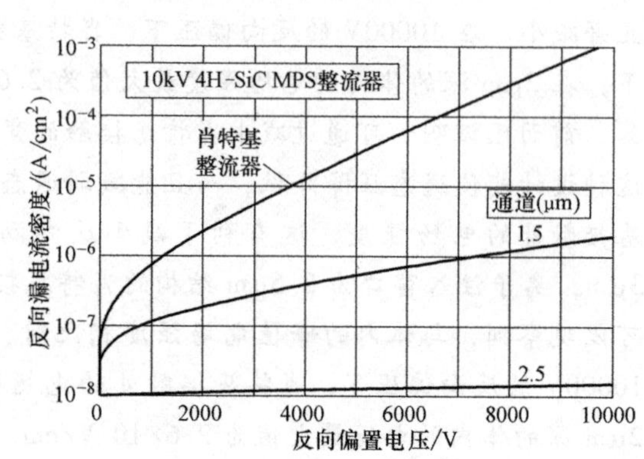

图 3.91 10kV 4H-SiC MPS 整流器中的漏电流抑制

对于JBS整流器，肖特基接触下方电流传导区的纵横比对肖特基接触处电场强度的抑制有强烈的影响。这种现象由方程(2.59)和方程(2.63)中的系数(α)进行量化，纵横比由方程(2.64)定义。从数值模拟获得的系数(α)与纵横比的变化如图3.92所示，硅和碳化硅MPS整流器用空数据点表示。在2.5节中获得的硅和碳化硅JBS整流器(实数据点)的值也包括在该图中用于比较。从中可以观察到，系数(α)随纵横比呈指数变化。与具有相同纵横比的硅器件相比，碳化硅器件的α更小，因为碳化硅器件的P^+区为矩形，而硅器件的P^+区为圆柱形，这使得硅器件电场强度被抑制的程度不同。硅MPS整流器的α系数与纵横比的变化和硅JBS整流器不同。但是，碳化硅MPS整流器的α系数与纵横比的变化和碳化硅JBS整流器的相同。

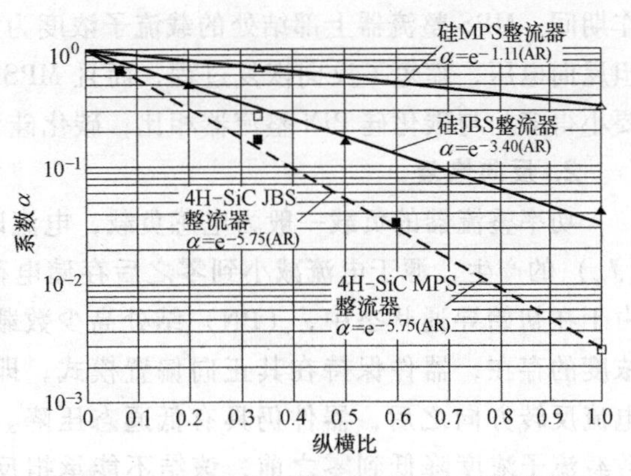

图3.92 MPS整流器的纵横比对α的影响

3.6.4 开关特性

当施加正偏压给阳极时，功率整流器在一段时间的一部分时间内工作在导通状态，当施加负偏压给阳极时，功率整流器在这段时间的其余时间内工作在阻断状态。在每个工作周期内，二极管必须以最小的功耗在这些状态之间快速切换。当二极管从导通状态切换到反向阻断状态时，比导通时的功耗更大。在通态电流流动期间，在漂移区中存有大量的自由载流子，这使得高压PiN和MPS整流器具有低的通态压降。功率整流器导通状态的电流，在漂移区域内产生的存储电荷必须在其承担高电压之前被排除。这会在短时间内产生大的反向电流。这种现象被称为反向恢复。

1. 存储电荷

首先对MPS整流器和PiN整流器所存储的电荷进行比较，因为它是关断瞬态能量损耗的相对度量。对于PiN整流器，漂移区的载流子浓度几乎是均匀(平均)的，由式(3.5)可给出的表达式$\left(n_a=\dfrac{J_T\tau_{HL}}{2qd}\right)$。以500 V硅PiN整流器为例，如果漂移区的寿命是10μs，通态电流密度为100A/cm^2时，由该公式可知，其平均载流子浓度为$9\times10^{17}\text{cm}^{-3}$。然后通过载流子浓度乘以漂移区的厚度，得出基于平均载流子浓度的漂移区的总存储电荷为1.01mC/cm^2。但是，在漂移区具有高寿命的情况下，端区复合起主要作用，因此漂移区中的载流子浓度大大降低。仿真结果表明：漂移区的平均载流子浓度约为$7\times10^{16}\text{cm}^{-3}$时，总存储电荷为$0.078\text{mC/cm}^2$。相比之下，MPS整流器中的载流子分布是三角形，在漂移区和N^+衬底之间的界面处具有最大值。

通过利用式(3.66)或式(3.76)，可以求出500V硅MPS中的最大载流子浓度。在漂移区的寿命是10μs，通态电流密度为100A/cm^2下，其最大载流子浓度为$6\times10^{16}\text{cm}^{-3}$。进而可求得硅MPS整流器的漂移区中的总存储电荷为0.034mC/cm^2。由此可知，尽管通态压降较低，但硅MPS整流器中的存储电荷却比PiN整流器小了大约一半。此外，在导通状态工作期间，MPS 整流器上部结处的载流子浓度为零。这使 MPS 整流器比 PiN 整流器更快地承担反向电压，缩短了反向恢复过程，而且 MPS 整流器的反向恢复峰值电流比 PiN 整流器的要小得多。与碳化硅 PiN 整流器相比，碳化硅 MPS 整流器存储电荷的以类似的方式减少。

2. 反向恢复

功率整流器的负载一般为电感负载，电流以恒定斜率（a）减小。大反向恢复峰值电流（J_{rr}）的产生，源于电流减小到零之后存储电荷的存在。对于 PiN 整流器，如图 3.5 所示，由于在初始导通状态中，（PN）结处高少数载流子浓度的存在，器件保持在其正向偏置模式，即使在电流反转方向之后，器件仍具有低通态压降。在少数载流子浓度降低到零之前，该结不能承担反向阻断电压。然后，二极管上的电压迅速增加到电源电压，整流器工作在反向偏置状态。当反向电压变得等于反向偏置电源电压（V_S）时，在反方向上流过整流器的电流达到最大值。

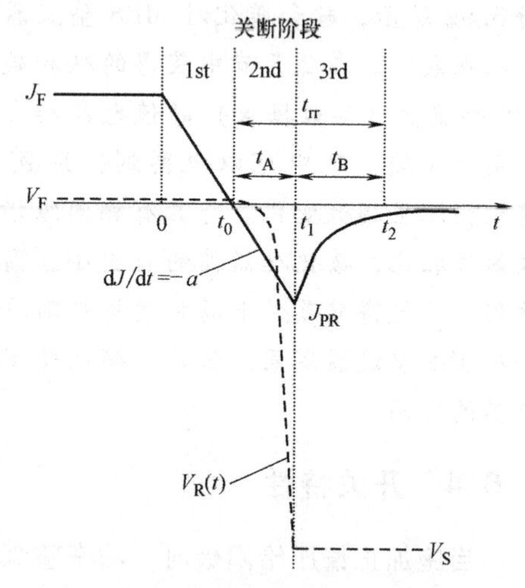

图 3.93　MPS 整流器的反向恢复波形

对于 MPS 整流器，肖特基接触处的载流子浓度在导通状态下为零，这使得（PN）结处的载流子浓度也接近零。因此，该器件能够在电流反转之后立即承担反向阻断电压，如图 3.93 所示，二极管上的电压迅速增加到电源电压，整流器工作在反向偏置模式下。当反向电压等于反向偏置电源电压（V_S）时，在反方向上流过整流器的电流在时间 t_1（见图 3.93）达到最大值（J_{PR}）。在该时间之后，漂移区中剩余的存储电荷通过载流子向 N^+阴极和空间电荷区扩散而被排除。

模拟示例（反向恢复）

下面是 500V 硅 MPS 整流器结构的数值仿真结果。该结构的漂移区厚度为 65μm，掺杂浓度为 $3.8\times10^{14}cm^{-3}$。阴极电流以不同的负斜率从 $100A/cm^2$ 的通态电流密度开始下降。此外，还能观察寿命为不同值的影响。

首先考虑负斜率为 $3\times10^8A/(cm^2 \cdot s)$，漂移区中的寿命（$\tau_{p0}$ 和 τ_{n0}）值为 10μs 的情况。在 $100A/cm^2$ 通态电流密度的稳态条件下，漂移区的最大载流子浓度（在漂移区和 N^+ 衬底之间的界面处）为 $5.5\times10^{16}cm^{-3}$，如图 3.94 所示。在 $t=0.33\mu s$ 时，漂移区和 N^+衬底之间的界面处的载流子浓度分布呈零斜率。在该时间间隔内，结处的载流子浓度保持在零附近。此后，空间电荷区开始在（PN）结处形成，并向右侧扩展。当时间为 0.63μs 时，硅 MPS 结构承担 300V 的反向偏压。此时，空间电荷区宽度为 30μm。从图 3.94 还可以看出，在电压上升时间内，载流子在右侧通过扩散被抽取。

在从数值模拟获得的反向恢复过程的第三阶段的载流子分布，如图 3.95 所示。载流子分布具有高斯形状，载流子浓度随时间变化而减少，因为载流子在左侧通过扩散进入空间电荷区，在右侧通过扩散进入 N^+衬底而被抽取。

硅 MPS 整流器模拟反向恢复电压和电流波形分别如图 3.96 和图 3.97 所示。在仿真中，电压以二次幂的速率增加。此外，基于载流子的扩散，反向恢复电流在达到峰值后，以指数衰减，但不是以 10μs 的寿命的复合速率衰减。

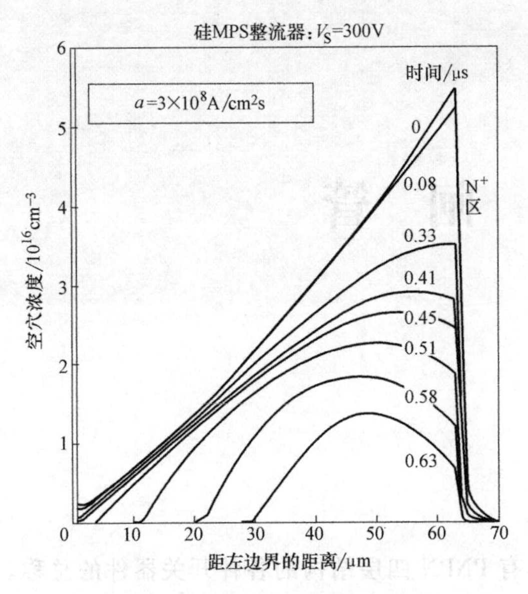

图3.94　500V硅MPS整流器在反向恢复过程的阶段1和阶段2期间的载流子分布

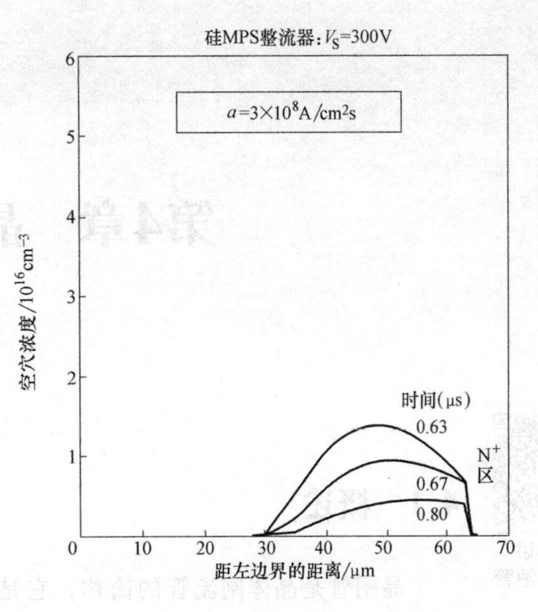

图3.95　500V硅MPS整流器在反向恢复过程的第3阶段的载流子分布

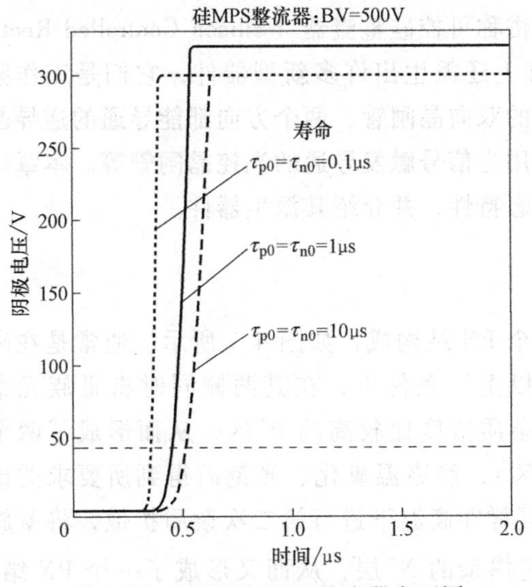

图3.96　500V硅MPS整流器在不同寿命下的反向恢复电压波形

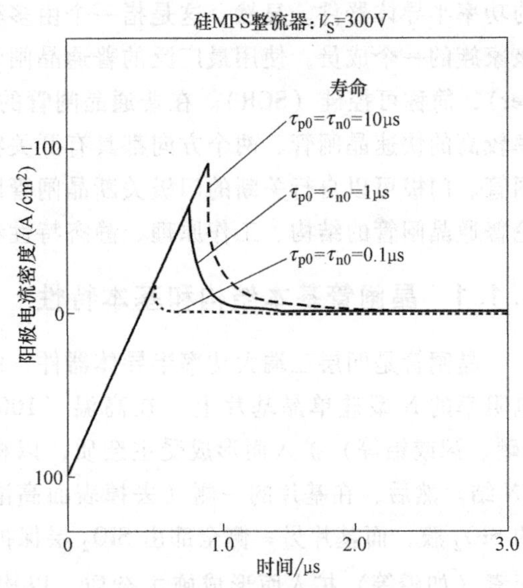

图3.97　500V硅MPS整流器在不同寿命值的反向恢复电流波形

参考文献

[1]　BALIGA B J. 先进功率整流管原理、特性和应用［M］. 关艳霞，潘福泉，等译. 北京：机械工业出版社，2020.

[2]　BALIGA B J. 功率半导体器件基础［M］. 韩郑生，等译. 北京：电子工业出版社，2013.

[3]　高金铠. 电力半导体器件原理与设计［M］. 沈阳：东北大学出版社，1995.

[4]　LINDER S. 功率半导体器件与应用［M］. 肖曦，李虹，译. 北京：机械工业出版社，2009.

第4章 晶闸管

第15讲
概述晶闸管

4.1 概述

晶闸管是晶体闸流管的简称，它是具有 PNPN 四层结构的各种开关器件的总称。按照 IEC（国际电工委员会）的定义，晶闸管是指那些具有 3 个以上 PN 结，主电压-电流特性至少在一个象限内具有导通、阻断两个稳定状态，且可在这两个稳定状态之间进行转换的功率半导体器件。显然，这是指一个由多种器件组成的家族，但是通常所说的晶闸管是指该家族的一个成员，使用最广泛的普通晶闸管，俗称可控硅整流器（Silicon Controlled Rectifier），简称可控硅（SCR）。在普通晶闸管的基础上还派生出许多新型器件，它们是工作频率较高的快速晶闸管、两个方向都具有开关特性的双向晶闸管、两个方向都能导通的逆导晶闸管、门极可以自行关断的门极关断晶闸管以及用光信号触发导通的光控晶闸管等。本章讨论普通晶闸管的结构、工作原理、静态特性和动态特性，并介绍其派生器件。

4.1.1 晶闸管基本结构和基本特性

晶闸管是四层三端大功率半导体器件，由 3 个 PN 结构成，如图 4.1 所示。通常是在高电阻率的 N 型硅单晶基片上．在高温（1000℃以上）条件下，在其两侧同时将Ⅲ族元素（硼、镓或铝等）扩入而形成受主杂质，以构成杂质浓度比较高的 P^+区，从而形成了两个 PN 结。然后，在基片的一侧（去掉表面高浓度区），经高温氧化、光刻而得到所要求图形的 SiO_2 膜，而基片另一侧全部由 SiO_2 层保护。同样在高温下进行第二次杂质扩散，将Ⅴ族元素（如磷等）扩入而形成施主杂质，以构成高掺杂的 N^+层，从而又形成了一个 PN 结。杂质扩入的深度（结深）由扩散时的温度与扩散的时间决定。该晶闸管的芯片掺杂浓度分布如图 4.2 所示。

当基片形成 3 个 PN 结以后，可进行金属化处理，通常在 N^+层表面蒸镀一层铝，而另一侧（P^+层表面）把热膨胀系数与硅（4.4×10^{-6}/℃）相近的钼片（5.6×10^{-6}/℃）和它烧结在一起，形成合金结构作为阳极。蒸铝一侧，与 P^+层接触部分为门极，而与 N^+层接触部分为阴极，从而形成晶闸管的管芯。图 4.1 左图就是普通中心门极晶闸管管芯的剖面示意图，电路中的符号如图 4.1 右图所示。由图可见，3 个电极分别为阳极、阴极与门极，相应地用字母 A、K 与 G 表示。一维模型如图 4.3 所示，不同导电类型的 4 层分别用 P_1、N_1、P_2、

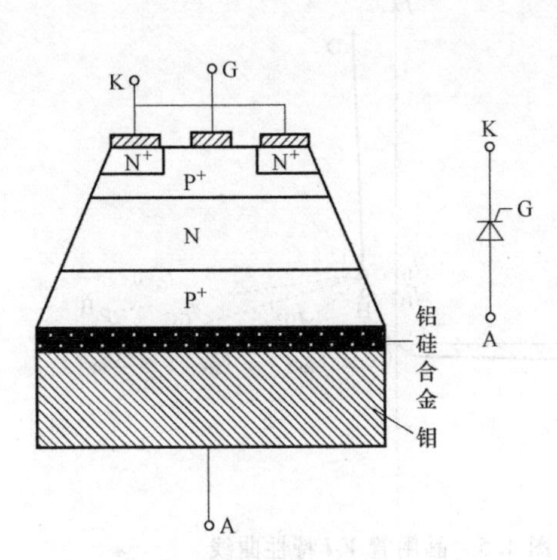

图 4.1　晶闸管剖面示意图（左）及电路符号（右）

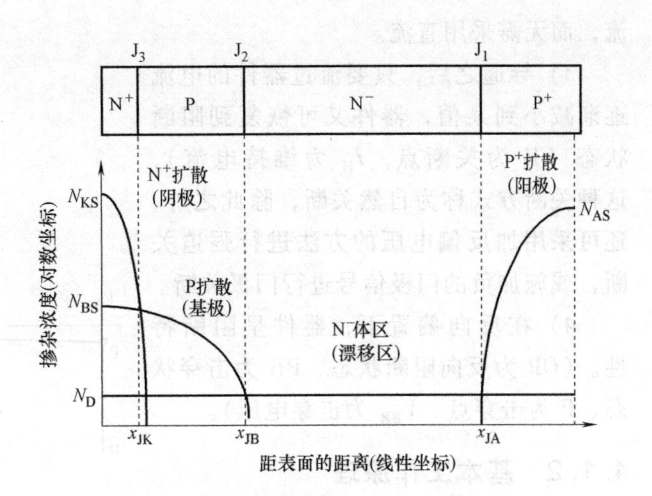

图 4.2　晶闸管杂质分布示意图

N_2 表示，3 个 PN 结分别记为 J_1、J_2、J_3。

四层结构的晶闸管可以用两个晶体管按如图 4.4 所示的方式连接等效，两个晶体管分别为 $P_1N_1P_2$ 和 $N_2P_2N_1$。

基本特性就是器件的 *V-I* 特性，它反映器件的阳极-阴极间电压（端电压）与流过器件电流的 *V-I* 特性，典型的晶闸管特性如图 4.5 所示。

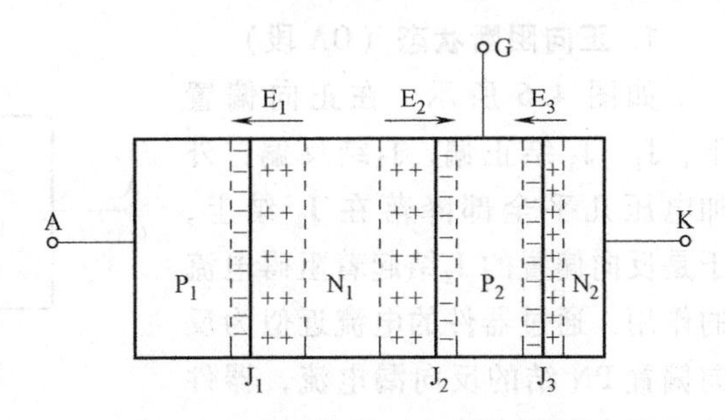

图 4.3　晶闸管的一维结构示意图

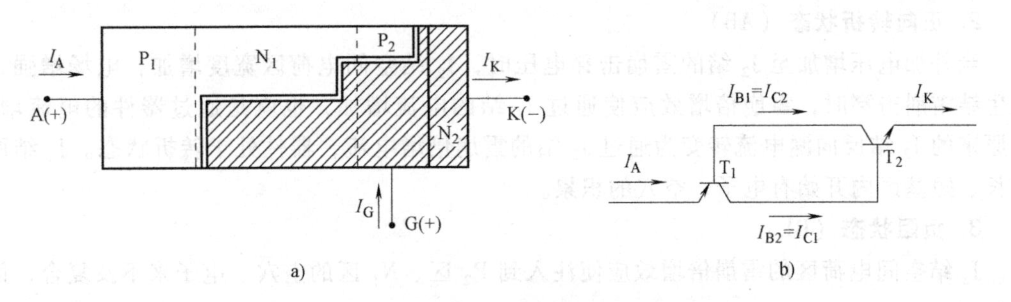

图 4.4　晶闸管双晶体管等效电路

1）在正向偏置下，开始器件处于正向阻断状态（$V_{AK}>0$），当 $V=V_{BF}$ 时，发生转折，器件经负阻区由阻断状态进入导通状态（OA 为正向阻断状态、AB 为转折状态、BL 为负阻状态、LD 为导通状态、A 为转折点、V_A 为转折电压）。从图 4.5 可见，状态之间的转换，可以由过电压引起（过电压触发导通），也可以由门极电流引起（门极触发导通），还可由光、温度等方式触发。

2）当 $I_{G1}>I_{G2}>I_G=0$ 时，$V_{BF2}<V_{BF1}<V_{BF}$，且一旦触发导通后，即使去掉门极信号，器件仍能维持导通状态不变。这是晶闸管所特有的性质，称为擎住特性（L 为擎住点，I_L 为擎住电流）。可见，晶闸管一旦导通，门极就失去控制作用。因此，触发电流常采用脉冲电

流，而无需采用直流。

3）导通之后，只要流过器件的电流逐渐减小到某值，器件又可恢复到阻断状态（H 为关断点，I_H 为维持电流），这种关断方式称为自然关断，除此之外，还可采用加反偏电压的方法进行强迫关断，或施加负的门极信号进行门极关断。

4）在反向偏置下，器件呈阻断特性。（OP 为反向阻断状态、PR 为击穿状态、P 为击穿点、V_{BR} 为击穿电压）。

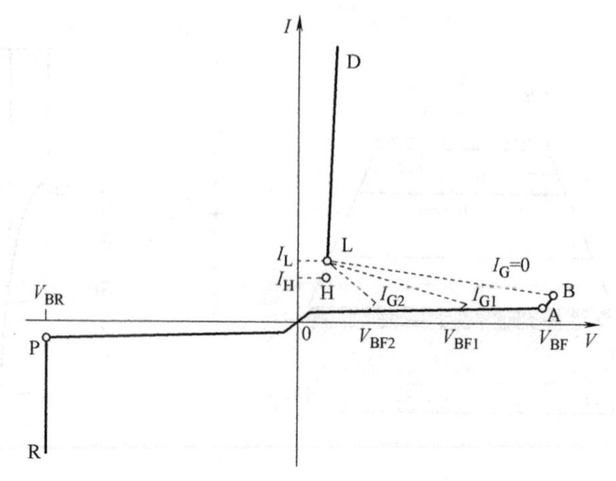

图 4.5　晶闸管 V-I 特性曲线

4.1.2　基本工作原理

晶闸管的基本结构特点是 PNPN 四层结构。为此，首先分析两端 PNPN 器件的 V-I 特性形成的物理过程。

1. 正向阻断状态（OA 段）

如图 4.6 所示，在正向偏置下，J_1、J_3 结正偏，J_2 结反偏，外加电压几乎全部降落在 J_2 结上，于是反向偏置的 J_2 结起着阻碍电流的作用，通过器件的电流近似为反向偏置 PN 结的反向漏电流，器件处于正向阻断状态。

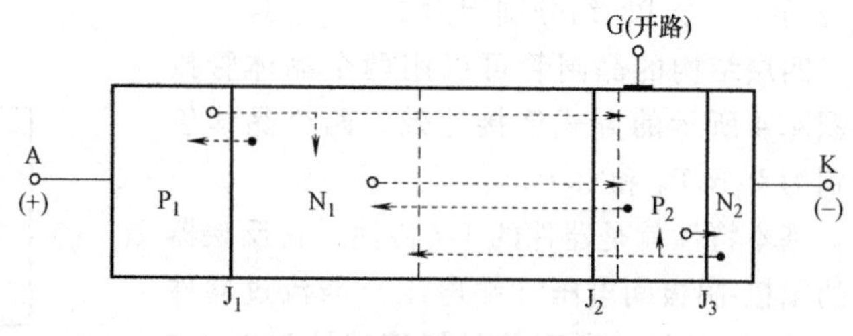

图 4.6　正向连接的晶闸管

2. 正向转折状态（AB）

当外加电压增加至 J_2 结的雪崩击穿电压时，J_2 结空间电荷区宽度增加，电场增强，并发生结雪崩击穿时，雪崩倍增效应使通过 J_2 结的电流增加，也就是通过器件的电流增大，由原来的 J_2 结反向漏电流转变为通过 J_2 结的雪崩倍增电流，器件处于转折状态。J_2 结两侧的长、短基区内开始有电子、空穴的积累。

3. 负阻状态（BL）

J_2 结空间电荷区的雪崩倍增效应使注入到 P_2 区、N_1 区的空穴、电子来不及复合，而在 J_2 结两侧的 P_2 区、N_1 区积累起来。这些积累的载流子一方面补偿了电荷，使空间电荷区宽度变窄，电场削弱，雪崩倍增效应减弱，起着抵消外加电压的作用，引起耐压降低；另一方面，P_2 区积累的空穴使 P_2 区电位升高，N_1 区积累的电子使 N_1 区电位降低，致使 J_1 结和 J_3 结正偏压升高，正向注入效应增强，通过 J_2 结的电流进一步增大，这就是所谓载流子运动的再生反馈效应。器件处于电流增加、电压降低的负阻状态。

4. 导通状态（LD）

J_2 结两侧载流子的不断积累，使 J_2 结空间电荷区电场、雪崩倍增效应不断削弱，当雪崩倍增效应完全消失时，J_2 结两侧仍能维持电荷的积累，当由 J_1 结、J_3 结正向注入而到达 J_2 结两侧，积累起来的载流子最终使 J_2 结由负偏压转变为正向偏置，J_1 结、J_2 结和 J_3 结都处于正向偏置下，允许通过很大的电流，器件处于正向导通状态。

5. 反向阻断状态

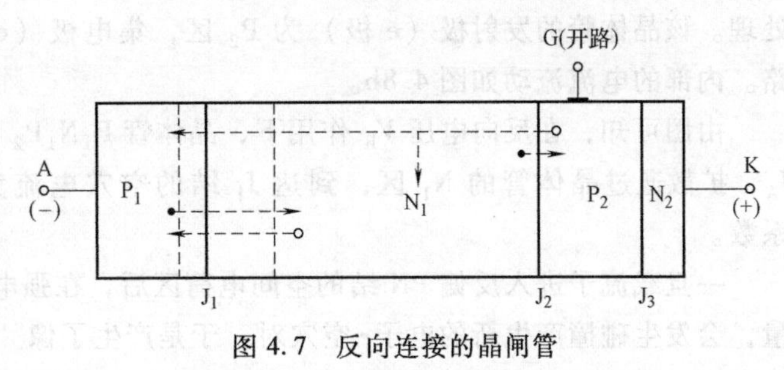

图 4.7　反向连接的晶闸管

当晶闸管反向连接时，如图 4.7 所示，J_1 结、J_3 结为反偏，J_2 结正偏，由于 J_3 结两侧杂质浓度高（重掺杂区），在较低电压下即发生击穿，无承受电压的能力，电压几乎都加在 J_1 结上。当外加电压增加至 J_1 结雪崩击穿电压时，经雪崩倍增注入 P_1 区的空穴与阳极源源不断流入的电子复合，不会在 P_1 区产生积累，也就不会发生正向特性中的再生反馈效应，故不会出现负阻现象，而只有反向击穿现象发生。

4.2　晶闸管的耐压能力

第16讲
晶闸管的阻断电压

4.2.1　PNPN 结构的反向转折电压

1. 反向阻断机理与电流方程

如图 4.8a 所示，PNPN 结构未加电压（零偏）时处于热平衡状态，J_1 结、J_2 结和 J_3 结两边都存在与载流子浓度差相适应的扩散电压

$$V_D = \frac{kT}{q}\ln\frac{N_A N_D}{n_i^2} \tag{4.1}$$

而在 $P_1N_1P_2N_2$ 的 4 个区域都保持着电中性。

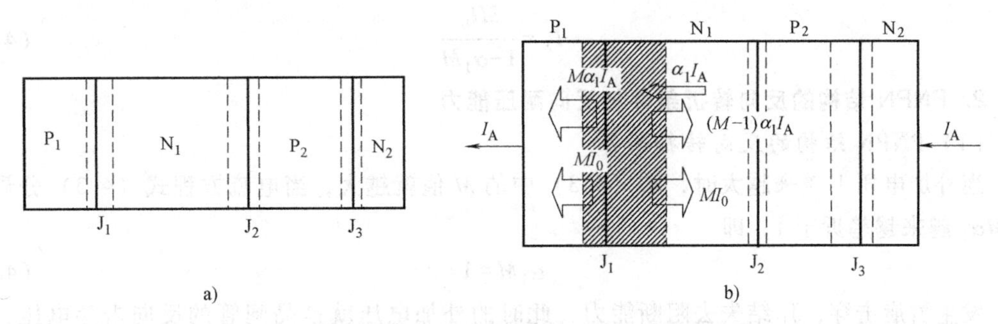

图 4.8　PNPN 结构加反向转折电压时的电流流动情况
a）零偏　b）反向电压

当 PNPN 结构加反向电压（A 极加负，K 极加正）时，只要所加电压 V_R<反向转折电压 V_{BR}，晶闸管就处于反向阻断状态，这时 J_1 结和 J_3 结反偏，它们的电荷都将扩展，而 J_2 结正偏，阻断状态时电流极小，在负载电阻 R_L 上的电压降可以忽略不计，全部电源电压几乎都加在晶闸管的 J_1 结和 J_3 结上，极 $V_R = V_{J_1} + V_{J_3}$，又因为 J_3 结两侧均为高掺杂区，所以 J_3 结的雪崩击穿电压很低，一般只有 15~20V，而 J_1 结的雪崩击穿电压可达几千伏甚至上万伏。因此当外加电压稍高时，J_3 结很快就击穿了，这时可把 J_3 结近似看作欧姆接触，J_1 结几乎承担了全部的电源电压，于是 PNPN 结构的反向耐压问题就可按照 $P_1N_1P_2$ 晶体管加以

处理。该晶体管的发射极（e 极）为 P_2 区，集电极（c 极）为 P_1 区，且基极（b 极）开路。内部的电流流动如图 4.8b。

由图可知，在反向电压 V_R 作用下，晶体管 $P_1N_1P_2$ 的 e 极（J_2）向 N_1 区注入空穴电流 I_A，扩散通过晶体管的 N_1 区，到达 J_1 结的空穴电流为 $\alpha_1 I_A$，α_1 为 $P_1N_1P_2$ 的电流放大系数。

一旦载流子进入反偏 PN 结的空间电荷区后，在强电场的加速作用下，积累了足够的能量，会发生碰撞产生新的电子-空穴对，于是产生了像“雪崩”似的倍增效应。为了描述这种效应，我们把经过整个空间电荷区后得到的一种载流子数和进入该区的同种载流子数的比值 M 叫作“倍增系数”。它与材料的雪崩击穿电压 V_B 和外加电压 V 之间的关系可用下面的经验公式表示

$$M=\frac{1}{1-\left(\frac{V}{V_B}\right)^n} \tag{4.2}$$

式中的 n 为米勒数，$n=3\sim7$，此处一般取 4。

空穴电流 $\alpha_1 I_A$ 进入反偏 J_1 结空间电荷区受到倍增效应的作用，变成了 $M\alpha_1 I_A$ 流出空间电荷区进入集电区（P_1 区）。在雪崩过程中，与之对应产生的电子电流（$M-1$）$\alpha_1 I_A$ 则进入 N_1 基区。

设反偏 J_1 结自身的漏电流为 I_0，经过倍增后变成了 MI_0，其中空穴向左运动，进入 P_1 区，电子向右运动进入 N_1 区。

根据稳态情况下电流的连续原理：通过 J_1 结的各电流量之和必须等于总电流 I_A 的原则，可得 $P_1N_1P_2$ 结构的电流方程。在 J_1 结有 $I_A=MI_0+M\alpha_1 I_A$ 或表示为

$$I_A=\frac{MI_0}{1-\alpha_1 M} \tag{4.3}$$

2. PNPN 结构的反向转折条件与反向耐压能力

（1）PNPN 结构的反向转折条件

当外加电压 V 越来越大时，式（4.3）中的 M 值就越大，当电流方程式（4.3）分母中的 $M\alpha_1$ 越来越趋近于 1，即

$$\alpha_1 M=1 \tag{4.4}$$

时，发生雪崩击穿，J_1 结失去阻断能力，此时的外加电压就是晶闸管的反向击穿电压，阳极电流 I_A 将急剧增加。单个 PN 结，J_1 结的转折条件为

$$M\rightarrow\infty \tag{4.5}$$

从这两个公式可以看出，它们转折条件的区别，PNPN 结构的转折条件低于单一 PN 结的转折条件，因此 PNPN 结构的反向转折电压较单个 J_1 结的转折电压小。

（2）PNPN 结构的反向耐压能力

将式（4.2）式代入式（4.4），并且用 V_{BR} 代替 V，可得 PNPN 结构的反向耐压的表达式：

$$V_{BR}=V_B(1-\alpha_1)^{\frac{1}{n}} \tag{4.6}$$

由上式可知，PNPN 结构的反向耐压由两个因素决定：一个是单个 PN 结的雪崩击穿电

压 V_B，一个是表征 PN 结相互作用大小的电流放大系数 α_1。V_B 决定于材料的电阻率 ρ_{n1}，α_1 决定于结构，即有效基区宽度 W_{eN1}（$W_{eN1}=W_{N1}-X_{mN1}$）和少子寿命 τ_p（N_1 区少子寿命），如果认为发射结注入效率近似为1，并且基区宽度小于该区的少子扩散长度，即 $W_{eN1}<1$，则 α_1 可近似表示为

$$\alpha_1=1-\frac{1}{2}\left(\frac{W_{eN1}}{L_p}\right)^2,\quad L_p=\sqrt{D_p\tau_p} \tag{4.7}$$

式中，D_p 为空穴扩散系数。

要想得到高的反向耐压必须选取高电阻率 ρ_{N1}，并且使 α_1 尽量小。但如果 α_1 过小，会造成晶闸管的不触发。因此在设计时应选择合适的 α_1 值。

4.2.2 PNPN 结构的正向转折电压

1. 正向阻断机理与正向电流方程

当在晶闸管加如图 4.9 所示的正向电压时，原来无电压时处在热平衡状态的 3 个 PN 结经过载流子运动形成两个正偏的 PN 结（J_1 和 J_3）和一个反偏的 PN 结（J_2）。此时 J_2 结承受了几乎全部电源电压。J_1 结和 J_3 结同时对起着集电结作用的 J_2 结施加影响。

空穴通过正偏的 J_1 结注入 N_1 基区，在中途与电子复合掉一部分之后，剩下的一部分 $\alpha_1 I_A$ 到达 J_2 结，并由空间电荷区中的电场强拉入 P_2 区。由于倍增效应进入 P_2 区的空穴流已增加到 $M\alpha_1 I_A$。

同理，电子通过正偏的 J_3结注入 P_2 区，在中途与空穴复合掉一部分之后，剩下的部分 $\alpha_2 I_A$ 到达 J_2 结的空间电荷区，并由该区中的电场强拉入 N_1 区。进入 N_1 区的电子流也倍增到 $M\alpha_2 I_A$。

此外，J_2 结本身的漏电流 I_0 当然也要受到空间电荷区中电场的作用而倍增到 MI_0。

必须强调指出，在稳态下尽管在器件的不同截面上电流的成分不同，但其总和都必须等于同一个总电流 I_A。

这样，根据各电流分量必须等于总电流的原则，可以针对 J_2 结，得到如下方程式：

$$M\alpha_1 I_A+MI_0+M\alpha_2 I_A=I_A \tag{4.8}$$

对 I_A 求解，得

$$I_A=\frac{MI_0}{1-M(\alpha_1+\alpha_2)} \tag{4.9}$$

与反向电流方程相比较，可以看出：由于分母中的第二项多了一个 α_2，在同样电压（即同样 M 值）和 α_1 值下 I_A 会更大。即正向漏电流比反向漏电流大，当然也比单独的反偏 PN 结的漏电流大。

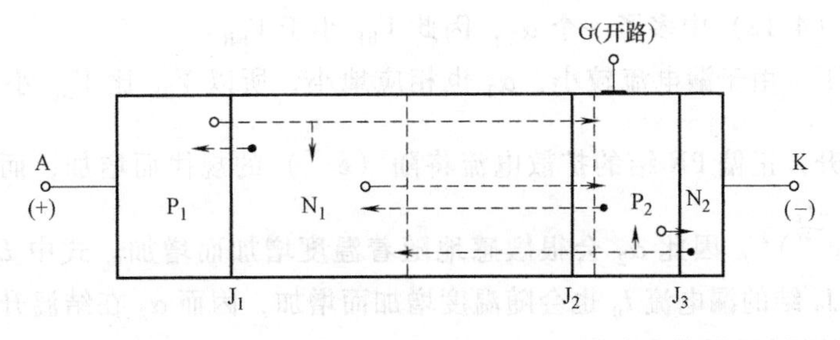

图 4.9 PNPN 结构加正向电压时的电流流动情况

2. PNPN 结构的正向转折条件与导通条件

(1) 转折条件

随着电压上升，M 值越来越大。当式（4.9）中的

$$M(\alpha_1+\alpha_2)=1 \tag{4.10}$$

该式就是 PNPN 结构的正向转折条件。α_1 和 α_2 是电流的函数，当外加电压趋近于 J_2 结的雪崩击穿电压 V_B 时，M 值增加，使得电流增加，这又导致 α_1 和 α_2 增加，当正反馈使 $M(\alpha_1+\alpha_2)=1$ 时，I_A 将迅速增大，即达到转折点。

(2) 导通条件

转折条件是否是导通条件呢？晶闸管是否导通，要看 J_2 结是否能从反偏状态转变成正偏状态，即只有当 J_1 结、J_2 结和 J_3 结全都转为正偏时，晶闸管才会由阻断状态转变导通状态。怎样才能使 J_2 结由反偏变成正偏呢？我们知道，PNPN 结构可以看成是由 $P_1N_1P_2$ 和 $N_2P_2N_1$ 两个晶体管组成，并且共有集电结，如图 4.9 所示。对于 $P_1N_1P_2$ 晶体管，它的集电极电流作为 $N_2P_2N_1$ 晶体管的基极电流。$P_1N_1P_2$ 的集电极电流为 α_1I_A，而 $N_2P_2N_1$ 晶体管的基极电流为 $(1-\alpha_2)I_A$。若 $\alpha_1I_A=(1-\alpha_2)I_A$，则说明由 P_1 过来的空穴在 P_2 区全部复合了，在 P_2 区没有空穴积累，这说明 J_2 结的偏置状态不会发生变化，还将维持阻断状态。若 $\alpha_1I_A>(1-\alpha_2)I_A$，也就意味着由 P_2 区注入过来的空穴多于在 P_2 区复合掉的空穴，在 P_2 区产生了空穴积累，积累的电荷将对 J_2 结空间电荷区的电荷具有复合作用，提高了 P_2 的电位，使 J_3 结的正偏程度增加，电流增加，这使得 α_1 和 α_2 增加，α_1 和 α_2 的增加又使得电流进一步增加，形成正反馈。同理，$\alpha_2I_A>(1-\alpha_1)I_A$ 时，将在 N_1 区积累电子，这使得 J_2 结空间电荷区的宽度缩小，使得 N_1 区电位下降，使 J_1 结正偏增加，也将产生如上所述的正反馈，最后使 J_2 结由反偏变为正偏，晶闸管由阻断变成导通，因此由 $\alpha_1I_A>(1-\alpha_2)I_A$ 可以得出导通条件如下：

$$\alpha_1+\alpha_2>1 \tag{4.11}$$

从导通条件来看，不仅雪崩击穿会令 PNPN 结构实现导通，其他条件也可以使器件导通。

(3) PNPN 结构的正向耐压能力

将式（4.2）代入式（4.10）中，可得正向转折电压：

$$V_{BF}=V_B[1-(\alpha_1+\alpha_2)]^{\frac{1}{n}} \tag{4.12}$$

对于通常用扩散法制成的晶闸管，由于 P_1 和 P_2 二层是同时形成的，所以 J_1 结和 J_2 结两侧具有相同的杂质浓度分布，也就是说式（4.6）和式（4.12）中的 V_B 是相同的。两式不同的地方仅在于式（4.12）中多了一个 α_2，因此 V_{BF} 小于 V_{BR}。

在室温情况下，由于漏电流较小，α_2 也相应地小，所以 V_{BF} 比 V_{BR} 小得还不多。但随着器件结温的上升，正偏 PN 结的扩散电流将随（$e^{-\frac{E_g}{kT}}$）的规律而增加，而 PN 结势垒中的复合电流只按（$e^{-\frac{E_g}{kT}}$）$^{\frac{1}{2}}$，因此 α_2 会很敏感地随着温度增加而增加。式中 E_g 为硅的禁带宽度。另外，反偏 J_2 结的漏电流 I_0 也会随温度增加而增加，因而 α_2 在结温升高时将大大影响 V_{BF}，使器件的高温耐压很差。

4.2.3 晶闸管的高温特性

所谓的高温特性是指器件的转折电压随温度的增加而变化的现象，首先来看一下 V_B、V_{BF}、V_{BR} 随温度的变化规律。

1. V_B、V_{BF}、V_{BR} 随温度的变化关系

图 4.10 为 V_B、V_{BF}、V_{BR} 随温度的变化关系，可以看出，单个 PN 结的雪崩击穿电压 V_B 随温度的增加略有增加，晶闸管的反向转折电压 V_{BR} 在温度低于 100℃时，随温度升高而略有升高。高于 100℃时，将随温度增加而略有下降。超过 125℃以上，下降更明显。晶闸管的正向转折电压 V_{BF}，在 100℃以下时，随温度升高下降不严重，100℃以上则下降得非常严重，下面就来分析这些现象产生的原因。

当制造工艺正常，漏电流较小，PN 结的 V-I 特性在击穿时有明显得拐点，如图 4.11 所示，这种漏流较小，V-I 特性在击穿时有明显的拐点的击穿特性被称为硬特性。

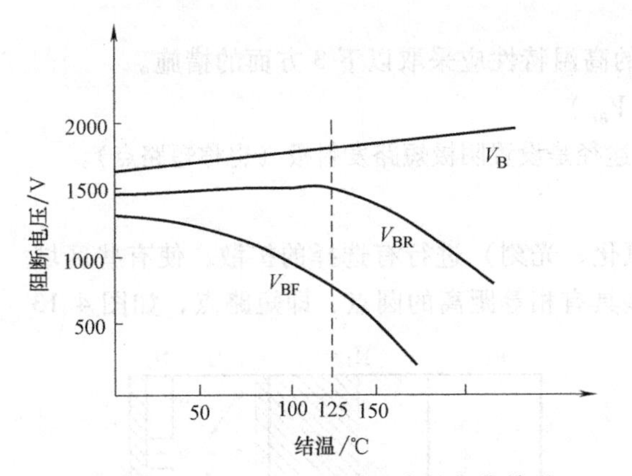

图 4.10 V_B、V_{BF}、V_{BR} 随温度的变化关系

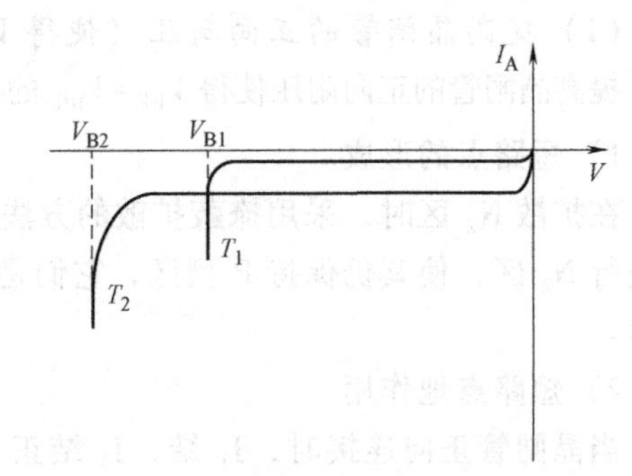

图 4.11 PN 结硬特性击穿随温度的变化

在温度低于 150℃范围内，V_B 随温度的升高而略有增加。晶闸管反向转折电压 $V_{BR}=(1-\alpha_1)^{1/n}V_B$，由于低于 100℃时的漏电流 I_0 很小，因此 α_1 也很小，所以 V_{BR} 在 100℃以下时随温度增加而略有增加，但 $(1-\alpha_1)^{1/n}$ 的存在使 V_{BR} 增加的程度小于 V_B 增加的程度。超过 100℃时，漏电流 I_0 将随温度增加而增加很快，所以 V_{BR} 开始下降，其原因是，温度增加导致 I_0 增加，使得 α_1 迅速增加，这使得 $(1-\alpha_1)^{1/n}$ 减小，所以 V_{BR} 下降明显。对于 V_{BF} 来说，一开始就随温度增加而下降，在超过 100℃时，下降更明显。这是因为 $V_{BF}=[1-(\alpha_1+\alpha_2)]^{1/n}V_B$，$(\alpha_1+\alpha_2)$ 在低温下，随温度增加导致 V_{BF} 下降的程度就大于 V_B 随温度增加的程度，当超过 100℃时，$(\alpha_1+\alpha_2)$ 随温度增加导致 V_{BF} 下降的程度更加显著，产生了上述现象。

可见，晶闸管的高温特性的好坏取决于单个 PN 结的击穿特性、漏电流和 α_1 与 α_2。

2. 实际 PN 结的击穿特性

PN 结的高温特性，理论上来说是电压特性，但实际情况，它又和反向电流是分不开的，所以我们来讨论一下 PN 结的反向电流密度，PN 结的反向电流密度由 3 个部分组成

$$J_R=J_D+J_G+J_S \tag{4.13}$$

式中，J_D、J_G 和 J_S 分别为 PN 结的扩散电流密度、产生电流密度和表面漏电流密度，因此

实际 PN 结的情况比较复杂。下面几种情况都可以引起表面漏电流的增加，如图 4.12 所示。

① 表面态影响不大，表面漏电流较小，PN 结的击穿特性为硬特性。

② 表面只有产生电流，这时 PN 结的击穿特性仍是硬特性，雪崩击穿电压基本上保持不变，只是漏电流加大一些。

③ 表面有杂质沾污，这时的 PN 结的 V-I 特性相当于一个理想 PN 结的 V-I 特性与一个电阻 V-I 特性的叠加，因此呈“软”特性，即漏电流较大，而且没有明显的拐点。

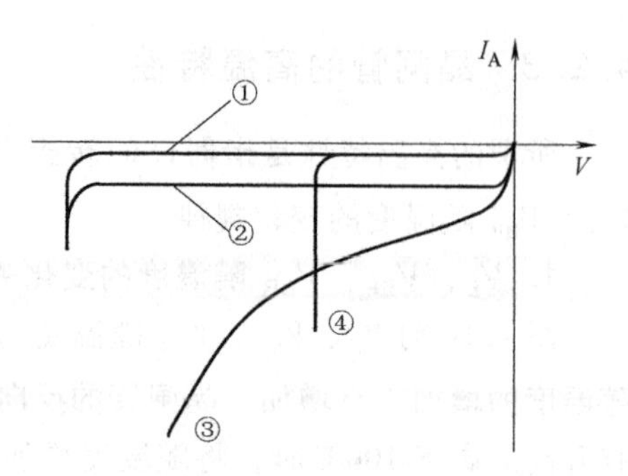

图 4.12 不同表面状态对 PN 结击穿特性的影响

④ 表面吸附正离子时，可使表面 N_1 的电阻率 ρ_{n1} 下降，进而使雪崩击穿电压下降。

3. 提高晶闸管高温特性的途径与措施

通过以上分析，我们知道，要提高晶闸管的高温特性应采取以下 3 方面的措施。

（1）提高晶闸管的正向耐压（使得 $V_{BF}=V_{BR}$）

提高晶闸管的正向耐压使得 $V_{BF}=V_{BR}$ 的有效途径是设置阴极短路发射极（也称短路点）。

1）短路点的形成。

在扩散 N_2 区时，采用掩蔽扩散的方法（氧化、光刻）进行有选择的扩散，使有些区域不进行 N_2 区，使其仍保持 P 型区，它们是一些具有相等距离的圆点，即短路点，如图 4.13 所示。

2）短路点地作用。

当晶闸管正向连接时，J_1 结、J_3 结正偏，J_2 结反偏，耐压由 J_2 结承担，在有短路点存在的情况下，由 J_2 结进入 P_2 区的空穴可直接由短路点流入阴极 K，而不经过 J_3 结，在 a 点处的空穴经 P_2 区的横向电阻流出短路点，在 ab、ac 处产生横向压降，其大小随电流的增加而增加，当 I_A 上升到 I_Z 时，横向压降增大到 J_3 结的开启电压（0.5~0.7V），J_3 结开始注入。在 J_3 结开始注入之前，$\alpha_2=0$，即在电流较小的时候，$\alpha_2=0$，当电流较大时，即 $I_A>I_Z$ 时，α_2 恢复到正常值。I_Z 的大小可通过调整短路点的间距和直径控制到我们所要求的值。如果调整 I_Z 的大小大于额定结温下 $P_1N_2P_2$ 晶体管转折时的漏电流，则

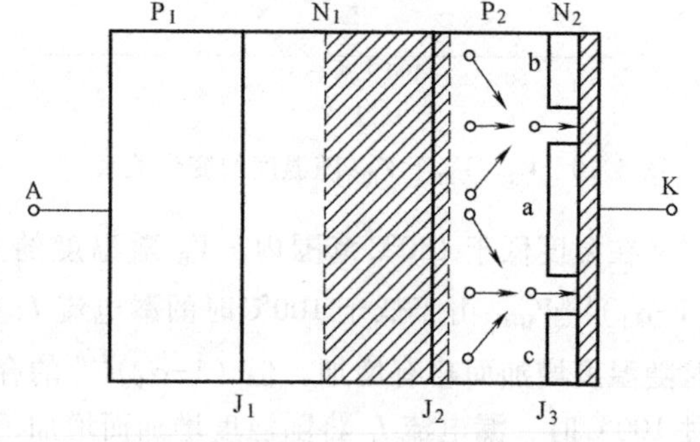

图 4.13 短路点结构示意图

$$V_{BF}=V_{BR}=V_B(1-\alpha_1)^{\frac{1}{n}} \tag{4.14}$$

在一定的电流下，α_2 又恢复到正常值，则又可实现导通条件，有无短路点的情况下，α_1、α_2 随电流的变化关系如图 4.14 所示，在有短路

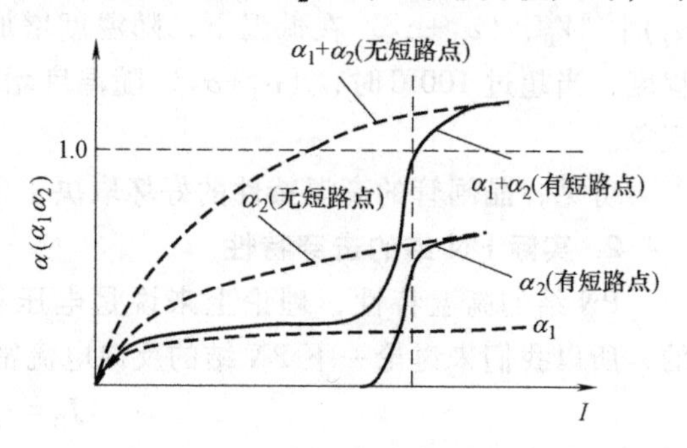

图 4.14 电流放大系数随电流的变化曲线

点的情况下只有当电流大于一定值时，$\alpha_1+\alpha_2$ 才开始急剧增加。设置短路点不仅可以使正、反向转折电压一致，而且能够提高器件的 dv/dt 耐量，这将在动态特性中讨论。

（2）磨角、台面处理和保护

磨角、台面处理和保护的作用是减小表面漏电流。

（3）提高器件生产的工艺水平，使得构成器件的 PN 结的特性接近理想状态。

第17讲
晶闸管长基区参数的设计

4.3 晶闸管最佳阻断参数的确定

4.3.1 最佳正、反向阻断参数的确定

晶闸管阻断电压的大小是一个重要的特性，因而晶闸管的各种设计方法无不以获得这个参数的最佳为目标。由于晶闸管的耐压不仅与 PN 结的击穿电压 V_B 有关，而且与 α 有关。因此，对于给定的耐压要求，可采用不同电阻率的单晶硅与相应的长基区宽度及少子寿命 τ_p 相匹来满足，由式（4.14）可得

$$V_{BO}=V_{BF}=V_{BR}=V_B(1-\alpha_1)^{\frac{1}{n}}=f(V_B,\alpha)=g(\rho_{N1},W_{N1},\tau_p)$$

因为制约最大基区宽度的主要因素是通态压降，它大约与 N_1 基区的宽度的二次方成正比。为使晶闸管的通态压降小，N_1 基区的宽度应保持给定击穿电压所需的最小宽度，并具有较高的少子寿命 τ_p。显然与高耐压有矛盾，因此，在耐压设计中必须兼顾考虑。

对于有短路点存在的晶闸管，阻断电压如式（4.14）表示，即

$$V_{BF}=V_{BR}=V_{BO}=V_B(1-\alpha_1)^{\frac{1}{n}} \tag{4.15}$$

其中

$$V_B=C\rho_{N1}^a，\quad 其中\ C=94,\quad 100,\quad 106,\quad a=\frac{3}{4} \tag{4.16}$$

$$\alpha_1=\gamma\beta^*\approx \mathrm{sech}\,\frac{W_{eN1}}{L_p} \tag{4.17}$$

式中

$$L_p=\sqrt{D_p\tau_p} \tag{4.18}$$

W_{eN1} 的意义如图 4.15 所示，即

$$W_{eN1}=W_{N1}-X_{mN1} \tag{4.19}$$

X_{mN1} 可表示为

$$X_{mN1}=A(\rho_{N1}V_{BO})^{\frac{1}{2}}(\mu m),\quad A=0.531 \tag{4.20}$$

当 W_{eN1} 很小时，即 $W_{eN1}/L_p<1$ 时，α_1 可近似为

$$\alpha_1=1-\frac{1}{2}\left(\frac{W_{eN1}}{L_p}\right)^2 \tag{4.21}$$

以上一组公式看到，要计算长基区宽度 W_{N1}，主要根据电压 V_{BO} 的要求，先选取电阻率 ρ_{N1}，然后按下列程序进行计算。

从这个计算程序看到，要得到某一电压 V_{BO}，可以用不同的电阻率 ρ_{N1}、少子寿命和长

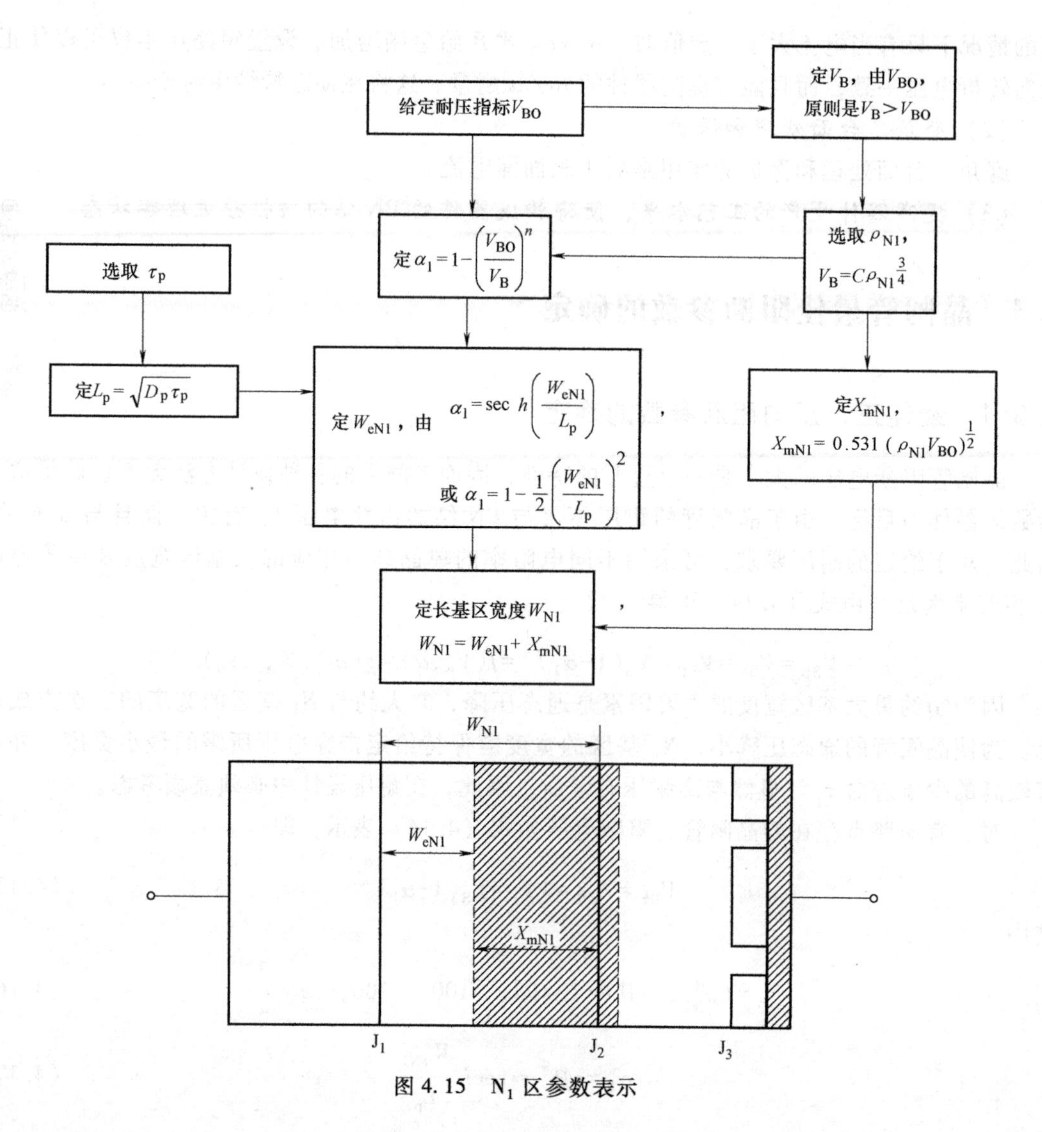

图 4.15　N_1 区参数表示

基区宽度 W_{N1} 来实现。事实上，对于一定的电压指标，在选定的少子寿命条件下，确实存在一个电阻率 ρ_{N1}^* 可以使长基区宽度 W_{N1} 为最小。因为在一定的耐压指标下，采用硅单晶的电阻率增加时，在同样电压下的空间电荷区宽度 W_{N1} 要增加；但由于 V_B 也随 ρ_{N1} 而增加，相应使 α_1 下降，进而使所需的有效基区 W_{eN1} 减小。但是，$W_{N1} = W_{eN1} + X_{mN1}$，所以 W_{N1} 随 ρ_{N1} 的变化将有一极小值，即有一个"最佳"ρ_{N1}^* 可使基区宽度达到最小。这个"最佳"电阻率可以采用做图法和解析法求得。做图法就是按照上述的计算程序，给定不同的电阻率以得到相应的长基区宽度 W_{N1}。此种方法较烦琐。

采用解析法可以直接求出"最佳"电阻率。其方法是，将式（4.21）代入式（4.15）再代入式（4.16）得

$$W_{eN1} = \sqrt{2} L_p C^{-\frac{n}{2}} \rho_{N1}^{-\frac{an}{2}} V_{BO}^{\frac{n}{2}} \tag{4.22}$$

将式（4.22）代入式（4.19）得

$$W_{N1}=\left(\sqrt{2}L_pC^{-\frac{n}{2}}\rho_{N1}^{-\frac{an}{2}}V_{BO}^{\frac{n}{2}}+A(\rho_{N1}V_{BO})\right)^{\frac{1}{2}} \tag{4.23}$$

将上式对 ρ_{N1} 求导，并令 $\frac{dW_{N1}}{d\rho_{N1}}=0$，可求得最小值 ρ_{N1}^*，即最佳电阻率

$$\rho_{N1}^*=\left(\frac{\sqrt{2}anC^{-\frac{n}{2}}}{A}L_pV_{BO}^{\frac{n-1}{2}}\right)^{\frac{2}{an+1}} \tag{4.24}$$

再将上式代入式（4.23）可得

$$W_{N1}^*=A(\rho_{N1}^*V_{BO})^{\frac{1}{2}}\left(1+\frac{1}{an}\right)=X_{mN1}\left(1+\frac{1}{an}\right) \tag{4.25}$$

以上分析看出，做图法或解析法得到的 ρ_{N1}^*，都是以寿命为参数的（$L_p=\sqrt{D_p\tau_p}$）。因此，对于同样的耐压 V_{BO}，取不同的寿命值，就有不同的 ρ_{N1}^*。取哪一个值更合适呢？一般说，取 τ_p 值大些较好，有利于减小正向压降和提高过载能力。但是，τ_p 增加，相应的 W_{N1} 应取得大些，而且电阻率的最佳范围也在往高电阻率方向移动，反过来又会影响到正向压降。另一方面，τ_p 值较大，器件关断时间增长。所以 τ_p 值的大小应由正向压降、过载能力、关断时间以及制造工艺的可能性等因素决定。

对压降、高温特性以及关断时间进行折中考虑后，可以采用 $\frac{W_{N1}}{L_p}=\lambda$ 作为参量，首先取 λ 等于一个合适的值，然后利用上述公式进行计算，称该方法为 λ 因子法

4.3.2　λ因子设计法

1. λ值的确定

λ 也称为功率转换因子，它究竟取多少合适呢？根据实践经验当 V_{BO} 在 1000~2500V 范围内时，采用 $\frac{W_{N1}}{L_p}\leqslant 3$ 较为合适。当超出上述范围时，日本东芝公司提出了 λ 与 V_{BO} 之间的关系式

$$\lambda=2.4+\frac{0.3V_{BO}}{1000} \tag{4.26}$$

该式的适用范围为 1000~5000V。

2. k（$k=V_{BO}/V_B$）的确定

k 值又被称为最佳化比值，用下面的表达式表示

$$k=V_{BO}/V_B=(1-\alpha_1)^{\frac{1}{n}} \tag{4.27}$$

从前面的分析可知，λ 值一经确定，下面的关键问题就是确定 k 值了。

k 值的确定原则是求出在 λ 值已知的情况下，求出最佳电阻率下的 k 值，即在 λ 值确定的情况下，使基区宽度最小的 k 值。

从最佳电阻率式（4.24）出发，取 $n=4$，$a=3/4$，则有

$$\rho_{N1}^*=\left(\frac{3\sqrt{2}}{AC}L_pV_{BO}\right)^{\frac{1}{2}} \tag{4.28}$$

又

$$W_{N1}^{*}=\left(1+\frac{1}{an}\right)X_{mN1}=\frac{4}{3}A\rho_{N1}^{\frac{1}{2}}V_{BO}^{\frac{1}{2}} \tag{4.29}$$

由 $\lambda=\dfrac{W_{N1}}{L_p}$可得

$$L_p=\frac{W_{N1}^{*}}{\lambda}=\frac{4}{3\lambda}A\rho_{N1}^{*\frac{1}{2}}V_{BO}^{\frac{1}{2}} \tag{4.30}$$

将上式代入平方后的式（4.28），有

$$\rho_{N1}^{*2}=\frac{3\sqrt{2}}{AC^2}\left(\frac{4}{3\lambda}A\rho_{N1}^{*\frac{1}{2}}V_{BO}^{\frac{3}{2}}\right)V_{BO}^{\frac{3}{2}}=\frac{4\sqrt{2}}{C^2\lambda}V_{BO}^{2}\rho_{N1}^{\frac{1}{2}} \tag{4.31}$$

或

$$\rho_{N1}^{*\frac{3}{2}}=\frac{4\sqrt{2}}{C^2\lambda}V_{BO}^{2} \tag{4.32}$$

而由 $V_B=C\rho_{N1}^{*\frac{3}{4}}$ 可以得出 $\rho_{N1}^{*\frac{3}{4}}=\dfrac{V_B}{C}$或

$$\rho_{N1}^{*\frac{3}{2}}=\frac{V_B^2}{C^2} \tag{4.33}$$

将式（4.33）和式（4.32）联立可得

$$\frac{4\sqrt{2}}{C^2\lambda}V_{BO}^{2}=\frac{V_B^2}{C^2}\text{或 }k^2=\frac{V_{BO}^2}{V_B^2}=\frac{\lambda}{4\sqrt{2}} \tag{4.34}$$

即

$$k=\left(\frac{\lambda}{4\sqrt{2}}\right)^{\frac{1}{2}} \tag{4.35}$$

式（4.35）表示在最佳电阻率下所满足的关系式。

3. λ因子设计过程

前面已经讨论了在一定 τ_p 下，根据设计指标 V_{BO}，对 N_1 区的纵向结构参数进行设计估算。

4. λ因子设计法举例

已知电压指标 $V_{BO}=3000\text{V}$，设计 N_1 参数。

1）确定 λ 值

$$\lambda=2.4+\frac{0.3V_{BO}}{1000}=3.3$$

2）确定 k 值

$$k=\left(\frac{\lambda}{4\sqrt{2}}\right)^{\frac{1}{2}}=0.76$$

3）计算 V_B

$$V_B = V_{BO}/k = 3947V$$

4）确定最佳电阻率 ρ_{N1}^*

$$\rho_{N1}^* = \left(\frac{V_B}{C}\right)^{\frac{4}{3}}，取 C=100，得 \rho_{N1}^*=134\Omega \cdot cm$$

5）计算 J_1 结或 J_2 结空间电荷区在 N_1 侧的展宽 X_{mN1}

$$X_{mN1} = 0.531(\rho_{N1}^* V_{BO})^{\frac{1}{2}} = 323(\mu m)$$

6）确定最佳长基区宽度和有效长基区宽度 W_{N1}^* 和 W_{eN1}^*

$$W_{N1}^* = \left(1+\frac{1}{an}\right) X_{mN1} = \frac{4}{3} X_{mN1} \approx 431(\mu m)$$

$$W_{eN1}^* = \frac{1}{3} X_{mN1} \approx 108(\mu m)$$

7）确定 τ_p

$$\tau_p = \frac{W_{N1}^{*2}}{\lambda^2 D_p} \approx 14(\mu s)$$

4.3.3 关于阻断参数优化设计法的讨论

传统晶闸管优化设计（最薄基区设计法及 λ 因子设计法）对电力半导体事业的发展，曾起到不小的推动作用。随着发展的深入，这种设计方法的问题逐渐显现出来。问题出在电流放大系数 α_1 的处理上。由电流放大系数定义：$\alpha_1=\gamma_1\beta^*$，其大小由注入效率 γ_1 和输运系数 β^* 来决定。

1. 输运系数 β^* 的简化公式是有条件的

输运系数 β^* 的公式是 $\beta^* \approx \mathrm{sech}\,\dfrac{W_{eN1}}{L_p}$，只有在 $\left(\dfrac{W_{eN1}}{L_p}\right)<0.7$ 时，才可以用近似公式：$\beta^* \approx 1-\dfrac{1}{2}\left(\dfrac{W_{eN1}}{L_p}\right)^2$，这在很多情形下是不满足的。因这个近似公式的误差太大，可以说，在一般功率半导体的情况下，这个简化公式是不好用的。

2. 注入效率近似为 1，在多数情况下是不成立的。

20 世纪 70 年代的晶闸管有用合金烧结法的，但仅适用于 J_3 结的制造，而决定晶闸管电压高低的是 J_1 结和 J_2 结，后者多是用扩散方法制造。扩散法的优点就是使 PN 结的前沿由突变结逐渐趋近于线性结，非常有利于晶闸管电压水平的提高，从突变结逐渐趋近于线性结，其注入效率 γ 就是一个不断减小的过程。

随着晶闸管逐步向高电压方向发展，早已开始采用了注入效率小于 1 的新的晶闸管设计方法。其中赫莱特不仅是精确的晶闸管通态峰值电压公式的鼻祖，更是晶闸管电压设计的开拓者，早在 1965 年，他就给出了在 $\gamma=0.8$、0.6 时晶闸管电压和基区电阻率的变化曲线。

国内的设计工作，早在 1981 年，就有扩散浓度对电压影响的实验研究。其实验表明：一扩结深对电压影响一般不大，而一扩表面浓度降低，则对电压提高却很明显。也认识到降低电流放大系数，不仅可以实现常温下：α_1 越小，转折电压越高；而且高温时，电压下降得也越少。这说明降低一扩浓度，特别是降低前沿浓度，即降低 α_1 为提高电压设计水平指明了方向。当然降低 α_1 的主要途径就是降低注入效率 γ。

3. 关于 W_{eN1} 的讨论

优化设计中的 $W_{eN1}=\frac{1}{3}X_{mN1}$ 是 $\gamma=1$ 的自然结果，$\gamma=1$ 不成立了，$W_{eN1}=\frac{1}{3}X_{mN1}$ 当然也是一定要修正的。事实上随着注入效率的降低，输运系数大大提高了（否则晶闸管电压受影响就太大了），即 W_{eN1} 完全没有必要随空间电荷区的展宽而大大增加。相反，随注入效率 γ 的逐步降低，有效基区宽度 W_e 逐步变短了。其对高压晶闸管，带来的根本性的变革是：第一，电子在有效基区渡越时间缩短了，因而开通速度大大加快、晶闸管动态特性大大提高了；第二，输运系数增大了，有效长基区缩短了，少子寿命对电压的影响被大大降低了。就是说，可以采用尽可能的高少子寿命以使功耗降低，其对电压提高的影响却很小很小，而晶闸管动态特性（如门极触发开通时间、通态电流临界上升率 di/dt 等）却得以大大提高。这一点显然是非常重要的。

第18讲
晶闸管芯片厚度和斜角终端

4.3.4 P_2 区相关参数的估算

P_2 区（短基区）的结构参数与两次扩散的结深 X_{J1} 和 X_{J2}、两次扩散浓度密切相关。因为 P_2 区的宽度是两次扩散的结深之差。如图 4.16 所示，P_2 区的宽度由两部分构成，即 J_2 结的空间电荷在 P_2 侧的展宽 X_{mP2} 和有效 P_2 区宽度 W_{eP2}，即

$$W_{P2}=X_{mP2}+W_{eP2} \quad (4.36)$$

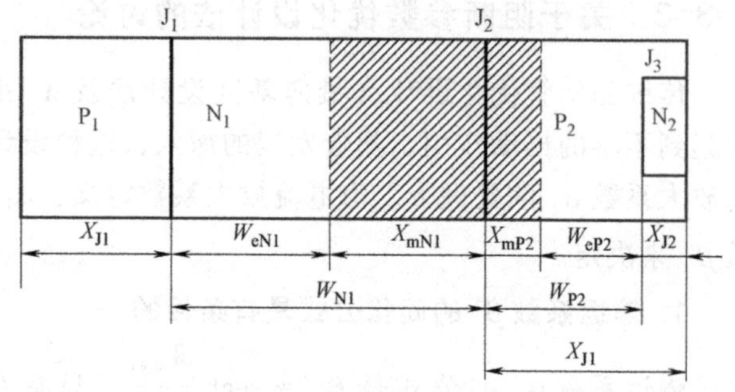

图 4.16　晶闸管各区结构示意图

W_{eP2} 还影响着 α_2。下面分别讨论。

1. X_{mP2} 的估算

前面讨论器件耐压问题时，为了方便总是将 PN 结看作是单边突变结。因而常将 X_{mP2} 忽略，但在讨论与 P_2 区相关的参数时则不能忽略。为了估算 X_{mP2}，我们将 P_2 区的掺杂浓度近似地看作是指数分布，如图 4.17 所示。

对于普通晶闸管来说，一次扩散采用双杂质 B-Al 扩散，由于 Al 的扩散速度快于 B，所以 J_2 结附近的杂质分布为 Al 杂质的分布。为计算方便，选 J_2 结为坐标原点，则杂质分布函数为

$$N(x)=N_0 e^{\frac{x}{k}} \quad (4.37)$$

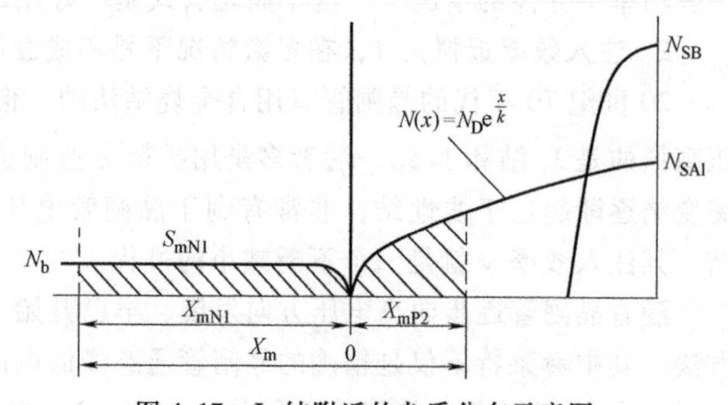

图 4.17　J_2 结附近的杂质分布示意图

有如下边界条件：

$$N(x)\big|_{x=0}=N_D$$
$$N(x)\big|_{x=x_{J1}}=N_{SAl} \quad (4.38)$$

将边界条件代入式（4.37），得

$$N(x)=N_D e^{\frac{x}{k}} \quad (4.39)$$

联立式（4.39）和式（4.38）得

$$k=\frac{X_{J1}}{\ln\left(\frac{N_{SAl}}{N_D}\right)} \tag{4.40}$$

计算 X_{mP2} 得依据是在PN结两侧得空间电荷得电荷量是相等的（电中性）因此有

$$S_{mN1}=qN_DX_{mN1}=\int_0^{X_{mP2}}qN(x)\,dx=S_{mP2} \tag{4.41}$$

将式（4.39）代入上式，并进行积分可得

$$X_{mP2}=k\ln\left(1+\frac{X_{mN1}}{k}\right) \tag{4.42}$$

在常数 k 的表达式中，N_{SAl} 为Al在Si中的饱和固溶度，其值为 $5\times10^{16}cm^{-3}$。之所以采用B-Al扩散，是因为晶闸管一次扩散同时要求深结深（70～130μm）和高表面浓度（$1\times10^{17}\sim1\times10^{18}cm^{-3}$），这样的要求是单质扩散难以达到的，因此采用双杂质扩散，Al的扩散速度快，而B的表面浓度较高，将它们结合起来达到了晶闸管的工艺要求。结深取决于Al的杂质分布，表面浓度取决于B的杂质分布。但快速晶闸管一般采用纯Ga扩散或Ga-Al扩散。

例1　已知原始单晶硅的电阻率 $\rho_{N1}=80\Omega\cdot cm$；扩散结深 $X_{J1}=120\mu m$；如果外加电压 $V=2500V$，求PN结空间电荷区在 N_1 区和 P_2 区的展宽。

解：空间电荷区在 N_1 侧的展宽 X_{mN1} 可按突变结处理，即

$$X_{mN1}=0.531(\rho_n V)^{\frac{1}{2}}\approx238(\mu m)$$

由

$$\rho_n=\frac{1}{q\mu_n N_D}$$

可得

$$N_D=\frac{1}{q\mu_n\rho_n}=5\times10^{13}(cm^{-3})$$

由

$$k=\frac{X_{J1}}{\ln\left(\frac{N_{SAl}}{N_D}\right)}$$

将 $N_{SAl}=5\times10^{16}cm^{-3}$、$N_D=5\times10^{13}cm^{-3}$ 和 $X_{J1}=120\mu m$ 代入上式得

$$k=\frac{120}{\ln\left(\frac{5\times10^{16}}{5\times10^{13}}\right)}=17.4(\mu m)$$

于是

$$X_{mP2}=k\ln\left(1+\frac{X_{mN1}}{k}\right)=17.4\ln\left(1+\frac{120}{17.4}\right)=36(\mu m)$$

2. α_2 的估算

由晶体管原理可知，$N_2P_2N_1$ 的电流放大系数 α_2 可以用下式进行计算

$$\alpha_2 = 1 - \frac{1}{\lambda}\frac{W_{eP2}^2}{L_n^2} \tag{4.43}$$

式中

$$\lambda = \frac{\eta^2}{\eta - 1 + e^{-\eta}} \tag{4.44}$$

而

$$\eta = \ln\frac{N_{S1次}}{N_{xmP2}} \tag{4.45}$$

式中，$L_n(=\sqrt{D_n\tau_n})$ 为 P_2 区的少子扩散长度；$N_{S1次}$为 J_3 结处一次扩散的 P 型杂质总浓度，即 B 杂质和 Al 杂质浓度的和；N_{xmP2} 为空间电荷区在 P_2 区侧最大展宽处的一次扩散的浓度，该处的浓度一般认为只有 Al 杂质浓度，因为 B 杂质没有扩散到该处。

可见 W_{eP2} 的值越大，α_2 就越小，而 α_2 对触发特性有很大的影响。

3. 原始单晶硅片厚的估算

从经验上来看，X_{J2} 一般取 15~25μm，由上面的分析可对单晶硅片厚进行估算

$$H = 2X_{J1} + W_{N1} + \Delta x$$
$$X_{J1} = W_{P2} + X_{J2} \tag{4.46}$$

式中，x 为包括切、磨、抛、腐蚀等的加工余量，具体应加多少要视工艺情况而定，如果购买加工好的硅片，则不需加余量。

4.3.5 表面耐压和表面造型

1. 表面击穿

和功率二极管一样，晶闸管的耐压除了由内部结构参数决定的体内击穿电压外，同时还要受到表面耐压的限制。

在外加阻断电压达到体内击穿电压之前，由于表面空间电荷区电场强度增强导致该处先发生的击穿，称为表面击穿。表面击穿和体内雪崩击穿过程一样，它并不直接导致器件的损坏。但与体内击穿相比，表面一旦发生击穿，在表面下较窄的区域中会出现很高的电流密度，若不加限制，将导致表面这部分区域的热损坏。因而，表面击穿器件的反向浪涌特性不佳，稳定性较差。

2. 防止表面击穿的措施

实际的晶闸管，其转折电压是由 J_1 结和 J_2 结在边缘处如何终止来确定的。由于 PN 结表面所处的条件比体内复杂得多，因而未加表面造型处理的硅器件其击穿多发生在表面。防止发生表面击穿的途径主要有两个方面；一是降低 PN 结的表面电场强度，使表面击穿电压高于体内击穿电压；二是提高表面保护材料的耐电强度，不使表面发生介质击穿。

晶闸管是一种大面积器件，与功率整流管一样采用斜角表面造型技术。但是，晶闸管是四层结构，阻断结有两个（J_1 结和 J_2 结），因此它的表面造型必须全面考虑正向阻断（J_2）结和反向阻断（J_1）结的耐压要求。如果采用单角造型，势必造成正向阻断结（J_2 结）为负斜角和反向阻断结（J_1 结）为正斜角（见图 4.18a）。而电压要求用很小的负斜角，会使阴极面积损失过多，对通态特性不利；而采用大的负斜角又会使正向阻断电压严重下降。可

见采用一个角度的造型，很难同时满足两个阻断结的要求。对于高压晶闸管来说，用单一角度的造型来提高耐压是很困难的。单一角度的造型，一般仅在中、小功率及电压等级较低（例如1000V级）的晶闸管上采用。

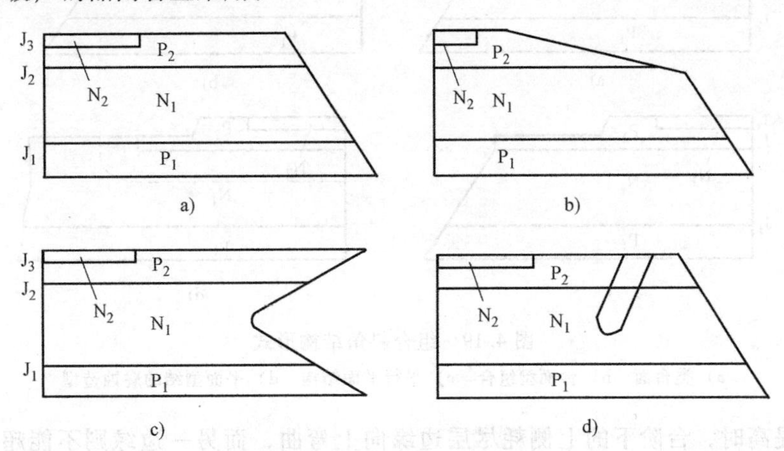

图4.18　晶闸管的表面造型

a）单角　b）两级正、负斜角　c）对称燕尾角　d）斜槽双正角

电压较高的晶闸管，通常采用如下形式的组合：

（1）正、负斜角两级组合（见图4.18b）

在晶闸管中最常用的是采用正、负斜角两级组合，即对正向阻断的 J_2 结，使用小的负斜角，而对反向阻断的 J_1 结，则使用正斜角（一般为30°~60°）。典型的负斜角为3°~5°，对于4000V级的器件，其负斜角在3°以下。

（2）双正角（见图4.18c、d）

如果将 J_2 结也做成正斜角，则 J_1 结和 J_2 结都可采用较大的角度，从而使芯片面积能得到充分利用。对称的燕尾角（见图4.18c）就是双正角，但它要求较厚的 N_1 基区。

刻槽法双正角，它是先使结的外形成为单正斜角形状，然后在阴极面上刻一环形槽，成为如图4.18d所示的形状。这样 J_2 结在槽内的表面亦构成了正斜角，而 J_2 结的另一表面仍是负斜角，由于斜槽电阻的分压作用，所需承受的电压已被大大降低。用斜槽双正角法早已做出正、反向电压几乎对称的6000V级晶闸管。此项技术的关键是控制好槽深。

3. 类台面造型（见图4.19）

图4.18b所示的正、负两级斜角中，在高压晶闸管中，磨很小的负斜角所造成的面积损失较大。为了改善这种情况，采用了类台面选型，图4.19b采用的就是台面型的边缘造型，这种台型的边缘造型在空间电荷区以外有一向上的表面陡峭的台阶。图4.19a为类台面角造型，磨的小角平面不超过PN结的界面。类台面结构只在 P_2 区空间电荷区周界附近磨成小角度，阴极面积损失较小。此种造型一般由两个步骤来实现，第一步用机械方法磨出正斜角，第二步用腐蚀法（目前用旋转喷砂腐蚀法）形成“类台面”的负斜角。

采用机械研磨、喷砂的办法只适合于大面积的器件。在芯片尺寸较小的情况下，上述技术就不好使用了。对于这种情况，可采用化学腐蚀方法，对平行平面结和平面型结进行造型，如图4.19c、d所示。从图中看出，用平行于 P_2 层的薄层来代替磨小角的平面，该薄层取的比 P_2 区中耗尽层的最大宽度要薄。从某一正向电压起，这一薄层的空穴全部被扫出去。

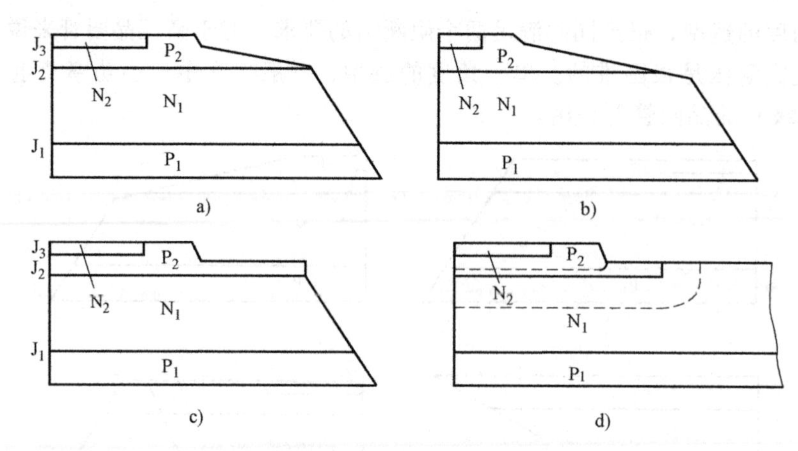

图 4.19 组合斜角结构形式

a）类台面 b）台面型组合 c）平行平面结构 d）平面型结的腐蚀造型

电压进一步提高时，台阶下的上侧耗尽层边缘向上弯曲，而另一边缘则不能超过 J_2 结末端的 PN 结界面。因此耗尽层延伸的长度为薄 P 区的长度。当这个区域设计得合理时，表面电场强度能保持在击穿电场强度之下。

除上述技术外，高压晶闸管中为防止 J_2 结的表面击穿，还可采用场限环技术，已在晶闸管中应用，并获得成功。

表面造型后的结还需要腐蚀、钝化与保护，有关技术已经在第 3 章介绍过，不再重复。

第19讲 晶闸管触发特性与触发参数的计算

4.4 晶闸管的门极特性与门极参数的计算

在 4.1 节中曾简要讨论过门极电流对阻断的影响，而门极的最主要功能则是用外界的各种条件（如电流、电压、光、热）作输入信号，经过各种门极输入到晶闸管中。可以用来控制大电流运行，这些构成门极信号的外界条件的输入，导致处于正向阻断状态的晶闸管在低于阻断电压的情况下而导通的现象，叫触发导通。触发导通的方式有多种，这导致了不同类型的晶闸管派生器件产生。在晶闸管中多以门极控制为主，其控制能力极强，例如 1000A/2500V 的普通晶闸管的门极控制电流只需几十毫安到几百毫安，所以，人们就利用晶闸管来制造各种大型可控开关和可控电路，实现各种电能、电工转换。

由于门极触发是最主要的触发方式，在本节中重点讨论门极触发方式。适当介绍其他的触发方式。

4.4.1 晶闸管的触发方式

晶闸管的触发方式大致有 5 种：门极触发，过电压触发，dv/dt 触发，光触发和热触发等，但最常用的是门极触发。下面首先介绍门极触发。

1. 门极触发

多数晶闸管都采用门极触发。门极通常用 G 来表示，门极参数标以角标“G”或“g”。由于门极设置方式不同，其结构和称呼也不一样。在靠近 N_2 的 P_2 区引出的门极是普通晶闸管常用的门极结构，被称为 P 门极、另外还有 N 门极、结型门极和远隔门极等。

(1) P门极

图4.20所示为P门极结构示意图，当晶闸管加正向电压 V_{AK} 时，器件处于正向阻断状态，此时器件承受全部电源电压，如果在门极G加一门极触发电压 V_G，门极G处于高电位，则晶闸管将从阻断状态转换到导通状态。下面我们来看一下P门极触发导通机理。

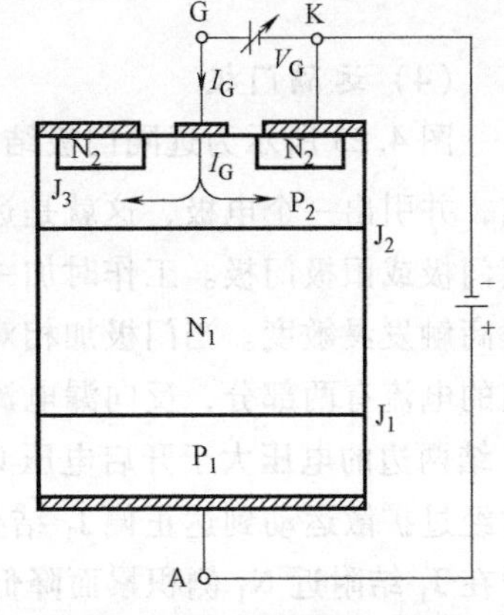

图4.20 P门极结构示意图

当晶闸管处于如图4.20所示的连接方式时，通过 J_2 结的电流包括3部分，第一部分是阳极电流 I_A 由 J_1 结到达 J_2 结并通过 J_2 结的电流，其大小为 $\alpha_1 I_A$；第二部分是阴极电流 I_K 由 J_3 结到达 J_2 结并通过 J_2 结的电流，其大小为 $\alpha_2 I_K$；第三部分是 J_2 结本身的反向漏电流 I_0，它们的总和等于阳极电流 I_A，即

$$I_A=\alpha_1 I_A+\alpha_2 I_K+I_0=\alpha_1 I_A+\alpha_2(I_A+I_G)+I_0$$

于是

$$I_A=\frac{\alpha_2 I_G+I_0}{1-(\alpha_1+\alpha_2)} \tag{4.47}$$

从式(4.47)可以看出，由于 I_G 存在，使 I_A 增大，进而使 α_1 和 α_2 增大，随之 I_A 又增大，又促进 α_1 和 α_2 增大，形成正反馈过程，当 I_G 大到能够使 $\alpha_1+\alpha_2>1$ 时，晶闸管导通。

(2) N门极

图4.21所示为N门极结构示意图，从图中看出，从 N_1 区引出一门极G，工作时，在G极加一相对A极为负的门极信号电压 V_G，这就是N门极。这时的门极电流 I_G 不经过 J_3 结，而是经过 J_1 结并被放大到 $\alpha_1 I_G$。其他的电流成分与P门极相同，于是有

$$I_A=\alpha_2 I_A+\alpha_1(I_A+I_G)+I_0$$

整理得

$$I_A=\frac{\alpha_1 I_G+I_0}{1-(\alpha_1+\alpha_2)} \tag{4.48}$$

N门极的触发导通机理与P门极相似，只是触发灵敏度不同。

(3) 结型门极

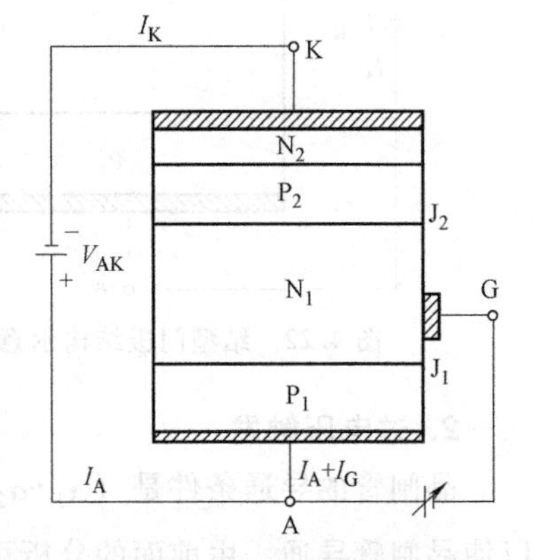

图4.21 N门极结构示意图

如果在 P_2 区的一部分形成一个高掺杂浓度的 N_3 区，形成 J_4 结，并引出一个电极，如图4.22所示，这就是结型门极。对于正向阻断状态的晶闸管，门极加上一个相对阴极K为负的触发信号电压 V_G，则 J_4 结正偏，J_3 结反偏。门极电流 I_G 从K极经 N_2 区、J_3 结、P_2 区、J_4 结流向门极G。设 $N_3P_2N_1$ 晶体管的电流放大系数为 α_3，则由K极注入的门极电流 I_G 经 J_4 结通过 P_2 区到达 J_2 结被掠入 N_1 区后变成了 $\alpha_3 I_G$，这时触发电流触发了小晶闸管 $P_1N_1P_2N_3$，当达到导通条件 $\alpha_1+\alpha_3>1$ 时，晶闸管 $P_1N_1P_2N_3$ 导通，产生一个强电场 E，其方向如图4.22所示，P_2 区中的载流子在该电场的作用下做漂移运动，形成主晶闸管的触发电流，使主晶闸管导通，此时的晶闸管的阳极电流满足下面关系式

$$I_A = \alpha_2 I_A + \alpha_3 I_G + \alpha_1 I_A + I_0$$

整理得

$$I_A = \frac{\alpha_3 I_G + I_0}{1-(\alpha_1+\alpha_2)} \tag{4.49}$$

(4) 远隔门极

图 4.23 所示为远隔门极结构示意图，在靠近阳极附近 P_1 区上制作一 N_4 区，并行成 J_5 结，并引出一个电极，这就是远隔门极，也叫结型门极。由于距离阴极较远而得名，也叫间接门极或阳极门极。工作时加一相对阳极为负的触发信号，之所以做成结型门极主要是为了提高触发灵敏度。当门极加相对阳极 A 为负的电压信号 V_G 时，J_5 结正偏，这时通过反偏 J_2 结的电流有两部分，反向漏电流 I_0 和由门极 G 注入电流 I_G 所引起的那部分电流 I_2。当正偏 J_5 结两边的电压大于开启电压 0.6V 时，则 J_5 结开始起作用，注入电子电流 I_G 到 P_1 区，这时经过扩散运动到达正偏 J_1 结处有 $\alpha_4 I_G$（α_4 为 $N_4P_1N_1$ 晶体管的电流放大系数）。这部分电子在 J_1 结附近 N_1 侧积累而降低 J_1 结附近 N_1 侧的电位。为了达到电中性，阳极将在同样的时间内注入相同量的空穴电流 $\alpha_4 I_G$。这部分空穴到达 J_1 结很快通过正偏 J_1 结，并在电场作用下运动到 J_2 结，到达 J_2 结时，$\alpha_4 I_G$ 电流又被放大到 α_1（$\alpha_4 I_G$）而被反偏 J_2 结很快掠过空间电荷区进入 P_2 区，在 P_1 区存储的电子将以 $\alpha_4 I_G$ 的大小通过 P_1 区的高掺杂区进入阳极。通过 J_2 结的电流（$\alpha_1\alpha_4 I_G+I_0$）使得（$\alpha_1+\alpha_2$）>1 时，器件开始触发导通，故其阳极电流表达式为

$$I_A = \frac{\alpha_1\alpha_2 I_G + I_0}{1-(\alpha_1+\alpha_2)} \tag{4.50}$$

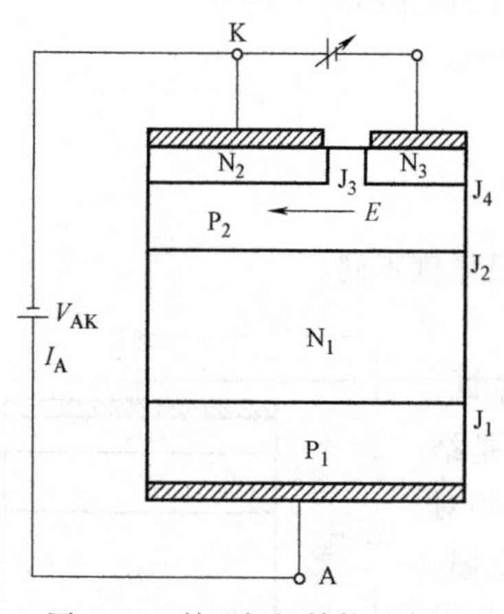

图 4.22 结型门极结构示意图

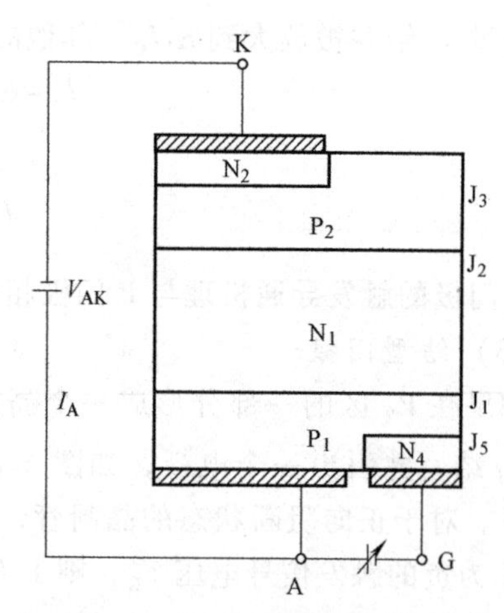

图 4.23 远隔门极结构示意图

2. 过电压触发

晶闸管的导通条件是 $(\alpha_1+\alpha_2)>1$，无论什么方式若可以使晶闸管达到这一条件，都可以使晶闸管导通。由前面的分析可知，反偏 PN 结的雪崩倍增因子随电压的增加而增加，当电压增加至接近该 PN 结的雪崩击穿电压时，就产生雪崩倍增效应，这使得通过晶闸管的电流开始增加，当电流增加使得 $(\alpha_1+\alpha_2)>1$ 时晶闸管就导通了。一般保护开关器件常用过电压触发，而大功率三端晶闸管则要尽量避免这种触发。

3. dv/dt触发

当外加电压是非恒定时，由于电压上升速度较快而使晶闸管在电压幅值比转折电压低得多的情况下导致晶闸管导通，这种触发导通方式被称为 dv/dt 触发。由PN结理论可知，PN结具有电容效应，PN结电容效应所产生的位移电流大小可用下面表达式表示

$$I_d = C\frac{dv}{dt}(C\text{为电容})$$

从上式可见，只要 dv/dt 达到一定值，I_d 就达到一定值，当 I_d 的大小可以使 $(\alpha_1+\alpha_2)>1$ 时，则晶闸管导通。除了用作保护器件而用这种触发方式外，一般晶闸管应尽量避免这种误触发。

4. 光触发

多数晶闸管都是由门极实行电子注入触发，实际上也可以通过门极实行光注入触发，光控晶闸管（LTT）就是这类触发器件。

光触发是利用注入到半导体中的光子与电子相互作用被吸收，当光子的能量 $h\nu$ 大于或等于单晶硅的禁带宽度 E_g 或硅中杂质电离能 E_i 时，将产生电子-空穴对，这就相当于注入了门极电流 I_G，于是晶闸管导通。

光触发有如下特点：

1）触发灵敏度极高，可以用mW级以下的光功率触发上千安培的器件。

2）门极触发系统是光学系统，与主回路没有关系，能避免像电注入时，主回路加高压，在门极产生的爬步电压而引起的误触发，这样只要工艺能做到，器件的电压水平的提高将不受限制。

5. 热触发

温度上升将使晶闸管的漏电流增大，α_1 和 α_2 也随之增大，当 $(\alpha_1+\alpha_2)>1$ 时，晶闸管导通，这是我们不希望的，但可利用该触发方式制造温控晶闸管。

4.4.2　门极参数

门极触发特性是晶闸管的基本特性之一，它包括门极触发电流 I_{GT}、门极触发电压 V_{GT}、门极不触发电流 I_{GD} 和门极不触发电压 V_{GD} 以及门极触发功率等。这些参数是设计晶闸管触发电路的依据。门极触发参数的数值应符合国家标准规定，或者满足用户的特殊要求进行设计。

门极触发电流 I_{GT}：在室温下，主电压（阳极与阴极间的电压）为6V（或12V）时，使器件能安全导通所必需的最小门极电流。一般在几十毫安到几百毫安之间。

门极触发电压 V_{GT}：对应于门极触发电流的门极—阴极间的电压，即为门极触发电压，一般在0.5~3V。

门极不触发电流 I_{GD}：在额定结温下，主电压为断态重复峰值电压时，保持器件断态所能加的最大门极直流电流称为门极不触发电流。

门极不触发电压 V_{GD}：对应于门极不触发电流的门极直流电压，即为门极不触发电压。

晶闸管的门极特性应具有：触发灵敏，抗干扰能力强，即 I_{GD}、V_{GD} 应大些；为适应强触发要求，门极允许耗散功率要大。

4.4.3 门极触发电流、触发电压的计算

1. 门极-阴极结构

处于断态的晶闸管，门极相对阴极为正时，门极注入电流流经 P_2 区并被阴极发射区短路点收集。这个横向流动的门极电流沿 N_2 区下面的 P_2 区产生横向压降，使 N_2 发射极正向偏置。当这个正向偏置超过一临界值 V_K 时（一般可视为 J_3 结的开启电压），就会出现足够大的注入而使晶闸管导通。

其实，过量的漏电流或 dv/dt 产生的位移电流也会起横向门极电流一样的作用，触发晶闸管导通。因此在门极结构的设计上，既要求能保证导通面积迅速扩展到整个阴极面，同时又能保证故障触发引起的开通先发生在门极，起到一种保护作用。基于这种思想，通常在门极设计中采用中心门极、中心放大门极以及指状交叉的放大门极结构。

2. 中心门极触发电流、电压的计算

（1）中心门极触发电流、电压计算公式

对于中心门极并具有短路点的晶闸管，处于断态时，在门极-阴极间施加正的电压信号 V_G，门极电流将从 3 个路径流向阴极；沿表面流入阴极的漏电流分量 I_{G1}；经 J_3 结流入阴极的电流为二极管电流，即 I_{G3}；经短路点流入阴极的电流 I_{G2}（见图 4.24），即

$$I_G = I_{G1} + I_{G2} + I_{G3} \tag{4.51}$$

由于门极与阴极间表面泄漏电阻很大，一般情况下，I_{G1} 很小可以忽略。在 J_3 结正向偏压未达到临界电压 V_K，进而使器件导通前，从 J_3 结流入阴极的二极管电流 I_{G3} 很小，因此门极电流主要从短路点流入阴极，如图 4.24 所示，假定门极电流是由门极接触处注入，横向经过 P_2 基区流入阴极短路点。电流在 P_2 基区 dx 段上产生横向压降为

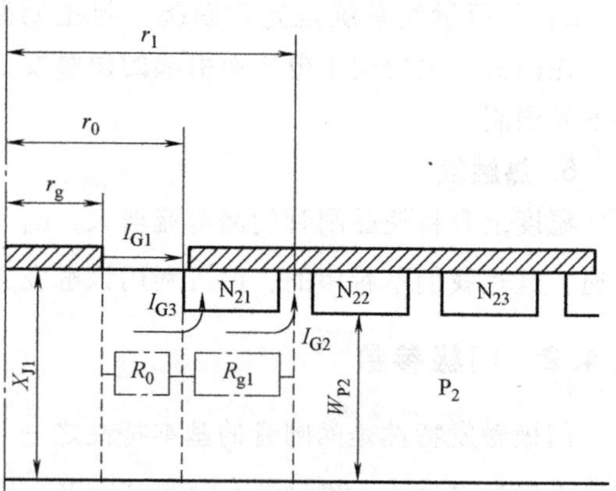

$$dV = I_G R_{\square} \frac{dr}{2\pi r} \tag{4.52}$$

式中，$R_{\square}$ 为 N_2 发射区下面的 P_2 基区薄层电阻，$R_{\square} = \dfrac{\bar{\rho}_{p2}}{W_{p2}}$，因而由横向电流 I_G 在发射极上产生的横向压降为

图 4.24　有短路发射极的阴极剖面图

$$V = \int_{r_0}^{r_1} dV = \frac{I_G R_{\square}}{2\pi} \ln \frac{r_1}{r_0} \tag{4.53}$$

式中，r_0 为阴极内径，r_1 为第一圈短路点中心距圆心的距离。

由上式可见，随着 I_G 的增加，当 J_3 结正偏压达到临界电压 V_K 时，注入电流及电流放大系数也随之增大，直到 $(\alpha_1+\alpha_2)\to 1$ 时，阳极电流急剧上升，使器件发生正向转折导通。所以，当 J_3 结正偏压达到临界电压 V_K 时，使晶闸管刚好导通所需的门极电流即为触发电流 I_{GT}，由（4.53）式得到

$$I_{GT}=\frac{2\pi V_K}{R_{\square}\ln(r_1/r_0)}=\frac{V_K}{R_{g1}} \tag{4.54}$$

式中

$$R_{g1}=\frac{\bar{\rho}_{P2}}{2\pi W_{P2}}\ln\frac{r_1}{r_0} \tag{4.55}$$

式中，$\bar{\rho}_{P2}$ 为 P_2 区的平均电阻率。

由以上两式得到如下结论，

1）因 R_{g1} 与 P_2 基区宽度成反比，故 W_{P2} 愈小，R_{g1} 愈大，所需的 I_{GT} 也愈小。

2）r_1/r_0 的比值越大，R_{g1} 也愈大，所需触发电流 I_{GT} 也越小；反之，则 I_{GT} 也越大。

3）由于不同的阳极电压 V_{AK} 下，$P_1N_1P_2$ 结构的漏电流不同，而漏电流和 I_G 在 P_2 区是叠加的，因此，电压越高，漏电流越大，达到 J_3 结开启电压所需的 I_G 也就越小；另一方面，随着 V_{AK} 的增加，P_2 区的有效基区宽度

$$W_{eP2}=W_{P2}-X_{mP2} \tag{4.56}$$

将会减小。若将式（4.55）中 W_{P2} 由 W_{eP2} 代替，则 I_{GT} 将随 W_{eP2}（V_{AK}）的减小（即 V_{AK} 增加）而降低。

类似上述的推导，可以得到门极-阴极间的电压降，即触发电压 V_{GT}

$$V_{GT}=I_{GT}(R_0+R_{g1}) \tag{4.57}$$

式中

$$R_0=\frac{\bar{\rho}_{P1}}{2\pi X_{J1}}\ln\frac{r_0}{r_g} \tag{4.58}$$

式中，$\bar{\rho}_{P1}$ 为一次扩散层（X_{J1}）的平均电阻率。

（2）$\bar{\rho}_{P1}$、$\bar{\rho}_{P2}$ 的计算

对于双杂质 B-Al 扩散来说，$\bar{\rho}_{P1}$、$\bar{\rho}_{P2}$ 的计算过程如下：

1）$\bar{\rho}_{P1}$ 的计算。

由四探针测得一次扩散层的方块电阻 $R_{P1\square}$ 或表面毫伏数 V_{sp}，它们与该薄层的平均电阻率 $\bar{\rho}_{P1}$ 之间的关系为

$$\bar{\rho}_{P1}=R_{P1\square}X_{J1}\text{ 或 }\rho_{P1}=4.53V_{sp}X_{J1}(\text{测试电流 }I=1\text{mA}) \tag{4.59}$$

2）$\bar{\rho}_{P2}$ 的计算。

如果一扩是 B-Al 双杂质扩散，那么其总浓度 N_1（x）应是硼浓度 N_{1B}（x）与铝浓度 N_{1Al}（x）之和，如图 4.24 所示，有

$$N_1(x)=N_{1B}(x)+N_{1Al}(x) \tag{4.60}$$

由于杂质硼在硅中的固溶度较高，可达 10^{18}cm^{-3}。但铝的扩散速度较硼快得多，故 B-Al 双杂质扩散的目的就在于硼的高表面浓度和铝的扩散速度快，即较深的扩散结深，于是有

$$N_{S1}=N_{S1B}(x)+N_{S1Al}(x)=N_{S1B}$$

$$X_{J1}=X_{J1Al}$$

即，一扩的表面 N_{S1} 近似于硼杂质的表面浓度，而一扩的结深 X_{J1} 就是铝杂质的扩散结深。

并且铝扩散结深 X_{JAl} 与硼结深有如下关系：

$$X_{J1Al}=X_{J1}=2.4X_{JB} \tag{4.61}$$

要求表面浓度 N_{S1}，只需求硼的表面浓度，这可通过求硼的平均电导率 $\overline{\sigma}_B$，再通过查余误差曲线求得，$\overline{\sigma}_B$ 可由下面经验公式给出

$$\overline{\sigma}_B=2.4(\overline{\sigma}_{P1}-\overline{\sigma}_{P1Al}) \tag{4.62}$$

式中，$\overline{\sigma}_{P1Al}$ 为 Al 在硅中的最高平均电导率。由于铝在硅中的最大实际固溶度为 $N_{Alm}=5\times10^{16}cm^{-3}$。对应的电导率 $\overline{\sigma}_{P1Al}=0.75\Omega\cdot cm$，故

$$\overline{\sigma}_B=2.4(\sigma_{P1}-0.75) \tag{4.63}$$

$\overline{\rho}_{P2}$ 的计算过程如下：

第一步由 $\overline{\rho}_{P1}$ 计算出 $\overline{\sigma}_{P1}$（$\overline{\sigma}_{P1}=1/\overline{\rho}_{P1}$）。

第二步是计算 $\overline{\sigma}_B$[$\overline{\sigma}_B=2.4(\overline{\sigma}_{P1}-\overline{\sigma}_{P1Al})$]。

第三步是求出 B 的表面浓度 N_{SB}（通过查余误差曲线）。

第四步是求出次表面浓度（即 X_{J2} 处 B 和 Al 的浓度之和），由 $N_{AlS}=5\times10^{16}cm^{-3}$ 和 X_{J2}/X_{J1} 通过查余误差曲线求出 $N_{AlS次}$；由 N_{SB} 和 X_{J2}/X_{JB} 通过查余误差曲线求出 $N_{SB次}$；次表面浓度为 $N_{AlS次}$ 与 $N_{SB次}$ 的和，即

$$N_{S1次}=N_{SB次}+N_{AlS次} \tag{4.64}$$

第五步是求 $\overline{\rho}_{P2}$，根据 $N_{S1次}$ 通过查余误差曲线求出 $\overline{\sigma}_{P2}$，然后再求出 $\overline{\rho}_{P2}$（$\overline{\rho}_{P2}=1/\overline{\sigma}_{P2}$）影响触发参数的因素。

1）由上面分析可知，门极触发参数与门极到阴极内沿的距离（r_0-r_g）、由阴极内沿到第一圈短路点中心的距离（r_1-r_0）、$\overline{\rho}_{P2}$ 及 $\overline{\rho}_{P1}$ 有关，影响 $\overline{\rho}_{P2}$ 及 $\overline{\rho}_{P1}$ 大小的主要因素是 P_2 区的杂质总量和结深，通过调整它们，可以调整触发参数的大小。

2）以上计算并未考虑接触电压降，不过在正常情况下，这部分压降很小。但在实际生产的器件中，这部分电压降往往是造成触发电压过大的重要原因。

4.4.4 中心放大门极触发电流、电压的计算

1. 放大门极晶闸管触发导通机理

由于 P_2 存在横向电阻，当晶闸管用门极电流触发导通时，最初只有很小一部分靠近门极的阴极边缘区导通，随后初始导通区迅速扩展到整个阴极面。很明显，初始导通面积将与 I_G 的大小有密切的关系，也即晶闸管的临界电流上升率 di/dt 与 I_G 的值密切相关。为了提高 di/dt 耐量，必须提供较大的门极电流。在器件设计上采用放大门极结构，可以满足这个要求。

放大门极的原理示于图 4.25，它包括主晶闸管和集成在主晶闸管内的轴助晶闸管，两个晶闸管有共同的阳极，而辅助晶闸管的阴极经一电阻与主晶闸管的门极相连。辅助晶闸管的 N_{20} 区部分铝层和 P_2 区短路，这是必要的，不然当 G—K 之间加上门极电压时，N_2 区将浮空不起作用。

当门极加上足够大的电流 I_G 时，“辅助”晶闸管首先导通。导通后，“辅助”晶闸管阴

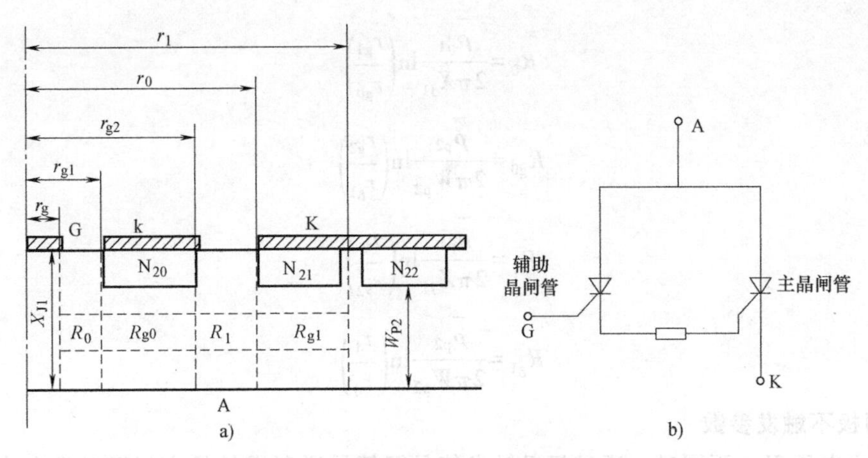

图 4.25　晶闸管的放大门极及等效电路

a) 放大门极　b) 等效电路

极 k 的电位迅速提高到阳极电位，亦即 k—K 间具有接近主晶闸管阳极-阴极间的电位，“辅助”晶闸管导通流过（来自负载电路）的阳极电流 I'_A 便成为主晶闸管的触发电流，因而具有很强的驱动条件，致使迅速导通。“辅助”晶闸管导通后，电流通过 P_2 区的横向电阻流向主晶闸管，这个横向电阻限制了辅助晶闸管的过载，所以不会被烧毁。

2. 放大门极晶闸管触发参数的计算

类似于中心门极触发条件的推导，可以得到辅助晶闸管和主晶闸管触发电流的表达式。对于辅助晶闸管：

$$I_{GT(T)}=\frac{V_K}{R_{g0}} \tag{4.65}$$

对于主晶闸管；

$$I_{GT(M)}=\frac{V_K}{R_{g1}} \tag{4.66}$$

式中 R_{g0} 和 R_{g1} 如图 4.25 所示，分别表示 N_{20} 和 N_{21} 区下面的 P_2 区的横向等效电阻。

为了保证放大门极起作用，“辅助”晶闸管（放大门极）必须首先导通，即要求 $I_{GT(T)}<I_{GT(M)}$，所以放大门极晶闸管的设计原则

$$M=R_{g0}/R_{g1}>1 \tag{4.67}$$

在晶闸管设计中，R_{g1} 不能太大，因为当放大门极起作用后，将有很大的电流通过 R_{g1} 进入阴极，否则可能会导致器件的损坏。R_{g0} 也不能接近于 R_{g1}，不然稍大的 I_G 就有可能引起放大门极和阴极同时导通，这样便失去了放大门极提高 di/dt 耐量的作用。一般 R_{g0} 是 R_{g1} 的 3~4 倍或更大些即可。

因为门极电流在“辅助”晶闸管和主晶闸管的 P_2 区流动，门极与阴极之间的总电阻要比单个中心门极大得多。因此触发导通时导致了门极与阴极之间的较高的电压降，通过前面的分析和图 4.25 可得放大门极触发参数的计算公式：

$$\begin{aligned} I_{GT}&=\frac{V_K}{R_{g0}} \\ V_{GT}&=I_{GT}(R_0+R_{g0}+R_1+R_{g1}) \end{aligned} \tag{4.68}$$

$$R_0 = \frac{\bar{\rho}_{p1}}{2\pi X_{J1}} \ln\left(\frac{r_{g1}}{r_{g0}}\right)$$

$$R_{g0} = \frac{\bar{\rho}_{p2}}{2\pi W_{p2}} \ln\left(\frac{r_{g2}}{r_{g1}}\right)$$

$$R_1 = \frac{\bar{\rho}_{p1}}{2\pi X_{J1}} \ln\left(\frac{r_0}{r_{g2}}\right)$$

$$R_{g1} = \frac{\bar{\rho}_{p2}}{2\pi W_{p2}} \ln\left(\frac{r_1}{r_0}\right) \tag{4.69}$$

3. 门极不触发参数

因为主电压 V_{AK} 不同时，通过门极触发使晶闸管导通所需的最小门极触发电流也不同。所以，测试门极触发电流时，是在规定的主电压（6V 或 12V）下进行的。而门极不触发电流 I_{GD} 则是在阳极和阴极间加正向阻断峰值电压（V_{DRM}）和在最高允许结温（125℃）条件下，测定保持器件阻断状态所能加的最大门极电流。

由于 I_{GD} 是在最高允许结温下测定的，这时有效少子寿命增大，有效短基区变薄，因此 α_1 和 α_2 以及 P_2 区薄层电阻变大，再加上高温漏电流增加，所以 I_{GD} 明显小于 I_{GT}。过小的 I_{GD} 容易产生误导通，因而要求 I_{GD} 尽量大些，并接近 I_{GT} 为好。

对于中心门极并具有短路点的晶闸管，门极最大不触发电流必须满足如下条件

$$I_{GD} < \frac{V_K}{R_{g1}} \tag{4.70}$$

式中，R_{g1} 为 N_2 区下面的 P_2 基区的横向电阻，$R_{g1} = \frac{\bar{\rho}_{P2}}{2\pi W_{P2}} \ln\left(\frac{r_1}{r_0}\right)$，因为是在正向阻断电压下，$W_{P2}$ 应换成 W_{eP2}，故

$$R_{g1} = \frac{\bar{\rho}_{P2}}{2\pi W_{eP2}} \ln\left(\frac{r_1}{r_0}\right) \tag{4.71}$$

最大不触发电压 V_{GD} 为

$$V_{GD} = I_{GD}(R_0 + R_{g1}) \tag{4.72}$$

式中

$$R_0 = \frac{\bar{\rho}_{P1}}{2\pi(X_{J1} - X_{mP2})} \ln\left(\frac{r_0}{r_g}\right) \tag{4.73}$$

对于具有放大门极晶闸管，同样有

$$I_{GD} < \frac{V_K}{R_{g1}} \tag{4.74}$$

最大不触发电压 V_{GD} 可表示为

$$V_{GD} = I_{GD}(R_0 + R_{g0} + R_1 + R_{g1}) \tag{4.75}$$

式中

$$R_0=\frac{\overline{\rho}_{\mathrm{P1}}}{2\pi(X_{\mathrm{J1}}-X_{\mathrm{mP2}})}\ln\left(\frac{r_{\mathrm{g1}}}{r_{\mathrm{g}}}\right)$$

$$R_{\mathrm{g0}}=\frac{\overline{\rho}_{\mathrm{P2}}}{2\pi W_{\mathrm{eP2}}}\ln\left(\frac{r_{\mathrm{g2}}}{r_{\mathrm{g1}}}\right)$$

$$R_1=\frac{\overline{\rho}_{\mathrm{P1}}}{2\pi(X_{\mathrm{J1}}-X_{\mathrm{mP2}})}\ln\left(\frac{r_0}{r_{\mathrm{g2}}}\right)$$

$$R_{\mathrm{g1}}=\frac{\overline{\rho}_{\mathrm{P2}}}{2\pi W_{\mathrm{eP2}}}\ln\left(\frac{r_1}{r_0}\right) \tag{4.76}$$

4.5　晶闸管的通态特性

第20讲
晶闸管的
通态特性

晶闸管完全导通时，其中流过由负载决定的通态电流。大的通态电流保证了3个结（J_1、J_3和J_2）的正偏状态。由J_1结和J_3结注入两个基区的过剩载流子浓度大大超过两个基区的本底浓度，所以处在稳态导通条件的晶闸管，与具有相同I区厚度的PiN二极管十分相似，P_1区、N_2区高浓度的空穴和电子的注入淹没了N_1基区和P_2基区，增强了电导调制效应，因此即使电流密度很高时，晶闸管仍然具有很低的通态压降。

4.5.1　通态特征分析

1. 通态特征

当给晶闸管施加正向偏置电压时，J_3结和J_1结正偏，J_2结反偏。然而，一旦晶闸管被触发进入通态模式，J_3结和J_1结就开始注入，通过J_1结注入的空穴扩散通过N_1区，被J_2结收集到P_2区，P_2区的空穴给$N_2P_2N_1$晶体管提供了正向基极电流，使J_3结正偏程度提高，于是有更多的电子从N_2区注入到P_2区，进入P_2区的电子扩散通过P_2区，被J_2结收集到N_1区，又给$P_1N_1P_2$晶体管提供了负基极电流，又促使P_1区向N_1区注入更多的空穴，于是晶闸管内部形成了正反馈，即再生作用。当晶闸管再生作用能维持电流导通而不需外部门极驱动电流，晶闸管就被触发进入通态。

在导通模式下，$\alpha_1+\alpha_2>1$，由前面的分析知道此时在P_2区、N_1区分别有空穴和电子的积累［$\alpha_1I_A-(1-\alpha_2I_A)$、$\alpha_2I_A-(1-\alpha_1I_A)$］。由$J_1$结注入，通过$J_2$结的电流$\alpha_1I_A$供给$P_2$区的空穴量大于通过复合而消失的空穴量（$1-\alpha_2I_A$）。这样，在时间间隔$\Delta t$内，在$P_2$区的内形成带正电的多子空穴量为

$$\Delta Q_{\mathrm{p}}^{+}=\Delta t[\alpha_1I_A-(1-\alpha_2)I_A]=\Delta t(\alpha_1+\alpha_2-1)I_A \tag{4.77}$$

相应地由J_3结注入，在N_1区内形成的过剩电子量为

$$\Delta Q_{\mathrm{n}}^{-}=\Delta t[\alpha_2I_A-(1-\alpha_1)I_A]=\Delta t(\alpha_1+\alpha_2-1)I_A \tag{4.78}$$

这些过剩的空穴（$\Delta Q_{\mathrm{p}}^{+}$）和电子（$\Delta Q_{\mathrm{n}}^{-}$）将分别中和$P_2$区与$N_1$区的受主离子和施主离子，使$J_2$结空间电荷区宽度变窄，负偏压下降，直至零偏到正偏为止。此时，正偏的J_2结将由P_2区向N_1区再发射（或称反注入）空穴，N_1区则向P_2区再发射（反注入）电子。

当通过 J_2 结反注入的多子恰好等于 P_2 区、N_1 区中多子积累的速度时，达到平衡状态。J_2 结由反偏转为正偏，此时，J_2 结除了正向压降比 J_1 结、J_3 结的压降小外，在器件工作中就不再起更多的作用。

对应于 $\alpha_1+\alpha_2>1$ 的稳定状态，只有 J_2 结正向偏置时才是可能的。$(\alpha_1+\alpha_2-1)I_A$ 越大，也即 $\alpha_1+\alpha_2$ 比 1 大得越多，J_2 结越加正偏，J_2 结的势垒高度下降也越多。

2. 通态压降的组成

和功率 PiN 二极管一样，晶闸管的正向压降 V_F 是由结压降 V_J、体压降 V_m 和接触压降 V_c 组成，

$$V_F=V_J+V_m+V_c \tag{4.79}$$

因 N_2、P_1 区和 P_2 区为高掺杂区，宽度比 N_1 区窄得多，该区上的压降很小，可以忽略。故体压降主要是 N_1 区的压降。晶闸管端部为欧姆接触，接触电阻很小，一般情况下接触压降很小，也可以忽略。而结压降 V_J 是 3 个结（J_1、J_2 和 J_3）上的电压降之代数和，即

$$V_J=V_{J1}-V_{J2}+V_{J3} \tag{4.80}$$

在注入不太高的情况下，正向压降的值比一个 PN 结的结压降要大些。当 α_1、α_2 越大时，则在通态下要求 J_2 结注入反向补偿电流（$\alpha_1+\alpha_2-1$）I_A 越大，相应地正偏 J_2 结压降 V_{J2} 也越大，因而正向压降越小。所以 α_1、α_2 越大，晶闸管的正向压降就越小。

在大注入条件下，由于 J_1 结和 J_2 结被淹没，结压降等于扩散电位（即内建电势），所以 $V_{J1}=V_{J2}=V_{bi}$，因此总的结压降为 $V_J=V_{J0}+V_{J3}$。

对于体压降，主要是在 N_1 区上的压降，它与电导调制效应及 N_1 区宽度密切相关。因为 N_1 区的电导调制效应的强弱完全取决于阳极注入的空穴和阴极注入到达的电子，以及少子扩散长度。在 P_1 区、N_2 区注入大量载流子淹没两个基区的情况下，处于通态的晶闸管与 PiN 二极管十分相似。晶闸管的通态特性和 PiN 二极管的特性是相一致的。因此晶闸管的体压降将按 PiN 二极管模型来计算。

接触压降难以用数学形式表达，它的基本含义及有关概念已在前面讨论，不再重复。要注意的是，接触压降解决不好，在极大电流时，接触压降可能成为 V_F 的主要部分。

4.5.2 计算晶闸管正向压降的模型

按照注入载流子浓度相对于晶闸管各区中热平衡多子浓度的大小，可以把通态划分为小注入、中注入和大注入 3 个区域。图 4.26 示出了这 3 种情况。

1. 小注入区域

所谓小注入，是指晶闸管的长、短基区均为小注入（如 4.26 中的 1 所表示）。由于电流很小，各个半导体层中多子浓度又高，因而各层的体压降可以忽略。

根据小注入理论，可以估算出此时正向电流密度的范围在 $30mA/cm^2$ 左右。小注入时各区体压降可以忽略，晶闸管的正向压降便是三个结压降之和。只要 α_1、α_2 越大，J_2 结正偏也越大，对 V_{J1} 的抵消作用也越强，因而 V_F 也越小。

2. 中注入区域

随着电流的增加，J_1 和 J_3 向基区中注入的少子浓度越来越高，首先将超过 N_1 区热平衡多子浓度 n_{10}，而其他区注入少子低于多子浓度平衡值。即 N_1 区为大注入，P_2 区为小注入，此种情况称为中注入，如图 4.26 中 2 所示。

中注入的电流密度范围一般在几百 mA/cm² 到 30A/cm²。

3. 大注入区域

当电流增大到注入少子浓度不仅超过了 N_1 区，甚至超过 P_2 基区和 P_1 区中的热平衡多子浓度时，称为大注入（见图 4.27）。大注入对应的电流密度范围在几十 A/cm² 到几 A/cm²，过载时电流密度可达到几千 A/cm²。晶闸管导通时的工作电流密度较高，都处于大注入范围。

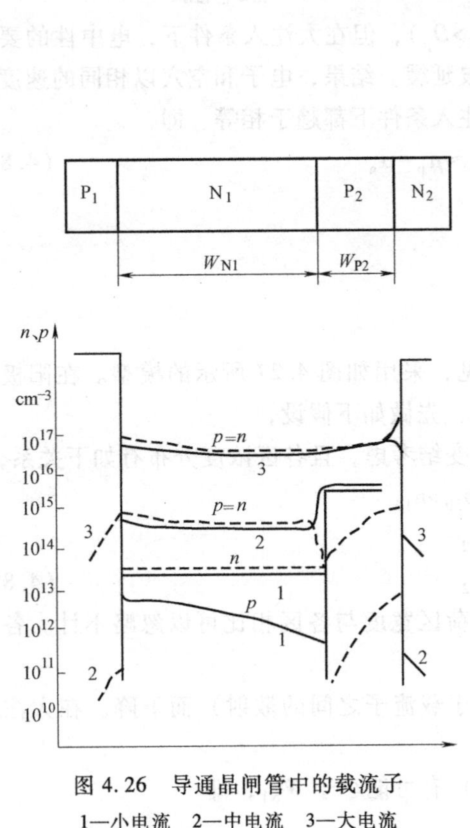

图 4.26 导通晶闸管中的载流子

1—小电流 2—中电流 3—大电流

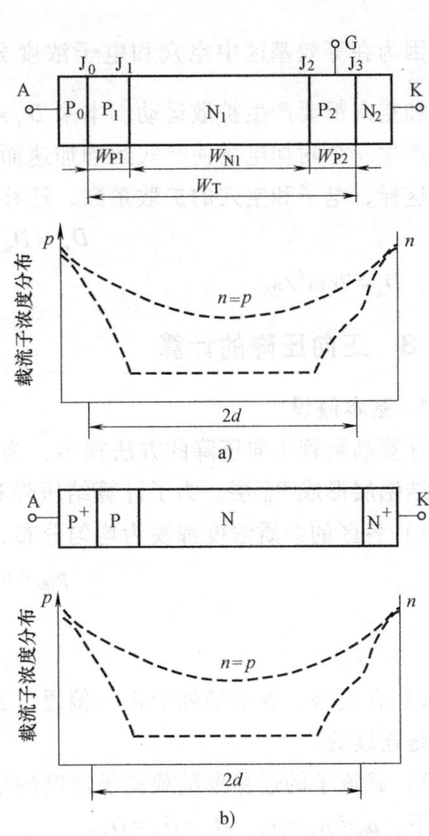

图 4.27 （图 a）晶闸管和（图 b）整流管（P^+NN^+）结构及载流子浓度分布比较大注入下，有效基区（$2d$）中分布的一致性

由于电中性要求，在大注入条件下，随着通态电流增加，多数载流子和少数载流子浓度的差越来越小，以至于在基区中已不存在多子与少子之分，P 型和 N 型也失去了原来的意义。包括 J_1 结、J_2 结在内的 P_1 区、N_1 区和 P_2 区都可近似地认为 $p(x)=n(x)$，此 3 个区全被载流子所淹没，如图 4.27 所示。在大注入条件下，晶闸管等效基区（$P_1N_1P_2$）中的浓度分布类似于具有相应基区宽度的 PiN 二极管。因此，可以预料，晶闸管的通态特性近似地和 PiN 二极管通态特性有相同的规律性。

通态晶闸管的 PiN 模型对理解器件的工作物理过程，以及器件的物理参数如何影响通态特性都是非常有用的。晶闸管的 PiN 模型的正确性，曾用计算机模拟计算得到了证实。但是，PiN 模型只是一种近似。因为在导通时，J_2 结变成正向偏置，由于 J_2 结处有小量的反注入电荷流成分存在，因此晶闸管中的电荷流动与 PiN 二极管中的电荷流动是不同的。

在大注入状态下，可认为基区犹如充满相等空穴和电子的导体，其体压降也就是根据这一模型来计算，将晶闸管3个区（P_1、N_1、P_2 区）看成宽度为 W_T 的一个等效基区（$W_T=W_{P1}+W_{N1}+W_{P2}$），由 P_0 区和 N_2 区从两端分别注入的空穴和电子在该等效基区中由于复合作用，浓度逐渐下降，因而载流子浓度分布曲线下凹（见图4.27）。分布曲线下凹程度取决于复合载流子寿命，τ 越小，分布曲线也就越下凹，电导调制效应也越差，基区体压降也越大。

因为在等效基区中空穴和电子浓度分布曲线相同，所以存在 $\frac{\Delta p}{\Delta x}=\frac{\Delta n}{\Delta x}$。在这种情况下，电子和空穴都要产生扩散运动。本来 $D_n \neq D_p$（$D_n>D_p$），但在大注入条件下，电中性的要求使得产生一个附加电场使空穴运动加速而电子则被延缓。结果，电子和空穴以相同的速度运动。这样，电子和空穴的扩散系数、迁移率在大注入条件下都趋于相等，即

$$D_n \approx D_p = D_a,\ \mu_n \approx \mu_p = \mu_a \tag{4.81}$$

式中，$D_a=7\text{cm}^2/\text{s}$。

4.5.3 正向压降的计算

1. 基本假设

计算晶闸管正向压降的方法很多，为简明起见，采用如图4.27所示的模型。在阳极区用烧结铝层形成 P_0^+ 层。为了计算结压降和体压降，先做如下假设，

1）各区的杂质浓度都视为均匀分布，即按突变结考虑，且各区浓度分布有如下关系，

$$\begin{gathered} p_{00}=n_{20}>p_{10}=p_{20}>n_{10} \\ W_{P0}=W_{N2} \\ W_{P1}=W_{P2} \end{gathered} \tag{4.82}$$

2）在通态，各个结处于正向偏置，其空间电荷区宽度与各区相比可以忽略不计。各层之间是连续的。

3）载流子的迁移率随载流子浓度的增加（由于载流子之间的散射）而下降。在大注入条件下，$\mu_n=\mu_p=\mu_a$，$D_n=D_p=D_a$。

4）除了长基区（W_{N1}）中空穴扩散长度（L_p）有可能小于 W_{N1}，即

$$\frac{W_{N1}}{L_p}>1 \tag{4.83}$$

之外，其他各区的宽度都小于该区的少数载流子扩散长度。

尽管这个模型做了很多的简化和近似假设，有一定局限性，但这个模型提供了晶闸管通态压降的很有用的解析式。

2. 结压降的计算

根据图4.28可知，总的结压降为

$$V_J=V_{J0}+V_{J1}-V_{J2}+V_{J3} \tag{4.84}$$

在大注入条件下，载流子浓度已超过 p_{10}、p_{20}、n_{10} 以及 J_1 结和 J_2 结已被淹没（见图4.28）。此时PN结两侧浓度相等，即 $p_P=p_N$、$n_N=n_P$。根据波尔兹曼分布规律

$$\frac{n_P}{n_N}=\frac{p_N}{p_P}=e^{-\frac{q(V_D-V_J)}{kT}}=1 \tag{4.85}$$

故

$$V_D - V_J = 0,\ 即\ V_J = V_D \qquad (4.86)$$

因此，对于被淹没的 PN 结，其结压降应等于扩散电位。而根据假设（1），J_2 结与 J_1 结是对称的，所以

$$V_{J1} = V_{J2} = V_D \qquad (4.87)$$

因为正偏 J_2 结与 J_1 结的压降大小相等，方向相反，故由式（4.84）得到总的结压降为

$$V_J = V_{J0} + V_{J3} \qquad (4.88)$$

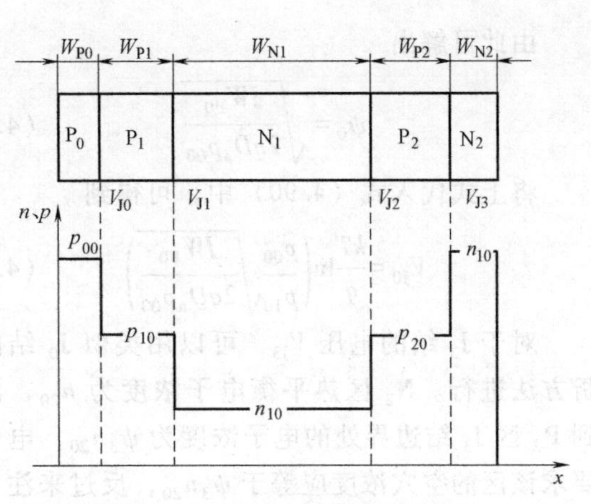

图 4.28　计算晶闸管正向的模型

下面首先讨论 J_0 结的结压降 V_{J0}。正偏的 J_0 结浓度为 p_{00} 的 P_0 区将向 P_1 区注入空穴，P_0 区和 P_1 区都是 P 型区，只是浓度不同，这样形成的 J_0 结为高低结根据波尔兹曼分布规律，J_0 结在正偏电压 V_{J0} 作用下，J_0 结两边浓度之比为

$$\frac{p_1}{p_0} = \exp\left[-\frac{q}{kT}(V_{D0} - V_{J0})\right] \qquad (4.89)$$

式中，V_{D0} 为 J_0 结的扩散电压；p_0和 p_1 分别为 P_0和 P_1 区的总空穴浓度；p_{00} 为 P_0 区的热平衡载流子浓度，一般认为 $p_0 = p_{00}$，于是

$$p_1 = p_{00}\exp\left[-\frac{q}{kT}(V_{D0} - V_{J0})\right]$$

$$p_1 = p_{00}\exp\left(-\frac{qV_{D0}}{kT}\right)\exp\left(\frac{qV_{J0}}{kT}\right)$$

当 $V_{J0}=0$ 时，p_1 值即为 P_1 区空穴热平衡浓度 p_{10}，于是

$$p_{10} = p_{00}\exp\left(-\frac{qV_{D0}}{kT}\right)$$

于是

$$p_1 = p_{10}\exp\left(\frac{qV_{J0}}{kT}\right)$$

于是得 J_0 结两边的空穴的浓度比，即

$$\psi_0 = \frac{p_1}{p_0} = \frac{p_{10}}{p_{00}}\exp\left(\frac{qV_{J0}}{kT}\right) \qquad (4.90)$$

根据电中性的要求，J_0 结 P_1 侧的电子浓度也应等于 $\psi_0 p_{00}$［见图 4.29b］。因此电子从 P_1 区注入到 P_0 区边缘的浓度对应为 $\psi_0(\psi_0 p_{00}) = \psi_0^2 p_{00}$，然后在 P_0 区经过 W_{P0} 的距离而衰减到零。

通过 J_0 结的电流在大注入条件下可以认为全是扩散电流，即电子和空穴扩散电流，各为总电流的一半。于是通过 J_0 结的电子电流密度为

$$J_{N0} = qD_a\frac{\psi_0^2 p_{00} - 0}{W_{P0}} = \frac{J}{2} \qquad (4.91)$$

由此可解出

$$\psi_0=\sqrt{\frac{JW_{P0}}{2qD_ap_{00}}} \tag{4.92}$$

将上式代入式（4.90）中，可得到

$$V_{J0}=\frac{kT}{q}\ln\left(\frac{p_{00}}{p_{10}}\sqrt{\frac{JW_{P0}}{2qD_ap_{00}}}\right) \tag{4.93}$$

对于 J_3 结的电压 V_{J3}，可以用类似 J_0 结的分析方法进行。N_2 区热平衡电子浓度为 n_{20}，注入到 P_2 区 J_3 结边界处的电子浓度为 ψ_3n_{20}，电中性要求该区的空穴浓度应等于 ψ_3n_{20}，反过来注入到 N_2 区边缘的空穴浓度便为 $\psi_3^2n_{20}$，经过 W_{N2} 距离后衰减到零（见图 4.29c），但这里

$$\psi_3=\frac{p_{n2}}{p_{20}}=\frac{n_i^2}{n_{20}p_{20}}\exp\left(\frac{qV_{J3}}{kT}\right) \tag{4.94}$$

同样，经过 J_3 结的空穴电流为总电流的一半，类似前面的推导得到

$$\psi_3=\sqrt{\frac{JW_{N2}}{2qD_an_{20}}} \tag{4.95}$$

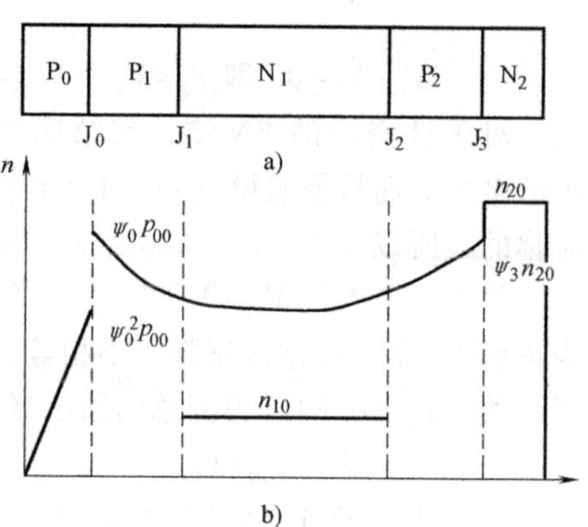

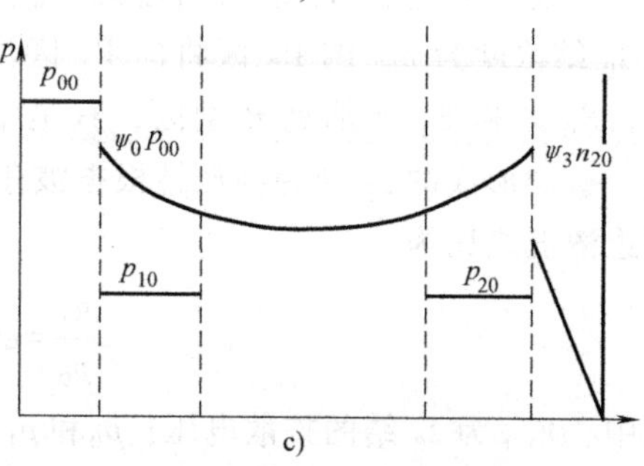

图 4.29　大注入简化晶闸管及载流子分布

及

$$V_{J3}=\frac{kT}{q}\ln\left(\frac{n_{20}p_{20}}{n_i^2}\sqrt{\frac{W_{N2}J}{2qD_an_{20}}}\right) \tag{4.96}$$

将式（4.96）和式（4.93）代入式（4.88）整理得

$$V_J=\frac{kT}{q}\ln\left(\frac{n_{20}W_{N2}J}{2qD_an_i}\right) \tag{4.97}$$

推导中利用了 $W_{P0}=W_{N2}$，$p_{00}=n_{20}$ 及 $p_{10}=p_{20}$。

3. 体压降的计算

根据通态晶闸管的 PiN 二极管模型知道，晶闸管的体压降由 P_0、N_2 及等效基区（$P_1N_1P_2$）上的体压降组成。由于 P_0 区 、N_2 区为高掺杂浓度，其体压降很小可以忽略，因此体压降主要是等效基区（$P_1N_1P_2$）上的电压降。

首先写出该区的稳态输运方程，即双极扩散方程

$$\frac{d^2n(x)}{dx^2}=\frac{n(x)}{L_a^2} \tag{4.98}$$

此微分方程的一般解为

$$n(x)=Ae^{\frac{x}{L_a}}+Be^{-\frac{x}{L_a}} \tag{4.99}$$

常数 A 和 B 由边界条件决定。由图 4.29 可知，在等效基区（$P_1N_1P_2$）边界处

当 $x=0$ 时

$$n(x)=n(0)=A+B=\psi_0 p_{00} \tag{4.100}$$

$x=W_{P1}+W_{N1}+W_{P2}=W_T$ 时，

$$n(x)=n(W_T)=A\mathrm{e}^{W_T/L_a}+B\mathrm{e}^{-W_T/L_a}=\psi_3 n_{20} \tag{4.101}$$

由于对称性 $\psi_0 p_{00}=\psi_3 n_{20}$，利用这个关系，解式（4.100）和式（4.101）求得系数 A、B：

$$A=\frac{\psi_3 n_{20}(1-\mathrm{e}^{-W_T/L_a})}{\mathrm{e}^{W_T/L_a}-\mathrm{e}^{-W_T/L_a}} \tag{4.102}$$

$$B=\frac{\psi_3 n_{20}(\mathrm{e}^{W_T/L_a}-1)}{\mathrm{e}^{W_T/L_a}-\mathrm{e}^{-W_T/L_a}} \tag{4.103}$$

将 A、B 代入通解式（4.99），并用双曲函数表示为

$$n(x)=\frac{\psi_3 n_{20}}{\sinh\left(\frac{W_T}{2}\right)}\left[\sinh\left(\frac{x}{L_a}\right)-\sinh\left(\frac{x}{L_a}-\frac{W_T}{L_a}\right)\right] \tag{4.104}$$

因为基区压降是按漂移电流考虑，因而空穴和电子漂移电流各为总电流的一半，即

$$\frac{J}{2}=J_n=q\mu_n n(x)E(x) \tag{4.105}$$

解得

$$E(x)=\frac{J}{2q\mu_n n(x)} \tag{4.106}$$

由此（$P_1N_1P_2$）等效基区压降可表示为

$$V_{(P_1N_1P_2)}=\int_0^{W_T}E(x)\,\mathrm{d}x=\frac{J}{2q\mu}\int_0^{W_T}\frac{\mathrm{d}x}{n(x)} \tag{4.107}$$

将式（4.104）代入上式，并考虑到式（4.95），积分整理后得到

$$V_{(P_1N_1P_2)}=\frac{W_T^2}{2\mu_a L_a}\frac{\sinh\left(\frac{W_T}{L_a}\right)}{\left[\cosh\left(\frac{W_T}{L_a}\right)-1\right]}\sqrt{\frac{D_a J}{2qW_{N2}n_{20}}} \tag{4.108}$$

式中，μ_a、D_a 及 L_a 分别为双极迁移率、双极扩散系数和双极扩散长度。

4. 通态压降

综合式（4.79）、式（4.97）、式（4.108）得到总的通态压降。

$$V_F=\frac{kT}{q}\ln\left(\frac{n_{20}W_{N2}J}{2n_i^2 qD_a}\right)+\frac{W_T^2}{2\mu_a L_a}\frac{\sinh\left(\frac{W_T}{L_a}\right)}{\left[\cosh\left(\frac{W_T}{L_a}\right)-1\right]}\sqrt{\frac{D_a J}{2qW_{N2}n_{20}}}+V_c \tag{4.109}$$

此式表明，通态压降近似于与基区宽度二次方关系，而与寿命的二次方根成反比。

5. 降低通态压降的途径

以上分析看到，V_F 除了和电流密度 J_F 直接有关外，还与器件的结构参数密切相关。

(1) 硅片厚度对 V_F 的影响

由式(4.108)看出,体压降与基区宽度的二次方成正比。因此在保证阻断电压前提下,为使 V_F 达到最小,基区宽度应取最薄(W_{N1}、W_{P1} 及 W_{P2} 都要小)。

(2) 寿命对 V_F 的影响

因为扩散长度($L=\sqrt{D\tau}$)与压降是反比关系,提高 N_1 区、P_1 区及 P_2 中大注入载流子寿命,对减小额定电流下这三个区的体压降很有效。从式(4.108)看到,体压降与 $\dfrac{W_T}{L_a}=\dfrac{W_T}{\sqrt{D_a\tau_a}}$ 有关,减小此比值可降低 V_m。可见要制作高压、大电流器件,对一定厚度的硅片来说、必须提高少子寿命。

少子寿命受重金属离子、晶格缺陷、位错等影响。另外由于载流子寿命是温度的函数,因而压降与温度有关,计算结果表明,总的压降可以从负的温度系数变到正的温度系数。

(3) N_2 区掺杂的影响

N_2 区掺杂浓度 n_{20} 对结压降和体压降都有影响。随着 N_2 区掺杂浓度的降低,结压降 V_J 将下降[见式(4.97),而体压降则增大(见式(4.108)]。但体压降是随 $\sqrt{n_{20}}$ 而变,而 V_J 是按对数关系改变,故体压降增加的速度比结压降下降的速度快,于是 V_F 随 n_{20} 下降而增大,因而应提高 N_2 区掺杂浓度。

由于 V_F 与 W_T 成正比,与 L_a 成反比关系,因此应当控制 $\dfrac{W_T}{L_a}$ 或 $\dfrac{W_{N1}}{L_a}$ 的大小。

第21讲 晶闸管的开通与特性

4.6 晶闸管的动态特性

一个好的晶闸管既要有良好的静态特性,也要有良好的动态特性。好的静态特性是指:阻断能力强,导电能力大,就好像一个水闸一样,当关闸时,就算有再高的水压,也没有水流通过,当开闸时,水流能顺利通过,而没有阻力或阻力很小。还要过载能力强,即如果有瞬间的大电流通过时,器件不至于损坏。阻断状态的漏电流小,导通状态通态压降低,则静态功耗自然就小。良好的动态特性体现在晶闸管的开关速度快、动态过载能力强、di/dt、dv/dt 耐量大。一个只有好的静态特性,没有好的动态特性的晶闸管,不能算做好的器件,只有两者兼备才能保证晶闸管正常运行,因此本节将研究如下几个问题。

4.6.1 晶闸管的导通过程与特性

晶闸管可以用不同的触发方式导通。门极触发是导通晶闸管时最常用的,下面主要研究这种方式。

1. 晶闸管导通时的电流电压变化

图 4.30 所示为串接在电阻负载回路中的晶闸管,其转折电压比电源电压 V_R 高。在时间 $t=0$ 时,施加以使晶闸管导通的触发电流(即门极电流 I_{GT})后,晶闸管的阳极电流 I_A 并不立即响应,因为在施加门极信号和晶闸管完全导通之间,器件需要有一定时间间隔的导通过程。这个导通过程由 3 个阶段组成:

(1) 延迟阶段

此阶段始于门极施加电流脉冲上升到峰值的50%起，直至阳极电压下降到90%时，相应的时间称为延迟时间，以 t_d 表示。在测试上规定为阳极电流由零上升到 $10\%I_A$ 所对应的时间，即图4.31中的oa段对应的时间。

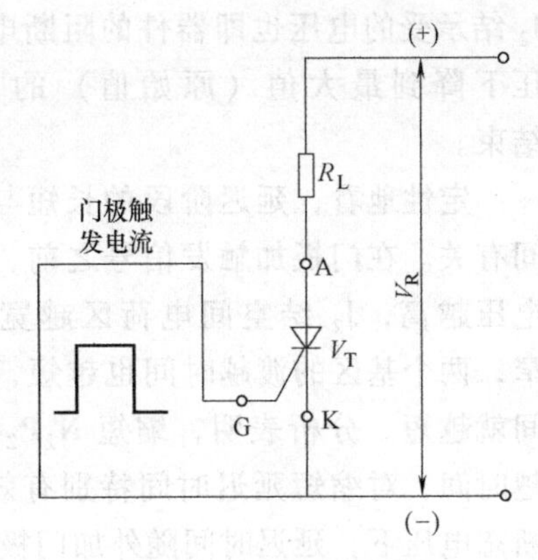

图4.30 晶闸管与负载电阻串联的回路

(2) 电流上升阶段

阳极峰值电压的90%下降到10%时所需要的时间，称为上升时间，以 t_r 表示。同样，在测试上规定为电流由 $10\%I_A$ 上升到 $90\%I_A$ 的这段时间，即图4.31中ab段。

(3) 扩展阶段

阳极峰值电压由10%减小到通态电压降，整个晶闸管达到完全导通时，此阶段对应的时间为扩展时间 t_s。在图4.31中对应的是bc段。这期间晶闸管由局部导通扩展到全面积导通，阳极电流也上升到通态电流的稳态值 I_A（额定值）。

用门极触发的导通时间以 t_{gt} 表示，它由延迟时间 t_d 和上升时间 t_r 两部分组成，即

$$t_{gt}=t_d+t_r \tag{4.110}$$

通常也用 t_{on} 表示门极导通时间。为保证晶闸管可靠导通，在整个过程中，必须保持门极电流的存在。

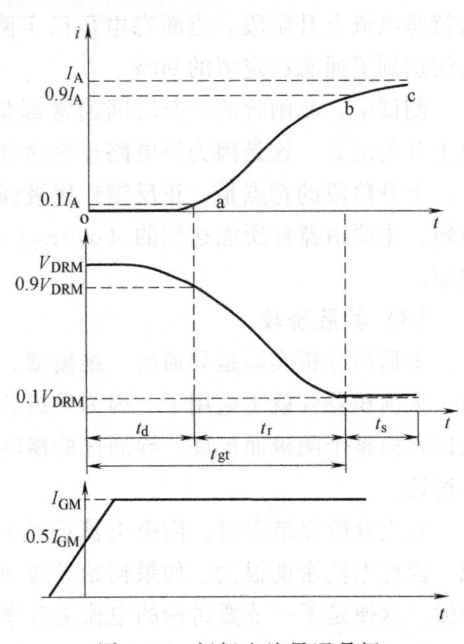

图4.31 门极电流导通晶闸管时的电流电压波形

2. 导通过程

晶闸管导通的全过程包括延迟、上升和扩展3个阶段，下面定性分析这些过程。

(1) 延迟阶段

当晶闸管施加一定的断态直流电压时，由于 J_2 结的反向偏置，器件只能流过很小的漏电流，所以 $\widetilde{\alpha}_1+\widetilde{\alpha}_2<1$。在门极-阴极间加上一个足够大的正向电压 V_G，将有门极电流 I_G 横向流过 P_2 基区，这个电流所产生的横向电压降使最靠近门极边沿的 J_3 结部分正偏压最高。

这里的 N_2 区首先向 P_2 区注入电子，如图4.32所示。由于 P_2 基区较窄，注入非平衡载流子的浓度梯度较大，除少量因复合损失掉外，绝大部分扩散到 J_2 结空间电荷区边沿，被 J_2 结收集到 N_1 区，造成 N_1 区电位下降。但对 J_1 结来说，则是结的正偏作用加强，因而引起 P_1 区向 N_1 区发射空穴增强，以保持 N_1 区电中性。同样，注入空穴也要以扩散方式渡越 N_1 区，并被 J_2 结收集到 P_2 区，使 J_3 结更加正偏，加强了对 P_2 区注入电子。如此相互作用，形成强烈的正反馈现象。因此，只要门极触发电流一直存在，正反馈作用就越来越强，而且迅速增长。其结果，J_2 结两侧聚积的载流子越来越多，它们与空间电荷区正、负离子中和，使空间电荷区变薄，电场削弱，导致

J_2 结承受的电压也即器件的阻断电压下降。当断态电压下降到最大值（原始值）的 90% 时，延迟阶段结束。

定性地看，延迟阶段的长短与两个基区的渡越时间有关。在门板加触发信号之前，加于晶闸管的断态电压越高，J_2 结空间电荷区越宽，有效基区宽度越窄，两个基区的渡越时间也越短，延迟阶段经过的时间就越短。分析表明，缩短 $N_2P_2N_1$ 晶体管部分的渡越时间，对缩短延迟时间特别有效。此外，在一定的断态电压下，延迟时间随外加门极电流的增大而变短。

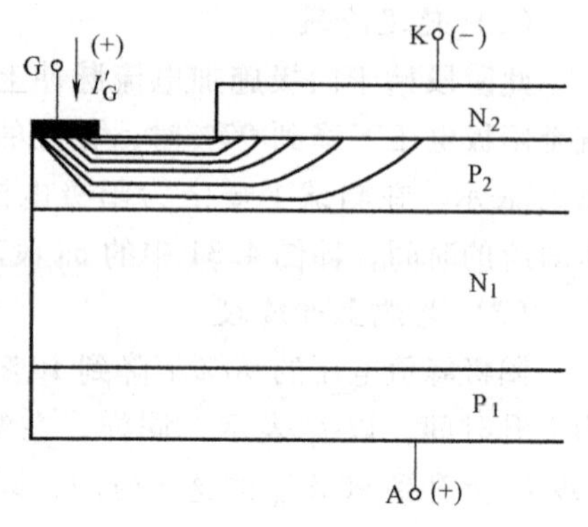

图 4.32　门极电流接通时，晶闸管中的电流分布

（2）上升阶段

在延迟阶段，整个器件上的电压基本未变，仍由反偏 J_2 结承担，α_1 和 α_2 都极小，此阶段主要是在基区积累电荷。延迟阶段结束，门极电流继续存在，不断增强的电流的正反馈作用，最终使 J_2 结变为正偏，于是阳极电流急剧上升。这就是电流上升阶段。当断态电压已下降到初始值的 10% 时，上升阶段结束，对应的阳极电流达到了通态稳定值的 90%。

测试中，晶闸管的上升时间通常都是用电压降到 10% 所用的时间来定义，而不采用电流上升的定义。这是因为外电路也会为电流上升提供自己的极限值。

上升阶段的特点是，正反馈作用极强，通过器件的电流已大到使 $\alpha_1+\alpha_2>1$。上升时间的长短，主要由器件所能达到的（$\alpha_1+\alpha_2$）的最大值来决定，（$\alpha_1+\alpha_2$）的值越大，上升时间 t_r 越短。

（3）扩展阶段

上面的分析实际是导通的一维模型，对于面积很小或梳状结构的器件来说是适用的。但对于大面积器件就不适用了。因为导通总是在靠近门极最近的阴极面的一个小区域，随后导通区再向整个阴极面扩展。导通区的横向扩展过程必须用二维模型来考虑，扩展机理在下一节讨论。

在上升阶段结束时，阳极电流已达到稳态值的 90%，然而导通又仅限于门极附近的区域，因此电流密度很大。如果初始导通面积过小或电流密度过高，往往在初始导通区将器件烧毁。这便是下一节要讨论的电流上升率（$\mathrm{d}i/\mathrm{d}t$）耐量问题。

3. 导通时间

导通时间由延迟时间和上升时间组成，下面分析它们与结构参数之间的关系。

（1）延迟时间

如前所述，延迟阶段主要对应着基区积累电荷，使 J_2 结从原有反向偏置开始减小的一段时间。如图 4.33 所示，当门极加上正向电压 V_G 开始，正偏 J_3 结向 P_2 基区注入电子。在 $t=t_3$ 时，P_2 基区中电子浓度梯度到达 J_2 结空间电荷区边界 x_4，这段时间大约相当于载流子通过 P_2 区的渡越时间 t_{P2}。从 t_3 开始，空穴经过 t_{N1} 到达 J_2 结空间电荷区边界 x_3 处，被收集到 P_2 区。J_3 结随之更加正偏，阴极电流 I_K 也跟着增长，从而增强了注入电子的数目。因此，在（$t_{P2}+t_{N1}$）时刻之后，内部电流反馈开始起作用。通常把 P_2 基区电子渡越时间 t_{P2} 与 N_1 区空穴渡越时间称作延迟时间，即

$$t_d = t_{P2} + t_{N1} \tag{4.111}$$

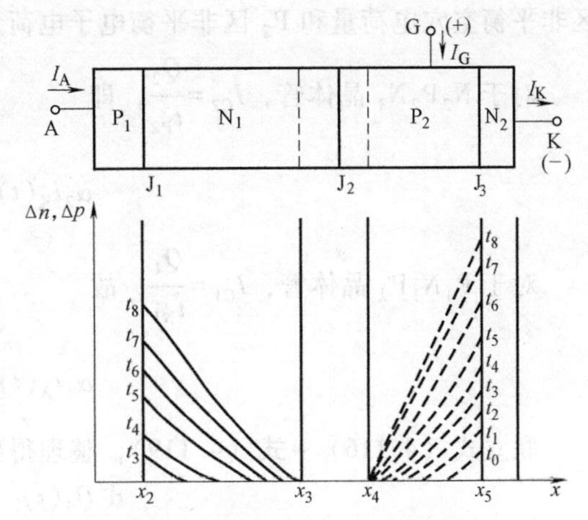

图 4.33 晶闸管导通过程及开始时非平衡载流子 Δp、Δn 的变化

对于 $N_2P_2N_1$ 晶体管，P_2 基区是扩散形成的，属于缓变基区晶体管，存在着掺杂浓度梯度形成的自建电场，所以基区渡越时间为

$$t_{P2} = \frac{W_{eP2}^2}{\lambda D_n}$$

式中，W_{eP2} 为 P_2 基区的有效基区宽度，D_n 为电子扩散系数；λ 一般取 5。

对于均匀基区 $P_1N_1P_2$ 晶体管，空穴渡越 N_1 基区的时间可表示为（由晶体管原理）

$$t_{N1} = \frac{W_{eN1}^2}{2D_p} \tag{4.112}$$

式中，W_{eN1} 为有效 N_1 区宽度；D_p 为空穴扩散系数。对于一个 N_1 区宽度为 350μm 的晶闸管，由式（4.112）所计算的传输时间为 50μs，这远大于晶闸管的导通时间，因此要进行修正。

在开启过程中，大量的空穴从 P_1 区注入到 N_1 区，同时大量的电子从 N_2 区经 P_2 区流入 N_1 区。在这种情况下，耗尽区无法进一步维持，阳极电压分布在整个 N_1 区，N_1 区的电场强度由施加的阳极偏压和 N_1 区的厚度决定。

$$E_{N1} = \frac{V_A}{W_{N1}} \tag{4.113}$$

空穴在该电场的作用下，以漂移方式通过 N_1 区，漂移速度为

$$v_p = \mu_p E_{N1} = \frac{\mu_p V_A}{W_{N1}} \tag{4.114}$$

因此，空穴的输运时间为

$$t_{N1} = \frac{W_{N1}^2}{\mu_p W_{N1}} \tag{4.115}$$

(2) 上升时间

根据晶闸管的双晶体管模型，采用电荷控制法近似，假设 Q_1 与 Q_2 分别表示 $P_1N_1P_2$ 和 $N_2P_2N_1$ 晶体管基区的存储电荷。在主电流上升过程中，对于 $N_2P_2N_1$ 晶体管，经 J_2 结收集于 N_1 区的集电极电流 [$I_{C2} = \alpha_2 i_K(t)$] 等于该区电子电荷的增长率，即

$$\frac{dQ_1(t)}{dt} = \alpha_2 i_K(t) \tag{4.116}$$

对于 $P_1N_1P_2$ 晶体管，经 J_2 结收集于 P_2 区的集电极电流 [$I_{C1} = \alpha_1 i_A(t)$] 等于该区空穴电荷的增长率，即

$$\frac{dQ_2(t)}{dt} = \alpha_1 i_A(t) \tag{4.117}$$

假设忽略载流子的复合效应。为保持电中性，对 P_2 区和 N_1 区，非平衡多子都应等于非平衡少子，两者同时增加或减小，以保持电荷量相等。因此，Q_1 与 Q_2 也分别表示为 N_1

区非平衡空穴电荷量和 P_2 区非平衡电子电荷量。于是晶体管集电极电流可写成：

对于 $N_2P_2N_1$ 晶体管，$I_{C2}=\frac{Q_2}{t_{P2}}$，即

$$\alpha_2 i_K(t)=\frac{Q_2(t)}{t_{P2}} \tag{4.118}$$

对于 $P_1N_1P_2$ 晶体管，$I_{C1}=\frac{Q_1}{t_{N1}}$，故

$$\alpha_1 i_A(t)=\frac{Q_1(t)}{t_{N1}} \tag{4.119}$$

联立式（4.116）~式（4.119），整理得到

$$\frac{d^2Q_1(t)}{dt^2}-\frac{Q_1(t)}{t_{P2}t_{N1}}=\frac{I_G}{t_{P2}} \tag{4.120}$$

$$\frac{d^2Q_2(t)}{dt^2}-\frac{Q_2(t)}{t_{P2}t_{N1}}=0 \tag{4.121}$$

此二式为电荷控制方程。式（4.120）的解为

$$Q_1(t)=-t_{N1}I_G+Ae^{t/\tau_r}+Be^{-t/\tau_r} \tag{4.122}$$

式中 $\tau_r=\sqrt{t_{N1}t_{P2}}$ 称为上升时间常数。将 $Q_1(t)$ 的表达式代入式（4.119）得到

$$i_A(t)=\frac{1}{\alpha_1 t_{N1}}(-t_{N1}I_G+Ae^{t/\tau_r}+Be^{-t/\tau_r}) \tag{4.123}$$

括号内第三项，当 $t=\tau_r$ 时为$\frac{B}{e}$，其值对阳极电流的增长影响较小，略去该项，上式简化为

$$i_A(t)=\frac{1}{\alpha_1 t_{N1}}(-t_{N1}I_G+Ae^{t/\tau_r}) \tag{4.124}$$

根据上升时间的定义，当 $t=0$ 时，$i_A(0)=0.1I_T$，于是得到常数

$$A=0.1I_T\alpha_1 t_{N1}+t_{N1}I_G$$

代入式（4.23）得

$$i_A(t)=-\frac{I_G}{\alpha_1}+\left(0.1I_T+\frac{I_G}{\alpha_1}\right)e^{t/\tau_r} \tag{4.125}$$

上升阶段结束时，$t=t_r$，阳极电流增长到 I_T 的 90%，由式（4.125）可求得上升时间得表达式

$$t_r=\tau_r\ln\left(\frac{0.9I_T+I_G/\alpha_1}{0.1I_T+I_G/\alpha_1}\right) \tag{4.126}$$

略去门极电流的影响，上升时间可近似为

$$t_r\approx 2.2\tau_r=2.2\sqrt{t_{N1}t_{P2}} \tag{4.127}$$

如果假定晶体管的发射效率为 1，在考虑复合效应后，从电荷控制方程着手，可以得到包含有两个晶体管电流放大系数的上升时间表达式，

$$t_r=2\left(\frac{t_{N1}t_{P2}}{\alpha_1+\alpha_2-1}\right)^{\frac{1}{2}} \tag{4.128}$$

式中，α_1、α_2 为导通后的电流放大系数，两者之和大于1。

上式中，渡越时间和两个电流增益均与电压有关，而 α_1、α_2 又与电流密切相关。在上升时间内，电流和电压都处在极快的变化之中。因此式（4.128）说明，上升时间随两基区渡越时间增加而增长，也随 α_1、α_2 的减小而增长。由此可见，对于快速导通的晶闸管，必须有两个窄的基区和高的 α_1、α_2。但后者与快速关断晶闸管的要求又是相矛盾的。快速导通和快速关断是高频晶闸管所同时要求的，在设计这种器件时需要注意。

式（4.128）还表明，对于高功率、高电压器件导通时间一般都较长。

（3）改善导通时间的措施

晶闸管的导通时间既受到内部结构参数的限制，同时也受到外部条件的影响。因此可以从两方面着手。从器件本身看，可采取下列措施。

1）因为导通时间是由 t_d 和 t_r 两部分组成，它们与基区渡越时间密切相关。减薄 N_1 和 P_2 基区的宽度，可以有效地缩短 t_{N1} 和 t_{P2}，从而达到减小导通时间的目的。

提高 α，既提高少子寿命，使注入 P_2 区的非平衡少子能迅速积累到导通时所需的临界电荷量 Q_{cr}，从而缩短 t_d；另一方面，α 的增大又将使上升时间 t_r 降低。所以，提高少子寿命，减小基区宽度对减小导通时间是极其有效的。

2）提高 N_2 区浓宽，以提高 α_2。同时也适当提高一次扩散浓度和降低扩散结深，增大 P_2 基区的浓度梯度，以缩短该区的渡越时间 t_{P2}。

3）减小门极周围的短路点，使门极电流 I_G 的作用更有效，作用面积更大，以增大初始导通面积。

由于电流上升还要受到外电路条件的限制，所以 t_{on} 与外部条件有关。例如，随着阳极电压的增加，有效基区宽度减小，渡越时间缩短，电流放大系数 α 增大，因而导通时间缩短。又如采用强触发，即 $\dfrac{I_G}{I_{GT}} \gg 1$，延迟时间通常可减小到 1μs 以下。事实上，采用强触发对提高器件的 di/dt 耐量也是有效方法。

4. 等离子区的扩展

晶闸管的导通，首先发生在靠近门极最近的窄狭区域（见图4.34），然后通过导通区等离子体的扩展，阴极面最终完成导通。根据实验研究，等离子体的扩展速度为 50～100μm/μs，扩展过程比较慢。由于晶闸管的扩展时间比上升时间长，所以在扩展阶段，器件的电压降远大于晶闸管完全扩展后的电压降。

等离子的缓慢扩展过程对晶闸管的电流负载能力，特别是对允许的电流上升速度（di/dt）是一个重要的限制。

（1）等离子体扩展的理论模型

比较成熟的模型可分为纯粹的扩散模型和漂移模型，到底是哪个模型？根据在扩展过程中哪个起主要作用而定。

晶闸管导通后，最初只是靠近门极附近的局部区域 J_2 结变为正偏，而其他未导通区的 J_2 结仍然是反偏的，如图4.34所示。漂移模型认为，在导通区与非导通区存在横向电场，其电场方向如图4.34中的 E_{xp} 和 E_{xn} 所示。P_2 区的横向电场 E_{xp} 既推动空穴向阻断区方向流动，又阻止导通区中的电子向阻断区扩散。同样，在 N_1 区所形成的电场 E_{xn} 也是既推动着电子流向阻断区，又同时阻止空穴向阻断区扩散。所以，漂移模型的基本思想是，在过渡区存在横向电场，使得多数载流子的漂移电流由导通区流向阻断区，正是这个电流导致了阻断区的触发，因而导通面积不断扩展。

只一方面，局部导通后，在该区导通电流上升很快，已接近额定值，因而在导通区 J_2 结两侧积累了大量的载流子，从而在导通区与阻断区之间形成横向载流子浓度梯度。在浓度梯度作用下，P_2 区中的空穴、N_1 区中的电子将由导通区向阻断区横向扩散，形成扩散电流。这个电流具有门极电流的触发作用，使阻断区触发导通。这样，触发前沿、导通区以及过渡区都将一起连续不断地向阻断区移动。这种导通过程的扩展速度基本上与已导通区内载流子浓度的大小有关，且电流密度越大，扩展速度越快。这就是扩散模型的基本内容。

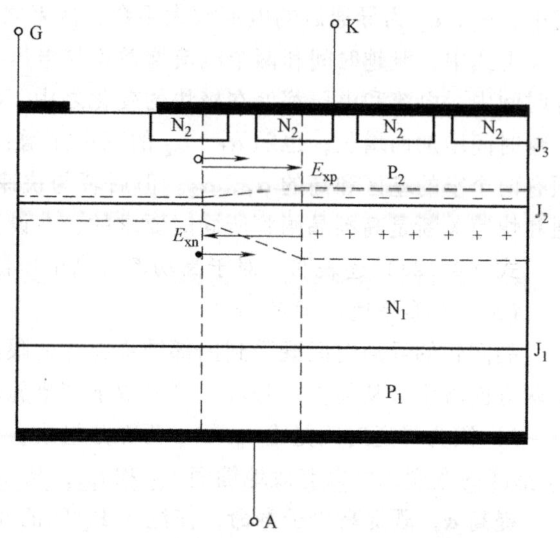

图 4.34　导通过程中等离子体的扩展情形

总之，在横向电场和浓度梯度的共同作用下，导通区的多子将向非导通区横向流动。而在导通过程中始终存在着横向电场和浓度梯度，因此导通区会不断扩大，直到全面积导通。

(2) *扩展速度*

晶闸管由局部导通到全面积导通的扩展过程是一个连续的过程。常用扩展速度 v_s 来描述扩展性能。

对不同的扩展理论，其扩展速度的表达式也不一样。扩散模型认为，载流子用扩散的方式向未导通地区扩展，当未导通区中载流子积累到纵向电流超过擎住电流时，该区域就导通，并继续向阻断区扩散。由此理论推得的扩展速度为

$$v_s = 1.48\sqrt{\frac{D_a}{t_r}} \tag{4.129}$$

采用扩散模型，等离子体扩展速度还可表示为

$$v_s = CJ^n(t) \tag{4.130}$$

式中，$J(t)$ 为导通期间通过器件的电流密度；$n=2\sim4$；常数 $C=\sqrt{\frac{D_a}{t_r}\left(\frac{t_r}{qW_{N1}n_{cr}}\right)}\frac{1}{n}$，其中 n_{cr} 为非平衡载流子浓度的临界值，超过该临界值 n_{cr} 时，该处的触发便开始。上式表明，导通区的电流密度越高，所形成的浓度梯度越大，有利于导通区的扩展。

根据横向电场漂移模型，当局部区域导通时，导通区的电位明显地高于 P_2 基区其他部分的电位，正是这个电场的建立，驱动着导通区向阻断区的扩展，这种横向电场模式得到导通区的横向扩展速度与电流密度有如下关系

$$v_s = A\ln J + B \tag{4.131}$$

式中，A 为与温度有关的一个常数；B 为元件结构常数。从横向电场理论可以预见到短路点的影响，由于短路点的存在使 P_2 基区横向电流在该处散开，从而减慢等离子体的扩展速度。

(3) 影响扩展速度的因素

对扩展速度的影响除了电流密度外，还与寿命、基区宽度等有关。

1) 少子寿命的影响。

扩展速度与少子寿命有如下关系

$$v_s \propto \tau^{1/2} \tag{4.132}$$

显然，v_s 将随少子寿命减小而减小。寿命对扩展速度的影响还表现在 α_1 和 α_2 上，这两者都随寿命而变化，而 α 值的大小又影响到扩展速度的大小。

2) 基区宽度的影响。

实验结果得到，扩展速度与基区宽度 W_{N1} 及 W_{P2} 成反比，即

$$v_s \propto \frac{1}{W_{N1}} \tag{4.133}$$

这是因为 α_1 和 α_2 都随基区宽度的增加而减小的结果。如果扩散系数为常数，联立式（4.132）和式（4.133）得到

$$v_s \propto \frac{\tau^{1/2}}{W_{N1}} \propto \frac{L}{W_{N1}} \tag{4.134}$$

此比值又与输运系数直接相关，即

$$\beta^* = \operatorname{sech}\left(\frac{W_{N1}}{L}\right) \tag{4.135}$$

由此看到，式（4.134）通过 L/W_{N1} 的比例关系，表明扩展速度受相应部分晶体管的输运系数的影响。高压器件要求较宽的长基区，因而扩展速度较小。

3) 短路点的影响。

短路点的存在将使一部分横向漂移电流通过短路点流出，因而在短路点周围扩展速度明显减慢。在门极附近的短路点对扩展速度影响最大，因此在短路点设计中，要特别注意第一圈短路点的排列。为了减小短路点对导通区扩展速度的影响，短路点的直径 d 应小于初始导通半径 r_0，即

$$d < r_0 = L_n \tag{4.136}$$

这样，载流子才容易越过短路点，向未导通区扩展。

4) 门极几何图形的影响。

对于一个给定的门-阴极几何图形来说，虽然初始电流密度和初始扩展速度较小，但扩展是沿一个较长的线开始的，且扩展面积（$L\times l$）随导通线增加而增长。所以，在大多数情况下，增大导通线 l 是有利的。为增大初始导通线，采用交叉指状门-阴极结构更有利于扩展。

5. 导通过程中的功率损耗

晶闸管导通过程中的电流、电压波形如图 4.35 所示。对于纯电阻性负载，可近似地取阳极电流 I_A 及加于器件的阳极电压 V_{AK} 都随时间按指数变化，

$$i_A(t) = I_{FM}(1 - e^{-t/\tau_r}) \tag{4.137}$$

$$V_A(t) = V_{DM} e^{-t/\tau_r} \tag{4.138}$$

于是导通一次的功率损耗 $P_{on}(t)$ 为

$$P_{\text{on}}^{(1)}=\int_0^{\infty}V_{\text{A}}(t)i_{\text{A}}(t)\text{d}t=\frac{V_{\text{DM}}I_{\text{FM}}}{4.4}t_{\text{r}} \quad (4.139)$$

若每秒导通f次，其平均导通损耗为

$$P_{\text{on}}^{(f)}=P_{\text{on}}^{(1)}\cdot f==\frac{V_{\text{DM}}I_{\text{FM}}}{4.4}t_{\text{r}}f \quad (4.140)$$

可见，导通损耗与频率f、上升时间t_{r}、断态峰值电压V_{DM}及通态峰值电流I_{FM}有关。要减小导通损耗应尽量缩短上升时间t_{r}。利用减小基区宽度（W_{N1}、W_{P2}）和提高少子寿命，能使导通耗散功率减小。

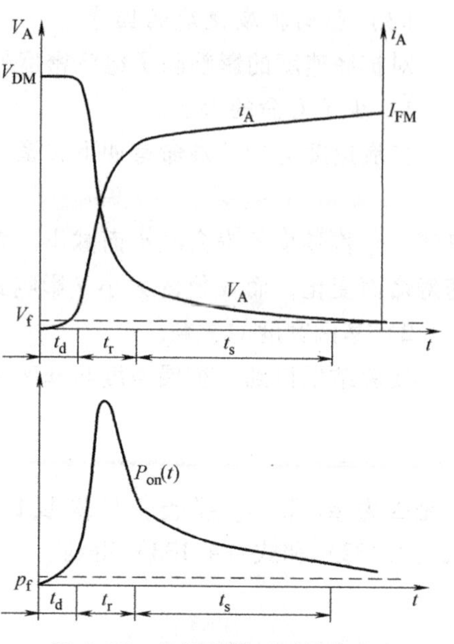

图 4.35　晶闸管导通时的电流、电压及功率的瞬时变化

4.6.2　通态电流临界上升率

第22讲　晶闸管di/dt耐量

晶闸管在导通过程中，最初只有很小一部分紧靠门极的阴极区导通，随后初始导通区以某种速度扩展到整个阴极面。如果初始导通面积过小，电流上升率又太大，电流密度过高，致使该区域结温急剧上升，造成器件烧毁。因此，对晶闸管来说，能承受的电流上升速率（即通态电流上升率 di/dt）有一个极限。为了防止晶闸管 di/dt 过高而损坏，从器件本身看，应采取措施提高 di/dt 耐量。另一方面，在实际应用中必须保证 di/dt 值低于出厂数据表中的 di/dt。

1. 导通过程中的电流上升率（di/dt）

用门极电流触发导通的晶闸管，导通首先发生在靠近门极附近的局部区域。如果负载电流增长很大，在初始导通区将引起很高的电流密度，此时平均导通功率虽不大，但瞬时功率却很大。如图 4.31 所示，在延迟阶段（t_{d}），器件上电压虽高，电流却很小，因而瞬时功率小。在上升阶段（t_{r}），电压迅速下降，电流急剧上升，瞬时功率最大。因为阳极电流增长的上升阶段基本上发生在初始导通区，因此电流上升率越大，瞬时功率的峰值越提前，越集中在较小的初始导通区。可见，晶闸管所能承受的 di/dt 极限值和初始导通区面积以及该区的热容量有关。

现以中心门极结构为例，粗略估算晶闸管内部的温升。假定负载为纯电阻，流过晶闸管的电流波形不受负载的影响；电流上升阶段的电流和电压都是时间的线性函数。因此在某时刻t，阳极电流可表示为

$$i_{\text{A}}=\frac{\text{d}i}{\text{d}t}t \quad (4.141)$$

阳极阻断电压下降过程中，电压可表示为

$$V_{\text{A}}=V_{\text{DM}}\left(1-\frac{t}{t_{\text{r}}}\right) \quad (4.142)$$

器件内部的瞬时耗散功率即等于V_{A}和i_{A}的乘积

$$p(t)=i_{\text{A}}V_{\text{A}}=V_{\text{DM}}\frac{\text{d}i_{\text{A}}}{\text{d}t}\left(1-\frac{t}{t_{\text{r}}}\right)t \quad (4.143)$$

若阴极的内径r_0，在时间t内，晶闸管导通面积已扩展到半径为$r=r_0+v_{\text{s}}t$的范围。该时

间内的导通面积为

$$S_A=\pi[(r_0+v_s t)^2-r_0^2]=l_s\left(r_0+\frac{1}{2}v_s t\right) \tag{4.144}$$

式中，$l_s=2\pi v_s t$，为门极对阴极的线作用长度。

利用式（4.143）和式（4.144）可求得功率密度为

$$p_s=\frac{p(t)}{S_A}=\frac{V_{DM}\frac{di_A}{dt}\left(1-\frac{t}{t_r}\right)t}{t_s\left(r_0+\frac{1}{2}v_s t\right)} \tag{4.145}$$

若以 h 表示硅片的厚度，在时间 t_r 内总的耗散功率密度为

$$p=\frac{1}{h}\int_0^{t_r}p_s(t)\,dt \tag{4.146}$$

若这些功耗全部转变为热量，则温升为

$$\Delta T=\frac{1}{\rho_s ch}\int_0^{t_r}p_s(t)\,dt \tag{4.147}$$

式中，ρ_s 为半导体硅的比热，$\rho_s=2.33\times10^{-3}$kg/m^3；c 为硅材料的比热，$c=0.695\times10^3$J/kg℃。

上式表明，耗散功率密度与电流上升率 di/dt 成比例。所以，di/dt 升高，则结温升高。由于硅的热容量小，导热率低，因而在电流上升阶段只有很少的热量传出去，从而导致初始导通区的温度迅速上升。随着温度升高，形成电热反馈，以此发展下去，在极短的时间内电流将集中在这个温度最高的区域，形成“热斑”，使器件不能正常工作甚至烧毁。这种损坏主要是导通区和未导通区之间存在有很高的温度梯度，使硅片的局部受到应力作用，而使硅片损坏，或者与硅接触的金属层在600℃以上时，会穿透硅片使器件发生了短路。

硅片损坏发生之前的 di/dt 极限值与初始导通面积的大小及扩展速度有关。因此。对于一个确定的器件，都有一个承受电流上升率的能力，即存在一个 di/dt 耐量的问题。

2. 提高 di/dt 耐量的措施

为保证晶闸管的结温不超过允许值，必须使电流上升过程中所产生的耗散功率小于某一极限值，即电流上升率（di/dt）必须小于允许值。当阳极电压一定时，要提高器件 di/dt 耐量，可以有如下办法：采用强触发或将门极对阴极的线作用长度设计得长些，以增大初始导通区面积；缩短导通时间，使导通期间的耗散功率减到最小；采用减小 W_{N1}/L_a 的比值。

（1）强触发电流法

从应用角度看，在门极瞬时耗散功率允许范围内，增大触发电流 I_G，可提高 di/dt 耐量。

在施加较高的门极电压和较大的门极电流 I_G 时，由于超过导通临界电压（V_K）的区域要比弱触发时大，因而使初始导通面积扩大，电流密度下降。另一方面，I_G 增大，J_3 结的正偏作用加强，发射效率提高，α_2 迅速变大，从而提高了晶闸管的导通速度。总之，采用强触发后 di/dt 耐量得到提高。

这种方法最为简单，但有局限性。有效的改进方法应是通过结构设计，使之从器件内部具有强触发的能力，例如放大门极、再生门极等就具有这种能力。

(2) 增大初始导通面积

晶闸管导通首先发生在门极附近的阴极面。显然改进门极-阴极的结构以增大初始导通面积，对改善 di/dt 耐量有积极的作用。

由式（4.144）看出，延伸门极长度，即增加门极对阴极线作用长度 l_s 来增大初始导通区面积，是提高晶闸管 di/dt 耐量的一个重要途径。如图 4.36 所示，将早期的边点状门极改为中心门极就是出于这种考虑。但简单的中心门极结构，初始导通面积仍然不大，允许的电流上升率较低。为增大初始导通面积，将中心门极改为中心放大门极，并做成各种复杂的图形，如王字形、交叉指状、渐开线、放射状及蜘蛛网状等。蜘蛛网状和渐开线门极，都用在快速和逆变类晶闸管中，可大大提高 di/dt 耐量。用一个圆的渐开线去确定门极的边缘，能使所有阴极区和门极的边缘间的距离都相等。当要求横向门极电阻为均匀分布的情况下，这种门极是极其有用的。渐开线门极图形小，发射区面积与周界长度之比为一般中心门极的 10~20 倍。若保证全线导通的话，渐开线型结构的初始导通面积将是中心门极初始导通面积的几十倍。这就大大降低了初始导通区的电流密度，使 di/dt 耐量做得很高。

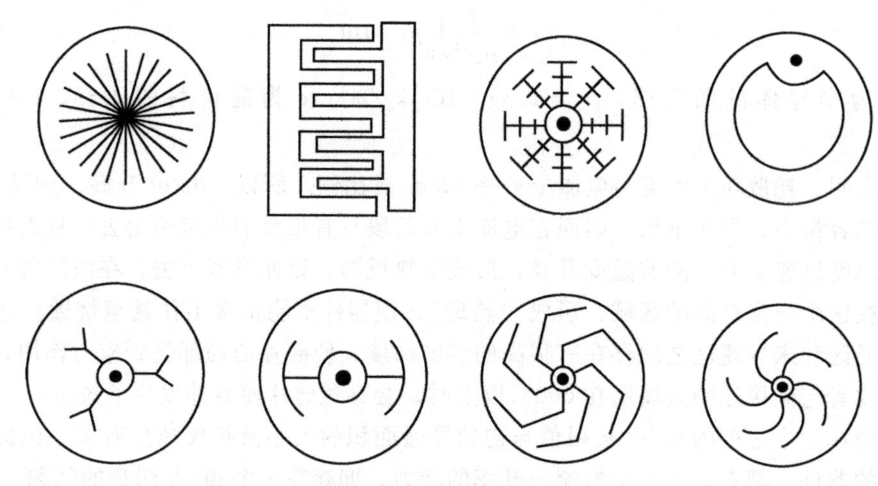

图 4.36　门极-阴极图形

在图 4.36 的例子中，梳状门极适用于方形的小晶闸管，尤其适用于高频工作的小晶闸管，指间的宽度可以做得非常小，使等离子体扩展得很快，di/dt 耐量也就很高。

增加门极的长度，无疑需要使门极电流也近似成比例地增大。因为采用了放大门极结构，它能够利用负载电流本身作为能源去推动一个很大的门极电流流入器件。所以，采用增加门极长度和放大门极结构相结合，便能够使导通时间减小，扩展速度和 di/dt 耐量得到提高。

(3) 放大门极

放大门极的工作原理已在前面介绍过，如图 4.37 所示，在这种门极结构中，相当于把一个小晶闸管集成在主晶闸管的硅片上，门极触发电流首先触发放大门极结构 K′（小晶闸管）后，小晶闸管的全部阴极电流对主晶闸管起着触发电流的作用，实现了强触发。

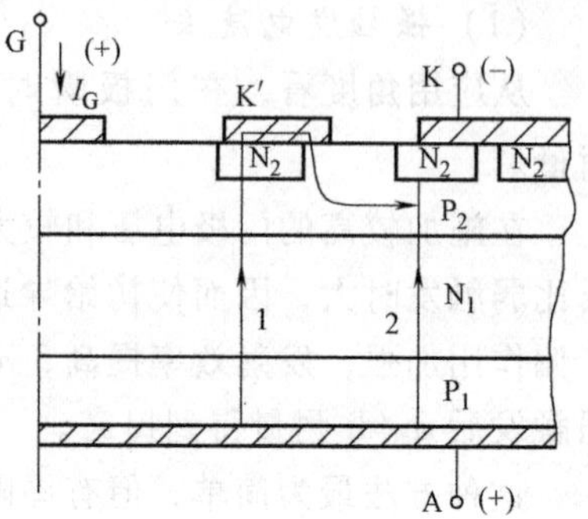

图 4.37　放大门极

在整个导通过程中，小晶闸管的导通过程相当于延迟时间阶段，当小晶闸管的通态电流去触发主阴极时，主晶闸管就大面积地迅速导通，从而提高了 $\mathrm{d}i/\mathrm{d}t$ 耐量。

4.6.3　断态电压临界上升率

第23讲　断态电压临界上升率dv/dt

在瞬变条件下，处于断态的晶闸管也能够在低于转折电压下导通。转折电压降低的程度取决于阳极电压的大小和它的上升率。这种现象称为 $\mathrm{d}v/\mathrm{d}t$ 效应。此种效应引起的晶闸管导通称为 $\mathrm{d}v/\mathrm{d}t$ 触发。

在规定的条件下，不导致晶闸管导通的最大电压上升率称为断态电压临界上升率 $\mathrm{d}v/\mathrm{d}t$。它是晶闸管能承受的电压上升率的极限值。若与器件的关断过程无关，则称为静态 $\mathrm{d}v/\mathrm{d}t$。当晶闸管由通态恢复到断态，能够承受一定断态电压上升率而不会重新导通时，这种允许的电压上升率（$\mathrm{d}v/\mathrm{d}t$）称为再加（或重加）$\mathrm{d}v/\mathrm{d}t$。本节主要讨论静态 $\mathrm{d}v/\mathrm{d}t$。

1. $\mathrm{d}v/\mathrm{d}t$ 引起的导通

当晶闸管由一个稳态过渡到另一个稳态时，各中性区非平衡载流子浓度就会发生变化，而电荷的转移将形成电流，电荷转移的速度决定了电流的大小。就 J_2 结而言，当 V_{AK} 上升得越快，J_2 结空间电荷区展开就越快，相应地流进 N_1 区、P_2 区的电子和空穴流也就越多。因为 J_2 结可以看作是一个势垒电容，故这些电子、空穴流就称作电容性电流或位移电流（I_d）。

PN 结电容包括势垒电容 C_T 和扩散电容 C_D，即 $C_J=C_T+C_D$。对于正偏结，以扩散电容为主，反偏结则以势垒电容为主。当晶闸管加上正向电压，若不考虑存储电荷的变化$\left(\text{即}\dfrac{\mathrm{d}Q_S}{\mathrm{d}t}=0\right)$，每个结的正向电流可表示为

$$i_F=\frac{Q}{\tau}+C_T\frac{\mathrm{d}v}{\mathrm{d}t}+C_D\frac{\mathrm{d}v}{\mathrm{d}t} \tag{4.148}$$

处于正偏状态的 J_1 结、J_3 结，正向电流为

$$i_{F1}=\frac{Q_1}{\tau_1}+C_{D1}\frac{\mathrm{d}v_1}{\mathrm{d}t} \tag{4.149}$$

$$i_{F2}=\frac{Q_2}{\tau_2}+C_{D2}\frac{\mathrm{d}v_2}{\mathrm{d}t} \tag{4.150}$$

以上两式中，Q_1/τ_1，Q_2/τ_2 均为稳态时二极管的饱和电流，与电压无关。若加于 J_2 结的电压上升率近似等于晶闸管的断态电压上升率，即 $\dfrac{\mathrm{d}v_2}{\mathrm{d}t}\approx\dfrac{\mathrm{d}v_{DR}}{\mathrm{d}t}$，而正偏 J_1 结、J_3 结的电压上升率非常小，故 $\dfrac{\mathrm{d}v_1}{\mathrm{d}t}<<\dfrac{\mathrm{d}v_2}{\mathrm{d}t}$，其位移电流非常小。但晶闸管的断态电压上升率较大时，总的位移电流由 J_2 结电容产生的 i_{Di} 决定。因此有

$$i_{Di}=i_{F2}\approx C_{J2}\frac{\mathrm{d}v_{DR}}{\mathrm{d}t} \tag{4.151}$$

式中，C_{J2} 为 J_2 结电容。由于 J_2 结电容的位移电流会提高发射极边缘的正偏电压，从而使 α_2 及 α_1 增加。当 $\mathrm{d}v/\mathrm{d}t$ 足够高，产生的 i_{Di} 相当大时，会最终导致 $\widetilde{\alpha}_1+\widetilde{\alpha}_2=1$ 的条件被满足

而导通。为使晶闸管不致因为位移电流产生不希望的开通，必须提高器件的 dv/dt 的允许值，即 dv/dt 耐量。

2. 提高 dv/dt 耐量的途径

一个晶闸管所能承受而不致引起导通的最大 dv/dt 值，称为 dv/dt 耐量。提高此耐量的途径：一是通过器件本身结构的合理设计；二是在应用线路上采用措施来实现。

从晶闸管本身看，主要是采用短路发射极和降低少子寿命；从线路方面看，可采用负门极偏置使位移电流从门极流出以降低 α 的灵敏性，以及采用吸收电路等措施。下面重点分析从器件本身看的问题。

(1) 降低基区少子寿命

低的基区少子寿命，使得在断态电压上升过程中，因载流子复合增加，使 J_1 结和 J_3 结的正偏作用减小，发射效率下降，从而晶闸管允许流过较大的位移电流，dv/dt 耐量得到提高。

(2) 短路发射极

采用阴极短路点时，除了 dv/dt 值很大之外，一般能够避免因 dv/dt 而引起的导通。因为由断态电压上升率所产生的位移电流将横向流过 P_2 基区，经短路点流到阴极。若位移电流所产生的横向压降小于 J_3 结的开放电压时，晶闸管就不会因位移电流而导通，dv/dt 耐量因此而提高。

短路点的存在将 i_{Di} 从 J_3 结旁路掉，因而 α_2 实际上不受 i_{Di} 的影响。采用短路发射极能使 dv/dt 的耐量从每秒几十伏增大到每秒几千伏。

阴极短路点一般为圆形，按正三角形、正方形或正六角形有规则地排列在阴极面上。下面以正三角形为例，分析 dv/dt 与器件结构参数之间的关系。

图 4.38 为三角形排列的情况，d 和 D 分别为短路点直径与两短路点的中心距。由电容位移电流引起的流过半径 r 的 dr 部分的电流等于

$$J(r) = \int_r^{D/2} (2\pi r \mathrm{d}r) J_{\mathrm{Di}} = (2\pi J_{\mathrm{Di}}/2)\left(\frac{D^2}{4} - r^2\right) \quad (4.152)$$

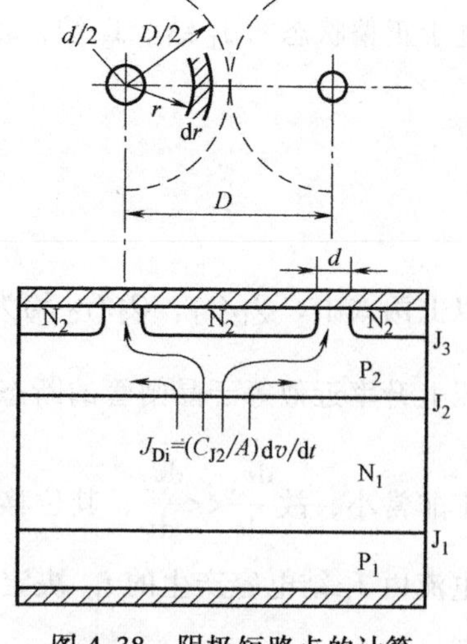

图 4.38 阴极短路点的计算

通过 dr 部分的横向压降为

$$\mathrm{d}V = \frac{J(r)\rho_{\mathrm{P2}}\mathrm{d}r}{2\pi r W_{\mathrm{P2}}} = \frac{R_\square J(r)\mathrm{d}r}{2\pi r} \quad (4.153)$$

式中，ρ_{P2} 为 P_2 区电阻率；W_{P2} 为 P_2 区宽度；$R_\square$ 为薄层电阻。

在 $d/2$ 和 $D/2$ 之间的电压降（横向压降）为

$$V_{\mathrm{ab}} = \int_{d/2}^{D/2} \mathrm{d}v = \frac{R_\square J_{\mathrm{Di}}}{16}\left[d^2 + D^2\left(2\ln\frac{D}{d} - 1\right)\right] \quad (4.154)$$

由 dv/dt 引起的位移电流为

$$J_{\mathrm{Di}} = \frac{C_{\mathrm{J2}}}{A}\frac{\mathrm{d}v}{\mathrm{d}t} \quad (4.155)$$

所以

$$\frac{\mathrm{d}v}{\mathrm{d}t}=\frac{V_{\mathrm{ab}}A}{R_{\square}C_{\mathrm{J2}}R_{\mathrm{s}}} \tag{4.156}$$

式中 R_s 为短路（图形）因子，用下式表示

$$R_{\mathrm{s}}=\frac{1}{16}\left[d^2+D^2\left(2\ln\frac{D}{d}+1\right)\right] \tag{4.157}$$

由式（4.156）看出，电压上升率 $\mathrm{d}v/\mathrm{d}t$ 与 R_s 成反比。很显然，采用密而小的阴极短路点，更能有效地提高 $\mathrm{d}v/\mathrm{d}t$ 耐量。

阴极短路点有许多作用，例如，可提高断态耐压能力、$\mathrm{d}v/\mathrm{d}t$ 耐量、高温特性以及改善关断特性。但也存在一些不利的地方，短路点要占据一部分阴极面积，影响通态特性；增加门极附近的短路点对 $\mathrm{d}v/\mathrm{d}t$ 耐量提高有利，但对 P_2 区横向电流存在一定的分流，会影响扩展速度等。短路点的设置对其他动态参数的影响可归纳于表 4.1 中。

表 4.1　短路点参数对各种动态参数的影响

短路点参数	dv/dt 耐量	正向通态压降	开通时间	关断时间
d 变大	变高，有利	变高，不利	变长，不利	变短，有利
D 变大	变差，不利	变低，有利	变短，有利	变长，不利
短路点离门极变远	变低，不利	变低，有利	变短，有利	变长，不利

4.6.4　关断特性

第24讲　晶闸管的关断特性

所谓晶闸管的关断特性，是指晶闸管由通态恢复为反向阻断状态，进而恢复到断态［能重施加具有一定电压上升率（$\mathrm{d}v/\mathrm{d}t$）的断态电压而不会发生导通］的全过程所对应的特性。

晶闸管的关断特性常用关断时间（t_{off}）来描述。关断时间短的晶闸管，具有好的关断特性。在工业应用的晶闸管，关断时间并不重要，但在逆变和变频以及高频应用时便成为重要的参数。

1. 关断方法

晶闸管由通态恢复到断态的关断与关断方法有关。概括地说，关断主要有两种方法：电流中断法和电流换向法。此外还有门极反偏关断法。

（1）电流中断法

阳极电流中断技术，是指阳极电流下降到维持电流以下而实现的关断。一般采取打开串接转换开关，使电流旁路到其他电路中去，或者增大负载电阻的方法，使阳极电流降到维持电流以下。这种关断方式，晶闸管仍保持正向偏置，基区储存的电荷通过载流子复合过程消失。

（2）电流换向法

用电流换向法关断晶闸管，有两种方法：自然换向和强迫换向法。

自然换向关断是指在交流电路中，从正半周到负半周，通态电流降到维持电流以下过零而自然关断。这种方式的关断时间较长。

所谓强迫关断，是用一个分离的换向电路，对晶闸管施加反向电压，强制阳极电流反向

流动。在电流换向时，部分过量储存的电荷由反偏电压抽走，以加速关断过程的建立。强迫关断过程容易控制，在电路中广泛使用。本节也着重研究此种关断的物理过程。

（3）门极加负偏压的关断

处于通态的晶闸管需要关断时，在门极与阴极间加负的门极偏压（$-V_G$）使器件关断的方法，称为门极关断。普通晶闸管不能采用此法。

门极关断有两种情况。一种是在强迫关断过程中，重加正向电压前瞬间，给门极加上一个负的电压脉冲，即加上一个负的门极电流来帮助阳极电流换向，此种方法称为门极辅助关断。它的本质仍属于强迫关断，在专门研制的门极辅助关断晶闸管上才可采用。另一种情况，即纯粹的负门极电流关断，称为自关断，它只适用于特殊制造的门极关断（GTO）晶闸管，其工作原理在下一章介绍。

2. 关断时间

采用改变电压极性强制换流关断的电路如图 4.39 所示。这是简化的器件基本换向电路，切换开关 S 是象征性的，当开关 S 处于位置 1 时，晶闸管工作在通态，有恒定的通态电流 I_T 流过，其大小由负载电阻 R_L 决定。导通期间，由于两个基区充满了大量的非平衡载流子，J_2 结处于正偏。显然，为了关断晶闸管，必须扫除基区中的这些非平衡载流子（即存储的电荷），使器件转变为不导通状态。为达此目的，采用强迫换向方法关断晶闸管。下面分析处于通态的晶闸管突然加反向电压后的关断过程。

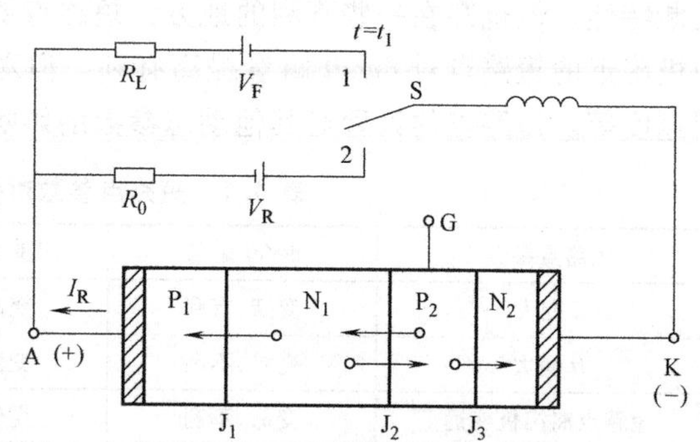

图 4.39 晶闸管换流关断示意图

（1）关断时间的定义

图 4.40 示出了处于通态的晶闸管，在加反向电压强制阳极电流换向一直到正向阻断能力恢复为止，电流和电压随时间的变化过程。在图上，关断过程从 t_0 时刻起。正向电流开始减小，到 t_1 时刻电流下降为零，此时在 N_1 和 P_2 区仍存在着大量的载流子（关断过程中载流子浓度分布曲线如图 4.41 所示），这些非平衡载流子使晶闸管维持导通状态。因此晶闸管的端电压仍然保持为正向的通态压降 V_T。

在 $t=t_1$，通过晶闸管的电流开始反向，流过反向电流 i_R。由于内部储有过量的载流子参加导电，因而产生很大的反向恢复电流。反向电流通过 J_1 结从 N_1 区中带走空穴，通过 J_3 结从 P 区带走电子。所以图 4.41 边界 x_5、x_2 处的过剩载流子浓度比内部下降得更快，一旦这些地方的剩余载流子浓度下降到零，晶闸管便呈阻断状态。

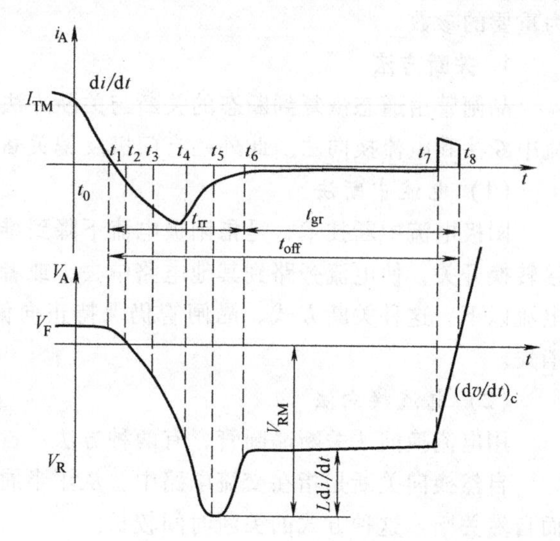

图 4.40 电感负载强制关断的电流电压波形

由于内部过剩载流子逐步被扣除，晶闸管的端电压 V_{AK} 也下降，反向电流增加。

当 $t=t_2$ 时，反向电流形成的漂移压降与载流子分布形成的结压降刚好抵消，此时 $V_{AK}=0$。

$t_2 \to t_3$，J_3 结 P_2 区边缘处的载流子逐步被扣除，形成一定厚度的空间电荷层，载流子恢复到正常状态，J_3 结内正偏变成反偏，首先恢复反向阻断。晶闸管承受的反向电压也随之增大。

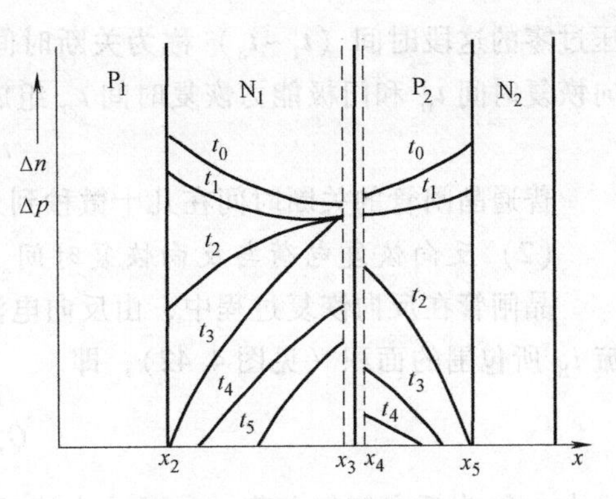

图 4.41　关断过程中非平衡载流子浓度变化

为什么 J_3 结首先恢复反向阻断能力呢？从图 4.16 看到，因为 P_2 区的少子寿命要比 N_1 区短，且有阴极短路点辅助抽出载流子（电子），由正偏 J_2 结从 N_1 区注入（补充）到 P_2 区的电子又极少。而 P_2 区的空穴则可由正偏 J_2 结注入 N_1 区，使 N_1 区通过 J_1 结流出的空穴得到补充。N_1 区内的非平衡载流子电子被封闭在该区内，只能靠复合来减少，结果，J_3 结必然首先恢复阻断能力。

由于抽出作用使存储的电荷下降比复合快得多，因而在 $t=t_2$ 时刻开始，x_5 处的载流子首先降为零，J_3 结承受反向电压。此时晶闸管的主电压反向并增大。但是重掺杂的 J_3 结反偏后很快被击穿，对于换向电压大于击穿电压的情况，即 $V_R >> V_{BR3}$，电流在上升率实际并不减少的情况下继续流动到 t_4 时刻为止。

当 $t=t_3$ 时，J_1 结边缘 x_2 处的载流子浓度也下降到零，J_1 结承受反向电压并随着反向电压的增加，反向电流也继续上升。

$t=t_4$ 时，J_1 结承受的电压达到外部（电源）所加的反向电压 V_R，反向恢复电流达到峰值。在 $t>t_4$ 后，反向电流减小，电感 L 中产生的电动势（$L\mathrm{d}i/\mathrm{d}t$），使晶闸管的电压高于电源电压，由图 4.40 可得到加到晶闸管上的反向电压

$$V_r = V_R + L\frac{\mathrm{d}i_R}{\mathrm{d}t} - i_R R_0 \tag{4.158}$$

这表明，加在晶闸管上的反向电压可能比电源电压 V_R 高得多。电感 L 越大则反向电压越高，将会造成过电压，危及晶闸管。

在 $t=t_5$ 时，电感中的电动势达到最大值，晶闸管的反向电压达到峰值 V_{RM}，随后反向电压、反向电流一起减小。

当 $t=t_6$ 时，反向电流已减小到稳定值，反向电压也稳定在电源电压 V_R，此时晶闸管恢复到反向阻断状态。通常把 t_1 到 t_6 这段时间称为反向恢复时间，用 t_{rr} 表示。

虽然在 $t=t_6$ 时晶闸管已恢复到反向阻断状态，J_1 结承受了几乎全部的反向电压，晶闸管的工作类似于基极浮空的 $P_1N_1P_2$ 晶体管，载流子的消失主要受 N_1 基区的复合过程所控制。如果在所有过剩电荷消失之前重新加上正向电压，其结果会有一个正向恢复电流脉冲出现，该正向恢复电流的大小不仅取决于过剩电荷的数值，也取决于重加正向电压上升率 $(\mathrm{d}v/\mathrm{d}t)_c$ 的值，如果正向恢复电流过大，器件将重新导通，关断失败。为此，必须经过一段必要的时间，使 N_1 基区中残余载流子充分复合，完全消失，在重加具有一定的 $(\mathrm{d}v/\mathrm{d}t)_c$ 正向电压时，即在 $t=t_8$，晶闸管不会发生导通，器件已恢复断态，关断成功。因此，把 t_6 到 t_8 这段时间称为门极能力恢复时间，用 t_{gr} 表示（也有称为断态恢复时间的）

根据上述关断过程，定义正向电流过零的 t_1 时刻起，到重加正向电压 $(\mathrm{d}v/\mathrm{d}t)_c$ 并使电

压过零的这段时间（$t_1\sim t_8$）称为关断时间，用 t_{off}（或 t_q）表示。由图 4.40 可见，它由反向恢复时间 t_{rr} 和门极能力恢复时间 t_{gr} 组成。

$$t_{off}=t_{rr}+t_{gr} \tag{4.159}$$

普通晶闸管的关断时间在几十微秒到几百微秒，快速器件只有几微秒到几十微秒。

(2) 反向恢复电荷与反向恢复时间

晶闸管在反向恢复过程中，由反向电流从基区中带走的存储的电荷量，近似等于反向电流 i_R 所包围的面积（见图 4.42），即

$$Q_r=\int_{t_1}^{t_6} i_R \mathrm{d}t \tag{4.160}$$

式中，Q_r 为反向恢复电荷。Q_r 是由电流反向以前基区存储的电荷量所决定。加反向电压前的通态电流 I_T 较大，加反向电压后其通态电流的减小率（$-\mathrm{d}i/\mathrm{d}t$）也较大。这是因为加反向电压开始到电流过零之间的时间变得更短，基区中复合掉的非平衡载流子数目减小，故恢复时间长。相反，（$-\mathrm{d}i/\mathrm{d}t$）较小时，Q_r 可望减小。

反向恢复电荷的存在，使器件在串联运用时，存在着瞬时反向均压问题，因而反向恢复电荷 Q_r 对晶闸管是一个十分有用的参量。为求 Q_r，实际测量中，如图 4.42 所示，将正向电流过零那一点开始，到反向电流减小到 $0.9I_{RM}$ 和 $0.1I_{RM}$ 两点连线与时间坐标交点之间的时间间隔定义为反向恢复时间（t_{rr}），曲线包围之面积（图中的斜线部分）即为反向恢复电荷，即

$$Q_r=\frac{1}{2}I_{RM}t_{rr} \tag{4.161}$$

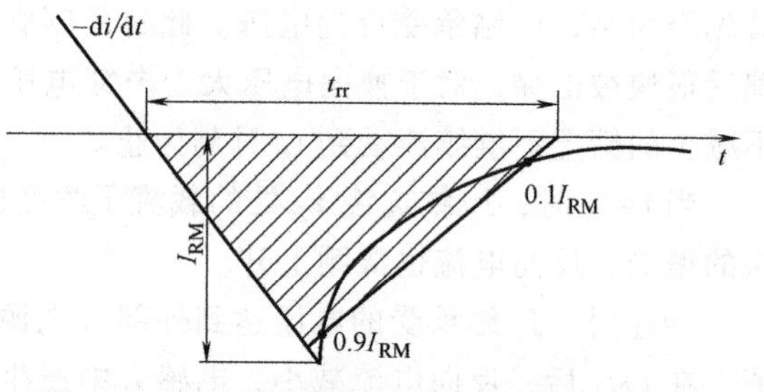

图 4.42 反向恢复电荷及反向恢复时间的波形

3. 关断时间与元件参数之间的关系

(1) 关断时间与少子寿命的关系

以上分析可知，N_1 基区中存储的电荷在电流过零时开始，主要靠复合来消失。根据这个概念，可以推出关断时间与少子寿命间的关系。

晶闸管在通态时，需要供给 N_1 区的最小电流，等于 N_1 区过剩载流子的复合电流，即

$$I_{N1}=\frac{Q_1}{\tau_p} \tag{4.162}$$

式中，Q_1 及 τ_p 分别为 N_1 区存储的电荷与少子寿命。

因为 N_1 区复合电流 I_{N1} 主要是由 J_3 结注入的电子电流来提供，它等于

$$I_{N1}=\alpha_2 I_A \tag{4.163}$$

式中，I_A 为通过器件的总电流。联立式（4.162）和式（4.163）得到：N_1 区存储的电荷 Q_1 与总电流 I_A 成正比，即

$$Q_1=\tau_p\alpha_2 I_A \tag{4.164}$$

设在时间 $t=t_0$ 时，对晶闸管施加反向电压，则电荷按指数规律衰减，即

$$Q_1(t)=Q_1(0)\mathrm{e}^{-t/\tau_p} \tag{4.165}$$

但存储的电荷又与总电流成正比，因此，总电流也是按指数规律衰减，即

$$I_A = I_T e^{-t/\tau_p} \tag{4.166}$$

式中，I_T 为 $t=t_0$ 开始加反向电压时的通态电流。当晶闸管恢复到断态时，它所对应的电流为维持电流 I_H，故由式（4.166）得到

$$t=0,\ I_A = I_T \tag{4.167}$$

$$t=t_{off},\ I_A = I_T e^{-t_{off}/\tau_p} < I_H \tag{4.168}$$

即

$$t_{off} = \tau_p \ln \frac{I_T}{I_H} \tag{4.169}$$

此式便是常用来估算关断时间的公式。它表明，晶闸管的关断特性主要取决于少子寿命 τ_p。因此，为了缩短器件的关断时间，主要采取的措施就是降低少子寿命。

（2）关断时间与长基区宽度的关系

在器件关断过程中，流过器件的电流只有小的漏电流，所以可以近似把 α 看成是小电流下的 α，即

$$\alpha_1 = \gamma_1 \operatorname{sech}\left(\frac{W_{eN1}}{L_p}\right) \approx \gamma_1\left(1 - \frac{W_{eN1}^2}{2L_p^2}\right) \tag{4.170}$$

α_1 和 γ_1 均为设计中取定了的常数。由上式得到

$$\frac{W_{eN1}^2}{2L_p^2} = 1 - \alpha_1 = B \tag{4.171}$$

式中 $B=1-\alpha_1$，由选取 α_1 来决定。联立式（4.169）与式（4.171）得到

$$t_{off} = \frac{W_{eN1}^2}{2BD_p} \ln \frac{I_T}{I_H} \tag{4.172}$$

可见，关断时间与基区宽度的二次方成正比。为提高器件的耐压，应加厚基区，增加硅片厚度，相应地关断时间增长。因此，高耐压器件要做到关断时间短，是极其困难的。

4. 减小关断时间的措施

以上分析中，认为关断电流等于维持电流，这是一种近似。更为精确的分析，对晶闸管关断过程采用数字模拟，将重加 $(dv/dt)_c$ 及短路点的影响都包括进去，甚至把迁移率对温度、掺杂浓度和载流子密度的影响也包括进去。但是，对改善晶闸管关断特性应采取的措施来说，同粗略的近似分析所指明的方向是一致的。

在关断过程中，当重新加上具有一定电压上升率的阻断电压时，如果器件能保持它的阻断状态，那么基区内的残余载流子浓度必须降到某一临界值以下，因而改进晶闸管关断性能的技术主要是怎样加快残余电荷的消失。

（1）降低少子寿命

由式（4.172）看出，正向电流和维持电流的变化对关断时间的影响同 τ_p 对关断时间的影响相比是不太敏感的。关断时间与少子寿命 τ_p 近似成比例关系，加速残余载流子的复合，降低少子寿命，可以有效地缩短关断时间。因此，可以采用降低少子寿命的技术，如扩金、铂或钯电子辐照技术在 N_1 区形成复合中心，从而增加对非平衡载流子的复合，以达到缩短（控制）关断时间的目的。

但是，对于四层结构3个PN结的晶闸管来说，关断时间强烈地依赖J_2结附近的载流子寿命。为取得t_{off}与V_T之间，t_{off}与漏电流之间较理想的折中特性，必须合理控制N_1基区中深中心的分布。理论研究和实验都指出，深中心的分布应是阳极侧低，阴极侧高。为了形成一个阴极侧高而阳极侧低的金分布剖面，可采取①从晶闸管阳极侧进行高表面浓度的硼扩散，②在阴极侧进行低浓度的磷扩散和③芯片两面扩金的扩散技术。

电子辐照尽管折中特性不如掺金优越，由于它所具有许多优越性，因此在晶闸管中广泛采用。

(2) 控制基区宽度

由式（4.172）看出，t_{off}与W_{eN1}^2成正比。减薄基区，特别是N_1区的宽度，有利于缩短关断时间。另一方面，基区宽度W_{N1}又受到耐压的限制，在设计中要两者兼顾。

晶闸管结构的最佳设计要求在关断时间、通态压降和阻断电压之间进行协调。如果能由寿命不随位置变化的基区变为寿命可以局部控制降低的基区，那么这3个参数之间的相互影响可以在某种程度得到减小。

(3) 适当增加短路点的密度

阴极短路点在关断过程中的两个阶段有重要影响。第一阶段，电流下降过零后，空穴电流经过短路点注入到基区，使$N_2P_2N_1$晶体管会继续导通，所以大量的电子电流会继续流过J_3结，这种影响会加速存储电荷的消失。短路点其作用的第二阶段是在重加正向dv/dt期间。因为短路点减小了N_2发射区的有效发射效率，这使得由于存储电荷和电容位移电流两者共同引起的正向恢复电流（空穴电流），即

$$J=J_{Di}+J_q \tag{4.173}$$

可以从P_2基区抽出而不会引起晶闸管的重新导通。为了防止晶闸管因正向恢复电流而导通，由式（4.155）和式（4.156）看到，R_s值必须减小到低于只抽走位移电流所要求的电阻值才行。要使R_s值减小，可采取适当缩小短路点尺寸，增加短路点的数量的办法。这样，器件在重加正向电压时就能够承受更大的正向恢复电流而不会导通。换句话说，允许的重加$(dv/dt)_c$可加得更早，关断时间变得更短。

(4) 外部条件对关断时间的影响

1) 温度的影响。

结温越高，少子寿命越长，漏电流增加，它们都有延长关断时间的作用。

2) 反向电压的影响。

提高关断时施加的反向电压V_R，能使J_3结和J_1结附近的非平衡载流子浓度衰减更快，有利于缩短关断时间。一般，V_R选择在20~100V。

3) 重加正向电压及上升率的影响。

当施加的正向阻断电压值越大，$(dv/dt)_c$值越高，则关断时间也越长。

4.7 晶闸管的派生器件

第25讲 晶闸管的功耗

随着电力电子技术的迅速发展，在普通晶闸管的基础上，出现了多种派生晶闸管，这是以普通晶闸管为主体发展起来的派生器件。比如双向、快速与高频、逆导和GTO晶闸管等，本节将对这些器件予以介绍。

4.7.1 快速晶闸管

普通晶闸管受开关速度因素的限制，在重复频率较高的电路中难以工作。例如，当工作频率高于8000Hz时，一个周期等于125μs。工作在该场合的晶闸管的导电时间为半个周期（60μs左右），在另外半周期内必须恢复为断态，以承担正向电压。如果用关断时间（t_q）为60μs的晶闸管组成逆变电路，实际上是不能工作的。为了保证晶闸管可靠关断，关断时间必须小于1/4周期（t_q<33μs）。此外，随着工作频率的增加，晶闸管中的通态电流允许值将明显降低。

为了满足高频场合应用的要求，应该提高晶闸管的开关速度（导通时间、扩展速度、关断时间等），提高通态电流临界上升率di/dt和断态电压临界上升率dv/dt，降低开关耗散功率和减小通态压降等。

快速晶闸管是适用于高频场合的结构最简单的一种高频开关器件。其基本结构与普通晶闸管相同，为（P_1、N_1、P_2、N_2）三端结构。它同样是利用门极触发电流使处于断态的晶闸管导通，而导通之后靠内部的电流再生正反馈作用维持导通，利用加反向电压而关断。因此，开关特性相似，开关过程相同。快速晶闸管也是一种逆阻型器件。

为了满足高频应用的要求，其开关特性相对普通晶闸管做了明显改进，分别讨论于下。

1. 门极—阴极图形设计

由前面分析得知，为改善晶闸管的导通特性，采用增加门极对阴极的线作用长度和放大门极结构等。因此，能够使其导通时间减小，扩展速度和通态电流临界上升率增加。

在快速晶闸管中，除了普遍采用放大门极结构以外，把门极-阴极图形进行合理设计，采用交叉指状和渐开线结构等，使门极对阴极的初始线作用长度增加。

2. 寿命控制

关断特性好（关断时间短、反向恢复电荷少等）是快速晶闸管的特点之一。改善关断特性的方法是进行基区少子寿命控制，以降低N_1基区的少子寿命。掺金、电子辐照和质子辐照是常用来降低少子寿命的工艺。

3. 阴极短路点的合理设计

阴极短路点对改善晶闸管的断态耐压能力和断态电压上升率dv/dt有明显作用。通常在快速晶闸管中普遍采用这一结构。

但是，在晶闸管导通过程中，阴极短路点会使扩展速度和通态压降受到影响。因此，在快速晶闸管中合理地使用阴极短路点，综合考虑各动态参数之间的相互影响，以获得良好的效果。

4. 基区厚度的考虑

为了满足晶闸管耐压的要求，阻断电压增加时，通常采用较厚的硅片，这使得晶闸管的导通速度降低，通态压降增加。

对于快速晶闸管，为改善导通特性，应采用较薄的基区（W_{N1}较小），从而使基区输运系数增加，电流放大系数变大，以加速导通过程。相反，将使其耐压能力受到影响。

由以上简单分析知道，改善快速晶闸管动态参数是利用降低静态特性（如耐压）来达到的。

4.7.2 双向晶闸管

1. 双向晶闸管的产生和基本特性

(1) 双向晶闸管的产生

整机和器件是相辅相成，互相促进的。一方面新器件的产生给整机带来发展，而整机对器件提出新的要求，又往往促进新器件的产生。双向晶闸管就是双方相互促进而发展起来的产物。普通晶闸管本质上是一种直流开关器件，它只能控制半周导通，在控制交流功率时，常常要使用两只晶闸管反并联，每只控制半个周期，需要两套独立的触发电路，使用起来很不方便。1963 年 10 月，Gentry 提出了一种三端交流开关 Triac。这是一种有短路发射极、P 门极、结型门极和远隔门极触发的 3 只晶闸管的集成器件，这就是双向晶闸管。一般地，它有 5 个 PN 结的 5 层结构，又综合了结型门极和远隔门极两种新的结构。功能上，具有两只反并联晶闸管的特性和作用，而外形类似于普通晶闸管。在电路上达到真正简化的目的。这是功率集成器件的起点。

(2) 基本特性

1) 型谱表示。

双向晶闸管的型谱如图 4.43 所示。

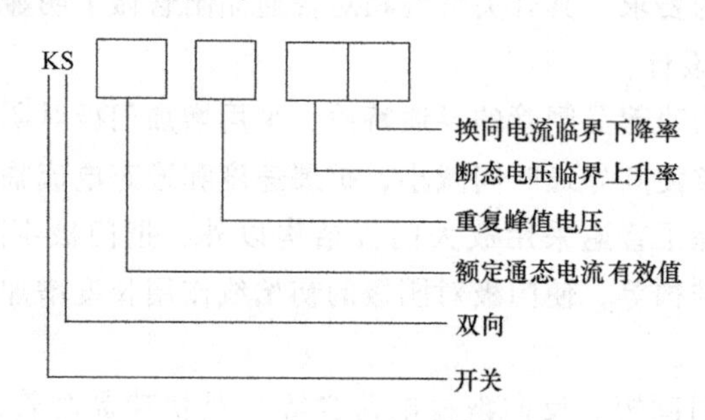

图 4.43　双向晶闸管型谱

2) 结构。

双向晶闸管的结构示意图如图 4.44a 所示，由图可以看出，双向晶闸管是在普通晶闸管的 $P_1N_1P_2N_2$ 的基础上，增加了一个结型门极 J_4 和 N_3 区，门极 G 将 N_3 区和 P_2 区短路。对与 P_1 区直接相连的 T_1 极（相当于普通晶闸管的阳极 A）来说，G 极是结型远隔门极。对与 N_2 直接相连接的 T_2 极（相当于普通晶闸管的阴极 K）来说，G 极是结型门极。另外又在 P_1 区增制了一个 J_5 结和 N_4 区。这样双向晶闸管就相当于由 3 个晶闸管（$P_1N_1P_2N_2$、$P_1N_1P_2N_3$、$P_2N_1P_1N_4$），一个晶体管（$N_3P_2N_2$）和几个电阻的集成。T_1 和 T_2 极分别又成为主端子 T_1 和主端子 T_2。图 4.44b 为双向晶闸管的 *V-I* 特性，图 4.44c 为双向晶闸管的图形符号。双向晶闸管有 4 种触发方式，主端子 T_1 对主端子 T_2 为正电位时，相当于Ⅰ象限，这时有两种触发方式，G 极相对于 T_2 为正电位，即 $Ⅰ_+$触发；G 极相对于 T_2 为负电位，即 $Ⅰ_-$触发。主端子 T_1 对主端子 T_2 为负电位时，相当于Ⅲ象限，这时也有两种触发方式，G 极相对于 T_2 为正电位，即 $Ⅲ_+$触发；G 极相对于 T_2 为负电位，即 $Ⅲ_-$触发，如图 4.44b 所示。

2. 双向晶闸管的触发原理与触发方式

双向晶闸管是一种交流器件，其 *V-I* 特性如图 4.44b 所示为对称的，正反向都能导通，

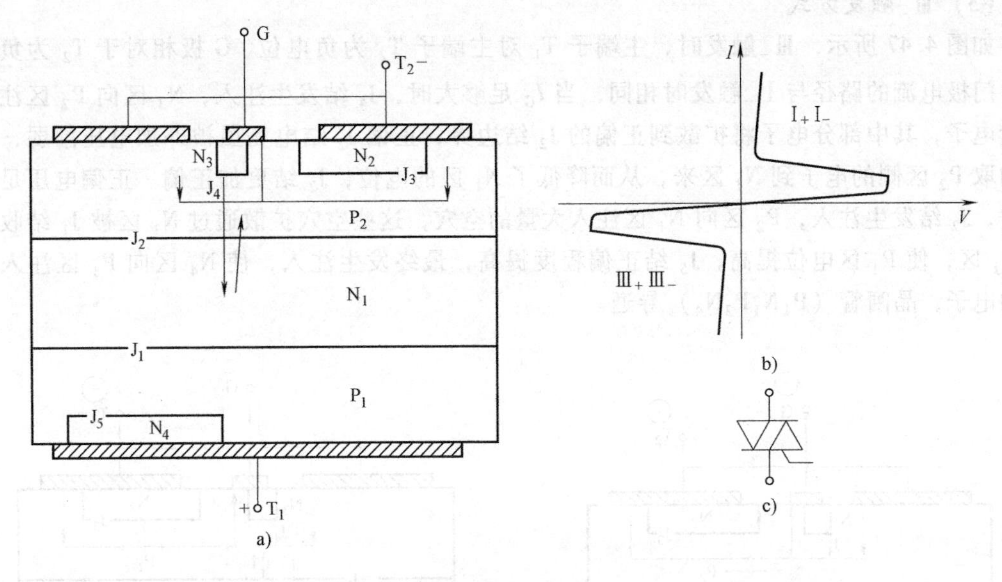

图 4.44　a）双向晶闸管的结构　b）*V-I* 特性　c）图形符号

无所谓正向和反向。尽管双向晶闸管的结构有多种，但工作原理基本上是一致的。下面以中心门极结构为例介绍触发原理与触发方式。

（1）Ⅰ₊触发方式

Ⅰ₊触发时，主端子 T_1 对主端子 T_2 为正电位，G 极相对于 T_2 为正电位，如图 4.45 所示。门极电流 I_G 由门极经 J_4 结旁的短路区流入 P_2 区，然后分两路横向流经 P_2 区，从主端子 T_2 流出。要在 P_2 区上产生横向压降，使 J_3 结正偏。当横向压降达到 J_3 结的开启电压时，右边的晶闸管（$P_1N_1P_2N_2$）导通。该过程完全同于普通晶闸管的触发导通过程。Ⅰ₊触发时，其他部分是无效的。

（2）Ⅰ₋触发方式

如图 4.46 所示，Ⅰ₋触发方式时，主端子 T_1 对主端子 T_2 为正电位，G 极相对于 T_2 为负电位。门极电流 I_G 由 T_2 左右两侧的短路部分流入 P_2 区，从 N_3 和 N_2 区下面横向流经 P_2 区，又经门极短路部分到达 G 极。其中，经 N_3 区下面的 P_2 区横向流动所产生的横向压降使 J_4 结正偏，当达到 J_4 结开启电压时，触发电流使晶闸管（$P_1N_1P_2N_3$）导通。由于门极处等效串联电阻较大，该导通电流不太大，但由于导通后门极附近的 P_2 区电位接近 T_1 端电位，使 T_2—G 之间存在很大的电位差（门极 G 为正，T_2 为负），这就产生了与原来门极电流方向相反的通过 P_2 区到 T_2 端的横向电流。如Ⅰ₊触发方式一样，该电流使右侧晶闸管（$P_1N_1P_2N_2$）导通。这种触发方式就是在上文中提到的结型门极触发，既能触发又有放大门极的作用。

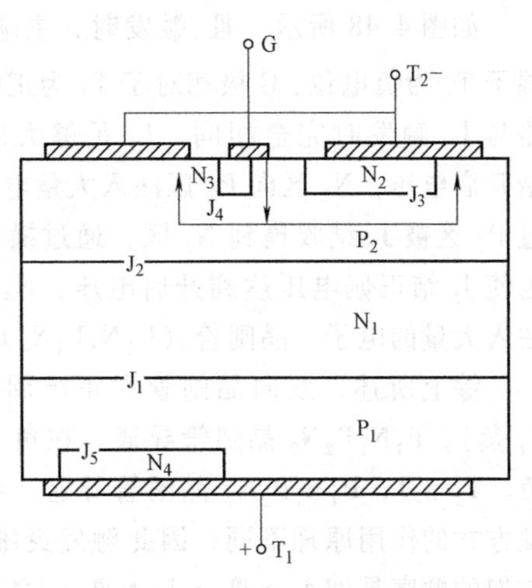

图 4.45　Ⅰ₊触发方式

(3) Ⅲ₋触发方式

如图 4.47 所示，Ⅲ₋触发时，主端子 T_1 对主端子 T_2 为负电位，G 极相对于 T_2 为负电位。门极电流的路径与Ⅰ₋触发时相同，当 I_G 足够大时，J_4 结发生注入，N_3 区向 P_2 区注入大量电子，其中部分电子将扩散到正偏的 J_2 结边界，正偏 J_2 结电场虽被外加电压削弱，仍能抽取 P_2 区侧的电子到 N_1 区来，从而降低了 N_1 区的电位，J_2 结更加正偏。正偏电压足够大时，J_2 结发生注入，P_2 区向 N_1 区注入大量的空穴，这些空穴扩散通过 N_1 区被 J_1 结收集到 P_1 区，使 P_1 区电位提高，J_5 结正偏程度提高，最终发生注入，使 N_4 区向 P_1 区注入大量的电子，晶闸管（$P_1N_1P_2N_4$）导通。

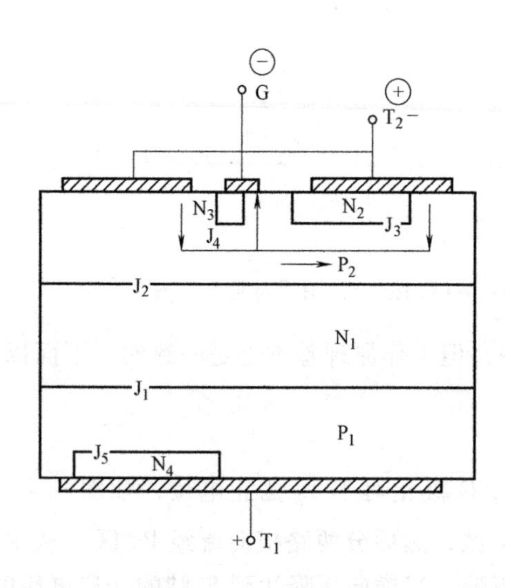

图 4.46 Ⅰ₋触发方式

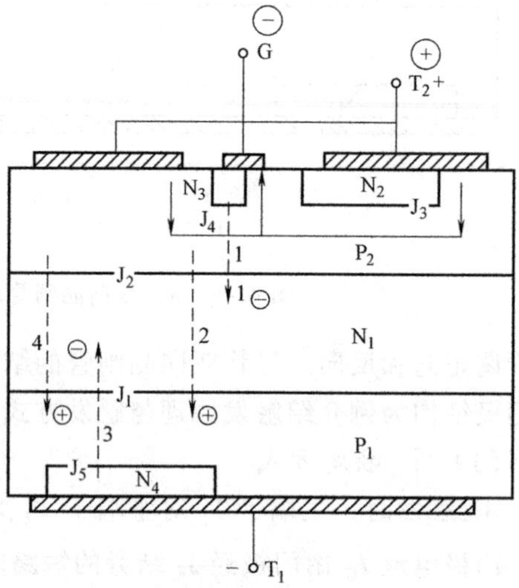

图 4.47 Ⅲ₋触发方式

(4) Ⅲ₊触发方式

如图 4.48 所示，Ⅲ₊触发时，主端子 T_1 对主端子 T_2 为负电位，G 极相对于 T_2 为正电位。I_G 线路与Ⅰ₊触发时完全相同。I_G 足够大时，达到 J_3 结开启电压，N_2 区向 P_2 区注入大量电子，扩散通过 P_2 区被 J_2 结收集到 N_1 区，通过横向流动最终也使 J_5 结正偏电压达到开启电压，N_4 区向 P_1 区注入大量的电子，晶闸管（$P_1N_1P_2N_4$）导通。

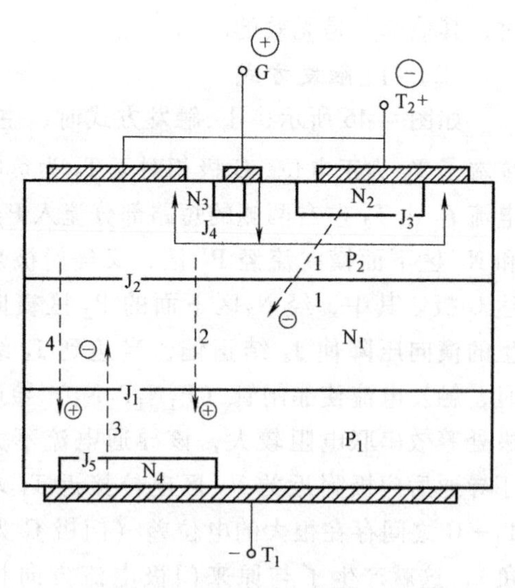

图 4.48 Ⅲ₊触发方式

综上所述，双向晶闸管在正半周时（T_1 正、T_2 负），$P_1N_1P_2N_2$ 晶闸管导通。在负半周时（T_1 负、T_2 正），$P_1N_1P_2N_4$ 晶闸管导通。由于 4 种触发方式的作用原理不同，因此触发灵敏度亦不同，它们的顺序是即Ⅰ₊>Ⅲ₋>Ⅰ₋>Ⅲ₊。虽然从原理上来说，双向晶闸管有 4 种触发方式，但为保证具有可靠的换向能力，N_2 和 N_4 区上下不能重叠，要拉开一定的距离，因此Ⅲ₊触发方式的灵敏度较低，当 N_2 和 N_4 区拉开得较宽而导致Ⅲ₊触发方式的灵敏度更加低，甚至难以触发开，应用时要注意这一点。

3. 双向晶闸管的特性及主要参数

双向晶闸管的许多特性与普通晶闸管相似。因此，普通晶闸管许多参数的定义和额定方法可直接用于双向晶闸管。但由于双向晶闸管的正向和反向皆可导通主电流，并有4种触发方式，就使得与导通电流方向有关的参数和与触发方式有关的参数有多个数值。例如

1）通态 V-I 特性分布在第Ⅰ象限（正向）和第Ⅲ象限（反向）；

2）dv/dt 耐量，反向恢复时间 t_q，维持电流 I_H 也有正向和反向数值之分；

3）门极电流导通时间 t_{on}，di/dt 耐量，触发电压 V_{GT} 和擎住电流 I_L 等具有与4种触发方式相对应的4个数值等。

I_L 对不同触发方式有不同数值的原因是：门极初始导通的过程和区域不同。维持电流 I_H 是从最“灵敏”导通区流过的电流，只有正、反向之分，对于同一方向与触发方式没有多大的关系。通常，为增加反向（Ⅲ$_+$或Ⅲ$_-$）门极灵敏度，总是将反方向晶闸管的电流放大系数 α_{NPN} 设计得大些，因此反向维持电流 I_H（−）常常小于正向维持电流 I_H（+）。下面将双向晶闸管与普通晶闸管不同的参数做简要介绍。

（1）额定电流 I_T

作为交流器件的双向晶闸管，不能用平均值来表征其额定电流，而必须用交流有效值来表示。由电工学知道，交流有效值为 I_T 的正弦全波电流，其峰值电流 $I_M=\sqrt{2}I_T$，其半波平均值 $\bar{I}_F=\frac{\sqrt{2}}{\pi}I_T$，因此，一只交流有效值为 I_T 的双向晶闸管可代替两只平均值额定电流为 $\frac{\sqrt{2}}{\pi}I_T$ 的普通晶闸管反并联使用。

例如，一只额定电流为200A的双向晶闸管可代替额定平均电流为 $\bar{I}_F$ $\left(=\frac{\sqrt{2}}{\pi}\times200=90\text{A}\right)$ 的两只普通晶闸管反并联使用。

（2）浪涌电流 I_{TSM}

双向晶闸管的浪涌电流 I_{TSM} 按标准规定是全波电流，浪涌电流过后不要求器件能承受正向或反向阻断电压，即允许短时失控，以过载后器件不损坏和耐压不降低为准来考核。因此双向晶闸管不同于普通晶闸管，普通晶闸管的 I_{TSM} 是半波电流，测试考核时浪涌半波电流过后的负半波要能承受一半的重复反向电压，即正向允许短时失控。因此双向晶闸管的过载能力比双普通晶闸管的过载能力略低，应用时要特别注意。

（3）额定电压

商品中的双向晶闸管其额定电压一般在2000V以下，其原因有二：

1）双向晶闸管多用于380V以下的一般交流控制。

2）工艺上的限制，过高的电压必须有很厚的硅片，这会影响换向能力和触发灵敏度。

（4）双向晶闸管的换向特性

双向晶闸管是由两个晶闸管反并联集成在一起的，当交流电流改变方向时，这两部分晶闸管之间将相互影响，因而存在换向问题。

1）换向 dv/dt。

双向晶闸管的稳态特性和由相应的单个晶闸管组成的反并联电路的稳态特性相比只有很

小的区别。但是在动态特性上则完全不一样。双向晶闸管用在交流功率电路中，半周的导通之后，立即接着另外半周的导通，或者要求重新建立阻断状态。当较高的 dv/dt 紧跟在前半周导通的后面会使双向晶闸管失效，因此，双向晶闸管中，存在着“换向 dv/dt”，这个耐量不应超过某一极限值。这就是说，在某一半周电流过零后，双向晶闸管必须承受另一半周并有较高 dv/dt 的电压而不导通，否则失控。双向晶闸管承受这种 dv/dt 的能力，称为换向 dv/dt。

在晶闸管上所加的电压上升率，有 3 种情况。①静态 dv/dt，即断态电压临界上升率，它是在不受导通影响下所测得的 dv/dt。②再加 dv/dt，它是晶闸管由通态恢复到断态时，与测试关断时间所联系的一个参数。③换向 dv/dt，本质上属于再加 dv/dt，但所加电压方向和再加电压方向相反，反向不能导通，所以换向 dv/dt 不会带来误触发。但对双向晶闸管或逆导晶闸管，换向 dv/dt 就是一个重要特性参数。

2）换向机理。

对于普通晶闸管，在关断过程的末尾，在 N_1 区仍有残留的电荷。当再加电压时，如果重加电压得过早，或者 dv/dt 值太大，才会造成关断失败。对于双向晶闸管，它是由两个反并联晶闸管集成在一块硅片上的，问题变得复杂，其失效机理可由图 4.49 来说明。当交流电流改变方向时，双向晶闸管的左、右两部分（晶闸管）分别由导通到阻断，或由阻断到导通。

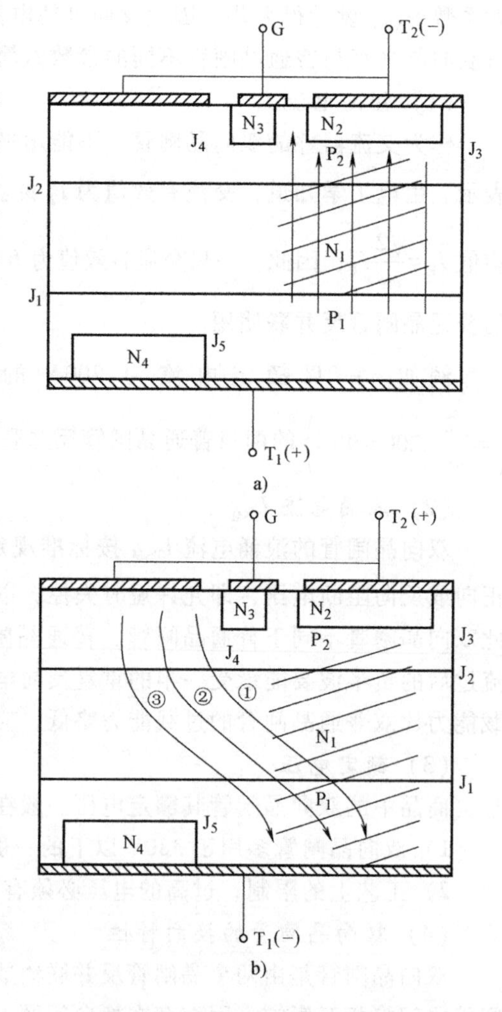

图 4.49 双向晶闸管换向过程

a）右侧晶闸管正向导通时的电流分布和非平衡载流子分布 b）换向瞬间的电流流动和载流子分布

假定右边晶闸管正在导通，通态电流的分布，过剩载流子的区域如图 4.49a 所示。由图可见，非平衡载流子的区域已经扩散到反并联的 $P_2N_1P_1N_2$ 晶闸管区域。当负载电流反向时，要求双向晶闸管阻断电压，即 T_1 端相对 T_2 端为负。在电流反向的瞬间，右边晶闸管中有储存电荷滞留着，当 T_1 端变为负时，存储电荷从两个基区中抽出，形成一股反向电流（见图 4.49b）。由于存储电荷区域重叠，最初的反向电流将按路径①流动，当电流路径①所经过的 J_1 结附近的电荷为零，J_1 结局部恢复阻断、于是就转向路径②流动。在路径经过的 J_1 结也恢复阻断后，又继续转向路径③流动。这样电流在 N_1 基区横向流动路径也随之变长，电阻增大，于是反向恢复电流的波形开始衰减，若少子寿命短，则衰减更快。

对换向来说，第①部分横向电流最重要，如果该电流的值足够大，就会使 N_4 附近的 P_1 电位升高，从而引起 N_4 区发射电子而使左边部分晶闸管导通，这样导致换流失败。反向电流的大小是由重加到双向晶闸管上的电压上升率 dv/dt 决定，这个电流是由于扫出的电荷和 J_1 结电容位移电流两者的作用而构成的。

换向 dv/dt，正向电流密度、少子寿命、结温和频率等都会影响到器件的换向能力。另一方面，换向能力差的关键在于，双向晶闸管的左右两部分存在相互影响，致使换向电压临界上升率较低。解决这个问题的办法是：①增加短路点的数量；②对左右两部分实行隔离，可采用增大两部分之间的距离，或形成中间一个少子寿命低的区域。由于换流极限的限制，双向晶闸管只能用在低电压和小电流的场合。

4.7.3 逆导晶闸管

1. 概述

逆导晶闸管是另一种电力半导体组合器件，实际上它是普通型晶闸管和一个整流管的反向并联的集成。它是始于 20 世纪 50 年代末而在 70 年代末发展起来的一种晶闸管派生器件。

逆导型器件是相对于逆阻型器件而言的，前述的普通晶闸管其正向有阻断和导通两个稳态。而反向只有阻断一种状态，故称逆阻型晶闸管。但逆导型则不然，它的正向与逆阻型完全一样也具有阻断和导通两个稳态，而反向只有导通一个稳态，故称逆导晶闸管。这正适合逆变器、交流变换器等不需要反向阻断要求的电路。

1969 年美国人 R. A. Kokosa 研制出一种反向无阻断能力的耐高温高压快速晶闸管。它利用了阴极和阳极都设有短路发射极的结构，来更好地解决了制作高温高压快速晶闸管时各参量之间的矛盾。R. A. Kokosa 的逆导晶闸管的结构为：PN^+NPN 五层结构。样管的正向额定电流为 150A，关断时间为 30μs，在 150℃温度下，正向阻断电压为 150V，断态电压临界上升率大于 500V/μs，通态电流临界上升率大于 200A/μs。但该管的导电能力正反向过于不对称。由阴极和阳极短路点构成的反向二极管允许通过的电流只有 12A，无法应用。1972 年日本各主要电气公司都研制出了正向电流为 400A，反向电流为 150A，正向阻断电压为 1300V，关断时间为 30μs 和断态电压为 2500V，关断时间为 40μs 的大容量高电压的快速逆导晶闸管。随后它被定为直流斩波器应用的标准器件。

逆导晶闸管的图形符号和 V-I 特性如图 4.50b 所示，与逆阻型器件的明显区别在于反向无阻断能力，只有通态，和二极管正向完全一样。图 4.50c 示出了结构原理图。左半边就是一个 $P_1N_1P_2N_2$ 结构的普通晶闸管，而右半部则是一个 P_2N_1 结构的二极管，相对于左面是反向的。N_2、P_2、P_1 区都可以是发射区，而 P_1 区和 N_1 区，N_2 和 P_2 区都分别与 A 极和 K 极形成短路。在实际的逆导晶闸管中，阴极和阳极之间都做成许多短路发射极，这正是它与普通晶闸管的最大不同之处。这样的结构可在工艺上制作出高压大容量器件，并具备关断时间短、开关速度快、耐高温等优点。

我们知道，具有阴极短路发射极结构的普通晶闸管，正向阻断时，可等效成 $P_1N_1P_2$ 晶体管，这时的正向转折电压为

$$V_{BF}=V_{BO}=V_B(1-\alpha_1)^{\frac{1}{n}}$$

由于 J_1 结对 J_2 结的作用，晶闸管的正向转折电压 V_{BF} 小于 J_2 结的雪崩击穿电压 V_B。为了提高 V_{BF} 常常加宽 N_1 区的宽度 W_{N1}，使之 $W_{N1}>>L_p$，减小 α_1，这又将导致正向通态压降等参数的增加。

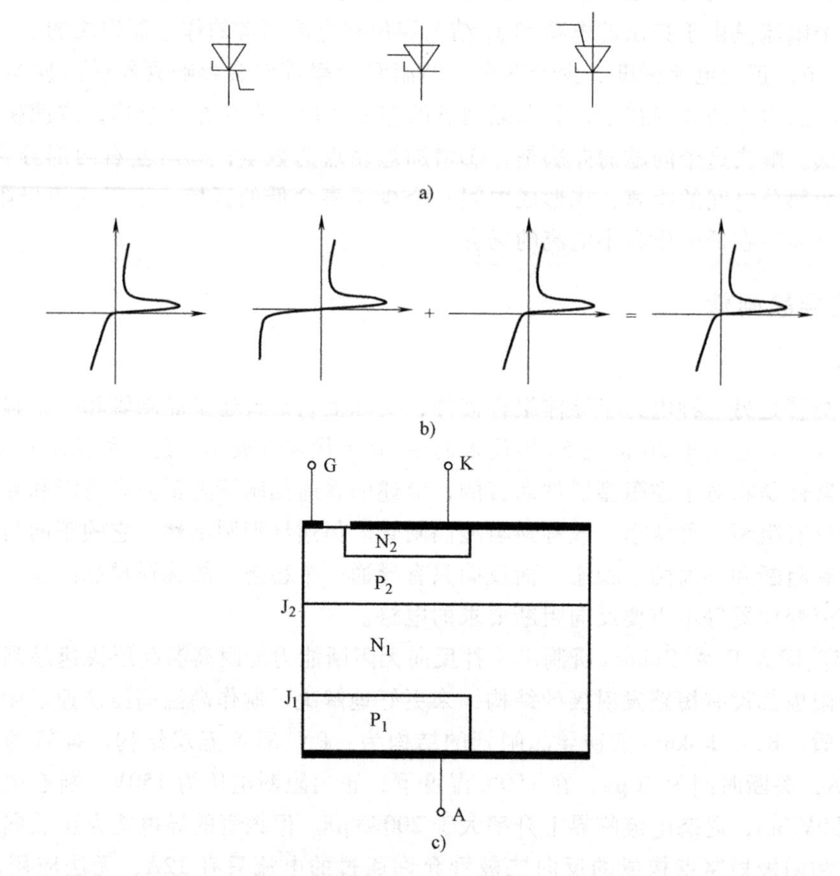

图 4.50　a）图形符号　b）*V-I* 特性　c）结构示意图

对逆导晶闸管则不然，因为阳极 A 也短路，P_2N_1 成了一个二极管，在正向阻断下，J_2 结（即 P_2N_1 反并联二极管）反偏，只有反向电压加高至 V_B 时，J_2 结被击穿了，晶闸管才会由阻断状态转为导通状态。可见逆导晶闸管的正向阻断电压 V_{BF} 就等于 J_2 结的雪崩击穿电压 V_B，即

$$V_{BF} = V_{BR} = V_B$$

显然，逆导晶闸管的正向阻断能力高于普通晶闸管的正向阻断能力，在相同耐压下，可将 N_1 区取得稍薄些，综合上述，逆导晶闸管有下面几个优点：

1）A 极和 K 极的短路发射极结构，有利于调节器件的耐高压能力与开关速度之间的矛盾，从而可制成高压大电流快速开关器件。

2）与普通晶闸管相比，逆导晶闸管正向压降小，关断时间短，高温特性好，额定结温高（可达 150℃）。图 4.51 给出了逆导晶闸管与普通晶闸管的正向耐压随结温的变化关系。

3）由于是集成器件，在装置中简化了电路，并缩短了开关的换流时间。

4）由于关断时间短，有助于减小斩波装置中的换流电感 L_0、换流电容 C_0 和换流时间 t_0。

总之由于逆导晶闸管的优点可使斩波装置达到体积小、重量轻、成本低等优点。

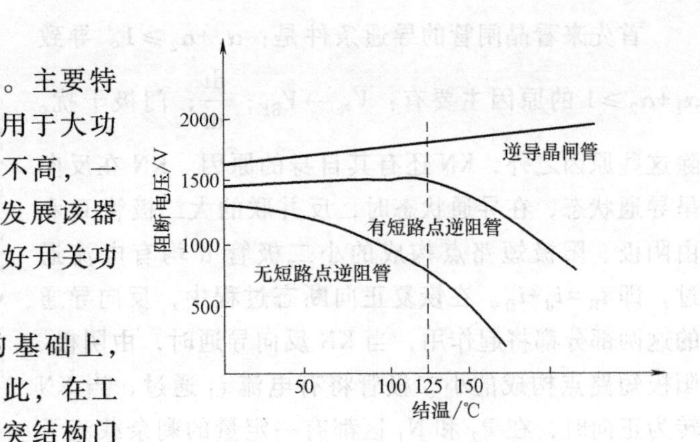

图 4.51 逆导晶闸管与普通晶闸管的正向耐压与结温的关系

逆导晶闸管大致分成4类：

1）快速开关型（也称功率型）。主要特点是高电压、大电流、快速，主要用于大功率直流开关电路。缺点是工作频率不高，一般地，开关频率 f 在 200~350Hz。发展该器件遇到的主要技术问题是如何解决好开关功率和提高换流能力。

2）频率型。在功率型器件的基础上，缩短关断时间，减少开关功耗。因此，在工艺上增加特殊的辅助门极，设计深突结构门极。其频率可增加到 500~1000Hz，这就是频率型逆导晶闸管，它主要用于高频脉宽调制逆变器，高频感应加热逆变器及各种稳频稳压逆变电源等设备中。

3）高压型。逆导晶闸管的阳极短路点结构，有利于高温高压特性；相对薄的基区有利于减小通态压降和缩短关断时间；单向特性有利于采用正斜角台面结构。这些都有利于将逆导晶闸管制成各方面性能都较好的高压器件。

4）可关断型。前3种逆导晶闸管的正向都不具备自关断性，由于 GTO 晶闸管的发展，人们把 GTO 晶闸管的自关断特性和逆导晶闸管的反向导通特性结合起来，这就是可关断型逆导晶闸管。

下面将以快速开关型逆导晶闸管为基础，重点介绍其结构特点、性能特点、测试方法及应用技术等。为叙述方便，凡是逆导晶闸管简称 KN，逆阻型晶闸管简称 KR。

2. KN 的特性与特点分析

（1）KN 的换流特性分析

KN 与 KR 比较，它们的共同特点是：正向完全一样，都具有闸流管特性。反向则截然不同，KR 反向只有阻断一种状态，而 KN 则具有和二极管相同的导电特性。

由于通过较复杂的工艺，将 A 极和 K 极都有短路发射极结构的晶闸管和一个二极管反向集成在一块单晶硅片上，而硅片基区内的载流子在两个半导体元件之间发生相互作用，从而对整个器件的某些特性产生影响。主要是对 KN 的换流能力产生不利的影响。因此，如何减小或避免相互影响，提高 KN 的换流能力，就成了制作 KN 的关键技术。

KN 的换流能力就是指 KN 从反向导电状态转为正向阻断状态的过程中，在一定电路条件下 KN 恢复正向阻断的能力。如果在 KN 门极尚未施加触发信号时，器件就失去了正向阻断能力，就为换向失败。换向能力低的 KN 常由于在运行中发生换向失败而无法应用，这是应该避免的。

图 4.52 示出了 KN 的剖面结构示意图。这是垂直于 A 极和 K 极面的半圆剖面图，G 为中心门极，中间部分为晶闸管区，A 极面和 K 极面都制作了短路点，外部是二极管区，中间是隔离区。这样的结构，在无门极触发信号作用下为什么会发生“误导通”，致使换流失败呢？

首先来看晶闸管的导通条件是：$\alpha_1+\alpha_2\geqslant1$。导致 $\alpha_1+\alpha_2\geqslant1$ 的原因主要有：$V_{外}\to V_{BF}$；$\frac{dv}{dt}$；门极干扰。除这些原因之外，KN 还有其自身的原因。KN 在反向呈导通状态，在导通状态时，反并联的大二极管 D 和由阴极、阳极短路点构成的小二极管 d 均有电流通过，即 $i_R=i_d+i_D$。在恢复正向断态过程中，反向导通的这两部分都将起作用，当 KN 反向导通时，由阴极、阳极短路点构成的小二极管将有电流 i_d 通过，当 KN 转为正向时，在 P_2 和 N_1 区都有一定量的剩余载流子存在，它们将对晶闸管正向阻断能力的恢复产生影响。另外，当 KN 反向导通时，大二极管 D 处于大注入状态，P_2 和 N_1 区内的非平衡载流子浓度很高，由于晶闸管和 D 之间存在着浓度差，必然导致剩余的非平衡载流子从 D 向晶闸管区扩散，尽管在它们之间所设置的隔离区会使大部分载流子复合消失掉，但也总会有一部分载流子经过隔离区进入晶闸管区，这部分进入晶闸管区的载流子也起着妨碍 KN 正向阻断特性的恢复的作用。由于这两种载流子的存在，在恢复正向阻断特性时，将产生恢复电流（类似于普通晶闸管的反向恢复电流），这个恢复电流同样也可以使得 α_1 和 α_2 增加，从而使 KN 比 KR 更容易发生误导通，失去阻断能力，导致换流失败。

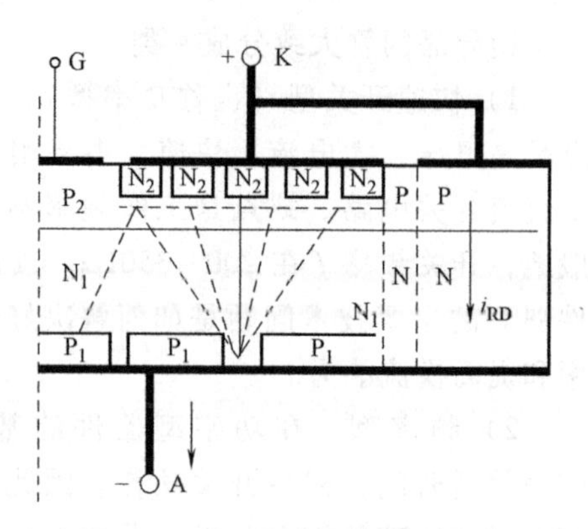

图 4.52　KN 的剖面结构示意图

（2）KN 的结构特点

1）在晶闸管区内阳极和阴极都设有短路点。

因为 KN 不承受反向阻断电压，故阳极也可以设置短路点，这样在小电流下，可使得 $\alpha_1\approx0$；$\alpha_2\approx0$，PN 结之间的相互作用不导致漏电流的放大。因而，KN 的工作温度比 KR 的工作温度高。鉴于 d 对换流特性的作用，阴极和阳极的短路点的位置要错开，如图 4.53 所示，以增加电流横向流动的电阻，增强换流能力。此外，为了改善换流能力，可以适当加大短路点的距离，控制短路点的大小和数目。在有些低压电器中，为了有更好的换流能力，可不设短路点。

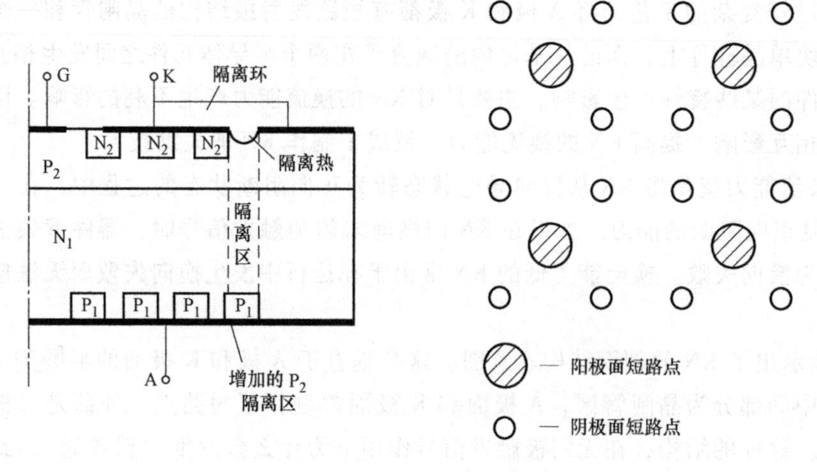

图 4.53　KN 短路点的排列

2）N_1 长基区宽度较短。

KN 与 KR 比较，在相同的耐压下 KN 的 N_1 区宽度可以缩短，大大减薄了硅片的厚度，例如 $V_{BF}=2500\sim3000V$ 的器件，KR 的片厚为 650~700μm，而 KN 的片厚可降为 450~480μm，不到 KR 片厚的 70%。

在相同的耐压等级时，KN 有较薄的 N_1 区宽度，或者在相同 N_1 区宽度 KN 的耐压等级比 KR 更高。因此 KN 比 KR 容易做到高压、大电流，并且由于 N_1 区宽度较薄，还容易做到快速。

3）在晶闸管和二极管之间设有隔离区。

设置隔离区的目的，就是为了消除 D 对晶闸管换流特性的影响，希望两者之间有如分立器件一样的特性而不互相干扰。常见的办法如图 4.53 所示，有：

① 在晶闸管和二极管之间的阴极面上，腐蚀掉电极金属层，变成一个无欧姆接触的隔离环。由于环上无欧姆接触区，二极管的电流将由二极管区的欧姆接触区流过，不易侵入晶闸管区，这种办法效果较差。

② 在 P_2 区的隔离区阴极环处挖槽，将高浓度的 P_2 区表面处挖掉，增强隔离效果，这相当于增大了隔离区的横向电阻，加强隔离作用。

③ 在加宽 P_1 隔离区的基础上，在隔离区掺金，降低隔离区少子寿命，减少扩散长度，使侵入隔离区的载流子基本上在区内复合掉，不能进入晶闸管区，从而改善了隔离效果。

④ 增设 N′高浓度区结构。

在 P_1 和 N_1 区之间增加一层比 N_1 区浓度高得多的 N′层。这样 KN 就变成了 $P_1N'N_1P_2N_2$ 五层结构，如图 4.54 所示。当电压提高后，J_2 结空间电荷区展到 N′后，由于 N′区掺杂浓度很高，进一步的展宽很小，电场主要在 N_1 区中建立，直到电场达到与 N_1 区电阻率对应的雪崩击穿电压时，才发生击穿。

这种结构的特点就是同样厚度的硅片可以提高耐压。相同的耐压等级可以进一步降低硅片的厚度。

（3）KN 的电性能特点

KN 的电特性主要是指它的耐压特性、开关特性和换流特性。这些特性是由其结构的特点所决定的。而这些结构特点都是为解决高耐压、大电流和速度的矛盾，为集成在一起的晶闸管和二极管的相互干扰的问题所设计的。下面主要讨论这些问题。

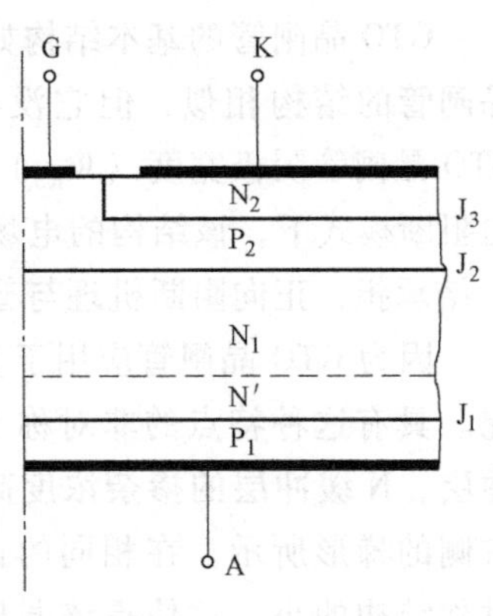

图 4.54 $P_1N'N_1P_2N_2$ 五层结构

1）耐压特性。

KN 的电流和电压等级比 KR 强得多，但变化规律基本相似，当电压增加时，因通态压降要增大，所以额定电流要下降。

另外前面也讨论过，KN 的高温特性较 KR 的好，KR 在 120℃结温时，耐压能力已经开始下降，而 KN 在 150℃下尚可保持良好的耐压特性，这是由于阳极也有短路点的缘故。

2）开关特性。

KN 开关特性的主要特点就是高耐压和快速化的统一。由于基区减薄，导通时间和关断时间都可缩短。

3）换流特性。

换流特性是逆导晶闸管在无门极触发信号条件下，器件本身抗拒换流失败的一种特性。KN 换流性能可以用二极管的换流反向电流下降率$-\mathrm{d}i/\mathrm{d}t$来表示，也可以用换流正向电压上升率$+\mathrm{d}v/\mathrm{d}t$来表示。这两种表示法本质上是一致的。当以$-\mathrm{d}i/\mathrm{d}t$表示换流能力时，应规定出$+\mathrm{d}v/\mathrm{d}t$条件，以$+\mathrm{d}v/\mathrm{d}t$来表示换流能力时，应规定出$-\mathrm{d}i/\mathrm{d}t$条件。两种表示方法都对温度十分敏感，因为这与少子寿命和隔离效果有关。

以$+\mathrm{d}v/\mathrm{d}t$为条件，用$-\mathrm{d}i/\mathrm{d}t$表示换流能力能较好地反映 KN 的结构特征，可实际衡量晶闸管自身短路点以及与二极管的隔离效果；以$-\mathrm{d}i/\mathrm{d}t$为条件，用$+\mathrm{d}v/\mathrm{d}t$表示换流能力，则能较好地说明载流子的入侵的结果引起的门极电流作用。因此，不同的厂家用不同的表示方法。

第26讲
GTO

4.7.4 门极关断（GTO）晶闸管

普通晶闸管只能用门极控制导通，而不能用门极控制关断，当应用于交流电路时，当阳极电压由正转为负时，晶闸管在反向阻断能力的恢复过程中实现关断。如果将晶闸管应用于直流电路中，需要使用换流电路使电压转换极性才能实现关断，给应用带来不便。GTR（Giant Transistor，巨型晶体管）虽然属于全控型器件，但功率等级远不及晶闸管结构的器件，而且存在二次击穿等问题。虽然 IGBT（在后面的章节中讨论）的性能优越于 GTR，是可以应用于直流电路中的器件，但功率等级仍然比不上晶闸管类器件。实际应用中需要将晶闸管结构设计成可以使用门极电流进行导通和关断，这类晶闸管被命名为门极关断（GTO）晶闸管。

GTO 晶闸管的符号，如图 4.55 所示。

图 4.55 GTO 晶闸管的表示符号

1. GTO 晶闸管的基本结构和特性

GTO 晶闸管的基本结构如图 4.56 所示。虽然 GTO 晶闸管与普通晶闸管的结构相似，但它没有短路点，而且为了能关断阳极电流，GTO 晶闸管阴极宽度（W_{KS}）比普通晶闸管的阴极宽度窄很多。在正向阻断模式下，该结构的电场分布如图 4.56 中的右侧所示。电压由 J_2 结承担，正向阻断机理与普通晶闸管中所讨论的相同。

因为 GTO 晶闸管应用于直流电路中，因此它的反向耐压能力不必与正向耐压能力匹配。具有这种特点的非对称 GTO 晶闸管如图 4.57 所示。在 P^+区和 N 基区之间设置 N 缓冲层，N 缓冲层的掺杂浓度高于 N 基区的掺杂浓度。结构上的改变使电场分布如图 4.57 右侧的梯形所示。在相同的正向阻断电压下，非对称结构的 GTO 晶闸管的 N 区的厚度比对称结构的小，这使得该器件的通态压降减小。N 缓冲层的存在也减小了 PNP 晶体管的电流增益，因此其关断增益将得到提高。N 缓冲层与阳极短路点相结合对关断时间缩短将在后面讨论。

GTO 晶闸管的输出特性如图 4.58 所示，对称结构具有高反向阻断电压（$\mathrm{BV}_{\mathrm{R,S}}$），而非对称结构只能承受相对小的反向电压（$\mathrm{BV}_{\mathrm{R,AS}}$）。正向阻断模式下工作的 GTO 晶闸管用很小的门极电流就可以被触发导通。一旦导通，再生作用将维持通态电流而无需门极电流。器件可通过较大的负门极电流而无需使电压极性转换得到关断，电感负载下的 GTO 晶闸管关断过程的 i-v 轨迹如图 4.58 中的虚线所示。

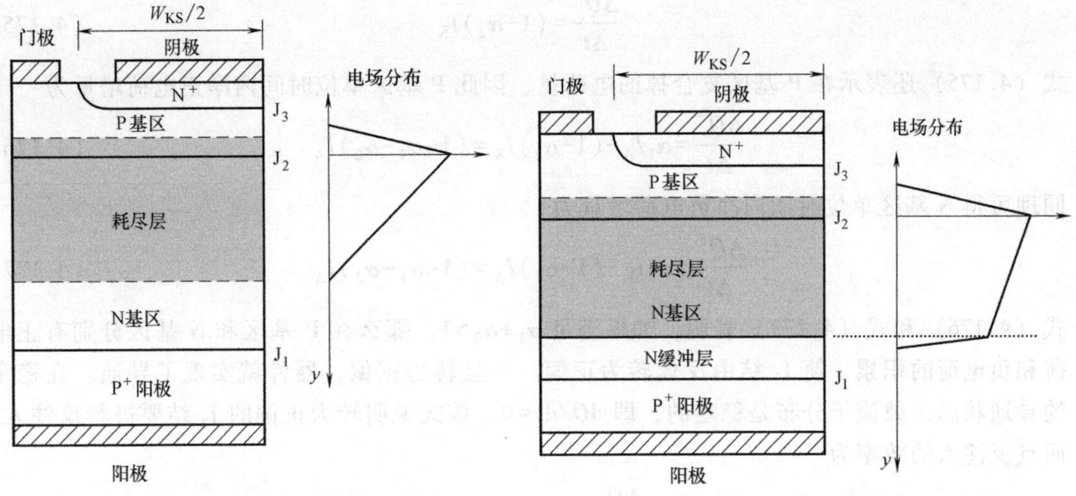

图 4.56　对称 GTO 晶闸管的结构示意图　　图 4.57　非对称 GTO 晶闸管的结构示意图

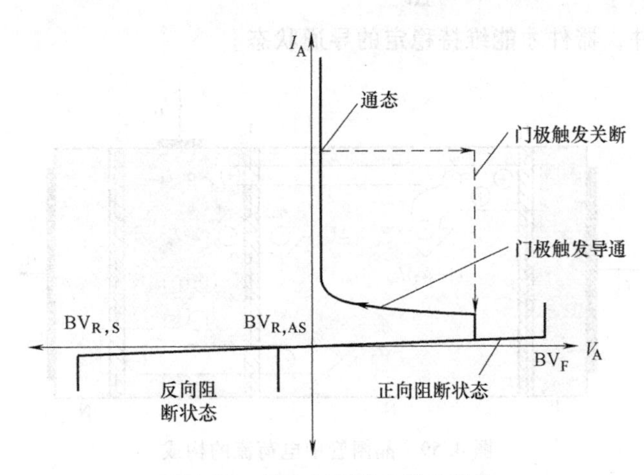

图 4.58　GTO 晶闸管的输出特性

2. GTO 晶闸管基本关断理论

在晶闸管的稳定导通状态，J_2 结已经由反偏转为正偏。为了更好地理解关断原理，先来了解一下 J_2 结极性反转的过程。

对于刚刚导通的晶闸管，假设触发条件 $\alpha_1+\alpha_2>1$ 已经满足，所以晶闸管不再需要门极电流，即有 $I_G=0$，假设 J_1、J_2 结的注入效率满足 $\gamma_1=\gamma_3=1$。

现在我们来观察两个基区流入和流出的载流子。PNP 晶体管的集电极电流（$\alpha_1 I_A$）流入 P 基区，如图 4.59 所示，这是一个空穴电流，因此单位时间内流入 P 基区的正电荷量为

$$\frac{\Delta Q^+}{\Delta t}=\alpha_1 I_A \tag{4.174}$$

同时，NPN 晶体管的 N 发射区注入 P 基区负电荷，其中的一部分——$\alpha_2 I_K$ 通过 P 基区被注入到 N 基区，因此单位时间注入到 P 基区的负电荷量为

$$\frac{\Delta Q^-}{\Delta t}=(1-\alpha_2)I_K \tag{4.175}$$

式（4.175）还表示在P基区复合掉的电荷量，因此P基区单位时间内净正电荷增量为

$$\frac{\Delta Q^+}{\Delta t}=\alpha_1 I_A-(1-\alpha_2)I_K=(1-\alpha_1-\alpha_2)I_A \tag{4.176}$$

同理可得N基区单位时间内净负电荷增量为

$$\frac{\Delta Q^-}{\Delta t}=\alpha_2 I_K-(1-\alpha_1)I_A=(1-\alpha_1-\alpha_2)I_A \tag{4.177}$$

式（4.176）和式（4.177）表明，如果满足$\alpha_1+\alpha_2>1$，那么在P基区和N基区分别有正电荷和负电荷的积累，使J_2结由反偏转为正偏。一旦转为正偏，器件就实现了导通。在稳定的导通状态，载流子分布是稳定的，即$dQ/dt=0$，该式说明转为正偏的J_2结要进行反注入，而且反注入的效率为

$$\frac{\Delta Q_r}{\Delta t}=(\alpha_1+\alpha_2-1)I_A \tag{4.178}$$

只有满足这样的条件，器件才能维持稳定的导通状态。

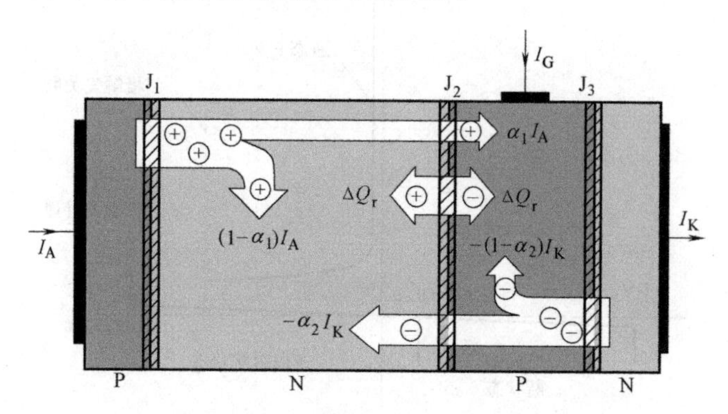

图4.59　晶闸管中电荷流的构成

为了关断晶闸管，必须使基区的过量载流子减少并下降至0。为了实现这一点，在门极施加负的门极电流I_G，即让空穴通过门极流出P基区。根据基尔霍夫定律，式（4.176）和式（4.177）可以重写为

$$\left.\frac{\Delta Q^+}{\Delta t}\right|_{\text{P基区}}=\alpha_1 I_A-(1-\alpha_2)(I_A-I_G)-I_G=(\alpha_1+\alpha_2-1)I_A-\alpha_2 I_G \tag{4.179}$$

$$\left.\frac{\Delta Q^-}{\Delta t}\right|_{\text{N基区}}=\alpha_2(I_A-I_G)-(1-\alpha_1)I_A=(\alpha_1+\alpha_2-1)I_A-\alpha_2 I_G \tag{4.180}$$

式（4.179）和式（4.180）表明，负的门极电流降低了两个晶体管基区的电荷增长率，降低幅度为

$$\left|\frac{\Delta Q}{\Delta t}\right|=\alpha_2 I_G$$

新的稳定条件要求J_2结的反注入效率应降低为

$$\frac{\Delta Q_r}{\Delta t}=(\alpha_1+\alpha_2-1)I_A-\alpha_2 I_G \tag{4.181}$$

要实现晶闸管的关断意味着 J_2 结能够再一次承受电压，即 J_2 结由正偏转为反偏，反注入效率下降到 0，即

$$\frac{\Delta Q_r}{\Delta t}=0 \tag{4.182}$$

将式（4.182）带入式（4.181），于是可得关断条件为

$$I_G=\frac{\alpha_1+\alpha_2-1}{\alpha_2}I_A \tag{4.183}$$

式中，I_G 为关断给定阳极电流 I_A 所需的最小门极电流，比值 I_A/I_G 是关断增益 β_{off}，由式（4.183）可得

$$\beta_{off}=\frac{I_A}{I_G}=\frac{\alpha_2}{\alpha_1+\alpha_2-1} \tag{4.184}$$

要提高 GTO 晶闸管的关断增益 β_{off}，必须要：$\alpha_1+\alpha_2 \to 1$ 或 $N_2P_2N_1$ 晶体管的电流放大系数 α_2 尽可能大。

它们的物理意义是非常明显的。首先，$\alpha_1+\alpha_2 \to 1$ 即临界导通条件，器件导通时饱和程度越临界，体内积累的载流子越少，越有利于关断。其次，α_2 尽可能大，即负门极电流的抽取作用越明显，在关断初期能更有效地抽走 P_2 区的载流子。但一维关断增益 β_{off} 的表达式仅仅给出了两个 α 的选择关系。实际的关断特性很大程度上受横向电流的影响，必须对二维关断过程进行分析，在实际制造工艺中则必须减小 P_2 区横向电阻。

3. 理想条件下 GTO 晶闸管的关断波形

所谓理想条件是指不考虑横向效应，而且如图 4.60 所示的理想关断电路包括以下条件：

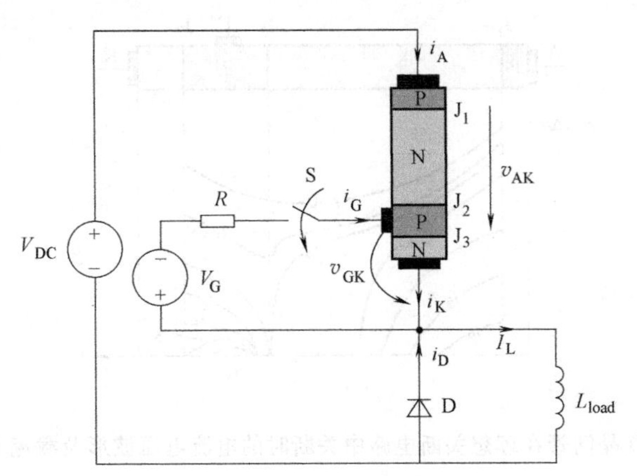

图 4.60　GTO 晶闸管理想关断电路

1）主电路无杂散电感（电压源和 GTO 晶闸管之间）。

2）负载纯感性，且电感值足够大，使晶闸管在关断过程中电流保持恒定。

假设 GTO 晶闸管最初处于导通状态，电压源 V_{DC} 在 GTO 晶闸管和负载中形成电流 I_L。图 4.61 为 GTO 晶闸管关断过程中的电流电压波形以及在此过程中器件内部载流子的消失过程。关断过程分为以下几个阶段：

1）阶段 1（$t=0\sim t_2$）：$t=0$ 时，合上开关 S，门极电流瞬间上升至 $i_G=-(V_G+v_{GK})/R$。

因为 J_3 结处于正偏状态，所以 v_{GK} 比 V_G 小很多（v_{GK} 约为 1V，V_G 约为 20V）。由于阳极电流始终保持 I_L 不变，因此阴极电流下降为 $i_K = i_A - i_G$。

假设门极电流大于 $I_G = I_A/\beta_{off}$，即满足关断条件［见式（4.184）］，于是负的门极电流将使两个基区的非平衡载流子浓度减少。两个基区的非平衡载流子的抽取率是相同的［见式（4.179）和式（4.180）］，而且 P 基区比 N 基区窄，所以 P 基区载流子非平衡载流子浓度下降的速度比 N 基区快。

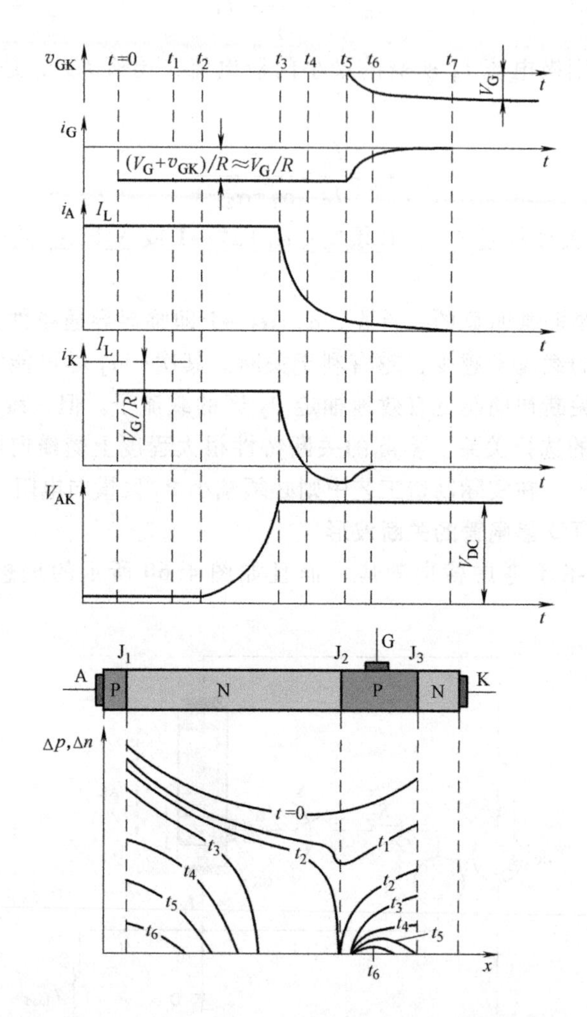

图 4.61　GTO 晶闸管在理想关断电路中关断时的电流电压波形及载流子消失的过程

2）阶段 2（$t = t_2 \sim t_3$）：t_2 时刻，J_2 结两侧的非平衡载流子趋于 0，开始形成耗尽层，J_2 结开始承担电压。阳极电流仍维持 I_L 不变，这是因为续流二极管仍处于反向偏置状态。

3）阶段 3（$t = t_3 \sim t_4$）：t_3 时刻，V_{AK} 达到了 V_{DC}。此时 GTO 晶闸管的电流仍然是 I_L，因为二极管上的电压小于开启电压，所以不能导电。因为电压维持不变，所以 J_2 结耗尽层不能继续扩展，I_L 是由 N 基区存储的电荷，由存储区扩散至耗尽层边界来维持的。然而，抽取迅速耗尽了存储的电荷，无法维持扩散电流，结果阳极电流下降。由此产生的 di/dt 使负载电感感应出负电压，使续流二极管正偏，使负载电流换流至续流回路。

由于阳极电流下降，J_2 结耗尽层的电荷密度下降至掺杂的施主电荷密度，耗尽层继续扩展，进一步抽取存储的电荷，di/dt 下降。

4）阶段 4（$t=t_4 \sim t_5$）：现在我们来看一下 GTO 晶闸管的阴极电流的变化。从施加负门极电流开始，J_3 结仍然处于导通状态，门极电流仍然维持 $i_G \approx -V_G/R$，由基尔霍夫定律可知，如果阳极电流与阴极电流以相同的速率下降，那么 t_4 时刻 i_K 变为负值（假设 t_4 时刻的阳极电流小于门极电流），即正偏的 J_3 结开始反向恢复，于是 J_3 结两侧的载流子开始逐渐耗尽。

5）阶段 5（$t=t_5 \sim t_6$）：t_5 时刻，通过 J_3 结的负电流达到了反向峰值电流 I_{rr}。J_3 结开始形成耗尽层，并开始承担电压，门极电流开始下降。

6）阶段 6（$t=t_6 \sim t_7$）：t_6 时刻，阴极电流降至 0，门极电流等于阳极电流 i_A，i_A 随 N 基区存储的电荷的耗尽而趋近于 0。在 t_7 时刻，GTO 晶闸管关断结束，器件恢复到阻断状态。

4. 关断损耗

由图 4.61 可知，阳极附近的载流子大部分被高压扫出，即此时电流 $i_A(t)$ 和电压 $v_{AK}(t)$ 都比较大，因此损耗较大，温度上升。

典型的 GTO 晶闸管关断损耗通常占总损耗的 30%～50%，能量损耗降低了系统的效率，增加了冷却装置的难度，因此降低损耗至关重要。

从前面的分析可知，关断损耗取决于：1）器件中的过量电荷的量；2）过量电荷的分布。因此减小损耗的措施就着眼于这两方面。可通过以下两种方案减少过量电荷及对过量电荷分布进行调整：

1）减小基区厚度；

2）降低阳极发射极效率。

下面分别进行讨论。

（1）减小器件的厚度

在某些 GTO 晶闸管的应用场合（如逆变电路），不需要 GTO 晶闸管承担反向电压，典型逆变电路如图 4.62 所示，其运行模式如图 4.63 所示。对于工作于这种模式下的 GTO 晶闸管，可以将结构设计成非对称结构，即通过引入缓冲层，降低 N 基区的掺杂浓度实现减小器件厚度的目的。非对称 GTO 晶闸管［或者称为穿通（PT）GTO 晶闸管］与对称 GTO 晶闸管［或者称为非穿通（NPT）GTO 晶闸管］的电场分布及减小器件厚度的原理如图 4.64 所示。减小器件厚度的原理与穿通结构二极管相似。

缓冲层的引入也对 GTO 晶闸管的特性产生影响，在关断过程中，J_2 结的电场无法穿透缓冲层，因此当电场到达缓冲层时，电荷供给突然结束，电流突然降低，类似二极管反向恢复时的电流瞬变。如果系统中包含杂散电容和寄生电感，那么电流瞬变时的高 di/dt 会导致过电压和不希望的振荡的产生。通过合理设计缓冲层的结构（掺杂浓度、掺杂横截面的形状）、优化漂移区（N 基区）布局及发射极发射效率的合理选择使这种效应降到最低。

（2）减小阳极附近等离子浓度

减小阳极附近等离子浓度的方法主要包括以下几种：

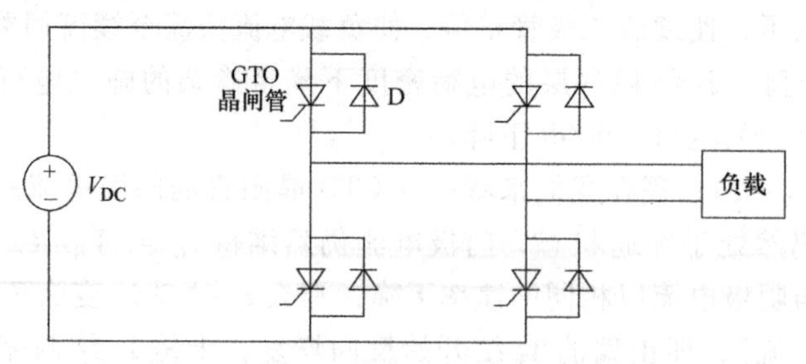

图 4.62　简化的 GTO 晶闸管开关单相电压型逆变电路
（每个 GTO 晶闸管反并联一个续流二极管）

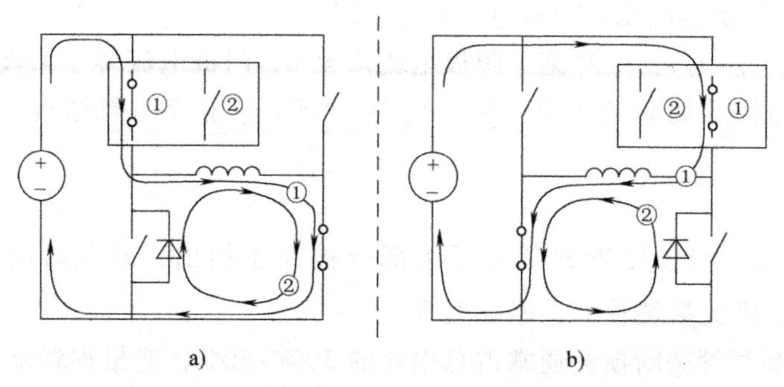

图 4.63　电压型逆变电路在感性负载的运行模式
a）负载电流为正　b）负载电流为负

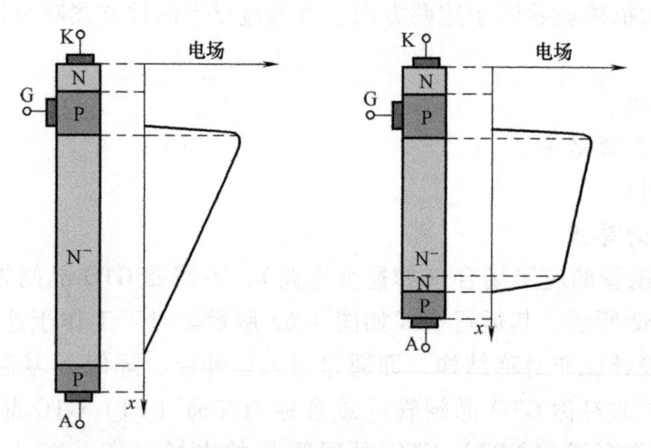

图 4.64　常规 GTO 晶闸管和非对称结构 GTO 晶闸管的电场分布
（在相同的雪崩击穿电压下可减小器件厚度）

1）阳极短路点：阳极短路点使 N 基区中的电子通过 P_1 区的 N 型短路点而不是通过 J_1 结流入阳极，因此 J_1 结的正偏程度（或者说 J_1 结的注入效率）决定于电子电流横向流动所产生的横向压降，横向压降的大小与电子电流成正比。短路点降低了 J_1 结的注入效率，因此阳极附近的等离子浓度减小。阳极短路点结构如图 4.65 左侧所示。

2）控制阳极区的掺杂浓度：这也是降低 J_1 结注入效率，进而减小阳极附近等离子浓度的有效方法。PN 结的注入效率与 PN 结两侧的掺杂浓度有关，P 阳极区的掺杂浓度越高，J_1 结注入效率就越高，阳极附近等离子浓度就越高。在 N 基区和 P 阳极区之间设置缓冲层

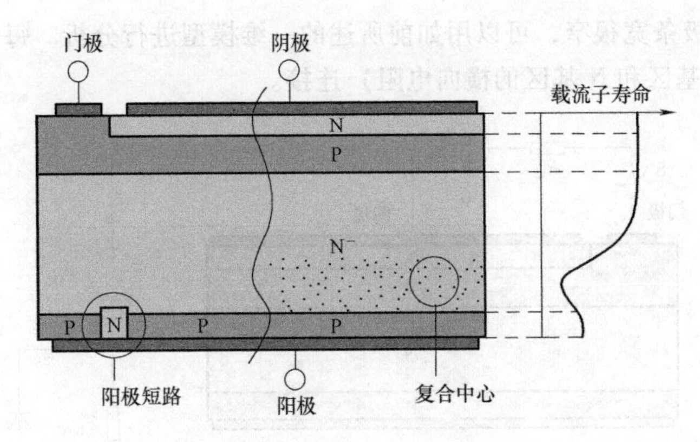

图 4.65 减小 GTO 晶闸管阳极附近等离子浓度的方法（左图：阳极短路点；右图：利用质子辐照或重金属扩散技术降低阳极附近的少子寿命）

（缓冲层浓度介于两者之间）可有效降低 J_1 结注入效率，而且缓冲层还可以进一步改善器件性能，比如实现软关断，即关断时电流下降速度减缓（J_2 结耗尽层到达缓冲层时电流下降速度减缓，因为耗尽层被缓冲层所屏蔽。）

3）质子辐照阳极区：质子辐照可在阳极附近引入复合中心，提高复合速度，进而达到降低阳极附近等离子浓度的目的，如图 4.65 所示。这项技术所带来的另一项好处是：由于大部分载流子是通过复合而不是通过反向电流抽取消失的，因此关断功耗有所降低。

4）阳极使用重金属扩散：该项技术与质子辐照技术的效果相类似。

5）电子辐照：与质子辐照相同，电子辐照的目的也是通过引入复合中心减小等离子浓度。但是与质子辐照不同的是电子辐照不能进行局域少子寿命的控制，即不能进行少子寿命纵向分布的控制。即使辐照能量很低，电子也会穿透器件，导致整个器件的少子寿命均匀降低，因此 W/L 增大，即载流子在基区中心位置的浓度减少。由于不能进行局域少子寿命的控制，所以电子辐照通常需要与上述的方法联合使用。

载流子浓度的降低通常伴随着通态功耗的增加，关断损耗与通态压降之间的关系如图 4.66 所示，图中的曲线称为技术曲线。

GTO 晶闸管的优化取决于应用，转换器的开关频率越高，关断功耗越显得重要。因此在高开关频率下，应用较高的通态功耗换取较低的关断功耗。如果转换器的工作频率较低，则应该尽可能降低通态功耗，接受较高的关断功耗。

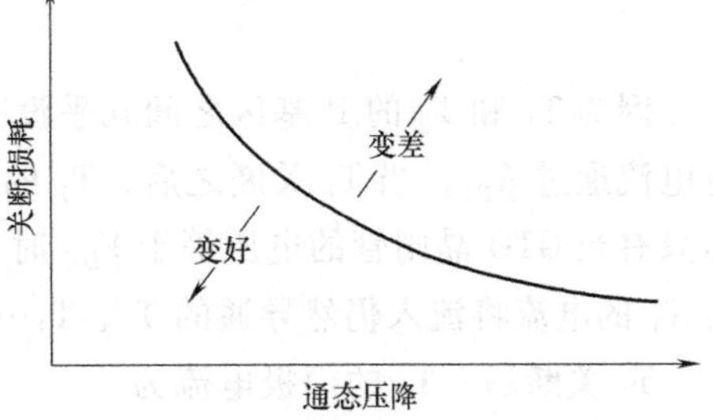

图 4.66 关断损耗与通态压降之间的关系

5. 实际 GTO 晶闸管的关断

前面对理想 GTO 晶闸管的关断进行了讨论，假设 GTO 晶闸管的关断过程是均匀的，电流和电压在横向分布上没有差别，这种假设不成立。在实际 GTO 晶闸管中，P 基区横向电阻导致 GTO 晶闸管在关断过程中电流集中在很小的区域内，因此功耗密度比一维模型所预计的结果高很多，这极大降低了 GTO 晶闸管的最大关断能力。

精确分析实际 GTO 晶闸管在关断过程中电流重新分布很困难，下面用简单模型分析 GTO 晶闸管的关断机理和确定关断极限。这个模型把 GTO 晶闸管进一步分成很多个小晶闸管，小晶闸管的阴极条宽很窄，可以用如前所述的一维模型进行分析。每个晶闸管单元用分立电阻（分别为P基区和N基区的横向电阻）连接。

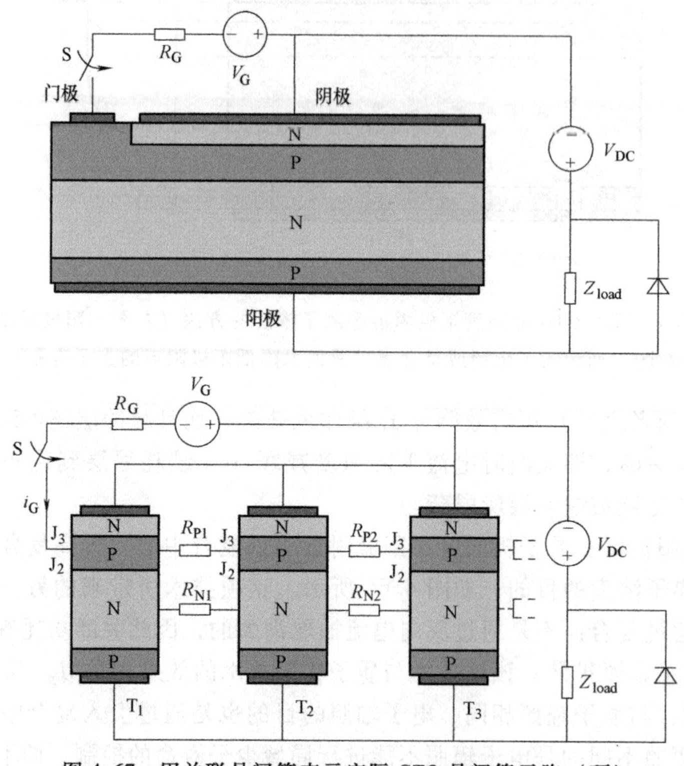

图 4.67　用并联晶闸管表示实际 GTO 晶闸管元胞（顶）

下面用图 4.67 所示的电路分析关断过程。假设 GTO 晶闸管处于导通状态，提供给负载的电流为 I_L。当 $t=0$ 时闭合开关 S。在关断刚开始时晶闸管单元 T_1 的 J_3 结处于导通状态，电压约 1V，因此门极电流可以用下式表示

$$i_G=-\frac{V_G}{R_G} \tag{4.185}$$

因为 T_1 和 T_2 的 P 基区之间几乎没有电势差，所以 i_G 几乎全部流过晶闸管单元 T_1，没有电流通过 R_{P1}，当 T_1 关断之后，T_1 的 J_3 结变成阻断状态，才能给 T_2 提供门极电流。因为只有当 GTO 晶闸管的电压等于 V_{DC} 时，总阳极电流才开始下降（见前文）。这意味着关断后 T_1 的电流将流入仍然导通的 T_2、T_3……

T_1 关断后，T_2 的门极电流为

$$i_G=-\frac{V_G}{R_G+R_{P1}} \tag{4.186}$$

T_2 关断后，T_3 的门极电流为

$$i_G=-\frac{V_G}{R_G+R_{P1}+R_{P2}} \tag{4.187}$$

从上面的分析可知，负载电流逐渐集中在远离门极接触处的区域，而门极电流却随着远离门极接触处逐渐减小，因此，GTO 晶闸管的实际关断能力远低于一维模型所得出

的结论。

从上面的分析可知，只有距离门极最远的区域关断了，GTO 晶闸管才能安全关断。因此 GTO 晶闸管的设计应该主要考虑以下两个方面。

其一：P 基区横向电阻与 J_3 结雪崩击穿电压之间的优化。

根据前面的分析，距门极最远晶闸管单元的门极电流为

$$i_{G,T_n} \leqslant \frac{V_{br}(J_3)}{\sum_n R_{Pn}} \tag{4.188}$$

$V_{br}(J_3)$ 为 J_3 结雪崩击穿电压，R_{Pn} 为距门极最远晶闸管单元的 P 基区横向电阻。

增加 $V_{br}(J_3)$ 和减小 R_{Pn} 是相互矛盾的，如，增加 P 基区的掺杂浓度可减小 P 基区的横向电阻，但同时降低了 J_3 结的雪崩击穿电压。一般来说，折中上面的两个参数，P 基区的掺杂浓度大约为 $10^{17}cm^{-3}$，P 基区的宽度约为 50μm，甚至更大，其目的是尽可能减小 P 基区的薄层电阻。

其二：减小阴极条宽。

阴极条宽越窄，P 基区横向电阻越小，阴极条中心处的门极电流越大，而且越不容易产生电流的重新分布。这也是 GTO 晶闸管由很多个阴极条，且每个阴极条两侧设置门极条的原因。典型尺寸和封装结构剖面图如图 4.68 所示。阴极通常为条状，长约几毫米，典型宽度为 100~300μm。目前的封装技术如图 4.68 所示，电接触和与环境之间的热接触是通过器件两端的金属片之间的压力实现的，压力一般为 $1kN/cm^2$。用钼片作为应力缓冲层，在热膨胀系数差别较大的单晶硅和铜之间起到衔接的作用。单晶硅、钼和铜的热膨胀系

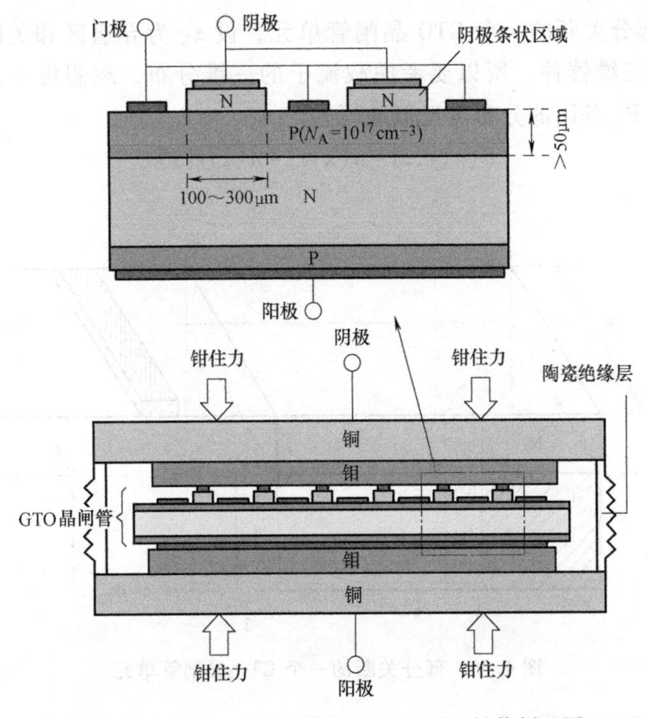

图 4.68 上图：典型结构尺寸；下图：封装剖面图

数分别是 2.5×10^{-6}/K，5.2×10^{-6}/K 和 16.8×10^{-6}/K。在温度循环过程中，金属的热膨胀系数使 GTO 晶闸管的接触面承受强烈周期性的剪切力。如果阴极条太窄，由于它们不能承受多循环的机械应力，造成使用寿命降低。总而言之，现有的 GTO 晶闸管阴极条宽的减小，受限于现有的封装技术。要想解决 GTO 晶闸管在关断过程中的问题，需要在电路系统中解决。

6. GTO 晶闸管主要参数

(1) 关断时间 t_{off}

t_{off} 是标志 GTO 晶闸管快速性能好坏的主要参数。它由存储时间 t_s、下降时间 t_f、尾部时间 t_T 组成，即

$$t_{off}=t_s+t_f+t_T \tag{4.189}$$

通常 t_s 定义为从门极负信号开始到阳极电流下降至导通电流的 90%所需的时间。t_f 定义为阳极电流从 90%降到 10%所需的时间。在这段时间里，剩余载流子继续从门极排除，α_1 和 α_2 继续减小，阳极电流急剧下降。

t_T 定义为剩余载流子复合时间，即阳极电流从 10%到完全关断时所需的时间。在这段时间里，门极仍存在一定的负电流，载流子继续排除。基区少子寿命越短，剩余载流子复合消失得越快，t_T 越短。

存储时间 t_s 的定义指的是从门极加 $-I_G$ 开始到可关断峰值电流降至其 90%的时间间隔。GTO 晶闸管的存储时间 t_s 所对应的瞬态关断包含两个方面的意义：一是导通区从阴极边沿开始收缩到阴极中心一个扩散长度 L_n 所需要的时间；二是 $\alpha_1+\alpha_2$ 从导通态过渡到开始小于 1 的时间。由于后者一般比前者短得多，因此粗略地可以用导通区从 $S/2$ 收缩到 L_n 所需要的时间为存储时间 t_s。

图 4.69 表示部分关断的一个 GTO 晶闸管单元，设 x_b 为导通区和关断区的边界。注意图中给出的是一个三维器件，所以要考虑载流子的三维分布，现假设 y 方向的分布是均匀的。因此载流子在 P_2 基区的分布可近似地写为

$$n(x,y,z)=n(x,z)=n(z)f(x) \tag{4.190}$$

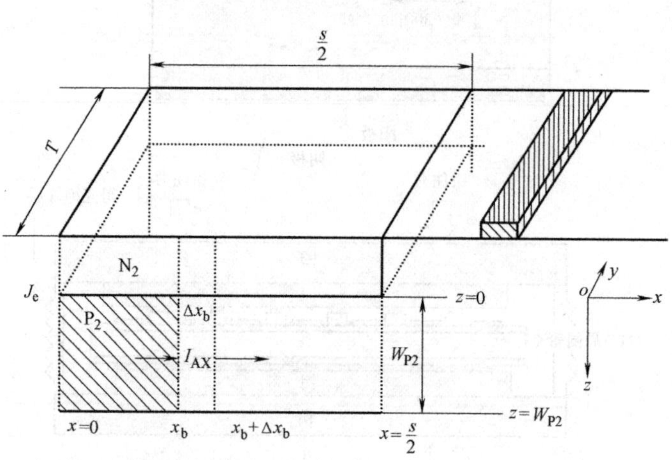

图 4.69 部分关断的一个 GTO 晶闸管单元

$n(z)$ 为图 4.69 所示的线性分布，即

$$n(z)=n_e(1-z/W_{P2})\tag{4.191}$$

式中，n_e 为 $z=0$ 时的发射极和 P_2 区边界处的电子浓度；

W_{P2} 为 P_2 区在阴极发射极下的宽度。

$f(x)$ 可以写为

$$f(x)=1(0<x<x_b)\tag{4.192}$$

$$f(x)=\exp\left[-\left(\frac{x-x_b}{L_n}\right)\right](x_b<x<\infty)\tag{4.193}$$

P_2 区内电子扩散电流在 z 方向的分量为

$$j_z(x,z)=qD_n\partial n(x,z)/\partial z=qD_nf(x)\partial n(z)/\partial z\tag{4.194}$$

由此可以写出半阴极条款上的阴极电流为

$$\frac{I_K}{2}=\int_0^\infty j_z(x,z)T\mathrm{d}x=-Tqn_eD_n(x+L_n)/W_{P2}\tag{4.195}$$

式中，T 为阴极在 y 方向上的宽度；I_K 为阴极电流。

电子扩散电流在 y 方向的分量为

$$j_x(x_b,z)=qD_nn_e\partial f(x_b)/\partial x=-qD_nn(z)/L_n\tag{4.196}$$

因此，从导通区域流入 $TW_p\Delta x_b$ 单元的横向扩散电流为

$$I_x(x_b)=\int_0^\infty Tj_x(x_b,z)T\mathrm{d}x=-Tqn_eD_nW_{P2}/2L_n\tag{4.197}$$

在此单元内的电荷量 ΔQ 应为

$$\Delta Q=-\Delta x_b\int_0^{W_P}T\cdot q\cdot n(x,z)\mathrm{d}z\tag{4.198}$$

假定在整个 Δx_b 区域内，$f(x)\cong f(x_b)=1$，从式（4.189）可得

$$\Delta Q=-Tqn_eW_{P2}\Delta x_b/2\tag{4.199}$$

根据电荷连续性原理，则有

$$\Delta Q/\Delta t=\frac{I_K}{2}+I_x(x_b)\tag{4.200}$$

通过上面分析，令 $\Delta x_b=0$，可以得到导通区与关断区交界的移动速度

$$\mathrm{d}x_b/\mathrm{d}t=-\left(\frac{I_G}{I_K}\right)(2D_n/W_{P2}^2)(x_b+L_n)+D_n/L_n\tag{4.201}$$

在关断时，$I_K=I_A-I_G$，少子在 P_2 区的扩散渡越时间为

$$\tau_n=W_{P2}^2/2D_n\tag{4.202}$$

利用关断增益 $\beta_{off}=I_A/I_G$，式（4.201）变为

$$\mathrm{d}x_b/\mathrm{d}t=-\frac{x_b+L_n}{\tau_n(\beta_{off}-1)}+\frac{D_n}{L_n}\tag{4.203}$$

由此得出，导通区收缩的速度与下列因素有关：

1）随负门极电流 I_G 的增加而增加；

2）随关断增益减小而增大；

3）随 P_2 区厚度 W_{P2} 的减小而增大；

4）随 P_2 区少子寿命的增加而减小；

5）随 x_b 的增加而增大，即阴极边沿的关断速度要大于中心的关断速度。

综上所述，在 GTO 晶闸管的关断初期，阴极发射极有一个从边沿到中心的关断过程，这仅仅是关断过程的第一部，即关断区的扩展或导通区的压缩。这正是二维关断的真正意义所在。

将（4.203）两边对 t 及 x_b 积分，即可得

$$-\int_0^{t_s}\mathrm{d}t=(\beta_{\mathrm{off}}-1)\,\tau_n\int_{\frac{s}{2}}^{L_n}\mathrm{d}x_b/[x_b+L_n-\tau_n(\beta_{\mathrm{off}}+1)\cdot D_n/L_n]$$

并由此可得

$$t_s=\frac{(\beta_{\mathrm{off}}-1)\,\tau_n\ln\left(\dfrac{sL_n/W_{P2}^2+2L_n^2}{W_{P2}^2-\beta_{\mathrm{off}}+1}\right)}{4L_n^2/W_{P2}^2-\beta_{\mathrm{off}}+1}\tag{4.204}$$

从上式可知，当

$$\beta_{\mathrm{off}}=1+\frac{4L_n^2}{W_{P2}^2}\tag{4.205}$$

时，即有

$$t_s\to\infty$$

式（4.205）给出二维的最大关断增益 β_{off}。它的物理意义在于二维关断时，若存储时间 t_s 趋于无穷大，则发生关断失效。影响导通区与关断区边界 x_b 移动的因素有：一方面 $-I_G$ 使导通区不断向阴极单元中心收缩；另一方面在导通区与关断区之间存在电子浓度梯度，该梯度产生的电子扩散电流的方向使小单元 $TW_P\Delta x_b$ 内的少子-空穴增加，从而使导通区的收缩减慢。尤其当 β_{off} 过大，即 $-I_G$ 抽走空穴的作用抵消不掉导通区扩散流的作用，边界 x_b 移动速度将趋于零而使关断失效。

(2) 最大可关断电流 I_{ATO}

I_{ATO} 是 GTO 晶闸管的一个特征参数，通常用其标称 GTO 晶闸管的容量。如 3000A/4500 的 GTO 晶闸管就是指最大可关断阳极电流为 3000A，耐压为 4500V。根据前面的分析可知，最大可关断阳极电流为

$$I_{\mathrm{ATO}}=\left(\frac{\alpha_2}{(\alpha_1+\alpha_2)-1}\right)I_{\mathrm{GM}}$$

式中，I_{GM} 为 GTO 晶闸管关断时门极负电流的最大值（绝对值）。下面分析影响最大可关断电流 I_{ATO} 的因素。

$-I_G$ 流经 P_2 基区时，将产生一个横向压降 $V_b=I_GR_b/4$。当横向压降 V_b 超过 J_3 结的雪崩击穿电压 V_{gc} 时，部分 J_3 结在关断瞬时将在雪崩条件下工作，因此，令

$$\frac{1}{4}I_G\cdot R_b\leqslant V_{gc}\tag{4.206}$$

带入 $\beta_{\mathrm{off}}=I_A/I_G$，得

$$\frac{I_AR_b}{4\beta_{\mathrm{off}}}\leqslant V_{gc}\tag{4.207}$$

最大可关断电流 I_{ATO} 为

$$I_{ATO} \leqslant 4\beta_{off}V_{gc}/R_b \tag{4.208}$$

从式（4.208）可知，为了获得大的可关断电流，P_2 基区的横向电阻 R_b 必须尽可能地小，J_3 结的雪崩击穿电压 V_{gc} 必须尽可能地大。考虑到 P_2 区的掺杂，这样的要求是互相矛盾的。若 R_b 小，P_2 区必须高掺杂；若雪崩击穿电压 V_{gc} 大，P_2 区必须低掺杂。因此，必须进行折中协调。一般情况下，通过实验使 V_{gc} 在 18~24V 的范围内，选择最佳的 P_2 区掺杂。

最大可关断电流 I_{ATO} 也决定于最大关断增益 β_{off}。

$$I_{ATO} \leqslant \frac{4\beta_{off}V_{gc}}{R_b} \leqslant \frac{4V_{gc}}{R_b} \cdot \frac{\alpha_2}{\alpha_1+\alpha_2-1} \tag{4.209}$$

从（4.209）可知，最大可关断电流 $I_{A(max)}$ 既取决于二维横向参数 R_b、V_{gc}，又取决于一维纵向的 α_1 和 α_2。

众所周知，P_2 基区横向电阻取决于 P_2 区基区的电阻率和 GTO 晶闸管阴极单元条宽和长度，即

$$R_b = \frac{\rho_{P2}S}{TW_{P2}} \tag{4.210}$$

式中，S 为 GTO 晶闸管阴极单元条宽；T 为阴极单元条长。

因此为了提高最大可关断电流 $I_{A(max)}$，最重要的是设法减小 R_b。如上所述，P_2 区电阻率 ρ_{P2} 的减小受 J_3 结雪崩击穿电压 V_{gc} 的制约。为此应尽量减小阴极单元条宽 S，并将 GTO 晶闸管的阴极图形设计成高度叉指状。这是 GTO 晶闸管设计中与普通晶闸管的设计中重要的区别之一。

在二维关断过程中，由于 GTO 晶闸管的阻抗仍然处于低阻状态，但主回路的电流基本不变，导通面积不断收缩，因而存在着瞬时导通区电流密度剧增的现象。当 GTO 晶闸管的阴极单元之间参数不均匀时，个别阴极单元将迟关断，这个问题将变得更加突出。瞬时导通区电流密度的剧增将造成局部点的热烧毁。这是大功率 GTO 晶闸管失效中要解决的一个主要问题。

- 影响最大可关断电流 I_{ATO} 的因素

1）结温对 I_{ATO} 的影响。

GTO 晶闸管的工作频率较高，其功率比普通晶闸管大，从而引起结温的升高。结温升高后，少子数量增多，少子寿命增加，这使得 GTO 晶闸管的关断时间增加，开关特性变差，dv/dt 耐量降低。另外，α_1 和 α_2 也随结温的升高而增加，有可能破坏常温下的临界饱和状态，从而造成关断能力下降。由此可见，GTO 晶闸管在额定关断频率下的平均电流值受额定工作结温的制约。

2）R_{pb} 对 I_{ATO} 的影响。

被抽出的门极负电流会在 P_2 基区横向电阻 R_{pb} 产生横向压降，从而产生类似于双极晶体管截止过程中出现的电流集中效应。这样，不仅降低了开关速度，而且有可能使器件因大电流集中、过热而烧毁。

当横向压降区域门极外加负电压时，门极负电流将达到最大值而被限制，从而使 $I_{A(max)}$

也受到限制。所以 R_{pb} 过大，会因抽取速度太慢而使器件难以关断。

由此可见，尽可能地减弱横向效应是提高 $I_{A(max)}$ 的重要途径。在器件设计中，通常采用减小阴极条宽和增加门极-阴极边届长度来减弱横向效应。

3）α_1 和 α_2 对 I_{ATO} 的影响。

为了获得较高的关断增益，既要适当提高 α_2 和减小 α_1，又要保证 $\alpha_1+\alpha_2>1$。这两者的物理意义是很明显的。α_2 大会使门极灵敏度提高，在关断瞬间能更有效地抽取载流子。保持 $\alpha_1+\alpha_2$ 稍大于 1 从而满足临界导通条件，使其存储的载流子少，有利于关断。

4）图形结构和工艺对 I_{ATO} 的影响。

由多元胞并联工作的 GTO 晶闸管器件在工作时，各阴极单元导通或关断的动作应一致，否则容易烧坏器件。如果各单元关断时间不同，那么首先关断的单元则把原来承担的电流转移到尚未关断的单元中去，使其电流密度增加。严重时会造成关断失效，甚至会引起电流局部集中现象和产生局部热斑。这种现象是由于材料、工艺的不均匀性和版图特学设计欠佳等因素所至。因此，制造大容量 GTO 晶闸管的关键工艺是大面积均匀扩散，并严格控制少子寿命。

(3) 关断增益 β_{off}

关断增益 β_{off} 为最大可关断阳极电流 I_{ATO} 与负门极电流最大值 I_{GM} 之比，即

$$\beta_{off}=\frac{I_{ATO}}{|-I_{GM}|}$$

或

$$\beta_{off}=\frac{\alpha_2}{(\alpha_1+\alpha_2)-1}$$

一切影响最大可关断阳极电流 I_{ATO} 与负门极电流最大值 I_{GM} 的因素均会影响 β_{off}。

(4) 擎住电流 I_L

I_L 是指门极加触发信号后，阳极导通时的临界电流。当 GTO 晶闸管被触发导通时，若阳极电流小于 I_L，GTO 晶闸管就不能维持大面积导通，一旦门极信号被撤掉，GTO 晶闸管就自行关断。由于 GTO 晶闸管采用梳状阴极结构，且又是临界导通，因此 GTO 晶闸管的 I_L 要比普通晶闸管的 I_L 大得多，实际应用中要特别注意。

(5) 阳极平均电流 I_{cp}

普通晶闸管的额定电流即是平均电流，对于 GTO 晶闸管来说，一般给出 I_{ATO}，其平均电流可根据脉冲占空比来计算。例如 3000A 的 GTO 晶闸管，若阳极电流脉冲占空比为 50%，则 I_{cp} 可由下式确定：

$$I_{cp}=\frac{1}{2}I_{ATO}=\frac{1}{2}\times 3000\text{A}=1500(\text{A})$$

7. dv/dt 和 di/dt 吸收电路

典型具有 dv/dt 和 di/dt 限制的 GTO 晶闸管保护电路如图 4.70 所示。

在实际应用中，GTO 晶闸管和其续流二极管必须用缓冲器加以保护。下面讨论缓冲器的作用。

(1) dv/dt 缓冲器

鉴于成本等原因，通常用尽可能小的控制电流驱动 GTO 晶闸管，即尽可能接近关断

增益。而且连接门极控制单元和 GTO 晶闸管之间的导线比较长，电感较大。因此，门极电流最大上升率 di/dt 较小，这两个因素使 GTO 晶闸管的关断过程减慢，阴极电流被挤压到阴极条中心处。如果不采取措施降低 GTO 晶闸管的应力，最大可关断电流将会变得很小而没有实用性。

dv/dt 缓冲器的作用就是减小应力。在 GTO 晶闸管电压建立的过程中，dv/dt 缓冲器中的电容吸收充电电流。

$$i_S = C_S \frac{dv}{dt} \tag{4.211}$$

因为在电压建立的过程中，总电流保持恒定，因此 GTO 晶闸管上通过的电流减小了 i_s。因此，GTO 晶闸管上的应力在关断的最关键阶段的应力大幅度降低了。

dv/dt 缓冲器由一个电阻 R_S，一个电容 C_S 和一个二极管 D_S 构成。除此之外，在电路中还有寄生电感 L_σ。寄生电感 L_σ 要尽可能小，因为寄生电感会在关断过程中在 GTO 晶闸管上产生一个电压尖峰，如图 4.71 所示。

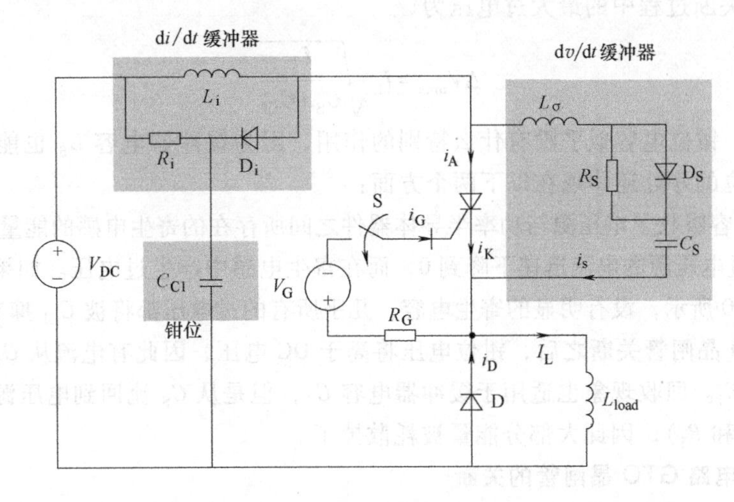

图 4.70 典型具有 dv/dt 和 di/dt 限制的 GTO 晶闸管保护电路

（2）di/dt 缓冲器

与普通晶闸管不同，GTO 晶闸管具有很高的 di/dt 耐量。因为 GTO 晶闸管具有精细的门极分布，可以大面积同时触发，所以 GTO 晶闸管的导通特性接近理想的开关特性。电流迅速增加的同时，电压迅速下降。di/dt 缓冲器是用来保护续流二极管 D 免于高 di/dt GTO 晶闸管的损坏的。

根据 3.3.1 节所述，与理想开关器件配套工作的续流二极管的最大开关耗散功率 P_{max} 为

$$P_{max} = I_{rr} \cdot V_{DC} \tag{4.212}$$

因为续流二极管的反向恢复峰值电流 I_{rr} 与开关器件的 di/dt 成正比，因此必须通过限制换流 di/dt 保护续流二极管。限制 di/dt 最方便的方法是将 GTO 晶闸管串联一个电感 L_i，于是最大电流变化率为

$$\frac{di}{dt} = \frac{V_{DC}}{L_i} \tag{4.213}$$

在 GTO 晶闸管导通阶段，电感 L_i 所存储的能量为

$$E_i = \frac{L_i I_L^2}{2} \tag{4.214}$$

电阻的大小要在 GTO 晶闸管的过电压和电感环路的延迟时间中作折中。另一个 L_i 环流电路的解决方案是提高缓冲电容 C_S 值，以吸收所存储的能量 E_i。在这个方案中，GTO 晶闸管的过电压在 L_i 所存储的所有能量传递到 C_S 之后达到最大值，即

$$E_C = \frac{C_S(\Delta V_{max})^2}{2} = E_i \Rightarrow \Delta V_{max} = I_L\sqrt{\frac{L_i}{C_S}} \tag{4.215}$$

然后能量通过 R_s 泄放。

(3) 钳位电容

在 GTO 晶闸管关断时，由于电容 C_{Cl} 吸收了 E_i 中的大部分能量，因此能够限制 GTO 晶闸管过电压的产生。如果 GTO 晶闸管的保护电路由 dv/dt 缓冲器和钳位电容构成，那么 GTO 晶闸管在关断过程中的最大过电压为

$$\Delta V_{max} = I_L\sqrt{\frac{L_i}{C_S + C_{Cl}}} \tag{4.216}$$

表面来看，钳位电容似乎没有什么特别的作用，因为缓冲器电容 C_S 也能够起到同样的作用，但是钳位的好处还体现在以下两个方面：

1）钳位电容吸收了电压源与功率半导体器件之间所存在的寄生电感的能量。当 GTO 晶闸管关断时，通过电压源的电流迅速下降到 0，而在寄生电感中产生过电压。如果在钳位电容的右侧，如图 4.70 所示，没有明显的寄生电容，几乎所有的过电压都将被 C_{Cl} 抑制。

2）在 GTO 晶闸管关断之后，钳位电压将高于 DC 电压，因此有电流从 C_{Cl} 流回电压源，回收了一部分 E_i。回收现象也适用于缓冲器电容 C_S，但是从 C_S 流回到电压源的电流，流经两个电阻（R_S 和 R_i），因此大部分能量被耗散掉了。

8. 有吸收电路 GTO 晶闸管的关断

图 4.71 为图 4.70 中带有 dv/dt 缓冲和 di/dt 缓冲器的 GTO 晶闸管关断特性。下面按步骤观察关断过程。

阶段 1（$0 \sim t_2$）：

假定 t 小于 0 时，GTO 晶闸管处于导通状态，传导负载电流为 I_L。当 $t=0$ 时，开关 S 闭合。如果门极电路的电感可忽略，那么门极电流迅速增加到

$$i_G = -\frac{V_G}{R_G} \tag{4.217}$$

在大电感负载维持电流恒定的情况下，$t=0$ 时，阴极电流下降到

$$i_K = I_L - i_G \tag{4.218}$$

当 $t=t_1$ 时，阴极条边缘开始关断，电流向阴极条中心处集中。由于阴极条中心处电流密度增加，压降略有增加，但所增加的量很小，可以忽略。在 t_2 时刻，阴极条中心处关断，J_2 结耗尽层将形成，GTO 晶闸管开始承担电压。

阶段 2（$t_2 \sim t_3$）：

随着 GTO 晶闸管耐压的增加，缓冲器中的二极管正偏，电容 C_S 开始充电，电流开始换

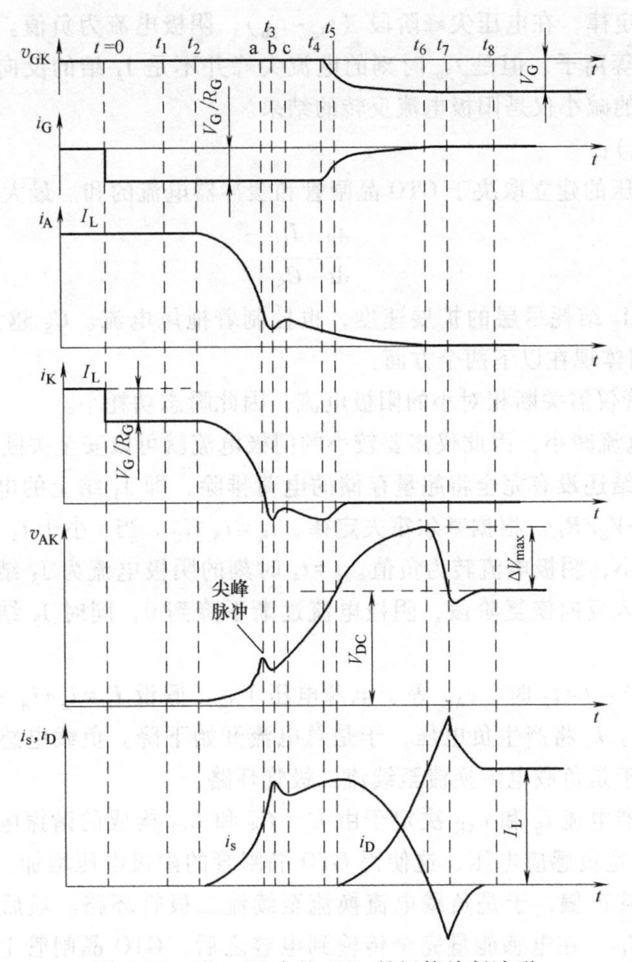

图 4.71　图 4.70 中的 GTO 晶闸管关断波形

流到缓冲器电路中，高 di/dt 使 L_σ 产生较大的感应压降，同时二极管也具有较大的正向恢复压降，缓冲器的电流为

$$i_s = C_S \cdot \frac{d}{dt}\left(v_{AK} - L_\sigma \cdot \frac{di_s}{dt} - v_f\right) \tag{4.219}$$

式中，v_f 为二极管 D_S 的正向恢复压降。从上面的公式可以看出，缓冲器电容对 GTO 晶闸管阳极电流减小的效果取决于 L_σ 和缓冲器二极管的正向恢复压降。在电流建立的初期，这些影响非常大，以至于缓冲电容几乎不起作用，因此 GTO 晶闸管的压降迅速增加，这使器件承受高应力。

$t=t_{3a}$ 时，二极管 D_S 中的等离子浓度增加，正向压降迅速下降。相应的缓冲器电容上的 dv/dt 使得电流 i_s 急剧增加，因此 i_A 迅速下降。GTO 晶闸管电流密度的减小使得通过 J_2 结耗尽层的可动载流子浓度降低，电场梯度降低，因此在 t_{3a} 之后，GTO 晶闸管上的电压有所下降。

$t=t_{3b}$ 时，二极管正向恢复过程结束。缓冲电路中 di/dt 的下降使 C_S 的电压等于 v_{AK}，J_2 结继续扩展，进一步排除等离子，因此 t_{3b} 之后，阳极电流增加。

根据基尔霍夫定律，在电压尖峰阶段（$t_{3a} \sim t_{3b}$），阴极电流为负值。J_3 结（N 发射区/P 基区结）反向排除等离子，但是 t_{3b} 时刻的电流尖峰并不是 J_3 结的反向恢复峰值电流，t_{3b} 之后反向恢复电流的减小仅是阳极电流反转的结果。

阶段 3（$t_{3c} \sim t_5$）：

GTO 晶闸管电压的建立取决于 GTO 晶闸管和缓冲器电流的和。最大 $\mathrm{d}v/\mathrm{d}t$ 由 C_S 决定

$$\frac{\mathrm{d}v}{\mathrm{d}t}=\frac{I_L}{C_S} \tag{4.220}$$

电压上升率控制着 J_2 结耗尽层的扩展速度，也控制着拖尾电流。C_S 越大，拖尾电流越小。$\mathrm{d}v/\mathrm{d}t$ 缓冲器的作用体现在以下两个方面：

1）GTO 晶闸管仅需关断相对小的阳极电流，因此瞬态功耗小。

2）由于阳极电流减小，因此仅需要较小的门极电流就可以安全关断 GTO 晶闸管。

$t=t_4$ 之前，J_3 结还没有完全将超量存储的电荷排除，即 J_3 结上的电压还没建立，因此门极电流仍为 $i_G=-V_G/R_G$。根据基尔霍夫定律，$i_K=i_A+i_G$。当 t 小于 t_4 时，$i_K=i_A-V_G/R_G$。随着阳极电流的减小，阴极电流转为负值。$t=t_4$ 时刻的阴极电流为 J_3 结的反向恢复峰值电流。之后，J_3 结进入反向恢复阶段，阴极电流逐渐下降到 0，同时 J_3 结电压建立，门极电流下降到 0。

阶段 4（$t_5 \sim t_6$）：$t=t_5$ 时，v_{AK} 等于电源电压 V_{DC}，假设 $I_L=i_S+i_A$ 不变，继续对 C_S 充电，v_{AK} 将超过 V_{DC}。L_i 将产生负电压，于是总电流开始下降。负载电感所产生的负电压使续流二极管正偏，于是负载电流换流至续流二极管环路。

接下来的缓冲器电流 i_S 和 v_{AK} 决定于由 L_i、C_S 和 C_{Cl} 构成的谐振电路。初始阶段，电流的下降导致 L_i 产生负感应电压，这使得 GTO 晶闸管的阳极电压增加。负载电感所产生的负电压使续流二极管正偏，于是负载电流换流至续流二极管环路。然后，L_i 所存储的能量开始传输到 C_S 和 C_{Cl}。在电感能量完全传输到电容之后，GTO 晶闸管上的电压 v_{AK} 达到最大值 $V_{DC}+\Delta V_{max}$，ΔV_{max} 由式（4.214）和式（4.215）决定。t_5 与 t_6 之间的时间为振荡器工作周期的 1/4，理想情况下，$t_6 \sim t_5$ 为

$$t_6 \sim t_5=\frac{\pi}{2}\cdot\sqrt{L_i \cdot C_{tot}}$$

式中，C_{tot} 为有效电容，C_S 或 C_S+C_{Cl}。

阶段 5（$t_6 \sim t_8$）：$t=t_6$ 时，谐振电路中的能量从 C_S 和 C_{Cl} 传回电感 L_i 和电压源。电流首先从 C_S 流经二极管 D_S，此时的二极管依然有超量储存电荷。之后，电流流经电阻 R_S。R_S 和 R_i 的阻尼作用使谐振电路的振荡迅速减弱。在 t_8 时，关断结束。

9. GTO 晶闸管的弱点

GTO 晶闸管在关断过程中存在电流向阴极条中心处挤压的现象，即使设计合理（窄阴极条，高电导率 P 基区），这种现象也不能避免。如果 GTO 晶闸管用高关断增益驱动，或者门极电路的电感较大，门极电流的上升时间明显高于 $t=0 \sim t_1$ 之间的时间间隔，这种现象更加明显。特别是大功率 GTO 晶闸管，在关断过程中整个器件内都存在电流重新分布的现象，也就是说，大部分区域电流已经终止，而剩下的区域仍然导通。GTO 晶闸管的这种特性导致如下负面结果的产生。

由于关断过程中的电流的重新分布，所以最大可关断电流 I_{max} 不与单元面积 A 成正比，

而是 $I_{max} \propto \sqrt{A}$。

为了有效使用GTO晶闸管，必须配备体积庞大的dv/dt缓冲器。缓冲元件价格昂贵，电路设计复杂。

大电流重新分布还将产生另一个问题，就是GTO晶闸管关断功耗散发得不均匀，这会形成不同温度区。在高频工作下就会形成过热区，即使整体散热设计很合理也是如此。因为这种效应，高压GTO晶闸管的工作频率不能超过200~500Hz。这限制了逆变器的效果，因为低开关频率会使得AC信号的谐波分量增加。谐波会产生声学和电磁噪声，而消除谐波需要昂贵庞大体积的滤波电路。

第27讲
GCT和IGCT

4.7.5 门极换流晶闸管

1. GTO晶闸管问题产生的原因分析

GTO晶闸管的最大问题在于在关断过程中存在电流重新分布的问题，阴极电流从阴极的边缘向阴极中心处挤压，而且这一问题依靠设计和制造工艺是无法解决的。为了能正常使用GTO晶闸管，必须在电路上使用缓冲器，如前所述。怎样解决这一问题呢？首先来分析一下GTO晶闸管为什么会存在这样的问题？当施加负门极偏置电压给GTO晶闸管时，由于门极电流 i_G 小于阴极电流 i_K（关断增益大于1），这使得在关断过程的初期，J_3 结耗尽层不能同时展宽，阴极的边缘的 J_3 结首先展宽，而阴极条中心的 J_3 结依然维持正偏，如图4.72所示。于是电流出现挤压现象。要想解决这一问题，在理论上必须做到在 J_2 结恢复反偏之前，J_3 结同时反偏，如图4.73所示。具体措施是：

1）将关断增益降至1；

2）尽可能减小驱动电路电感，以实现在 J_2 结恢复反偏之前将阴极电流换流至门极。

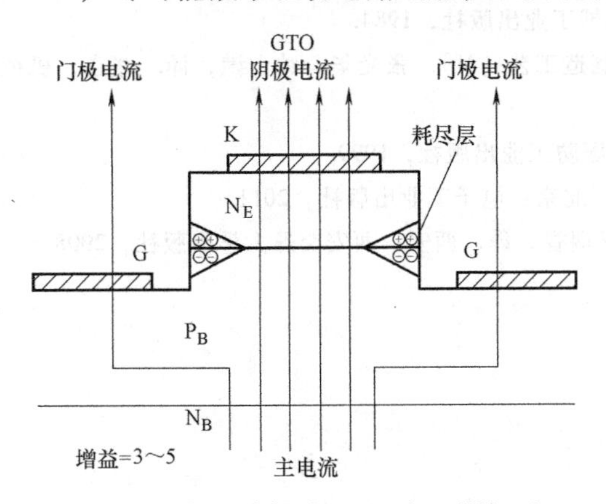

图4.72 门极关断时，GTO门、阴极区耗尽层示意图

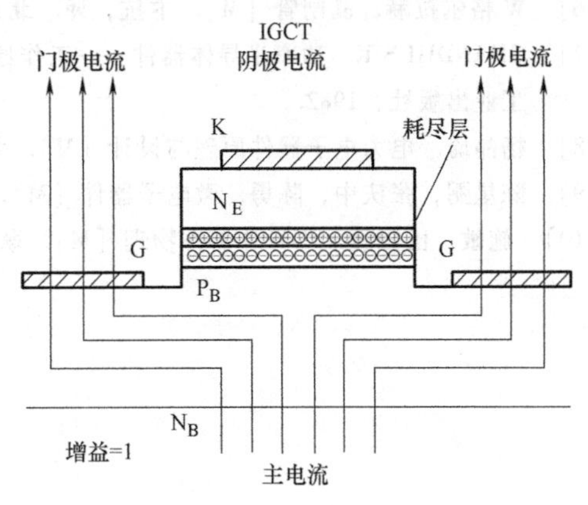

图4.73 门极关断时，IGCT门、阴极区耗尽层示意图

2. GCT（门极换流晶闸管）关断电路

GCT能否成功关断取决于阴极电流能否完全迅速换流到门极，以确保 J_2 结耗尽层均匀形成。如果负载电流在P基区超量存储的电荷被清除之前换流到门极，那么整个面积内的 J_2 结就能同时均匀扩展。GCT的驱动电流如图4.74所示，驱动电路的寄生电感必须足够小，以确保门极电流能够迅速上升到负载电流，实现安全换流。尽可能减小驱动电路的寄生

电感的方法是将驱动电路与芯片组装在一起，称之为IGCT，如图4.75所示。如果GCT中某处的J_2结耗尽层没有形成，那么横向电势差将迫使电流流向该区域。如果某些区域的J_3结没有停止注入（即阴极电流没有下降到0），发射极继续注入电子导致电流密度增加。驱动电路的电感和电阻要严格控制使门极电流上升到负载电流的时间小于清除p基区超量储存电荷的时间。

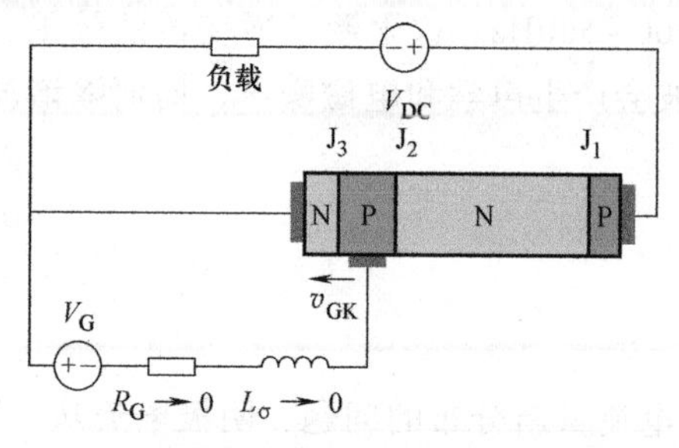

图4.74　GCT关断电路

图4.75　IGCT的结构

参考文献

[1]　BALIGA B J. 功率半导体器件基础［M］. 韩郑生，等译. 北京：电子工业出版社，2013.

[2]　高金铠. 电力半导体器件原理与设计［M］. 沈阳：东北大学出版社，1995.

[3]　LINDER S. 功率半导体器件与应用［M］. 肖曦，李虹，译. 北京：机械工业出版社，2009.

[4]　LUTZ J. 功率半导体器件——原理、特性和可靠性［M］. 卞抗，译. 北京：机械工业出版社，2013.

[5]　王彩琳. 电力半导体新器件及其制造技术［M］. 北京：机械工业出版社，2015.

[6]　W格尔拉赫. 晶闸管［M］. 卞抗，译. 北京：机械工业出版社，1984.

[7]　GHANDHI S K. 功率半导体器件——工作原理和制造工艺［M］. 张光华，钟士谦，译. 北京，机械工业出版社，1982.

[8]　杨晶琦. 电力电子器件原理与设计［M］. 北京：国防工业出版社，1999.

[9]　陈星弼，张庆中，陈勇. 微电子器件［M］. 3版. 北京：电子工业出版社，2011.

[10]　施敏，伍国珏. 半导体器件物理［M］. 耿莉，张瑞智，译. 西安：西安交通大学出版社，2008.

第5章　现代功率半导体器件

功率半导体器件是现代电力电子技术的基础。在20世纪60年代和70年代中，以晶闸管为代表的第一代功率半导体器件，由于它们能根据要求来控制其导通相位，故在把交流电变成直流电的技术中取得了巨大的成功。但是，它们必须在阳极电流过零时才能关断。因此在直流供电的场合下，例如，直流斩波技术和把直流电变成交流电的逆变技术中应用时，就不得不采用*LC*振荡换流电路进行强迫关断。这给整机用户到来很大的不便。于是，既能控制导通，又能控制关断的第二代功率半导体器件，例如，GTR（巨型晶体管）、GTO晶闸管等，便应运而生。

到了80年代，人们在自关断的基础上，又将微电子技术与电力电子技术结合起来，从而产生了第三代功率半导体器件，即功率集成器件。在功能上既能控制导通，又能控制关断的全控型或自关断型开关器件。它们在结构上是把若干个（直到数十万个）具有相同功能的元胞进行并联集成，是电力电子技术和微电子技术相结合的产物。按工作机制分，这些器件主要包括，功率MOSFET和绝缘栅双极型晶体管（IGBT）、静电感应晶体管（SIT）和静电感应晶闸管（SITH），以及由它们发展起来的MOS控制晶闸管（MCT）等。本章主要介绍功率MOSFET、IGBT等。

5.1　功率MOSFET

第28讲
功率MOSFET
之结构和
基本特性

功率MOSFET是在MOS集成电路工艺基础上发展起来的新一代功率开关器件。自从1978年IR公司推出其垂直双扩散VDMOS新结构以来，功率MOSFET得到了迅速发展。这种器件采用电压控制方式，具有很大的输入阻抗、极高的开关速度、良好的热稳定性等一系列独特优点，目前已在开关稳压电源、高频加热、计算机接口电路以及功率放大器等方面获得了广泛应用。

5.1.1　功率MOSFET的结构

功率MOSFET的发展过程基本上是在保留和发挥MOS器件本身优点的基础上努力提高功率（增大器件工作电压、电流）的过程。在这一思想指导下，研发出不同结构的功率MOSFET。

1. V-MOSFET结构

第一个高压功率MOSFET是20世纪70年代采用V形槽腐蚀工艺研制开发的。V-MOS-

FET 结构的剖面图如图 5.1 所示。垂直功率 MOSFET 的 N^+ 源区与漏区被 P 基区分隔开，形成 J_1 和 J_2 两个 PN 结，V 形槽在上表面形成，穿过两个 PN 结，在 V 形槽表面形成二氧化硅层，然后引出栅电极。栅电压为零，漏极对源极的电压为正时，J_1 结反偏，因此只要合理选择 N 漂移区的掺杂浓度和厚度，器件就能承担高的正向电压。为了抑制双极型晶体管起作用，将源电极覆盖于 PN 结之上使 J_2 结短路，如图 5.1 所示。通过合理的设计，V-MOSFET 的转折电压接近 PN 结二极管的转折电压。

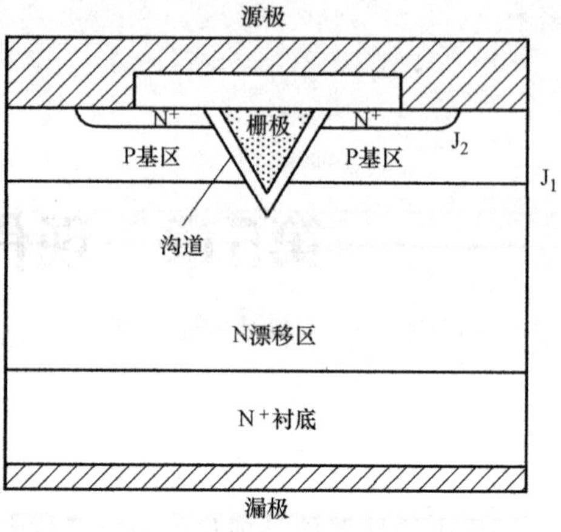

图 5.1　V 形槽 MOSFET 的结构示意图

当栅电压大于阈值电压时，V 形槽侧面的 P 基区表面反型，形成沟道，于是在正漏电压作用下形成漏电流。最大传导电流能力受限于该结构的导通电阻，元胞尺寸越小，沟道密度越大，导通电阻越小。

由于制作工艺上的困难，V-MOSFET 结构逐渐淡出功率 MOSFET。V 形槽是通过氢氧化钾在硅表面利用各向异性腐蚀而形成的，腐蚀液中的钾污染了门极的二氧化硅层，使 V-MOSFET 不能长期稳定工作。另外，V 形槽底部的尖峰会造成电压等级的下降，于是 VD-MOSFET 结构应运而生。

2. VD-MOSFET 结构

垂直扩散 MOSFET（VD-MOSFET）的结构如图 5.2 所示。该结构是在重掺杂 N^+ 衬底上的 N 外延层上制作而成的。沟道位于表面的 P 基区，沟道长度由 P 基区和 N^+ 源区的横向结深差决定。

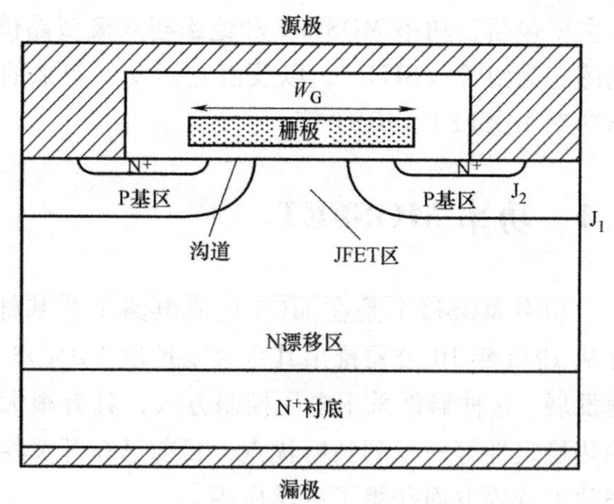

图 5.2　VD-MOSFET 结构

当栅电压为零时，J_1 结反偏，由于 N 漂移区掺杂浓度低而且厚，VD-MOSFET 能承担高正向阻断电压。当栅电压大于阈值电压时，表面的 P 基区反型形成沟道，于是在正漏电压作用下形成漏电流。

在正漏电压作用下，源区的电子经沟道流入表面的 N 漂移区，然后进入两个 P 基区之间的 JFET 区，JFET 区的宽度相对较窄，造成了电流的收缩，使 VD-MOSFET 的导通电阻大幅增加。优化栅极宽度（W_G）（在后面讨论），提高 JFET 区域的掺杂浓度可减小该区域的电阻。

流出 JFET 区域的电子进入 J_1 结下面的 N 漂移区，电流从窄 JFET 区域向整个元胞宽度扩展，因此电流分布是不均匀的，这使得导通电阻大于理想的特定导通电阻（单位面积的通态电阻）。VD-MOSFET 结构的大导通电阻促使另一种功率 MOSFET 结构——沟槽功率 MOSFET 产生。

3. U-MOSFET 结构

20世纪80年代，为了制作DRAM中的电荷存储电容而开发了单晶硅沟槽腐蚀技术，之后这项技术被引入到功率半导体器件生产中，研发沟槽栅极或U-MOSFET结构，如图5.3所示。沟槽从上表面穿过N^+源区和P基区进入到N漂移区。在沟槽的底部和侧壁形成二氧化硅层，然后将栅电极设置在沟槽内。

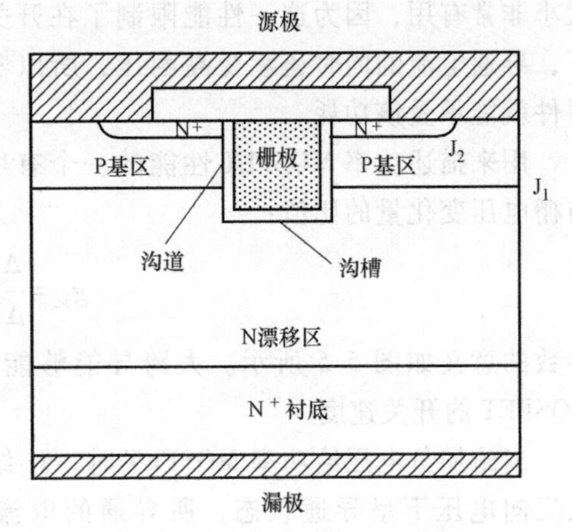

图5.3　U-MOSFET结构示意图

当栅电压为零时，J_1结反偏，由于N漂移区掺杂浓度低而且厚，VD-MOSFET能承担高正向阻断电压。在阻断状态下，由于栅极处于零电位，因此栅二氧化硅层也形成高电场强度。为了避免由沟槽角处栅二氧化硅层中高电场强度而产生的稳定性的问题，一般将沟槽的底做成圆形，即U形槽。

当栅电压大于阈值电压时，沟槽垂直侧壁的P基区表面反型，当漏电压为正时，该反型层成为输运从源区到漏区电子的沟道，形成漏电流。源区的电子经沟道进入沟槽底部下面的N漂移区，因此U-MOSFET没有JFET区域，与VD-MOSFET相比，导通电阻大幅减小。

5.1.2　功率MOSFET的基本特性

功率MOSFET包含两个背靠背的PN结。理论上，该器件在第一、三象限都能阻断电压，但是由于为了抑制双极型晶体管的作用，J_2结被短路了，所以该器件只有在第一象限才能阻断电压，在第三象限呈现类似正向二极管的特性。

在第一象限，当栅电压能够在源区和漏区之间的区域形成导电沟道时，功率MOSFET能够传导大电流。在小漏电压下，功率MOSFET的i-v特性类似于由栅电压所调控的电阻的i-v特性。图5.4所示为漏电压较小时的不同栅电压下的i-v特性。图5.4所示的特性只有在栅电压较小时才存在，因为当栅电压较小时，沟道电阻远大于N漂移区电阻，导通电阻受控于栅电压。当栅电压较大时，N漂移区电阻远大于沟道电阻，导通电阻不再随栅电压的增加而增加。

当漏电压接近或超过栅电压时（准确说，是漏电压大于等于栅电压与阈值电压的差），漏电流饱和，如图5.5所示。在电感负载下，功率MOSFET能够用栅电压控制饱和漏电流的

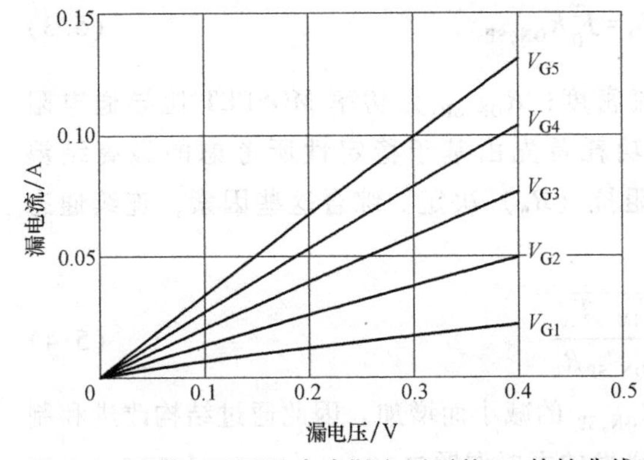

图5.4　功率MOSFET在小漏电压下的i-v特性曲线

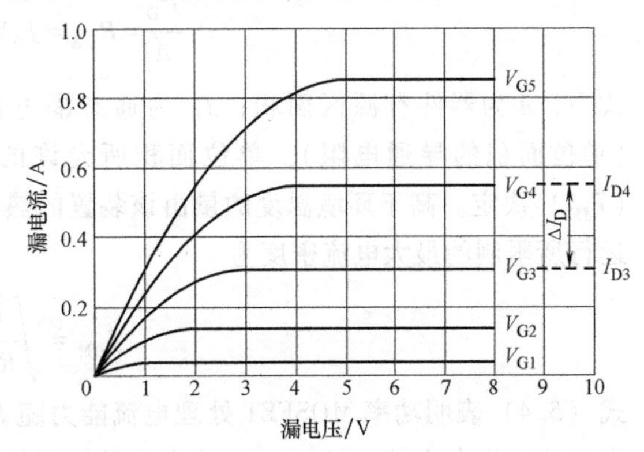

图5.5　功率MOSFET在高漏电压下的特性

大小非常有用，因为这一性能限制了在开关过程中流过器件的电流。因为在这种工作模式下，导通电流的同时还承受高耐压，所以器件的功耗很大，只要 PN 结的温度低于 200℃，器件就能承受该功耗。

用来描述功率 MOSFET 性能的一个有用参数是跨导，跨导被定义为：漏电流的变化量与栅电压变化量的比值：

$$g_m=\frac{\Delta I_D}{\Delta V_G}=\frac{I_{D4}-I_{D3}}{V_{G4}-V_{G3}} \tag{5.1}$$

参数的意义如图 5.5 所示。大跨导能够能用小栅电压获得大漏电流，而且还能提高功率 MOSFET 的开关速度。

当施加负电压给功率 MOSFET 时，J_1 结正偏，由于 J_2 结是短路的，所以功率 MOSFET 在反向电压下呈导通状态，所导通的电流就是功率 MOSFET 的体二极管电流。体二极管电流发生于反向偏置电压的大小超过 0.7V 时，如图 5.6 所示。在小的反向漏电压下，该电流可通过施加栅偏置电压来提高，因为此时电流可通过沟道传导，沟道电阻决定第三象限的压降。这种工作模式称为同步整流，因为仅当漏电压为负时，功率 MOSFET 的性能就像一个用栅电压控制的整流管。利用功率 MOSFET 作为同步整流器能够提高开关电源的效率。

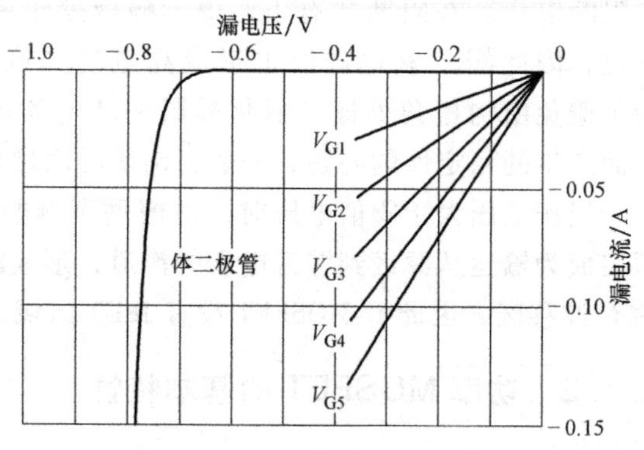

图 5.6　功率 MOSFET 的反向特性（小反向电压下）

第29讲
功率MOSFET
之阻断电压

5.1.3　VD-MOSFET 的导通电阻

功率 MOSFET 的导通电阻（R_{ON}）被定义为施加栅电压使器件呈导通状态时源极和漏极之间的总电阻。导通电阻限制了功率 MOSFET 的最大电流处理能力，功率 MOSFET 的通态功耗为

$$P_D=I_DV_D=I_D^2R_{ON} \tag{5.2}$$

单位面积下的通态功耗为

$$\frac{P_D}{A}=P_{DA}=J_DV_D=J_D^2R_{ON,SP} \tag{5.3}$$

式中，A 为器件有源区面积；J_D 为通态漏电流密度；$R_{ON,SP}$ 为功率 MOSFET 比导通电阻（单位面积的导通电阻）。单位面积所允许的功耗首先由基于稳定性所考虑的最高结温（T_{JM}）决定。高于环境温度的量由该装置的热阻抗（R_θ）决定。综合这些因素，连续通态运行所限制的最大电流密度为

$$J_{DM}=\sqrt{\frac{T_{JM}-T_A}{R_{ON,SP}R_\theta}} \tag{5.4}$$

式（5.4）表明功率 MOSFET 处理电流能力随 $R_{ON,SP}$ 的减小而增加。因此通过结构改进和制作工艺的提高来减小 $R_{ON,SP}$ 是功率半导体器件研发的主要课题之一。

VD-MOSFET 的导通电阻分布如图 5.7 所示。因为 VD-MOSFET 的金属栅极延伸超过沟道覆盖到 N 漂移区，使漂移区表面变成积累层，在高的栅电压下甚至变成 N^+。导通电阻是如图 5.7 所示电阻的总和。

$$R_{ON}=R_{CS}+R_{N^+}+R_{CH}+R_A+R_{JFET}+R_D+R_{SUB}+R_{CD} \tag{5.5}$$

式中，R_{CS} 为源电极接触电阻；R_{N^+} 为源区串联电阻；R_{CH} 为沟道电阻；R_{JFET} 为相邻 P 阱间的电阻；R_D 为高阻外延区的导通电阻；R_{SUB} 为衬底串联电阻；R_{CD} 为漏电极接触电阻。

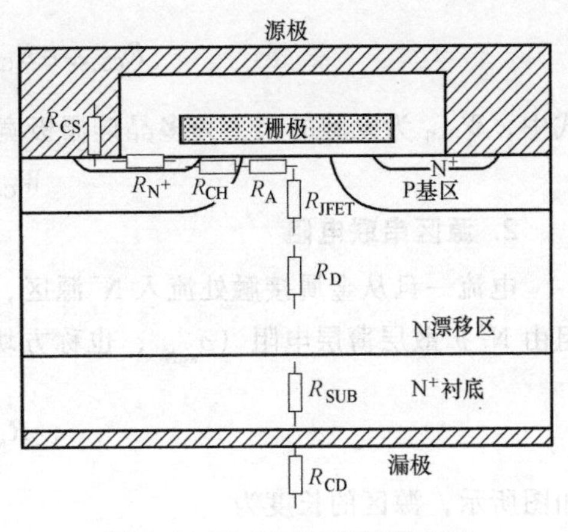

图 5.7 VD-MOSFET 导通电阻

用于计算 VD-MOSFET 导通电阻的结构模型如图 5.8 所示，下面根据此模型计算导通电阻。

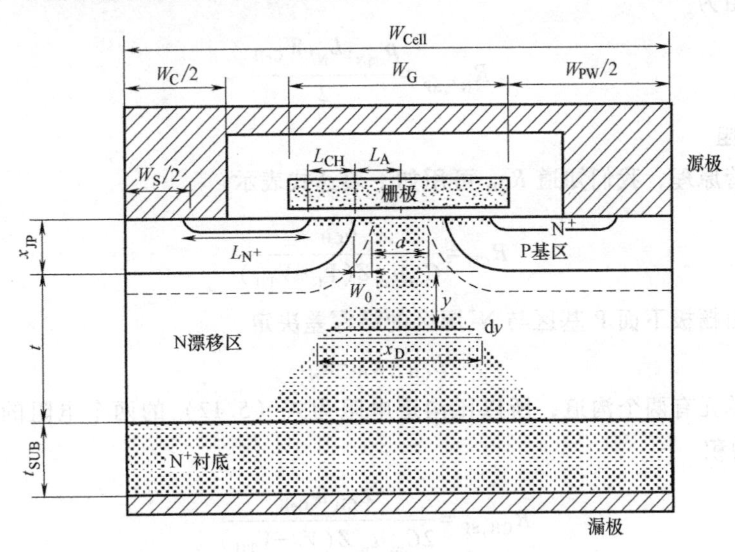

图 5.8 VD-MOSFET 的导通电阻模型

1. 源电极接触电阻 R_{CS}

如图 5.8 所示，每个接触孔的源电极接触面积为

$$A_{CS}=\frac{1}{2}(W_C-W_S)Z$$

式中，Z 为元胞的宽，方向与图 5.8 所示的剖面垂直。如果接触电阻率为 ρ_C（$\rho_C=\lim_{\Delta S\to 0}R_C\cdot\Delta S$，$R_C$ 为总接触电阻，S 为接触面积），那么该接触面积下的接触电阻为

$$R_{CS}=\frac{\rho_C}{A_{CS}}=\frac{2\rho_C}{(W_C-W_S)Z} \tag{5.6}$$

VD-MOSFET 结构源比接触电阻等于 R_{CS} 与元胞面积（$W_{Cell}Z$）的乘积，需要注意的是每个单元包含两个源区，于是可得源比接触电阻为

$$R_{CS,SP}=R_{CS}\cdot 2A_{CS}=\rho_C\frac{W_{Cell}}{W_C-W_S} \tag{5.7}$$

式中，W_{Cell} 为元胞的长，为多晶硅栅极宽度（W_G）与多晶硅窗口宽（W_{PW}）的和：

$$W_{Cell}=W_G+W_{PW} \tag{5.8}$$

2. 源区串联电阻

电流一旦从金属接触处流入 N^+源区，在流入沟道之前要沿源区流动，源区所产生的电阻由 N^+扩散层薄层电阻（ρ_{sqN^+}，也称方块电阻）与源区长度（L_{N^+}）的乘积决定。

$$R_{N^+}=\rho_{sqN^+}\frac{L_{N^+}}{Z} \tag{5.9}$$

如图所示，源区的长度为

$$L_{N^+}=\frac{W_{PW}-W_S}{2}+2x_{JN^+} \tag{5.10}$$

比源区串联电阻为

$$R_{N^+,SP}=\frac{\rho_{sqN^+}L_{N^+}W_{Cell}}{2} \tag{5.11}$$

3. 沟道电阻

根据晶体管原理，我们知道 R_{CH} 可用如下表达式表示

$$R_{CH}=\frac{L_{CH}}{C_{ox}\mu_{ni}Z(V_G-V_{TH})} \tag{5.12}$$

沟道长度 L_{CH} 由栅极下面 P 基区与 N^+源区的结深差决定

$$L_{CH}=x_{JP}-x_{N^+} \tag{5.13}$$

因为每个结构单元有两个沟道，所以比沟道电阻为式（5.12）的两个电阻的并联与元胞面积（ZW_{Cell}）的积

$$R_{CH,SP}=\frac{L_{CH}W_{Cell}}{2C_{ox}\mu_{ni}Z(V_G-V_{TH})} \tag{5.14}$$

4. 多子积累层电阻

多子积累层位于表面的 N 区，如图 5.8 所示，其长度为

$$L_A=\frac{W_G}{2}-x_{JP} \tag{5.15}$$

多子积累层电阻的计算实际与 R_{CH} 的计算类似，仅数值不同而已，由式（5.12）可得

$$R_A=\frac{L_A}{C_{ox}\mu_{nA}Z(V_G-V_{TH})} \tag{5.16}$$

因为每个单元包含两个多子积累通道，因此比多子积累层电阻等于式（5.16）的两个电阻的并联与元胞面积的乘积，再将电流的分散性考虑进去可得

$$R_{A,SP}=K_A\frac{(W_G-2x_{JP})W_{Cell}}{4C_{ox}\mu_{ni}(V_G-V_{TH})} \tag{5.17}$$

式中，K_A 为电流分散因子，并不是所有电流都能走完多子积累层的全程。

5. JFET 电阻

电流从多子积累层流出，进入 JFET 区域，假设在该区域的电流分布是均匀的，那么该电阻可利用欧姆定律进行计算。当漏电压很小，J_1 结的电压近似内建电势，耗尽层宽度近似等于平衡状态下的耗尽层宽度。于是 R_{JFET} 可近似为导电截面积为 aZ，长为 x_{JP} 的体电阻

$$R_{JFET}=\frac{\rho_{JFET}x_{JP}}{Za}=\frac{\rho_{JFET}x_{JP}}{Z(W_G-2x_{JP}-2W_0)} \tag{5.18}$$

式中，ρ_{JFET} 为 JFET 区域的电阻率$\left(\rho_{JFET}=\frac{1}{q\mu_n N_A}\right)$，由该区域的掺杂浓度决定；$W_0$ 为 J_1 结在平衡状态下在 P 基区的展宽，其余参数的意义见图 5.8。比 JFET 电阻等于式（5.18）给出的电阻与元胞面积的乘积

$$R_{JFET}=\frac{\rho_{JFET}x_{JP}W_{Cell}}{W_G-2x_{JP}-2W_0} \tag{5.19}$$

R_{JFET} 随栅极宽度 W_G 的增加而减小，但 W_G 的增加又使沟道电阻和多子积累层电阻增加。

6. 外延区导通电阻 R_D

从 JFET 区域流入漂移区的电流是发散的，如图 5.8 所示。因此电流流动的过程越是远离 JFET 区，导电面积越大。很多文献提出了电流发散模型，因此该区域电阻的计算就有很多种方法，下面介绍几种 R_D 的计算方法。

方法一（模型 A）：

电流流通模式如图 5.8 所示，从 JFET 开始，漂移区电流通道宽度（X_D）以 45°角增加，并且在漂移区范围内，电流通道不发生交叠。因为发散角为 45°，所以 X_D 可表示为

$$X_D=a+2y \tag{5.20}$$

根据欧姆定律，dy 厚度的电阻为

$$dR_D=\frac{\rho_D dy}{ZX_D}=\frac{\rho_D dy}{Z(a+2y)} \tag{5.21}$$

在 $y=0\sim y=t$ 范围内积分可得

$$R_D=\frac{\rho_D}{2Z}\ln\left(\frac{a+2t}{a}\right) \tag{5.22}$$

比漂移区电阻等于式（5.22）的电阻与元胞面积的乘积

$$R_{D,SP}=\frac{\rho_D W_{Cell}}{2}\ln\left(\frac{a+2t}{a}\right) \tag{5.23}$$

栅极宽度增加，漂移区电阻减小，但会使沟道电阻和多子积累层电阻增加。

方法二（模型 B）：

漂移区电流分布如图 5.9 阴影部分所示，当电流到达 N^+ 衬底时，电流扩展到整个元胞宽度。在这一假设下，y 处导电通道的宽度为

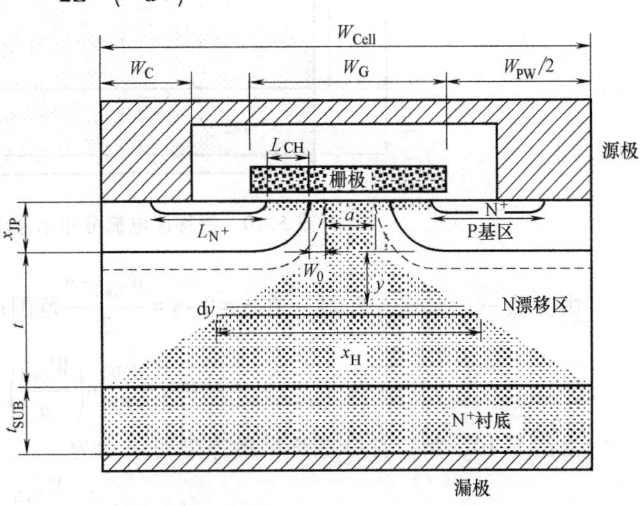

图 5.9　漂移区电流分布示意图（模型 B）

$$X_D = a + \frac{W_{Cell} - a}{t} y \tag{5.24}$$

dy 分量的微分电阻可表示为

$$dR_D = \frac{\rho_D dy}{ZX_D} = \frac{\rho_D t dy}{Z[at + (W_{Cell} - a)y]} \tag{5.25}$$

在 $y=0 \sim y=t$ 范围内积分可得

$$R_D = \frac{\rho_D t}{Z(W_{Cell} - a)} \ln\left(\frac{W_{Cell}}{a}\right) \tag{5.26}$$

比漂移区电阻等于式（5.26）的电阻与元胞面积的乘积

$$R_{D,SP} = \frac{\rho_D t W_{Cell}}{W_{Cell} - a} \ln\left(\frac{W_{Cell}}{a}\right) \tag{5.27}$$

由于模型 B 的电流分布更发散，所以模型 B 所得到漂移区电阻值比模型 A 的小。

方法三（模型 C）：

为了提高 VD-MOSFET 的阻断电压，有必要降低漂移区的掺杂浓度和提高漂移区的厚度。由于漂移区厚度的增加，可将模型 A 扩展到电流通道发生交叠，如图 5.10 所示。漂移区电阻可分成两部分计算，第一部分按方法一计算，第二部分按电流分布是均匀的进行计算。

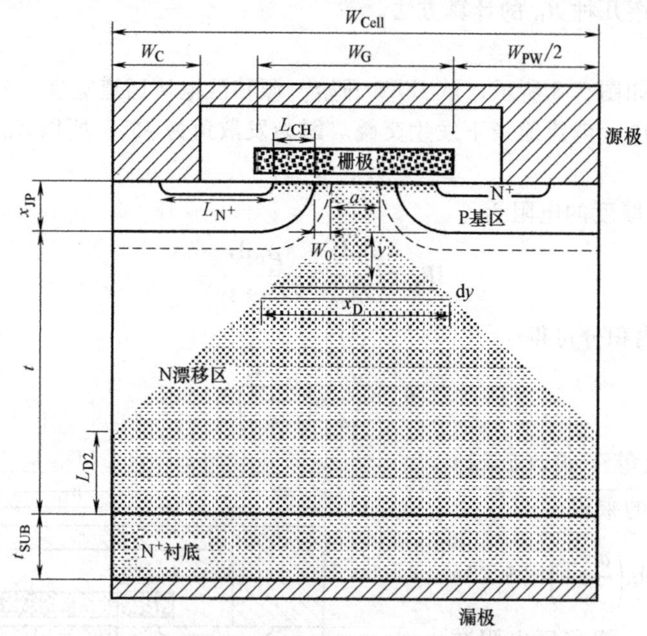

图 5.10　漂移区电流分布示意图（模型 C）

由方法一，对式（5.21）在 $y=0 \sim y=\frac{W_{Cell}-a}{2}$ 范围内积分可得第一部分电阻

$$R_{D1} = \frac{\rho_D}{2Z} \ln\left(\frac{W_{Cell}}{a}\right) \tag{5.28}$$

由图 5.10，第二部分漂移区的厚度可表示为

$$L_{D2} = t + \frac{a}{2} - \frac{W_{Cell}}{2} \tag{5.29}$$

由于在该区域电流分布是均匀的，所以电阻可表示为

$$R_{D2}=\frac{\rho_D}{ZW_{Cell}}\left(t+\frac{a}{2}-\frac{W_{Cell}}{2}\right) \tag{5.30}$$

模型 C 所得到的比漂移区电阻为

$$R_{D,SP}=\frac{\rho_D W_{Cell}}{2}\ln\left(\frac{W_{Cell}}{a}\right)+\rho_D\left(t+\frac{a}{2}-\frac{W_{Cell}}{2}\right) \tag{5.31}$$

7. N^+衬底电阻

从 N 漂移区流入 N^+衬底的电流迅速扩散，形成均匀分布，因此衬底的比电阻为

$$R_{SUB,SP}=\rho_{SUB}t_{SUB} \tag{5.32}$$

8. 漏极接触电阻

在漏极接触处，电流分布是均匀的，因此与源极接触电阻不同，漏极接触电阻不会出现类似源极接触电阻放大，可以通过选择合适的金属降低接触电阻率减小接触电阻。

导通电阻在总电阻所占比例随阻断电压的变化而变化，当阻断电压较小时，导通电阻由沟道电阻、JFET 电阻与漂移区电阻共同分担，以阻断电压为 30V 的器件为例，导通电阻由沟道电阻、JFET 电阻与漂移区电阻各占 30%，25% 和 34%。随着阻断电压的增加，漂移区电阻占总电阻的比例大幅度增加，以阻断电压为 600V 的器件为例，漂移区电阻占总电阻的 97%。因此对不同的器件，减小导通电阻所采取的措施不同，对高耐压器件应尽量优化漂移区厚度减小导通电阻；对低耐压器件则应从器件的结构入手，减小导通电阻。如将 VD-MOSFET 结构改成 U-MOSFET 结构，由于 U-MOSFET 结构消除了 JFET 效应，因此导通电阻大幅度减小。

5.1.4　VD-MOSFET 元胞的优化

在 5.1.3 节中的分析表明，导通电阻中的主要成分都与栅极宽度有关，栅极宽度的增加使 R_{JFET} 和 R_D 减小，但使 R_{CH} 和 R_A 增加，因此一定存在一个优化的栅极宽度使导通电阻达到最小。由于阻断电压靠降低漂移区掺杂浓度，增加漂移区厚度得以提高，因此优化的栅极宽度应与阻断电压有关。

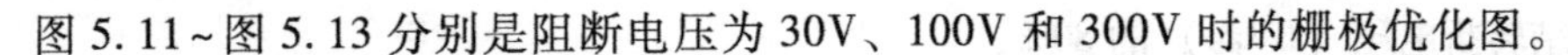

图 5.11～图 5.13 分别是阻断电压为 30V、100V 和 300V 时的栅极优化图。

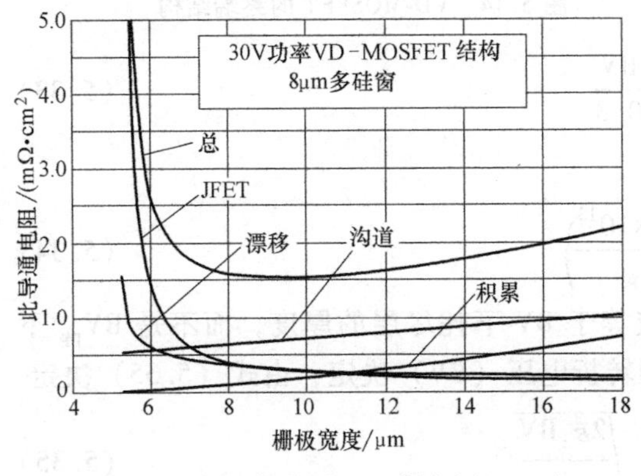

图 5.11　栅极优化图（阻断电压＝30V）

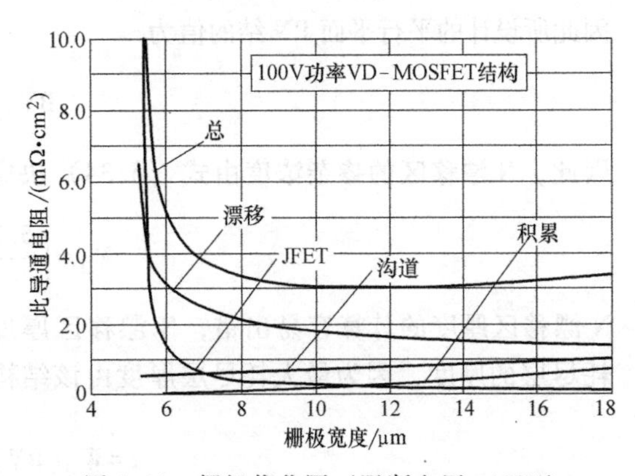

图 5.12　栅极优化图（阻断电压＝100V）

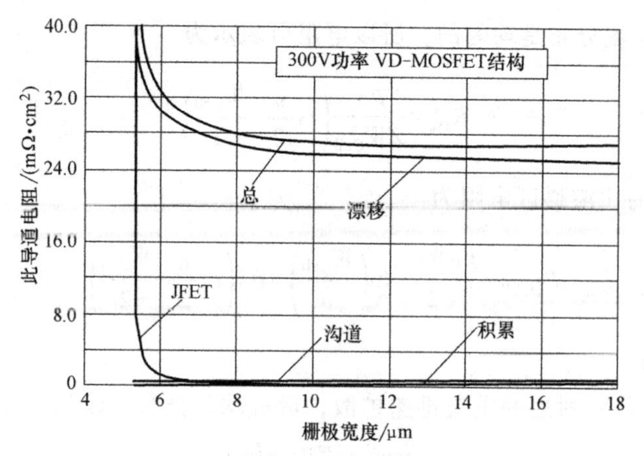

图 5.13　栅极优化图（阻断电压=300V）

第30讲
功率MOSFET
的导通电阻

5.1.5　VD-MOSFET 阻断电压影响因素分析

1. 漂移区参数的影响

当施加正向电压给 VD-MOSFET 时，J_1 结反偏，因为 N 漂移区掺杂浓度最低，所以阻断电压主要由 N 漂移区承担，N 漂移区的掺杂浓度和厚度是影响阻断电压的主要因素。对于低阻断电压的器件，由于 N 漂移区掺杂浓度较高，因此 J_1 结为渐变 PN 结，J_1 结的耗尽层的一部分扩展在 P 基区，因此虽然从导通电阻的角度应尽量减小 P 基区的厚度，以减小沟道电阻，但也要防止 J_1 结与 J_2 结发生穿通。因此影响阻断电压的因素，除了 N 漂移区掺杂浓度和厚度，还要考虑到其他影响因素。

2. 终端的影响

实际功率 MOSFET 的最大阻断电压（BV）往往由终端决定。VD-MOSFET 的终端由场效应环和场板构成，如图 5.14 所示。

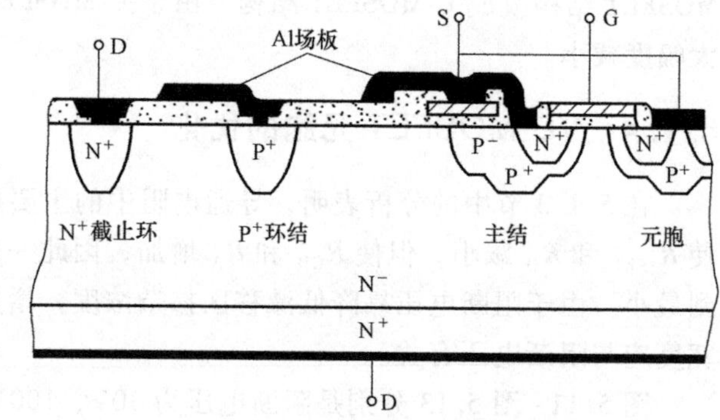

图 5.14　VD-MOSFET 的终端结构

终端电场强度的增加是阻断电压仅为平行平面 PN 结转折电压（BV_{PP}）的 80%，因此所设计的平行平面 PN 结的值为

$$BV_{PP}=\frac{BV}{0.8} \tag{5.33}$$

因此，N 漂移区的掺杂浓度由式（5.34）决定

$$N_D=\left(\frac{5.34\times10^{13}}{BV_{PP}}\right)^{\frac{4}{3}} \tag{5.34}$$

N 漂移区厚度的计算容易出错，N 漂移区厚度应等于 BV 下耗尽层的厚度，而不是 BV_{pp} 下耗尽层的厚度，因为最大耗尽层厚度由该结构的转折电压（BV）决定，由式（5.35）决定

$$t=W_D(BV)=\sqrt{\frac{2\varepsilon_S BV}{qN_D}} \tag{5.35}$$

采用式（5.34）所计算的N漂移区的掺杂浓度所计算的漂移区厚度较薄，所以漂移区电阻得到减小。

3. 渐变浓度分布的影响

当阻断电压低于50V时，N漂移区的掺杂浓度与P基区的掺杂浓度相当。P基区表面的最大浓度受限于阈值电压（阈值电压在1~2V），因此J_1结的掺杂浓度渐变和电场分布如图5.15所示。J_1结的电场强度在两侧扩展，一部分电压由P基区承担，这意味着阻断电压可以由更高掺杂浓度和更小厚度的N漂移区获得。如果器件的终端是P基区，那么可通过提高终端P基区的阻断电压来使器件性能得到改善。

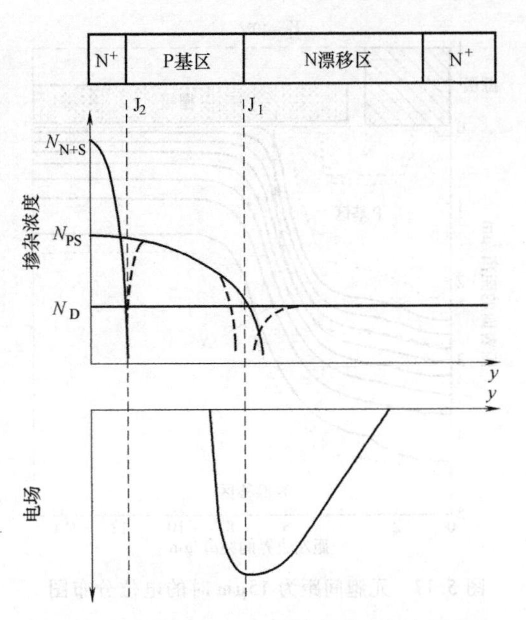

图5.15　功率MOSFET的掺杂浓度与电场分布

4. 元胞间距的影响

如图5.15所示，两个元胞之间J_1结在表面是分开的。每个元胞都包含有一个平面结的末端，末端的PN结是曲面的。曲面PN结由于电场的集中而产生转折电压下降，幸运的是，栅极起到了场板的作用，因为在正向阻断时，栅极与源极短路。两个P基区之间的MOS区域通过PN结的反偏也形成深耗尽层。

尽管有场板的作用，VD-MOSFET元胞的转折电压仍然是栅极宽度的函数，栅极宽度越小，PN结间距越近，曲面结的影响越小，转折电压因此得到了提高。然而小的栅极宽度会造成导通电阻的急剧增加。由于场板的作用，转折电压不会随着栅极宽度的增大而持续增大。图5.16为VD-MOSFET转折电压与元胞间距的关系。

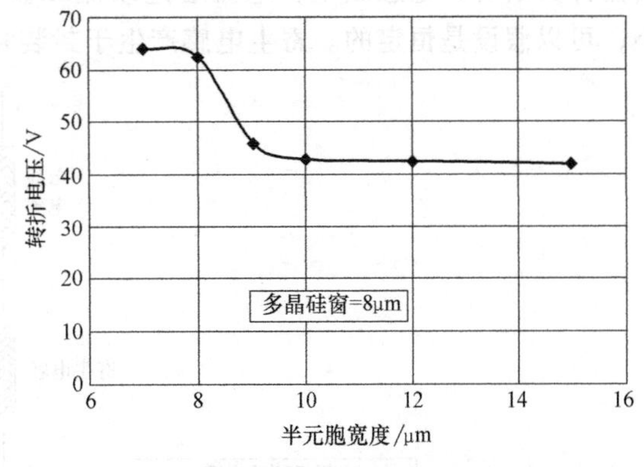

图5.16　VD-MOSFET转折电压与元胞间距的关系

元胞间距对转折电压的影响可通过等位线分布图加以说明，图5.17为元胞间距为15μm时的电位分布图，从图中可以看到，在PN结和栅电极下方都有耗尽层形成。虽然MOS结构的作用类似于场板，但仍在A处出现等位线的“拥挤”，这使转折电压低于平行平面结的转折电压。当元胞间距减小时，等位线“拥挤”的现象就得到了缓解，如图5.18所示。图5.18为元胞间距为8μm时的电位分布图。相邻元胞足够近能降低结电场强度，能承担更高的电压，如图5.16所示。

5.1.6　功率MOSFET的开关特性

功率MOSFET常作为功率开关进行电能的转换和管理。阻断电压小于100V的功率MOSFET由于比导通电阻小，所以通态压降小。同时，由于功率MOSFET是单极型器件，所以开关速度快。功率MOSFET的开关特性由栅极驱动电路和负载特性决定。大多数情况下，

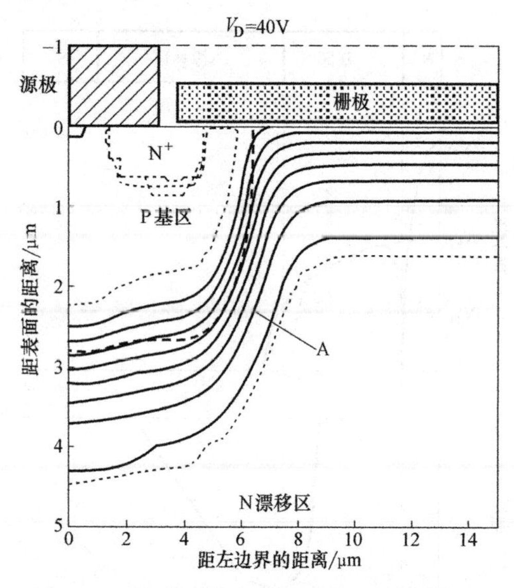

图 5.17　元胞间距为 15μm 时的电位分布图

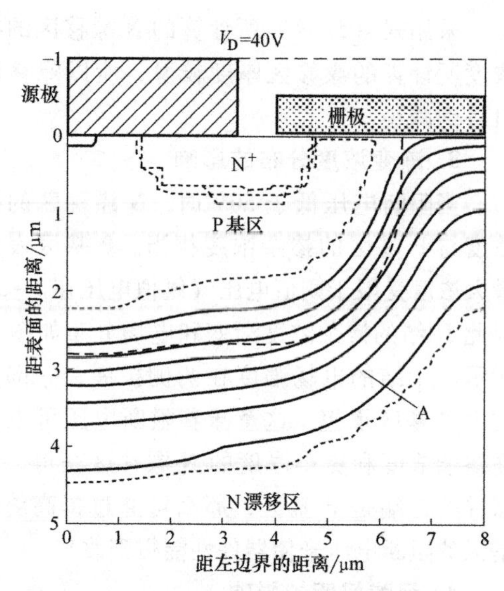

图 5.18　元胞间距为 8μm 时的电位分布图

功率 MOSFET 用来控制像电动机线圈这样的电感负载电流。在这样的电路中，续流二极管在部分周期内承担传输电流的工作。

运用于电感负载电路中的功率 MOSFET 如图 5.19 所示。器件由栅控制电路控制开关，栅控制电路由直流电压源（V_{GS}）和串联电阻 R_G 构成。在每个工作周期，负载电流 I_L 都在功率 MOSFET 和续流二极管之间转换。当功率 MOSFET 开通时，电感充电（即电流增加），当器件关断时，电感放电，电流通过续流二极管时。但是，电感电流在一个周期内变化很小，可以假设是恒定的。寄生电感产生于封装和键合。

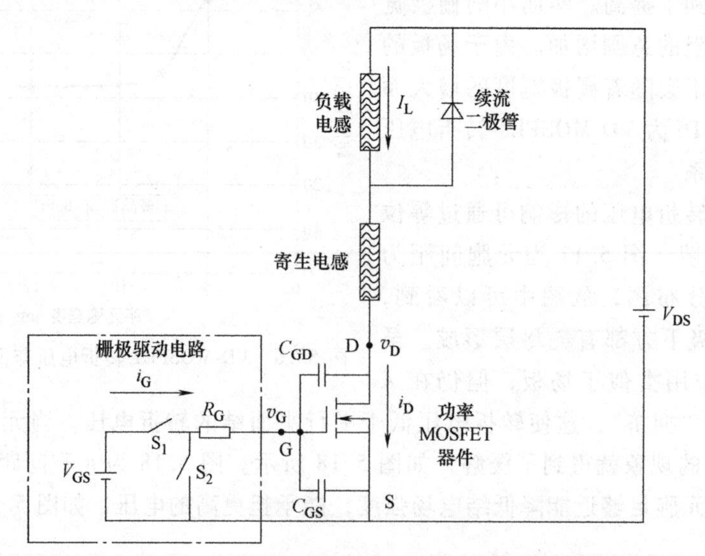

图 5.19　运用于电感负载电路中的功率 MOSFET

1. VD-MOSFET 中的电容

(1) 门极-源极电容 C_{GS}

VD-MOSFET 结构中的电容如图 5.20 所示。

因为栅电极有一部分覆盖在N^+源区之上，所以栅源之间的电容为

$$C_{GS}=C_{N^+}+C_P+C_{SM} \tag{5.36}$$

单位栅源电容或比栅源电容为

$$C_{GS}=C_{N^+}+C_P+C_{SM}=\frac{2x_{PL}}{W_{cell}}\frac{\varepsilon_{ox}}{t_{ox}}+\frac{W_G}{W_{cell}}\frac{\varepsilon_{ox}}{t_{IEox}} \tag{5.37}$$

参数的意义如图 5.20 和图 5.9 所示。

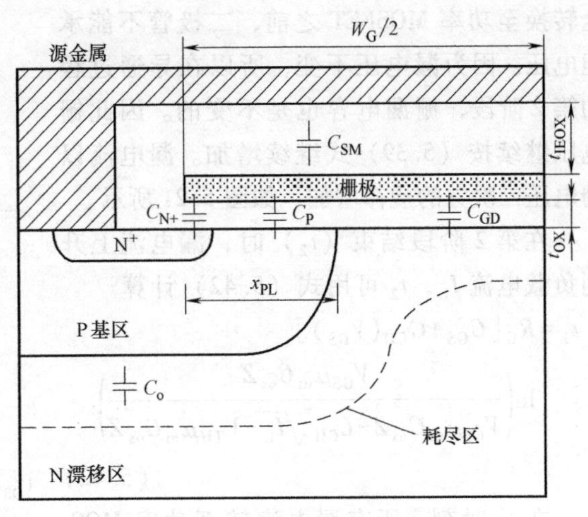

图 5.20　VD-MOSFET 中的电容

(2) 栅极-漏极电容 C_{GD}

栅极-漏极电容 C_{GD} 由栅电极所覆盖的N漂移区的宽度，即 JFET 的宽度决定。当栅极加正向电压时，该区域的 MOS 结构的半导体表面层耗尽状态，因此漏源之间的电容应该是 MOS 结构的电容与耗尽层电容串联构成，因此比栅漏电容为

$$C_{GD}=\frac{W_G-2x_{PL}}{W_{cell}}\frac{C_{ox}C_o}{C_{ox}+C_o} \tag{5.38}$$

式中，C_o 为耗尽层电容，与漏电压有关。

(3) 漏极-源极电容 C_{DS}

C_{DS} 就是一个 PN 结的结电容。

(4) 输入和输出电容（C_{iss} 和 C_{oss}）

$$C_{iss}=C_{GD}+C_{GS}$$

$$C_{oss}=C_{GD}+C_{DS}$$

2. 导通过程

在导通之前，功率 MOSFET 处于断态，此时开关 S_2 闭合，S_1 断开。负载电流流经续流二极管。初始状态为 $v_G=0$，$i_D=0$，$v_D=V_{DS}$。当开关 S_1 闭合，S_2 断开时，V_{GS} 开始给功率 MOSFET 的电容充电。因为只有当栅电压大于阈值电压时，功率 MOSFET 才有漏电流，所以漏电压仍维持 V_{DS} 不变，栅漏电容 $C_{GD}(V_{DS})$ 也由于漏电压不变而保持恒定。因此功率 MOSFET 栅极充电时间常数为 $R_G[C_{GS}+C_{GD}(V_{DS})]$，栅电压为

$$v_G(t)=V_{GS}\{1-e^{-t/R_G[C_{GS}+C_{GD}(V_{DS})]}\} \tag{5.39}$$

栅电压达到阈值电压的时间为

$$t_1=R_G[C_{GS}+C_{GD}(V_{DS})]\ln\left(\frac{V_{GS}}{V_{GS}-V_T}\right) \tag{5.40}$$

式中，t_1 为延迟时间，开关 S_1 闭合到有漏极电流之间的时间间隔。

一旦栅电压大于阈值电压，导通过程进入第 2 阶段，漏电流开始增加。因为功率 MOSFET 运行在沟道夹断状态，所以漏电流可表示为

$$i_D(t)=g_m[v_G(t)-V_{TH}]=\frac{\mu_{ni}C_{ox}Z}{2L_{CH}}[v_G(t)-V_{TH}]^2 \tag{5.41}$$

在第 2 阶段，虽然漏电流开始增加，但漏电压仍然保持 V_{DS} 不变。因为在负载电流没有完

全转换至功率 MOSFET 之前，二极管不能承担电压。因为漏电压不变，所以在导通过程的第 2 阶段，栅漏电容也是不变的。因此栅电压继续按（5.39）式继续增加。漏电流以栅电压二次方的规律增加，如图 5.21 所示。

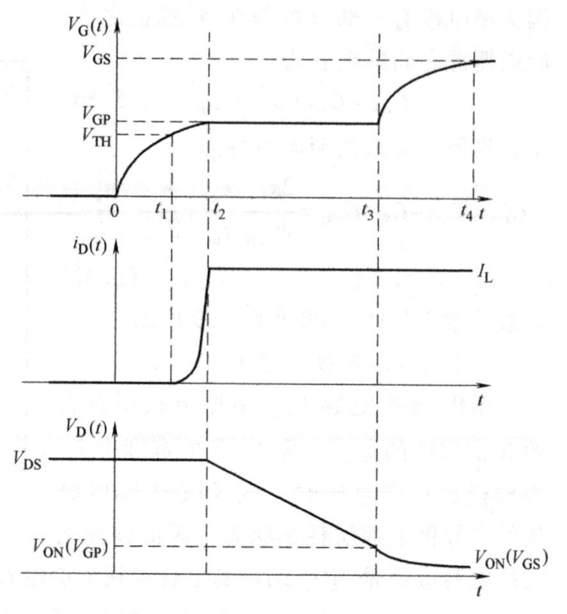

图 5.21　功率 MOSFET 导通波形

在第 2 阶段结束（t_2）时，漏电流上升到负载电流 I_L，t_2 可用式（5.42）计算

$$t_1=R_G[C_{GS}+C_{GD}(V_{DS})]\ln\left(\frac{V_{GS}\mu_{ni}C_{ox}Z}{V_{GS}\mu_{ni}C_{ox}Z-L_{CH}\sqrt{I_L}-V_{TH}\mu_{ni}C_{ox}Z}\right) \tag{5.42}$$

在 t_2 时刻，所有漏电流转至功率 MOSFET，二极管开始承担电压（为方便起见，忽略二极管的反向恢复过程）。功率 MOSFET 的漏电压从此刻起开始下降。因为漏电流是恒定的（等于负载电流），所以 t_2 时刻的栅电压为

$$v_G(t_2)=V_{GP}=\frac{I_L}{g_m}+V_{TH} \tag{5.43}$$

结合跨导与栅电压之间的关系，上式又可以表示为

$$V_{GP}=V_{TH}+\sqrt{\frac{I_L L_{CH}}{\mu_{ni}C_{ox}Z}} \tag{5.44}$$

在漏电压下降到通态压降之前，栅电压保持平台电压 V_{GP} 不变（通态压降为栅电压等于 V_{GP} 时的导通电阻与负载电流的乘积）。

因为栅电压是恒定的，所以栅电流 $i_G(t)$ 全部用来给栅漏电容或米勒电容充电，平台阶段栅电流为

$$i_{GP}=\frac{V_{GS}-V_{GP}}{R_G}=\frac{1}{R_G}\left[V_{GS}-\left(V_{TH}+\sqrt{\frac{I_L L_{CH}}{\mu_{ni}C_{ox}Z}}\right)\right] \tag{5.45}$$

当电流给栅漏电容充电时，电压按式（5.46）规律下降

$$\frac{dv_{GD}}{dt}=-\frac{i_{GP}}{C_{GD}(v_D)} \tag{5.46}$$

因为在这一阶段栅源电压保持 V_{GP} 不变，因此漏电压也按相同规律下降。

$$\frac{dv_D}{dt}=\frac{dv_{GD}}{dt}=-\frac{i_{GP}}{C_{GD}(v_D)}=-\frac{V_{GS}-V_{GP}}{R_G C_{GD}(v_D)} \tag{5.47}$$

如前面的分析，栅漏电容是漏电压的函数，如果假设在这一阶段栅漏电容为一个恒定的平均值（$C_{GD,av}$），那么漏电压以线性规律下降

$$v_D(t)=V_{DS}-\frac{(V_{GS}-V_{GP})t}{R_G C_{GD,av}} \tag{5.48}$$

如图 5.21 所示。

平台阶段结束时（t_3）漏电压等于栅电压等于平台电压时的通态压降：

$$v_{\rm D}(t_3)=I_{\rm L}R_{\rm ON}(V_{\rm GP}) \tag{5.49}$$

$R_{\rm ON}(V_{\rm GP})$ 为功率 MOSFET 在栅电压等于平台电压（$V_{\rm GP}$）下的导通电阻，利用这些关系式，可求出（t_3-t_2）的值

$$t_3-t_2=\frac{R_{\rm G}C_{\rm GD,av}}{V_{\rm GS}-V_{\rm GP}}[V_{\rm DS}-I_{\rm L}R_{\rm ON}(V_{\rm GP})] \tag{5.50}$$

t_3 时刻之后，栅电压继续按指数规律上升至栅电源电压。由于栅漏电容变大，这一上升阶段的时间常数与初始阶段的时间常数不同。在第 4 阶段，栅电压的增加使漏电压进一步减小到通态压降（$V_{\rm GS}$ 对应的通态压降）。

导通阶段的最大功耗发生在（t_3-t_2）阶段，在这一阶段，漏电流和漏电压都处于较大的值。这段时间可通过减小栅漏电容（$C_{\rm GD}$）来进行减小。

3. 关断过程

在传导电流工作周期之后，功率 MOSFET 关断，负载电流又转至续流二极管。在关断过程之前，器件处于导通状态（S_1 闭合，S_2 断开）。初始条件为：$v_{\rm G}=V_{\rm GS}$，$i_{\rm D}=I_{\rm L}$，$v_{\rm D}=V_{\rm ON}(V_{\rm GS})$。$S_1$ 断开，S_2 闭合时，栅电极通过栅电阻与电源相连，使电容放电。然而，漏电流和漏电压不能立即发生变化，因为栅电压还没有达到饱和漏电流等于负载电流所对应的栅电压。(忽略栅电压的减小导致导通电阻的增大而造成漏电压小量的增加)。栅平台电压仍然由式（5.44）决定，但因为这一阶段的漏电压恒定不变，所以栅漏电容维持 $C_{\rm GD}(V_{\rm ON})$ 不变，因此放电时间常数为 $R_{\rm G}[C_{\rm GS}+C_{\rm GD}(V_{\rm ON})]$栅电压按指数规律变化

$$v_{\rm G}(t)=V_{\rm GS}{\rm e}^{-t/R_{\rm G}[C_{\rm GS}+C_{\rm GD}(V_{\rm ON})]} \tag{5.51}$$

到达平台电压的时间 t_4 由式（4.44）和式（5.51）联立获得

$$t_4=R_{\rm G}[C_{\rm GS}+C_{\rm GD}(V_{\rm ON})]\ln\left(\frac{V_{\rm GS}}{V_{\rm GP}}\right) \tag{5.52}$$

这个时间称为关断延迟时间，栅控制电路开始关断到漏电压开始下降的时间间隔。

从 t_4 时刻起，漏电压开始增加，但漏电流仍维持负载电流 $I_{\rm L}$ 不变，因为在功率 MOSFET 漏电压与电源电压的 $V_{\rm DS}$ 的差达到使二极管正偏之前，负载电流不能换流至二极管。栅电压仍然保持在恒定的平台电压，因此有

$$i_{\rm GP}=\frac{V_{\rm GP}}{R_{\rm G}}=\frac{1}{R_{\rm G}}\left(V_{\rm TH}+\sqrt{\frac{I_{\rm L}L_{\rm CH}}{\mu_{\rm ni}C_{\rm ox}Z}}\right) \tag{5.53}$$

栅源电容上的电压不变，所有的栅电流用于栅漏电容放电，所以有下式成立

$$\frac{{\rm d}v_{\rm D}}{{\rm d}t}=\frac{{\rm d}v_{\rm GD}}{{\rm d}t}=\frac{i_{\rm GP}}{C_{\rm GD}(v_{\rm D})} \tag{5.54}$$

$$v_{\rm D}(t)=V_{\rm ON}+\frac{1}{R_{\rm G}C_{\rm GD,av}}\left(V_{\rm TH}+\sqrt{\frac{I_{\rm L}L_{\rm CH}}{\mu_{\rm ni}C_{\rm ox}Z}}\right)(t-t_4) \tag{5.55}$$

$t_4\sim t_5$ 期间的变化规律如图 5.22 所示，假设 t_5 时刻漏电压等于电源电压（$V_{\rm DS}$）与二极管电压（$V_{\rm FD}$）的和，可以求得 t_5-t_4 的值

$$t_5-t_4=R_{\rm G}C_{\rm GS,av}\frac{V_{\rm DS}+V_{\rm FD}-V_{\rm ON}}{V_{\rm GP}} \tag{5.56}$$

在平台期结束时（t_5），负载电流从功率MOSFET换流至续流二极管。在这一期间，因为漏电压恒定，所以栅漏电容也可以认为是恒定的。从栅电阻流出的电流即使栅漏电容放电，又使栅源电容放电，栅电压从平台电压指数下降：

$$v_G(t)=V_{GP}e^{-(t-t_5)/R_G[C_{GS}+C_{GD}(V_{DS})]} \tag{5.57}$$

变化规律如图5.22所示。当栅电压下降到阈值电压（t_6）时，漏电流为零。因此利用上面的关系式可得

$$t_6-t_5=v_G(t)=R_G[C_{GS}+C_{GD}(V_{DS})]\ln\left(\frac{V_{GP}}{V_{TH}}\right) \tag{5.58}$$

从这一时刻起，栅电压指数规律下降至0，时间常数由于栅漏电容更小而不同于第一阶段的时间常数。

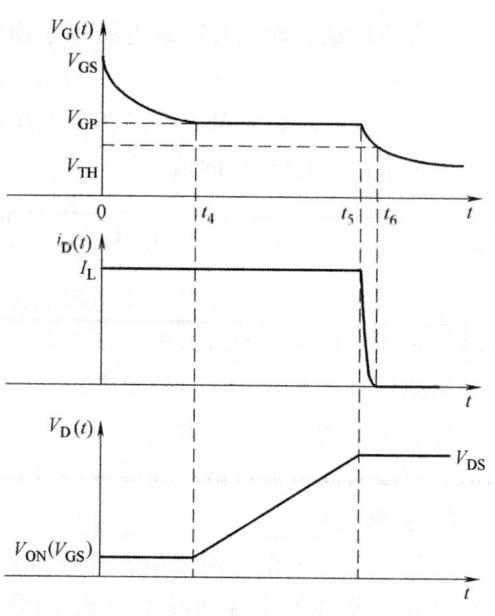

图5.22　功率MOSFET关断波形

关断期间最大功耗发生于（t_6-t_5）阶段，此时漏电流与漏电压都处于较大的值。可通过减小栅漏电容减小这一阶段的时间，这是设计制造努力追求的目标。

第31讲
IGBT的结构和工作原理

5.2　绝缘栅双极型晶体管（IGBT）

IGBT（Insulate Gate Bipolar Transistor，绝缘栅双极型晶体管）是一种新型的功率半导体器件。现已成为电力电子领域的新一代主流产品。它是一种具有MOS输入、双极输出功能的MOS、双极相结合的器件。结构上，它是由成千上万个重复单元（即元胞）组成，并采用大规模集成电路技术和功率器件技术制造的一种大功率集成器件。IGBT既有MOSFET的输入阻抗高、控制功率小、驱动电路简单、开关速度高的优点，又具有双极型功率晶体管的电流密度大、饱和压降低、电流处理能力强的优点。所以IGBT功率器件的三大特点就是高压、大电流、高速。这是其他功率器件不能比拟的。它是电力电子领域非常理想的开关器件。

5.2.1　IGBT的基本结构

IGBT可以说是功率MOSFET的副产品，通过对比两者的结构显而易见它们之间的关联。图5.23为对称IGBT的结构示意图，从图中可以看到，将VD-MOSFET的N^+漏区替换为P^+区，就成为一种新型器件——IGBT。

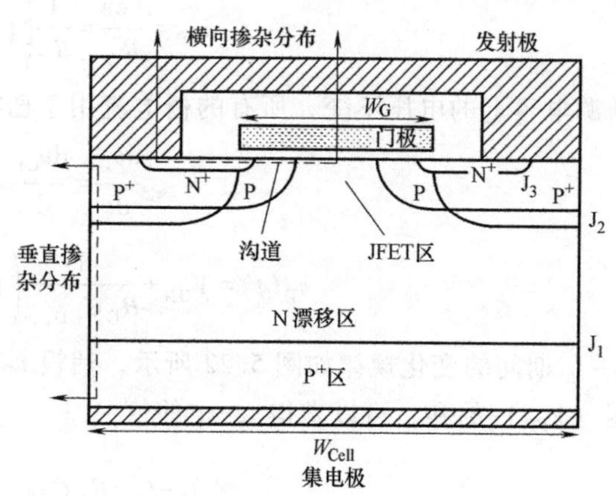

图5.23　对称IGBT的基本结构

与双极型晶体管类似，IGBT传导电流端分别称为发射极（Emitter）和集电极（Collector），控制端与MOSFET类似，称为门极（gate）。从IGBT的工作原理的角度来看，这

样的标识会造成误导，为了使标识名副其实，有时也称发射极为阴极，称集电极称为阳极。

从图 5.23 可见，IGBT 所包含的主要结构有：MOSFET、双极型晶体管和寄生晶闸管。MOSFET 与双极型晶体管的结合体是我们希望得到的，它们的结合能产生我们所希望的特性，而寄生晶闸管是不希望存在的结构，晶闸管的擎住效应会造成 IGBT 的损坏。通过使 J_3 结短路抑制晶闸管作用的发生。对称结构的 IGBT 指的是非穿通结构，在转折电压下，N 漂移区的宽度大于该区域的空间电荷区的宽度，电场分布没有贯穿 N 漂移区。

非对称 IGBT 结构如图 5.24 所示，用于不需要反向阻断电压的直流电路中。该结构的主要特点是在 N 漂移区与 P^+ 区之间加入 N 缓冲层，N 缓冲层也称为电场截止层。在相同的正向阻断电压下，非对称结构 IGBT 的 N 漂移区厚度更薄，因此正向通态压降更小。该结构也称为穿通结构，因为电场分布贯穿整个 N 漂移区。

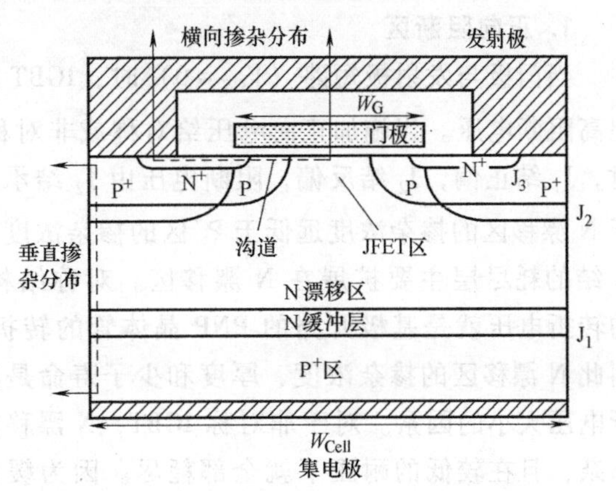

图 5.24　非对称 IGBT 的基本结构

对称结构的 IGBT 是在轻掺杂的 N 型单晶片上制作而成的，集电极 P^+ 区是在芯片背面扩散形成的。非对称结构的 IGBT 通常是在 P^+ 衬底的表面生长 N 漂移区，开始生长浓度较高的 N 漂移区作为 N 缓冲层，然后生长阻断电压所需要的掺杂浓度和厚度的 N 漂移层。两种结构都在如图 5.23 和图 5.24 所示的区域形成深 P^+ 层，P^+ 在横向上不能扩展到门极区域，因为高掺杂使阈值电压增加。图 5.23 和图 5.24 虚线所示的杂质分布如图 5.25 所示。

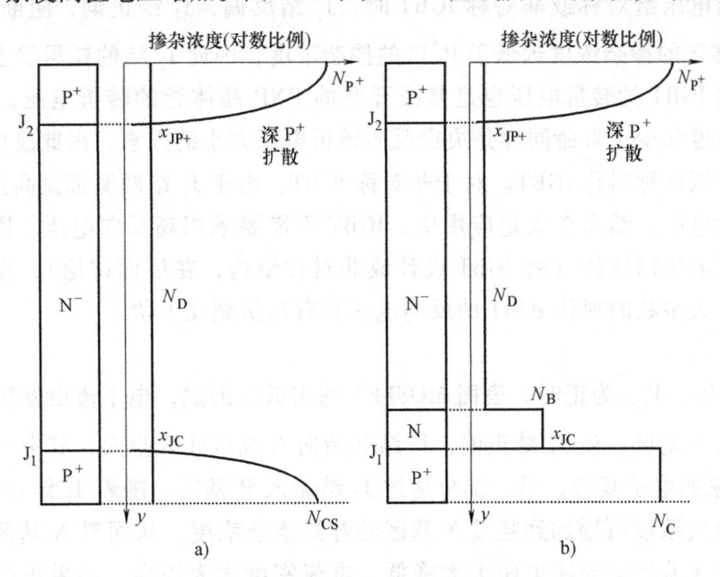

图 5.25　垂直掺杂分布

a）对称结构　b）非对称结构

门极氧化层是在深 P^+ 区形成之后形成的，然后沉积生长多晶硅门极。用多晶硅作掩蔽膜用 B 作为 P 型杂质源采用离子注入工艺形成。P 型杂质的扩散深度 x_{JB} 形成 P 基区，之后掩蔽窗口中心区域形成使 J_3 结短路的 N^+ 发射区。如图 5.23 和图 5.24 中虚线所示的门极下横向的掺杂分布如图 5.26 所示。

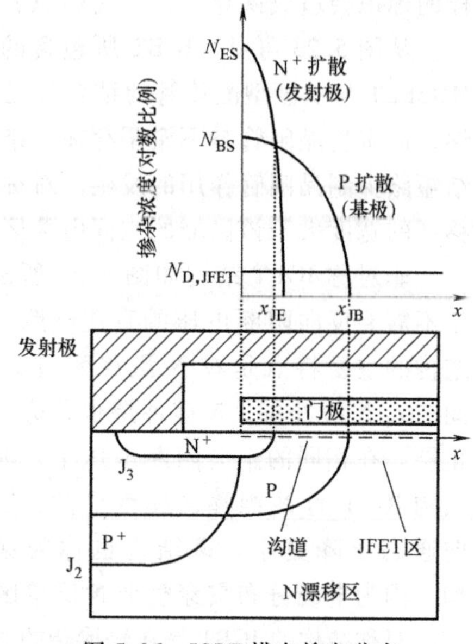

图 5.26 IGBT 横向掺杂分布

5.2.2 IGBT 的工作原理与输出特性

分以下 4 个方面讨论 IGBT 的工作原理与输出特性。

1. 正向阻断区

当门极与发射极短路（$V_{GS}=0$）时，IGBT 能够承担高阻断电压。当施加正向电压给对称或非对称 IGBT 时，J_1 结正偏，J_2 结反偏，阻断电压由 J_2 结承担。由于 N 漂移区的掺杂浓度远低于 P^+区的掺杂浓度，因此 J_2 结的耗尽层主要扩展在 N 漂移区。对称结构 IGBT 的转折电压就是基极开路的 PNP 晶体管的转折电压，因此 N 漂移区的掺杂浓度、厚度和少子寿命是决定转折电压大小的因素。对于非对称 IGBT，N 漂移区是低掺杂，且在较低的耐压下就全部耗尽。因为缓冲层的掺杂浓度远高于漂移区的掺杂浓度，所以电场停止于 N 漂移区与 N 缓冲层的交界面处。缓冲层掺杂浓度和厚度的选择一定不能使 PNP 晶体管基区穿通。非对称 IGBT 的正向阻断电压的大小由 N 漂移区掺杂浓度和厚度决定。

2. 反向阻断区

当施加反向电压给对称或非对称 IGBT 时，J_1 结反偏，J_2 结正偏，阻断电压由 J_1 结承担。由于 N 漂移区的掺杂浓度远低于 P^+区的掺杂浓度，因此 J_1 结的耗尽层主要扩展在 N 漂移区。对称结构 IGBT 的转折电压也是基极开路的 PNP 晶体管的转折电压，因此 N 漂移区的掺杂浓度、厚度和少子寿命同样是决定反向转折电压大小的因素，因此反向转折电压等于正向转折电压，因此称对称 IGBT。对于非对称 IGBT，由于 J_1 结两侧都是高掺杂浓度，所以不能承担高阻断电压。然而在大量应用中，IGBT 不需要承担高反向电压。因此，设计者通常将高反向阻断电压牺牲掉（将 IGBT 设计成非对称结构，在后面讨论），换取低通态功耗和低关断功耗。大多数的现代 IGBT 的反向电压只有几伏到几十伏。

3. 导通区

当 V_G 大于 V_T，V_{CE} 为正时，表面 MOSFET 的沟道区形成，电子流由发射极（阴极）通过该沟道区流入 N 基区，使 J_1 结正偏，J_1 结开始向 N 基区注入空穴，其中一部分在 N 基区与 MOS 沟道区来的电子复合，另一部分通过 J_2 结流入 P 基区。随着 J_1 结正向偏压的增加，注入 N 基区的空穴浓度可增加到超过 N 基区的背景掺杂浓度，从而对 N 基区产生显著的电导调制效应，使 N 基区的导通电阻大大降低，电流密度大为提高。如果正门极电压足够大能使 MOSFET 工作在线性区，IGBT 电流的大小受控于 J_1 的注入水平，所以 IGBT 的特性与 PiN 二极管的特性相似，如图 5.27 所示。

4. 饱和区

如果门极电压较小，沟道夹断，MOSFET 工作在饱和区，流入 N 基区的电子电流受到了

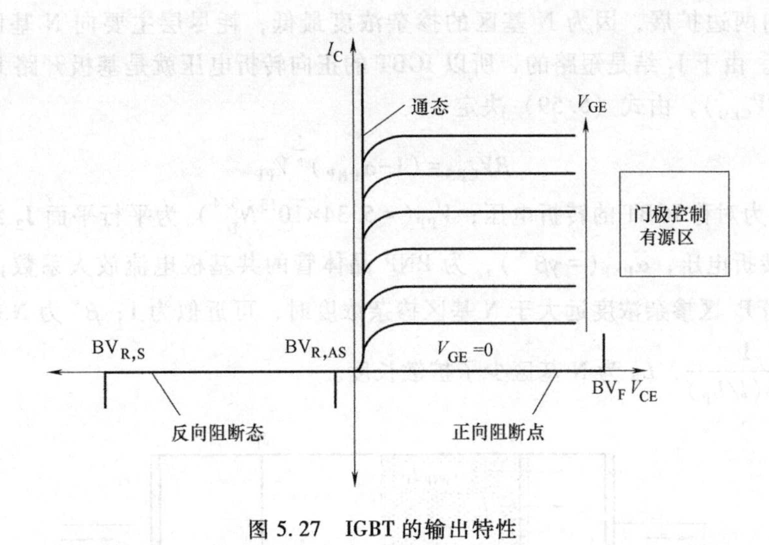

图 5.27　IGBT 的输出特性

限制，即 PNP 晶体管的基极电流受到了限制，IGBT 电流的大小受控于 MOSFET 所提供的基极电流，所以 IGBT 的特性就是受控于 MOSFET 所提供基极电流的 PNP 晶体管特性，如图 5.27 所示。

5. 等效电路

IGBT 的等效电路如图 5.28a 所示，电路包括形成寄生晶闸管的耦合 PNP 和 NPN 晶体管及给 PNP 晶体管提供基极电流的 MOSFET。虽然 IGBT 中，N^+发射区与 P 基区被发射极短路了，但是双极型晶体管电流在流向发射极时仍存在一定的电阻，用 R_S 表示。如果 R_S 非常小，NPN 晶体管不能被激活，等效电路如图 5.28b 所示。

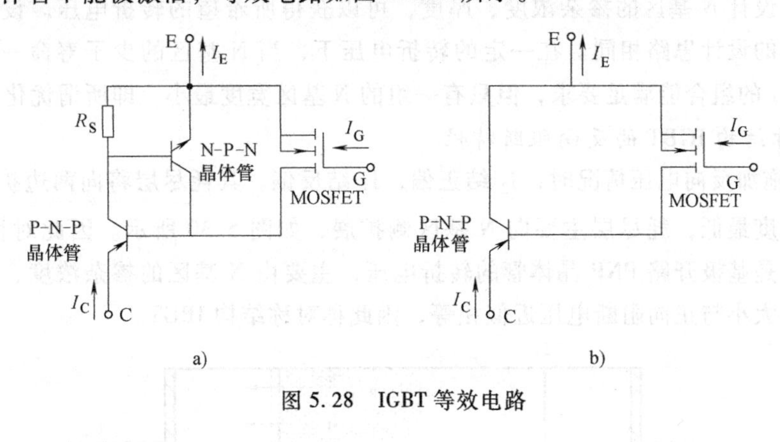

图 5.28　IGBT 等效电路

5.2.3　IGBT 的阻断特性

第32讲
IGBT之阻断电压

1. 对称结构 IGBT 的阻断特性

（1）对称结构 IGBT 的正向阻断特性

IGBT 工作在正向时，集电极（阳极）相对发射极（阴极）施加正向电压，此时 J_2 结为反偏，起阻断电流的作用，因此，IGBT 具有正向阻断能力。在正向阻断工作状态下，门极必须与阴极短路以防止门极下面形成反型层。在 IGBT 施加正向电压情况下，J_2 结反偏，其耗尽层将向两边扩展，因为N基区的掺杂浓度最低，耗尽层主要向N基区侧扩展，如图5.29所示。由于J_3结是短路的，所以IGBT的正向转折电压就是基极开路PNP晶体管的转折电压（BV_{CEO}），由式（5.59）决定

$$BV_{CES}=(1-\alpha_{PNP})^{\frac{1}{n}}V_{PP} \tag{5.59}$$

式中，BV_{CES}为对称IGBT的转折电压；$V_{PP}(=5.34\times10^{13}N_D^{3/4})$为平行平面$J_2$结（不考虑曲面效应）的转折电压；$\alpha_{PNP}(=\gamma\beta^*)$，为PNP晶体管的共基极电流放大系数；$\gamma$为$J_1$结的注入效率，当$P^+$区掺杂浓度远大于N基区掺杂浓度时，可近似为1；$\beta^*$为N基区的传输系数，$\beta^*=\frac{1}{\cosh(l/L_P)}$，$L_P$为N基区少子扩散长度。

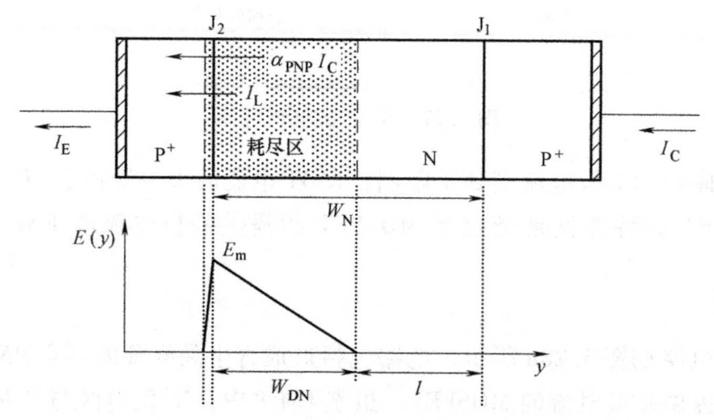

图5.29　对称结构IGBT正向阻断下的电场分布

通过合理设计N基区的掺杂浓度、厚度，可以获得所希望的转折电压。设计思路与晶闸管阻断电压的设计思路相同。在一定的转折电压下，当N基区的少子寿命一定时，有很多组N_D与W_N的组合能满足要求，但只有一组的N基区宽度最小，即所谓优化设计。

（2）对称结构IGBT的反向阻断特性

在IGBT施加反向电压情况时，J_2结正偏，J_1结反偏，其耗尽层将向两边扩展，因为N基区的掺杂浓度最低，耗尽层主要向N基区侧扩展，如图5.30所示。因此对称结构IGBT的阻断电压也是基极开路PNP晶体管的转折电压，主要由N基区的掺杂浓度、厚度及少子寿命决定，其大小与正向阻断电压近似相等，因此称对称结构IBGT。

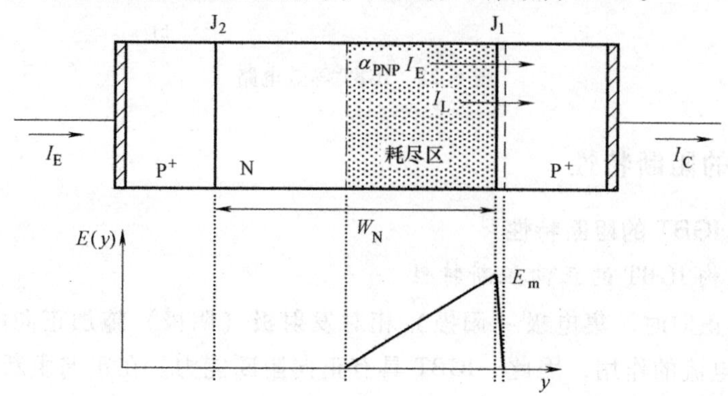

图5.30　对称结构IGBT反向阻断下的电场分布

2. 非对称结构 IGBT 的阻断特性

(1) 非对称结构 IGBT 的正向阻断特性

非对称结构又称穿通结构，即在转折电压下，空间电荷区占据整个 N 基区，N 缓冲层使电场截止，如图 5.31 所示。因此 J_2 结的转折电压为

$$V_{PT}=(2\eta-\eta^2)V_{PP} \quad (5.60)$$

式中，$\eta=\dfrac{W_N}{X_{mN}}$；X_{mN} 为没有缓冲层情况下空间电荷区在 N 基区的展宽。非对称结构 IGBT 仍然是 PNP 晶体管的转折电压，因此可利用式（5.60）进行计算

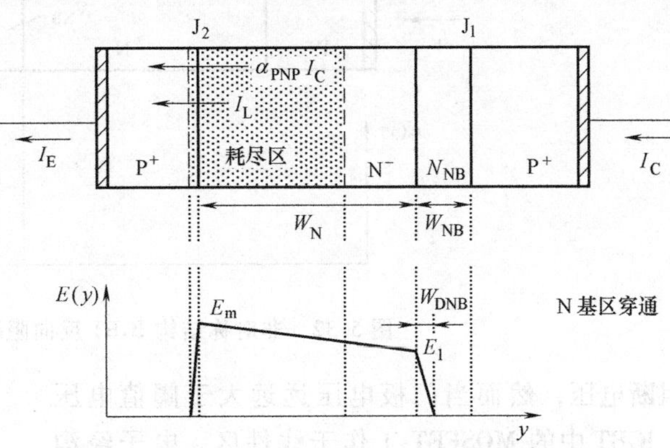

图 5.31 非对称结构 IGBT 反向阻断下的电场分布

$$BV_{CEA}=(1-\alpha_{PNP})^{\frac{1}{n}}V_{PT} \quad (5.61)$$

式中，BV_{CEA} 为非对称结构 IGBT 的转折电压；α_{PNP} 为 PNP 晶体管共基极电流放大系数，$\alpha_{PNP}=\gamma\beta^*$，$\gamma$ 为 J_1 结的注入效率，由于缓冲层的浓度较高，因此 γ 不能近似为 1，根据晶体管原理的相关知识可得

$$\gamma=\frac{D_{P,NB}L_{nE}N_{AE}}{D_{P,NB}L_{nE}N_{AE}+D_{nE}W_{NB}N_{DNB}} \quad (5.62)$$

式中，$D_{P,NB}$，D_{nE} 分别为 N 缓冲区和 P^+ 集电区的扩散系数；N_{AE}，L_{nE} 分别为 P^+ 集电区的掺杂浓度和少子扩散长度；W_{NB}，N_{DNB} 分别为缓冲层的厚度和掺杂浓度。在传统情况下，缓冲层将电场截止，因此 PNP 晶体管的基区宽度（有效基区宽度）近似等于缓冲层的宽度，于是 β^* 可以利用式（5.63）计算

$$\beta^*=\frac{1}{\cosh(W_{NB}/L_{P,NB})} \quad (5.63)$$

式中，W_{NB}，$L_{P,NB}$ 分别为缓冲层的厚度和少子扩散长度。因为扩散系数与少子寿命都随掺杂浓度的增加而减小，所以 $L_{P,NB}$ 相对较小，而且 J_1 结的注入效率也随 N 缓冲层浓度的增加而减小，因此阻断电压随缓冲层掺杂浓度的提高而略有增加。一般缓冲层的掺杂浓度为 $1\times10^{16}\text{cm}^{-3}$，厚度大于空间电荷区在该区域的展宽，防止 PNP 晶体管基区穿通。

非对称结构 IGBT 可通过减小 N 漂移区的掺杂浓度减小 N 漂移区的厚度，进而实现通过牺牲反向阻断电压降低通态和关断功耗的目的。

(2) 非对称结构 IGBT 的反向阻断特性

在 IGBT 施加反向电压时，J_2 结正偏，J_1 结反偏，反向电压由 J_1 结承担，对于非对称结构 IGBT 来说，J_1 结两侧分别为高掺杂的 P^+ 集电区和高掺杂的缓冲区，J_1 结空间电荷区在两个区的扩展非常窄，如图 5.32 所示。PN 结两侧掺杂浓度越高，转折电压越小，因此非对称结构 IGBT 反向阻断能力很小，只有几伏到几十伏，应用于不需要反向阻断电压的直流电路中。

第33讲 IGBT之通态特性

5.2.4 IGBT 的通态特性

在 IGBT 工作原理一节已经讨论过，当门极电压小于阈值电压时，IGBT 能承担高正

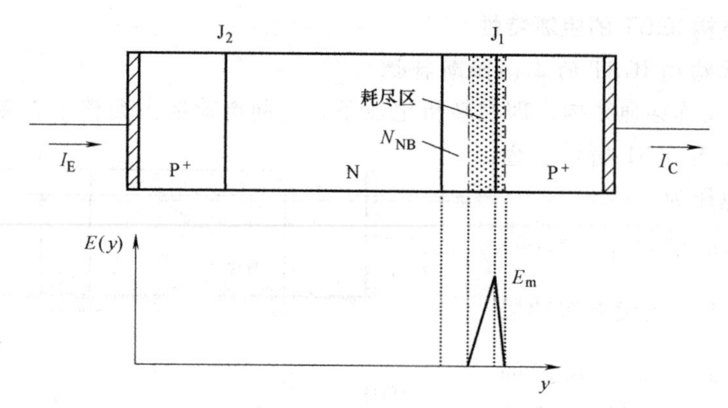

图 5.32　非对称结构 IGBT 反向阻断下的电场分布

向阻断电压，然而当门极电压远远大于阈值电压时，IGBT 中的 MOSFET 工作于线性区，电子经沟道流入 N 漂移区，促使 P^+发射区向 N 基区注入空穴。由于 N 基区掺杂浓度较低（为获得高阻断电压），所以即使在中等电流密度下，注入的空穴也能超过 N 基区的掺杂浓度，N 基区具有大注入下的电导调制效应。IGBT 在导通区具有传导电流能力强，通态压降小的特性。IGBT 的输出特性与 PiN 二极管的特性相类似，如图 5.33 所示。如果门极电压较小，稍大于阈值电压，那么 MOSFET 进入饱和区工作状态，IGBT 的集电极电流也随之饱和，如图 5.33 所示，此时 IGBT 的特性就是由 MOSFET 提供基极电流的 PNP 晶体管的特性。

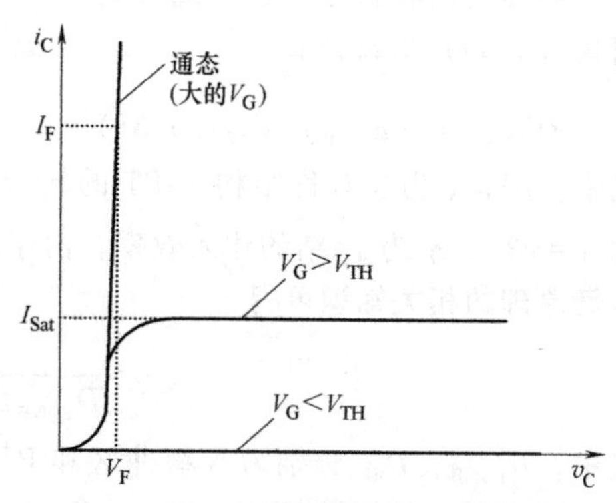

图 5.33　IGBT 的正向导通特性

1. 导通模型

用来分析 IGBT 通态特性的简单模型是 PiN 二极管与工作在线性状态下的 MOSFET 的串联，等效电路及器件的剖面示意图如图 5.34 所示。图中表示出了构成两种器件的形成区域。与 PiN 整流器/MOSFET 模型相关的电流通道如图 5.34 中阴影部分所示。为了将 PiN 二极管模型简化为一维模型，假设 N 基区中的大部分电流分布是均匀的。MOSFET 工作在线性区。

大门极电压使 IGBT 工作在通态，在门极所覆盖的 N 基区表面形成多子积累层。在通态电流流动过程中，电子经沟道流入多子积累层，然后可视为被注入到 N 漂移区。相应地，空穴从 P^+集电区被注入到 N 基区，于是在 N 基区产生大注入效应。N 基区的载流子浓度呈

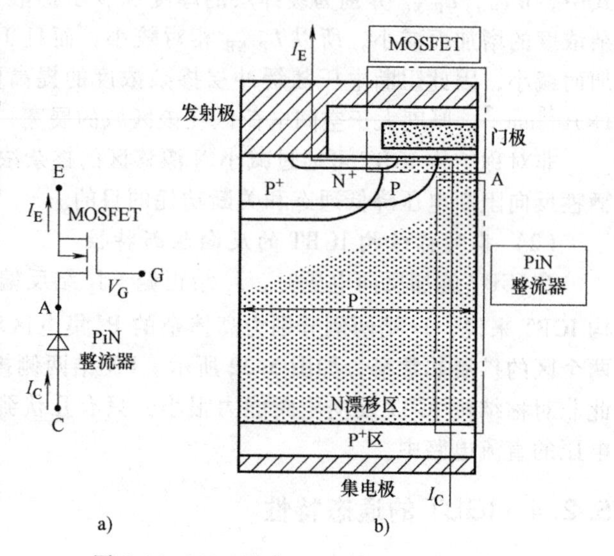

图 5.34　IGBT 通态 MOSFET/PiN 串联模型

如图 5.35 所示的分布，与第 2 章 PiN 二极管通态特性的分析一致。

$$n(y)=p(y)=\frac{J_C\tau_a}{2qL_a}\left[\frac{\cosh(y/L_a)}{\sinh(d/L_a)}-\frac{\sinh(y/L_a)}{2\cosh(d/L_a)}\right] \tag{5.64}$$

式中，d 为 N 基区宽度的一半。

参考对 PiN 二极管正向特性的分析可得 IGBT 中 PiN 二极管的正向压降为

$$V_{F,PiN}=\frac{2kT}{q}\ln\left[\frac{J_C W_N}{4qD_a n_i F(W_N/2L_a)}\right] \tag{5.65}$$

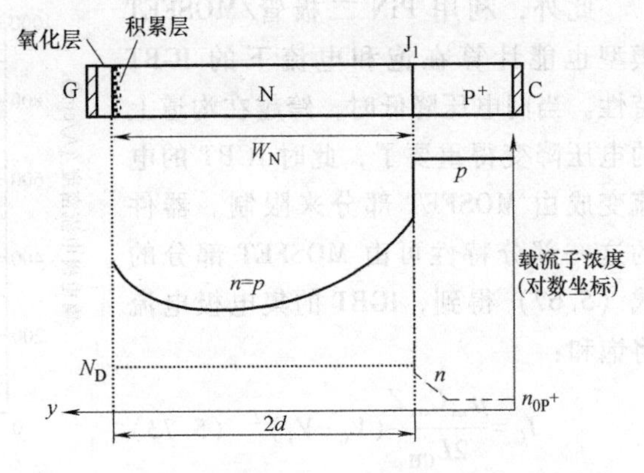

图 5.35　通态 IGBT 中 PiN 二极管内载流子的分布

二极管上的电压使 IGBT 具有一个开启点（当电压小于该值时，没有电流，类似于二极管的开启电压），因为二极管的电流为

$$J_{F,PiN}=\frac{4qn_iD_a}{W_N}\cdot F\left(\frac{W_N}{2L_a}\right)\cdot e^{qV_{PiN}/2kT} \tag{5.66}$$

在通态，这个电流全部从 MOSFET 的沟道流出 IGBT 的集电极（阴极）。由晶体管原理，根据 MOSFET 的漏电流 I_D 与漏源电压的关系可直接写出

$$I_C=\frac{\mu_{ni}C_{ox}Z}{2L_{CH}}[2(V_G-V_T)V_{F,MOS}-V_{F,MOS}^2] \tag{5.67}$$

该表达式中的 $V_{F,MOS}$ 就是 MOSFET 中的 V_D。在正向导通模型中，加上足够大的栅电压，从而使加在器件上的正向电压较低。在这种条件下，$V_{F,MOS}\ll(V_G-V_T)$，器件的 MOSFET 部分工作在线性区，于是

$$I_C=\frac{\mu_{ni}C_{ox}Z}{L_{CH}}(V_G-V_T)V_{F,MOS} \tag{5.68}$$

因而跨越在 MOSFET 部分的电压降为

$$V_{F,MOS}=\frac{I_C L_{CH}}{\mu_{ni}C_{ox}Z(V_G-V_T)} \tag{5.69}$$

式中，Z 为沟道的宽，所以有

$$I_C=J_C pZ \tag{5.70}$$

式（5.70）又可以写为

$$V_{F,MOS}=\frac{pJ_C L_{CH}}{\mu_{ni}C_{ox}(V_G-V_T)} \tag{5.71}$$

这样，跨越在 IGBT 上的电压将可以简单地等于 MOSFET 上的压降与 PiN 上的压降之和：

$$V_F=\frac{2kT}{q}\ln\left[\frac{J_C W_N}{4qD_a n_i F(W_N/2L_a)}\right]+\frac{pJ_C L_{CH}}{\mu_{ni}C_{ox}(V_G-V_T)} \tag{5.72}$$

当门极电压较大而通态电流较小时，式（5.72）中的第 1 项是压降的主要成分，在这一工作模式下，IGBT 集电极电流随通态压降指数增加，与 PiN 二极管的特性相类似。随着电流密度的增大，式（5.72）中的第 2 项开始变大，电流上升速度变缓，如图 5.36 所示。

此外，利用 PiN 二极管/MOSFET 模型也能计算在饱和电流下的 IGBT 特性。当门电压降低时，跨越在沟道上的电压降变得重要了，此时 IGBT 的电流变成由 MOSFET 部分来限制。器件的这一部分特性可由 MOSFET 部分的式（5.67）得到，IGBT 的集电极电流将饱和：

$$I_C = \frac{\mu_{ni} C_{ox} Z}{2L_{CH}}(V_G - V_T)^2 \quad (5.73)$$

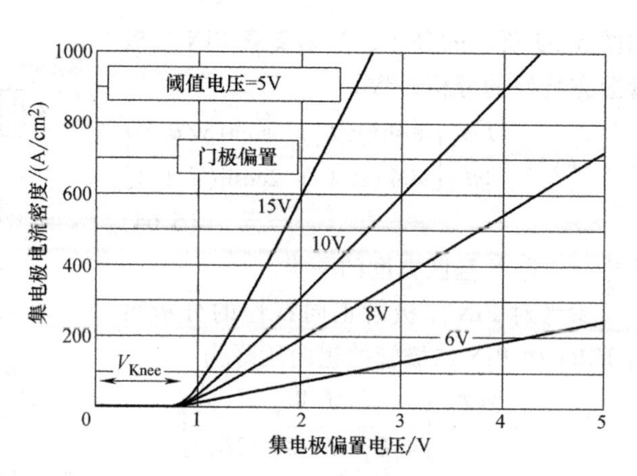

图 5.36 IGBT 的导通特性

应用 PiN 二极管/MOSFET 模型，可以通过扩散长度考虑少子寿命对正向导通特性的影响。还可以用来分析 PiN 二极管 N 基区对增加击穿电压的影响；也能够用这个模型来分析正向导通特性随温度的变化。这个模型的主要不足之处，是它忽略了在器件中电流的一部分分量会流入基区。在下面将要讨论的模型中考虑了这个因素。

2. 饱和模型

第34讲 IGBT之饱和特性

PiN/MOSFET 模型能够很好地分析 IGBT 的通态特性，然而，当 IGBT 工作在饱和模式下时，有必要将电子和空穴的电流通道分开考虑，于是另一个分析模型——双极型晶体管/ MOSFET 模型，双极型晶体管/MOSFET 模型如图 5.37 所示，MOSFET 提供宽基区 PNP 晶体管以基极驱动电流。图 5.37 中通过 MOSFET 沟道的电子电流用 I_n 表示，通过 PNP 晶体管部分的空穴电流以 I_p 表示，因此 IGBT 的发射极（阴极）电流为上述两者之和：

$$I_E = I_n + I_p \quad (5.74)$$

式中，I_p 为 PNP 双极型晶体管的集电极电流；I_n 为 PNP 晶体管的基极电流，用 α_{PNP} 表示

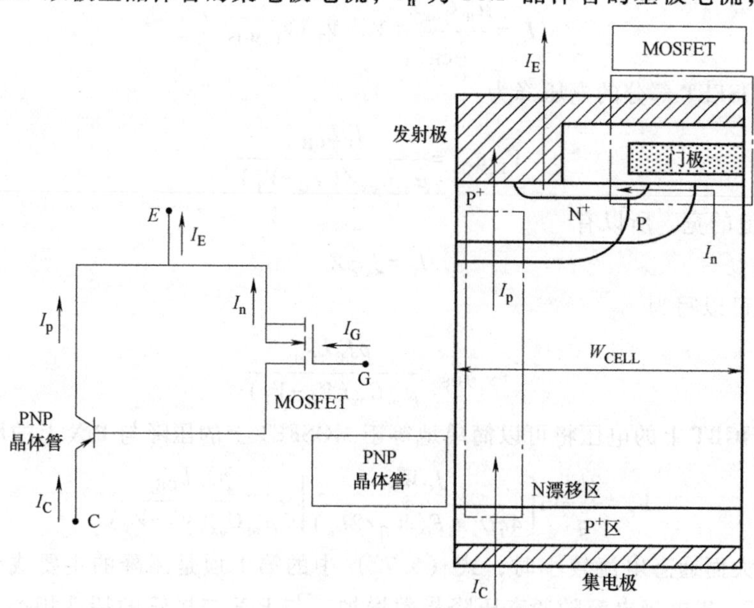

图 5.37 MOSFET/PNP 晶体管模型

PNP 晶体管的电流放大系数，则

$$I_p = \left(\frac{\alpha_{PNP}}{1-\alpha_{PNP}}\right) I_n \tag{5.75}$$

将式（5.73）代入式（5.74）中，得

$$I_E = \frac{I_n}{1-\alpha_{PNP}} \tag{5.76}$$

为了使器件承受高的正向和反向阻断电压，PNP 晶体管必须有很大的基区宽度。因此，晶体管的电流放大系数 α_{PNP} 也就主要由基区输运系数 β^* 来决定，它由式（5.77）给出

$$\beta^* = \frac{1}{\cosh(l/L_a)} \tag{5.77}$$

式中，l 为 PNP 晶体管有效基区宽度；L_a 为双极扩散长度。

I_n 为饱和工作状态下 MOSFET 的漏电流，所以有

$$I_n = \frac{\mu_{ni} C_{ox} Z}{2L_{CH}} (V_G - V_T)^2 \tag{5.78}$$

因为 MOS 结构的高阻抗，所以没有门极电流分量，IGBT 的饱和发射极电流与集电极电流相等，且可以表示为

$$I_{E,SAT} = I_{C,SAT} = \frac{\mu_{ni} C_{ox} Z}{2L_{CH}(1-\alpha_{PNP})} (V_G - V_T)^2 \tag{5.79}$$

典型的电流放大系数 α_{PNP} 为 0.5 左右，因此 IGBT 的电流是 MOSFET 的 2 倍。由跨导的定义可得 IGBT 的跨导为

$$g_{m,SAT} = \frac{dI_{C,SAT}}{dV_G} = \frac{\mu_{ni} C_{ox} Z}{L_{CH}(1-\alpha_{PNP})} (V_G - V_T) \tag{5.80}$$

IGBT 的跨导也是 MOSFET 的 2 倍。

低集电极电压下 IGBT 的 i-v 特性必须包括 J_1 结的正向偏置电压，如果 J_C 在 N 基区是均匀的，J_1 结的正向偏置电压为

$$V_{F,PiN} = \frac{2kT}{q} \ln\left[\frac{J_C W_N}{4qD_a n_i F(W_N/2L_a)}\right] \tag{5.81}$$

于是 PNP 晶体管/MOSFET 模型中的沟道电流为

$$I_n = pZJ_C(1-\alpha_{PNP}) \tag{5.82}$$

根据沟道电流可得 MOSFET 的压降

$$V_{F,MOS} = (V_G - V_T)\left[1 - \sqrt{1 - \frac{2pJ_C L_{CH}(1-\alpha_{PNP})}{\mu_{ni} C_{ox}(V_G - V_T)^2}}\right] \tag{5.83}$$

IGBT 的压降为 MOSFET 的压降与 PiN 二极管正向压降的和

$$V_{F,MOS} = (V_G - V_T)\left[1 - \sqrt{1 - \frac{2pJ_C L_{CH}(1-\alpha_{PNP})}{\mu_{ni} C_{ox}(V_G - V_T)^2}}\right] + \frac{2kT}{q} \ln\left[\frac{J_C W_N}{4qD_a n_i F(W_N/2L_a)}\right] \tag{5.84}$$

利用图 5.36 所使用的结构得到计算结构如图 5.38 所示。当门极电压接近阈值电压时，饱和电流更加明显，利用双极型晶体管/MOSFET 模型所得到的饱和电流比 PiN/MOSFET 模型所得到的饱和电流大。

在前面的分析中，实际上假定了跨越在 MOSFET 沟道的电压超过了（V_G-V_T），电流不变而成为饱和。按这种假设将导致漏极输出电阻为无穷大，但这种情况在实际器件中并未观察到。这是因为，像功率 MOSFET 那样，当漏电压增加时，有效沟道减小，而且在 IGBT 中，存在双极型晶体管电流流动所引起的附加漏极输出电阻减小。随着阳极电压（即集电极电压）的增加，由于有效基区宽度减小，α_{PNP} 会增大。在集电极电压低的情况下，有效基区宽度大，即在晶体管原理中所描述的基区宽变效应。这一效应导致 IGBT 的输出特性曲线向上倾斜。一个典型 IGBT 在高阳极电压下的输出特性（实线）如图 5.39 所示。可以看出，集电极输出电阻是随集电极电压增加而减小的。均匀掺杂的 N 基区 IGBT 的集电极输出电阻要比功率 MOSFET 的低。为了获得较高的集电极输出电阻，必须消除双极型晶体管电流放大系数随集电极电压增加而增大的现象。

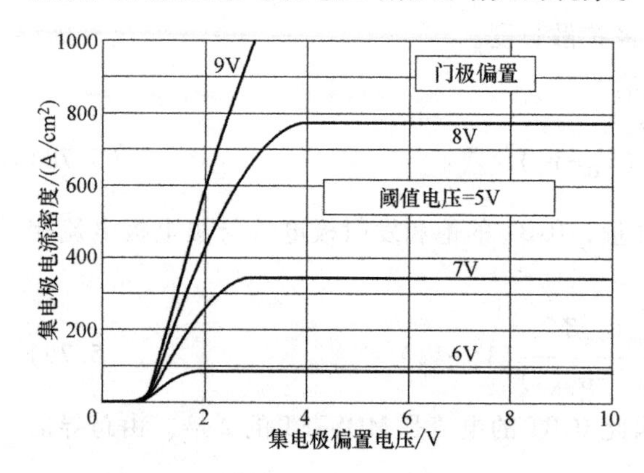

图 5.38　低集电极电压下的 IGBT 特性

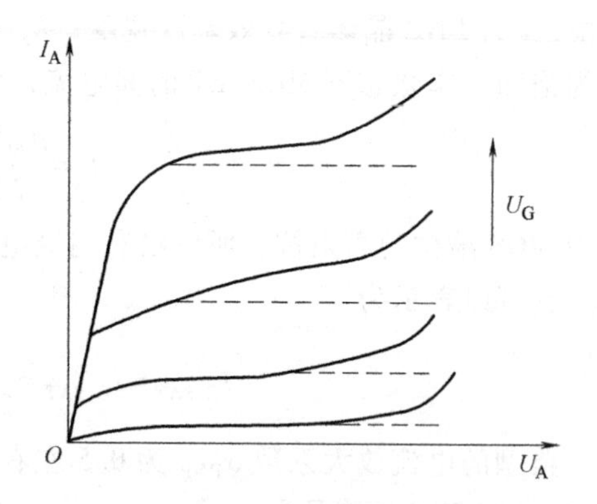

图 5.39　对称型（实线）和非对称型（虚线）IGBT 结构的输出特性

通常可以采用两种方法：第一种方法是采用非对称结构，如图 5.40 所示。由图看到，正向阻断结（J_2）在阳极电压下，耗尽层主要宽度在轻掺杂的 N 基区。图 5.40 所示为对称结构和非对称结构，在阳极电压增加的情况下，耗尽层展宽的变化。从图中看到，对于对称结构 IGBT，有效 N 基区宽度 W_L 随阳极电压的增加而迅速变化；相反，在非对称结构 IGBT 中，有效 N 基区宽度 W_L 实际上在全部阳极电压下却保持等于 N 缓冲层的厚度 d_2。于是 PNP 晶体管的电流放大系数保持常数：

$$\alpha_{PNP}=\frac{1}{\cosh(d_2/L_a)} \tag{5.85}$$

这就导致如图 5.39 虚线所示的较高集电极输出电阻的情况。非对称结构 IGBT 的集电极输出电阻类似于功率 MOSFET，受集电极电压增加沟道长度减小所支配。这种结构的不足之处是缓冲层降低了 J_1 结的注入效率，使得在正向导通期间引起较高的电压降。

增加输出电阻的另一种方法，是利用它与少子扩散长度 L_a 的依赖关系，采用减小少子寿命增加输出电阻。常用的方法是电子辐照以减小少子寿命。

5.2.5　IGBT 的开关特性

因为 IGBT 中的双极型晶体管主要起放大 MOSFET 电流的作用，而且 IGBT 的阴极（又叫发射极）结构与功率 MOSFET 彼此极为相似，因此两种器件有相似的电容，所以

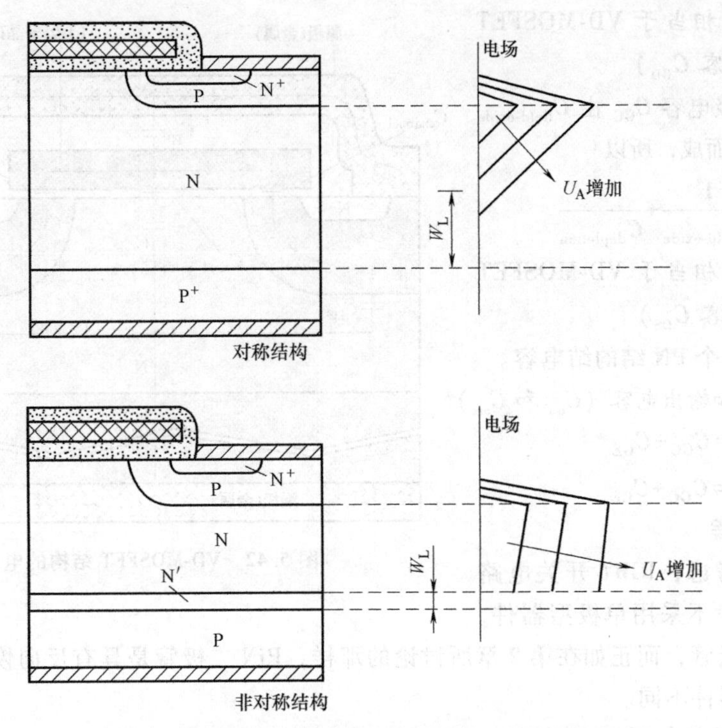

图 5.40　对称和非对称结构 IGBT 耗尽层展宽比较

IGBT 的开关特性与功率 MOSFET 有一定的相似性。分析 IGBT 开关特性所采用的电路如图 5.41 所示。

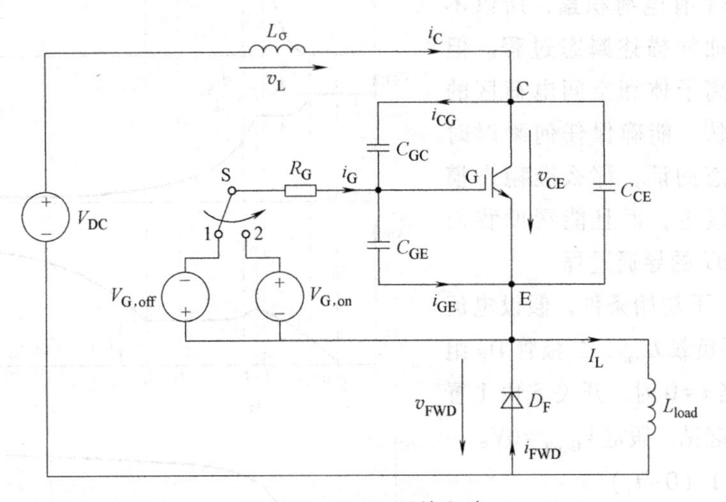

图 5.41　IGBT 开关电路

1. IGBT 的电容

IGBT 结构中所包含的电容与功率 MOSFET 所包含的电容相似，如图 5.42 为 VD-MOSFET 的电容构成。

（1）C_{GE}（相当于 VD-MOSFET 的门极-源极电容 C_{GS}）

$$C_{GE}=C_{channel}+C_{pp}$$

(2) C_{GC}（相当于 VD-MOSFET 的门极-漏极电容 C_{GD}）

门极-集电极电容 C_{GC} 由 $C_{field\text{-}oxide}$ 和 $C_{depletion}$ 串联而成，所以

$$\frac{1}{C_{GC}}=\frac{1}{C_{field\text{-}oxide}}+\frac{1}{C_{depletion}}$$

(3) C_{CE}（相当于 VD-MOSFET 的源极-漏极电容 C_{DS}）

C_{CE} 就是一个 PN 结的结电容。

(4) 输入和输出电容（C_{iss} 和 C_{oss}）

$$C_{iss}=C_{GC}+C_{GE}$$

$$C_{oss}=C_{GC}+C_{CE}$$

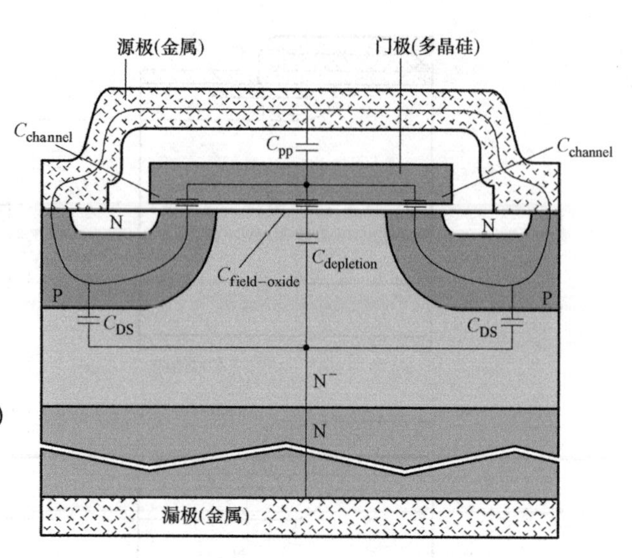

图 5.42　VD-MOSFET 结构的电容

2. 导通过程

从造价上考虑，IGBT 开关电路中的二极管一般不采用单极型器件，而选用 PiN 二极管，而正如在第 2 章所讨论的那样，PiN 二极管是具有反向恢复过程的，这一点与单极型器件不同。

IGBT 导通特性如图 5.43 所示，为了更好地理解导通过程，图中还在 IGBT 的输出特性曲线中描绘了导通过程。严格地说，这个模型不够科学，因为在导通的过渡过程中，IGBT 有电荷积累，所以不能用静态特性曲线描述瞬态过程。但是如果假设等离子体和空间电荷区的反应速度足够快，能确保任何瞬时时刻都能达到稳态的话，那么准稳态模型与实际非常接近，而且能帮助我们更好地理解 IGBT 的导通过程。

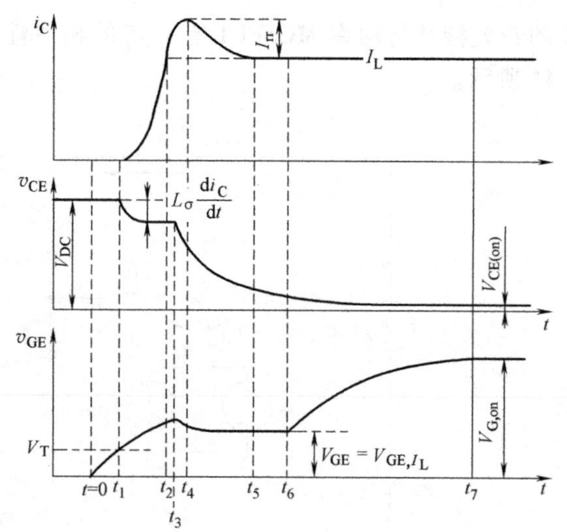

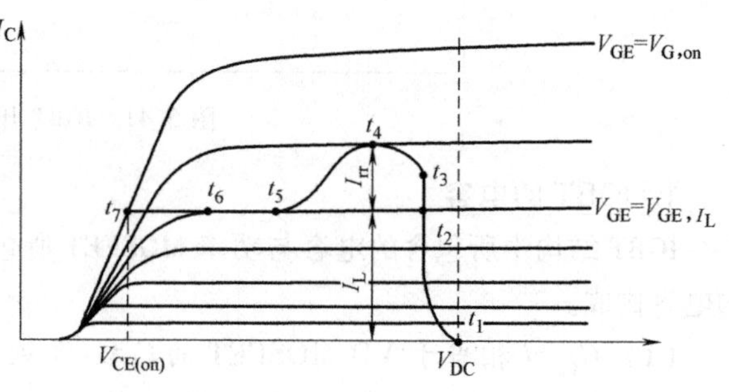

图 5.43　IGBT 导通特性

先来确定一下初始条件，假设电流 I_L 环流于由电感负载 L_{load}、二极管 D_F 组成的回路中。当 $t=0$ 时，开关 S 由 1 置于 2，为了简单起见，假定 $V_{G,off}=0V$。

(1) 阶段 1（$0\sim t_1$）

阶段 1 就是门极电压达到阈值电压之前的阶段，在这一阶段，因为还没有电子经沟道流入 IGBT，所以也就没有双极型晶体管电流。$V_{G,on}$ 通过电阻 R_G 对 C_{GE} 和 C_{GC} 充电，因此门极-发射极电压开始增加，可表示为

$$v_{GE}(t)=V_{G,on}\left[1-\exp\left(-\frac{t}{\tau_1}\right)\right] \tag{5.86}$$

$$\tau_1=R_G(C_{GE}+C_{GC}) \tag{5.87}$$

（2）阶段 2（t_1~t_2）

t_1 时刻，v_{GE} 达到了阈值电压，电子开始经沟道注入到 PNP 晶体管 N 基区，在基极电流的作用下，阳极开始向基区注入空穴，产生阳极电流（集电极电流）。

IGBT 的阳极电流（集电极电流）由 MOS 电流和双极型晶体管电流构成，而且 MOS 成分大于双极成分，可近似地认为 IGBT 在该阶段的上升是 VD-MOSFET 电流的上升。

从开关 S 工作开始到有集电极电流形成之间的时间间隔称为延迟时间，可用式（5.88）计算

$$t_{d,on}=-\tau_1\cdot\ln\left(1-\frac{V}{V_{G,on}}\right) \tag{5.88}$$

t_1 之后，集电极电流的产生与 MOSFET 电流的出现密切相关，事实上，可以假设 IGBT 的集电极电流与 MOSFET 电流近似相等。

在 i_C 达到负载电流之前，续流二极管 D_F 为正向偏置（因为 $i_{FWD}=I_L-i_C$），因此在建立集电极电流的过程，由于电流上升在寄生电感中产生电动势，所以 IGBT 两端的电压下降为

$$v_{CE}=V_{DC}-L_\sigma\frac{di_C}{dt} \tag{5.89}$$

电压下降如图 5.43 所示。

在导通期间应对 C_{GC} 充电，当电压 v_{CE} 减小时，C_{GC} 变大，其充电电流为

$$i_{CG}=\left(C_{GC}+v_{GC}\frac{dC_{GC}}{dv_{GC}}\right)\frac{dv_{GC}}{dt} \tag{5.90}$$

C_{GC} 是电压的函数，电压越大，C_{GC} 越小，所以 dC_{GC}/dv_{GC} 是个负值。当 v_{CE} 减小时，放电电流 i_{CG} 为负，相当于对 C_{GE} 充电电流增加 $|i_{CG}|$，即 v_{CE} 的下降导致门极-发射极电压的提高，这将导致在导通过程中，电流上升的速度无法控制，不是由门极电压控制的，这是我们不希望的。解决的办法：使 C_{GE}/C_{GC} 达到最大；使 C_{GC} 对电压的依赖达到最小。

（3）阶段 3（t_2~t_3）

在 t_2 时刻，集电极电流 i_C 上升到 i_L，因此流过续流二极管的电流为零，此后，IGBT 的特性依赖续流二极管的特性。

如果 D_F 是单极型器件（肖特基二极管），在 t_2 时刻，单极型二极管开始建立电压，IGBT 两端的电压将下降。

如果 D_F 是双极型器件（PiN 二极管），在 t_2 时刻，二极管由于非平衡载流子的存在还不能建立电压，因此 IGBT 还将保持很高的电压水平，其电流还将继续增长。结果二极管电流变为反向，呈反向导通，抽取非平衡载流子。下面以双极型二极管为例讨论导通过程。

（4）阶段 4（t_3~t_4）

在 t_3 时刻，二极管中的非平衡载流子已经被清除（即二极管反向恢复的延迟时间结束），二极管上的电压开始上升，这导致 IGBT 两端的电压下降，耗尽层宽度减小，相当于对 C_{GC} 进行充电，即

$$i_{GE} \approx \frac{V_{G,on} - v_{CE}}{R_G} + C_{GC} \frac{dv_{CE}}{dt} \tag{5.91}$$

结果门极-发射极间电压下降，IGBT 开始限制电流增加。

（5）阶段 5（t_4~t_6）

在 t_4 时刻，门极-发射极电压还将持续调整以适应集电极电流的变化。因此，受二极管恢复电流下降的影响，v_{GE} 还将有所下降。最终在二极管反向恢复完成后（t_5 时刻），v_{GE} 达到能使 IGBT 能承受负载电流 I_L 的水平。根据

$$I_{C,sat} = \mu_{n,channel} \frac{W_{channel} C_{ox}}{L_{channel} \; 2} (V_{GE} - V_T)^2 \frac{1}{1-\alpha_{PNP}} \tag{5.92}$$

得

$$V_{GE,L} \approx V_T + \sqrt{I_L \frac{W_{channel} \; 2 \; 1-\alpha_{PNP}}{L_{channel} \; C_{ox} \mu_{n,channel}}} \tag{5.93}$$

在 t_4~t_6 之间，v_{GE} 基本保持恒定，所以 i_G 基本全部流入 C_{GC}，通过对其充电，使得 v_{CE} 下降。

（6）阶段 6（t_6~t_7）

在 t_6 时刻，集电极-发射极电压 v_{GE} 下降到晶体管的饱和状态，饱和工作状态的晶体管需要更大的基极电流来维持电流恒定。因此在 t_6 时刻后，门极电流除了继续对 C_{GC} 充电之外，还要对 C_{GE} 充电，增大晶体管的饱和程度，使集电极-发射极之间的电压最后达到 $V_{CE(on)}$。

3. 关断过程

现在利用图 5.41 所示的开关电路分析 IGBT 的关断过程。假设 IGBT 完全导通，电感负载电流 I_L 流经 IGBT。当 $t=0$ 时，通过将开关 S 由 2 置于 1 使 IGBT 开始关断，为简单起见，假设 $V_{G,off}=0$。IGBT 的关断波形如图 5.44 所示，图中还描绘了 N 基区非平衡电荷的清除过程。

（1）阶段 1（0~t_1）：

通过开关 S 的控制，$t=0$ 时，IGBT 的门极通过电阻 R_G 进行放电，门极-阴极电压的变化关系为

$$v_{GE}(t) = V_{G,on} \exp\left(-\frac{t}{\tau_2}\right) \tag{5.94}$$

$$\tau_2 = R_G(C_{GE} + C_{GC}) \tag{5.95}$$

时间常数 τ_2 稍大于导通阶段的时间常数 τ_1，原因在于 C_{GC} 与电压有关：在关

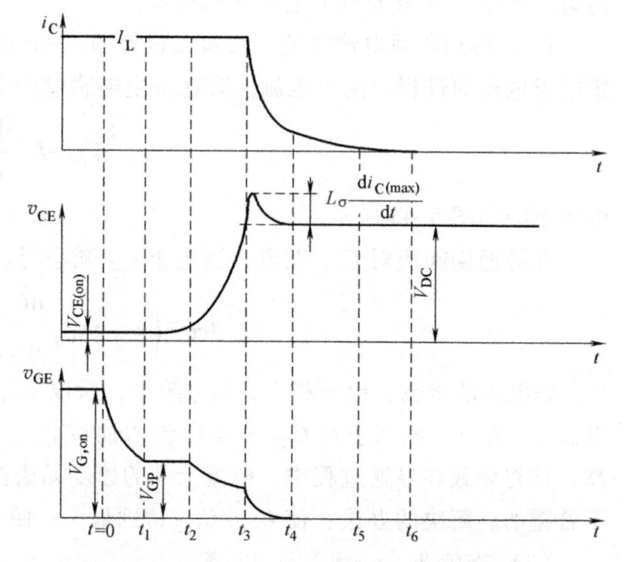

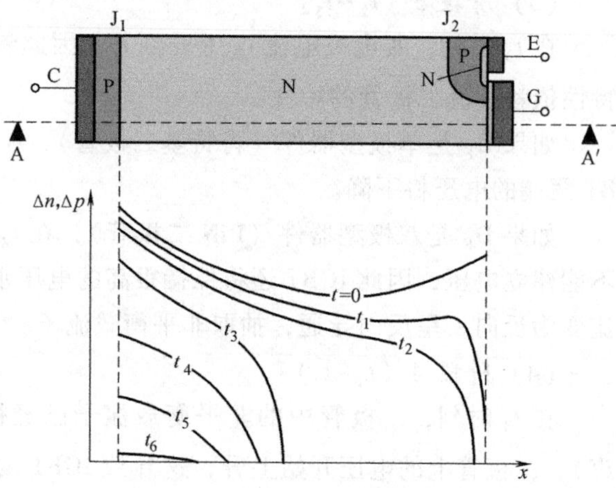

图 5.44 IGBT 的关断波形

断的初始阶段，v_{CE} 还很低，所以 C_{GC} 较大；在导通的初始阶段，v_{CE} 很大，所以 C_{GC} 较小。

门极-阴极电压 v_{GE} 的减小使向 N 基区注入的电子减少，可是电感不允许集电极电流 i_C 下降，所以不变的 i_C 必须通过清除 N 基区非平衡载流子所形成的电流予以补充，也就是说此时非平衡载流子浓度在下降。这一阶段几乎不被发现，只是 IGBT 的压降略有增加。

（2）阶段 2（$t_1\sim t_3$）

当 $t=t_1$ 时，J_2 结处的非平衡载流子浓度下降到 0，因此耗尽层开始形成。此时门极-发射极之间的电压用 V_{GP} 表示。

门极电流由 i_{GC} 和 i_{GE} 构成，如果 i_{GC} 不是 i_G 的全部，那么 C_{GE} 将放电，即 v_{GE} 将不会保持在 V_{GP} 上，而要继续下降。在 $t_1\sim t_2$ 阶段，由于 C_{GC} 很大，i_{GC} 几乎是 i_G 的全部，所以 v_{GE} 保持不变，在 $t_2\sim t_3$ 阶段，由于耗尽层开始扩展 C_{GC} 变小，i_{GC} 不是 i_G 的全部，所以 v_{GE} 通过门极-发射极电容放电继续下降。

在电压建立的过程中的最大 $\mathrm{d}v_{CE}/\mathrm{d}t$ 由门-集电极之间的电容 C_{GC} 的充电电流决定：

$$\frac{\mathrm{d}v_{CE}}{\mathrm{d}t}=\frac{i_{GC}}{C_{GC}} \tag{5.96}$$

C_{GC} 与电压有关，如果忽略电压影响，C_{GC} 用其平均值来表示，那么在该阶段，v_{CE} 以速度等于 i_{GC}/C_{GC} 的恒定值增加。

实际的 $\mathrm{d}v_{CE}/\mathrm{d}t$ 是变化的，可以表示为

$$\frac{\mathrm{d}v_{CE}}{\mathrm{d}t}\leqslant\frac{i_{GC}}{C_{GC}}=\frac{V_{GP}}{R_G}\cdot\frac{1}{C_{GC}+v_{GC}\dfrac{\mathrm{d}C_{GC}}{\mathrm{d}v_{GC}}} \tag{5.97}$$

$\mathrm{d}v_{CE}/\mathrm{d}t$ 的最大变化速率只有在等离子层完全被清除形成 J_2 结耗尽层达到所要求的值以后才能达到。原因有三：其一是：当等离子层存在时，IGBT 的电流 I_L 等于基区中电荷的变化率，即 $I_L=\mathrm{d}Q/\mathrm{d}t$，因此耗尽层扩展速度与等离子浓度成反比；其二是：如果在此期间发生动态雪崩，也会使耗尽层扩展速度降低；其三是：MOS 结构仍然有电子注入（$V_{GP}>V_T$），最大的电荷清除电流（$=I_L$）被 MOS 注入电流降低。

（3）阶段 3（$t_3\sim t_6$）

在 t_3 时刻，v_{CE} 达到了电源电压 V_{DC}，此时 J_2 结耗尽层不再继续扩展，等离子清除过程结束，因此集电极电流迅速下降。负的 $\mathrm{d}i/\mathrm{d}t$ 在电感负载 L_{load} 产生了反向的感应电动势，导致续流二极管正偏，因此电流换流至续流二极管。

负 $\mathrm{d}i/\mathrm{d}t$ 也使寄生电感 L_σ 产生感应电动势 v_L

$$v_L=L_\sigma\frac{\mathrm{d}i_C}{\mathrm{d}t} \tag{5.98}$$

v_L 也叠加在 IGBT 上，使其承受瞬间过电压，如图 5.44 所示。

下降的电流使耗尽层中的可移动的载流子浓度减少，因此，空间电荷区重新扩展清除残留的存储电荷。

达到电源电压后耗尽层的缓慢扩展还能够继续对 C_{GC} 充电，因此门极-发射极电压下降的速度大于阶段 2 的下降速度。

5.2.6 擎住效应

IGBT 的运行机制可以看成是由 MOSFET 驱动的宽基区双极型晶体管。然而在 IGBT 结构中还寄生着 P^+NPN^+ 晶闸管结构，如图所示。如果在正向工作状态下，晶闸管一旦被触发导通，晶闸管就将依靠自身的再生作用维持导通——发生擎住效应，擎住效应使 MOSFET 沟道电流被旁路，使门极失去控制作用。而且擎住效应还能产生瞬间大电流造成 IGBT 失效。要严防擎住效应的发生，必须从研究擎住效应发生的条件入手。

1. IGBT 擎住效应的产生机理

IGBT 擎住效应的发生源于寄生晶闸管的导通，根据前面的分析我们知道，晶闸管的导通条件是包含在晶闸管中的两个耦合晶体管电流放大系数之和大于 1，任何能产生两个耦合晶体管电流放大系数之和大于 1 的条件都是造成 IGBT 擎住效应发生的条件。虽然像晶闸管的结构一样，J_3 结也被短路，如图 5.45 所示，但一定的条件仍能使 J_3 结恢复注入，造成晶闸管导通。从如图所示的 IGBT 的结构来看，在正向导通状态下，双极型晶体管电流 I_P 和一部分 MOSFET 电流需要在 N^+ 区下面的 P 基区横向流动才能从短路点流出，如果 N^+ 区下面的 P 基区横向的横向电阻为 R_B。只要 I_P 在 R_B 上形成的压降大于 J_3 的开启电压，J_3 结就恢复注入，寄生晶闸管就有可能导通，这也是 IGBT 擎住效应产生的条件。

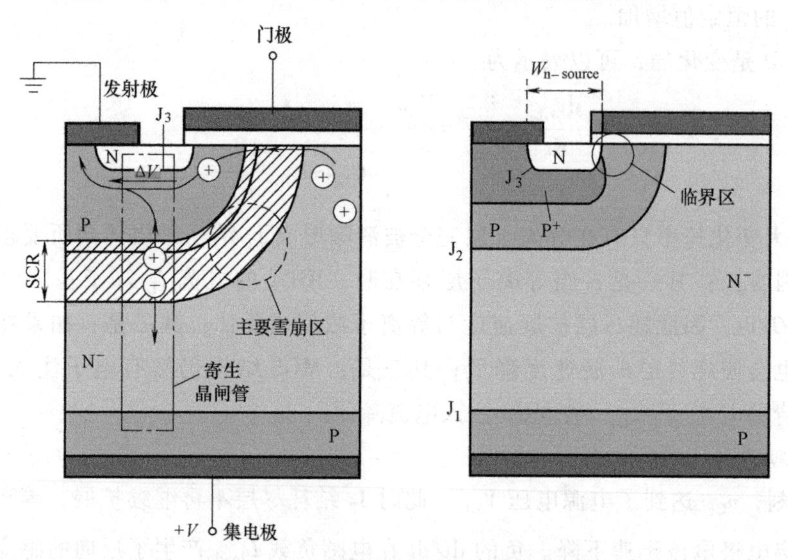

图 5.45 IGBT 擎住效应产生机理示意图

从擎住效应发生的条件来看，产生擎住效应的几种工作条件应包括：

(1) 正向阻断期间的巨大的 dv_{CE}/dt 的出现

当 v_{CE} 迅速增加时，J_2 结的电容效应产生一个与 dv_{CE}/dt 成正比的位移电流，该电流在 N^+ 区下面的 P 基区横向流动，然后从短路点流出，如果 dv_{CE}/dt 足够大，就将造成寄生晶闸管的导通。

(2) 导通状态下有过电流出现

前面的分析告诉我们，在 IGBT 的饱和状态下，IGBT 的电流由 MOSFET 沟道电流和 PNP 晶体管的集电极 I_P 电流构成，I_P 随饱和深度的增加而增加，所以当过电流出现时，IG-

BT 进入深饱和状态，I_P 大到 I_P 在 R_B 上形成的压降大于 J_3 的开启电压时，擎住效应发生。

(3) IGBT 导通期间负载意外发生短路

负载意外短路造成电流 i_C 急剧增加，使 IGBT 进入饱和区，v_{CE} 也随之迅速增加，如果所产生的位移电流足够大，那么就发生了擎住效应。

(4) 快速关断大集电极电流

在关断过程中非平衡空穴的清除将产生比关断过程所描述的电流大很多的空穴电流。当 MOS 沟道在 v_{CE} 达到电源电压之前截止时，这种情况非常危险，相当于门极电阻非常小。这种情况下，空穴的抽取必须承担全部的负载电流 I_L，元胞间（PiN 二极管区）密集的等离子使器件进一步饱和，因此大部分被抽取的空穴横向进入元胞，使 J_3 开启，擎住效应发生。

2. 设计上如何抑制擎住效应

★将源区长度减小到技术允许的最小值

★深 P^+ 区扩散

抑制擎住效应的最有效途径是降低 N^+ 区下面的 P 基区横向电阻，整体提高 P 区的浓度会影响阈值电压，因此 P^+ 层应在 N^+ 的下方，如图 5.46b 所示，这样既降低了空穴流电阻，又不改变阈值电压。P^+ 层的横向尺寸必须精确控制，以确保阈值电压不受影响。有无深 P^+ 区的 IGBT 结构如图 5.46 所示。

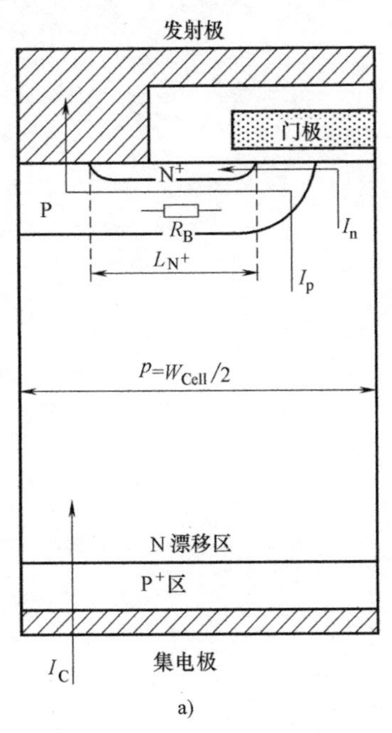

a)

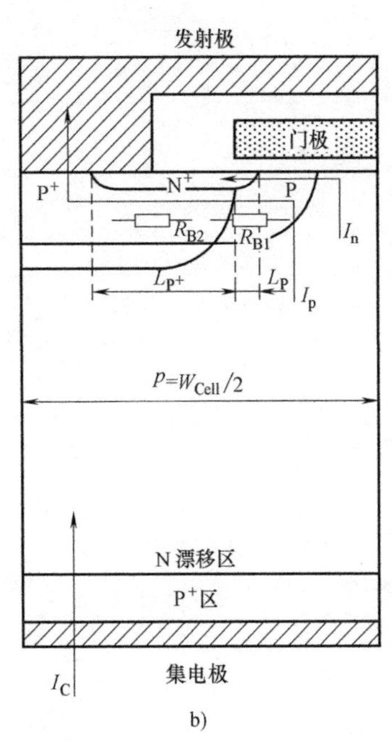

b)

图 5.46 有无深 P^+ 区的 IGBT

随着器件的发展还有很多措施能抑制擎住效应的发生，但原理都是尽可能防止晶闸管达到其导通条件。除了在器件的结构上能够采取措施抑制擎住效应之外，在电路上也可以采取一些措施抑制擎住效应，如增大门极电阻、将门极电压钳位及在门-发射极之间设置小电容等。

参 考 文 献

[1] BALIGA B J. 功率半导体器件基础 [M]. 韩郑生，等译. 北京：电子工业出版社，2013.

[2] LINDER S. 功率半导体器件与应用 [M]. 肖曦，李虹，译. 北京：机械工业出版社，2009.

[3] LUTZ J. 功率半导体器件——原理、特性和可靠性 [M]. 卞抗，译. 北京：机械工业出版社，2013.

[4] 王彩琳. 电力半导体新器件及其制造技术 [M]. 北京：机械工业出版社，2015.

[5] 陈星弼，张庆中，陈勇. 微电子器件 [M]. 3版. 北京：电子工业出版社，2011.

[6] 施敏，伍国珏. 半导体器件物理 [M]. 耿莉，张瑞智，译. 西安：西安交通大学出版社，2008.

[7] BALIGA B J. 先进的高压大功率器件——原理、特性和应用 [M]. 于坤山，等译. 北京：机械工业出版社，2015.

第6章　功率半导体器件应用综述

20 世纪 50 年代，固体电子器件取代真空管开始用于各种功率控制应用中。功率器件需要在更大的功率等级和频率范围内工作。在图 6.1 中，功率器件的应用是工作频率的函数。大功率系统（例如 HVDC 配电系统和机车驱动装置）需要在相对低的频率下进行兆瓦级功率控制。随着工作频率的增加，器件的额定功率有所减小，典型微波器件的处理功率约 100W。晶闸管适合低频大功率电气系统，IGBT 适合中频和中功率电气系统，功率 MOSFET 适合高频电气系统。

功率器件的另一种分类是基于工作电压等级，如图 6.2 所示。对于如图所示的高功率端，由于晶闸管单管处理电流电压能力达到 2000A 和 6000V，单管处理功率能力超过 10MW，因此晶闸管适合 HVDC 电力输运和机车驱动方面的应用。更宽的整机应用范围要求电压在 300~3000V 之间，并且需要有较强的电流处理能力，IGBT 是这一应用范围的最佳选择。当电流要求低于 1A 时，可以将多个器件集成在一个芯片上，给像无线通信和显示器驱动这样的系统提供更多的功能。如果电流超过几 A，使用分立的功率 MOSFET 和适当的控制集成电路更经济有效，像汽车电子和开关电源等。

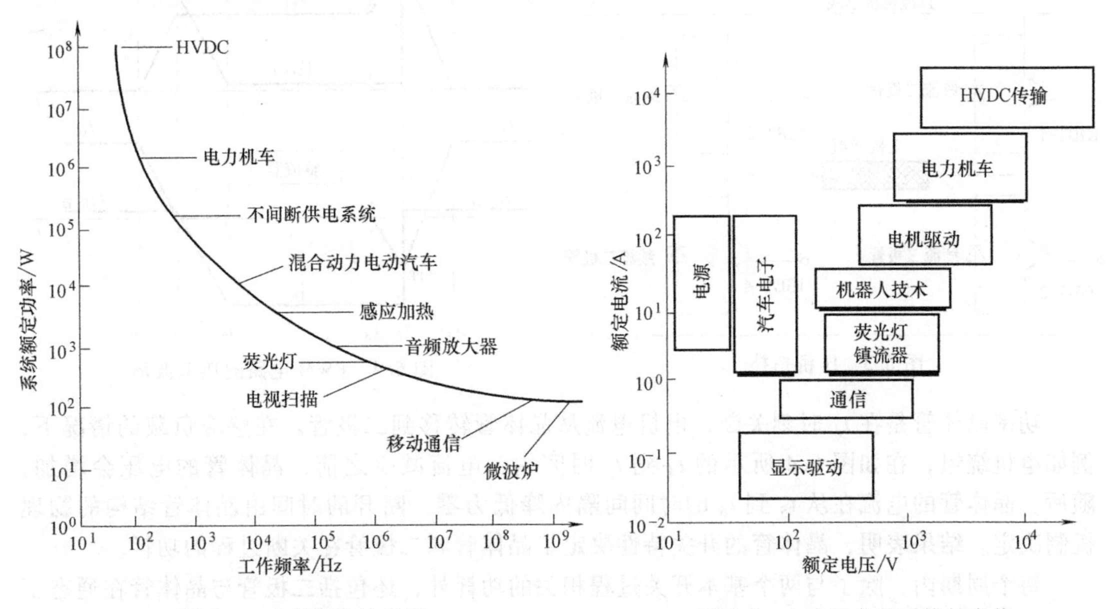

图 6.1　功率器件的应用　　　　图 6.2　电力设备的系统额定值

下面以脉冲宽度调制（PWM）为例说明如何根据器件的额定电压和电路的开关频率选择适合应用的最佳器件。

6.1 典型H桥拓扑

如图6.3所示，使用PWM电路的电机通常通过H桥结构来实现。在这个图中，电路是用4个IGBT器件作为开关和4个PiN整流二极管作为续流二极管来实现的。这是中、大功率电机驱动器的常用拓扑结构，其直流母线电压超过200V。电机线圈电流的方向可以通过H桥结构来控制。如果IGBT-1和IGBT-4导通的同时，IGBT-2和IGBT-3处于阻断状态，图中电机的电流是从左边流向右边。如果IGBT-2和IGBT-3导通的同时，IGBT-1和IGBT-4处于阻断状态，则电流的方向与之前的相反。另外，通过交替地成对导通IGBT器件，可以增加或减少电流的大小。该方法实现了由PWM电路控制的不同频率正弦波在电机线圈上的合成。

在PWM的一个周期内，功率晶体管和续流二极管上典型的电流与电压波形，如图6.4所示。为了简化分析，这些波形经过了线性化处理。当晶体管由其栅极驱动电压启动时，周期开始于t_1。在此之前，晶体管承担直流电源电压，电机电流流过续流二极管。当晶体管的开关打开时，在t_1到t_2的时间段内，电机电流从流经二极管过渡到流经晶体管。在高直流母线电压的情况下，当采用PiN作为续流二极管时，其漂移区中存储的电荷抽取后才能承受电压。为了实现这一点，PiN整流器必须经历反向恢复过程。在反向恢复过程中，大量的反向电流流过整流器，并在t_2时达到峰值。巨大的反向恢复电流在二极管中产生巨大的能量耗散。另外，在t_2时刻IGBT的电流是电机绕组电流I_M和反向恢复峰值电流的总和。这使得晶体管在导通瞬间产生了很大的功耗。因此，晶体管和二极管的功耗是由功率整流器的反向恢复特性决定的。

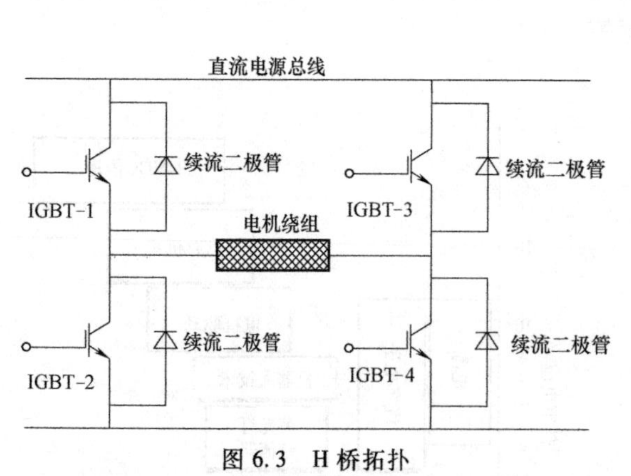

图6.3 H桥拓扑

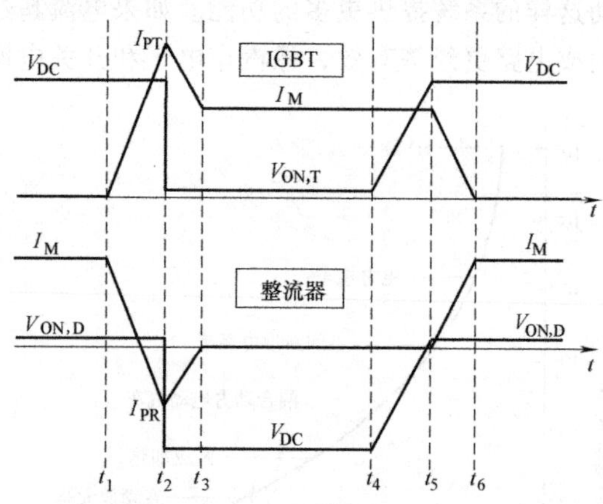

图6.4 PWM电路的典型波形

功率晶体管是在t_4时刻关断，电机电流从晶体管转移到二极管。在感应负载的情况下，例如电机绕组，在如图6.4所示的t_4到t_5时间内，电流减少之前，晶体管的电压会增加。随后，晶体管的电流在从t_5到t_6的时间间隔内降低为零。断开的时间由晶体管结构的物理机制决定。结果表明，晶体管的开关特性决定了晶体管和二极管在关断过程的功耗。

每个周期内，除了与两个基本开关过程相关的功耗外，还包括二极管与晶体管在通态工作时因有限的通态压降而产生的功耗。在双极型功率器件中，用更大的通态压降来换取较小的开关损耗实现功耗的折中。因此，在工作频率较低的情况下，不能忽略通态功耗。该器件的泄漏电流通常足够小，因此可以忽略阻断状态下的功耗。功率晶体管的总功耗可由四部分相加得到：

$$P_{L,T}(\text{total})=P_{L,T}(\text{on})+P_{L,T}(\text{off})+P_{L,T}(\text{turnon})+P_{L,T}(\text{turnoff}) \tag{6.1}$$

在 t_3 到 t_4 的导通时间内，晶体管产生的功耗为

$$P_{L,T}(\text{on})=\frac{(t_4-t_3)}{T}I_M V_{ON,T} \tag{6.2}$$

在 t_6 到下次晶体管开启前的断态时间内，晶体管产生的功耗由下式给出：

$$P_{L,T}(\text{off})=\frac{(T-t_6)}{T}I_{L,T}V_{DC} \tag{6.3}$$

晶体管的漏电流（$I_{L,T}$）通常非常小，使得上式在功耗分析时常可以忽略。

晶体管在 t_1 到 t_3 的导通期间产生的功耗可以分成 t_1 到 t_2 和 t_2 到 t_3 两个时间段来进行分析。

第一个时间段内产生的功耗由下式给出：

$$P_{L,T-1}(\text{turnon})=\frac{1}{2}\frac{(t_2-t_1)}{T}I_{PT}V_{DC} \tag{6.4}$$

其中，晶体管的峰值电流取决于 PiN 整流器的反向恢复峰值电流：

$$I_{PT}=I_M+I_{PR} \tag{6.5}$$

在功耗分析中，假定时间间隔（t_2-t_1）是由 PiN 整流器的反向恢复特性决定的，且与工作频率无关。第二个时间段内产生的功耗由下式给出：

$$P_{L,T-2}(\text{turnon})=\frac{1}{2}\frac{(t_3-t_2)}{T}\left(\frac{I_{PT}+I_M}{2}\right)V_{DC} \tag{6.6}$$

在功耗分析中，假定时间间隔（t_3-t_2）也由 PiN 整流器的反向恢复特性决定，且与工作频率无关。

晶体管在 t_4 到 t_6 的关断期间产生的功耗可以分成 t_4 到 t_5 和 t_5 到 t_6 两个时间段来进行分析。在第一个时间段内产生的功耗由下式给出：

$$P_{L,T-1}(\text{turnoff})=\frac{1}{2}\frac{(t_5-t_4)}{T}I_M V_{DC} \tag{6.7}$$

时间间隔（t_5-t_4）是由晶体管电压上升到直流电源电压的时间决定的。在第二个时间段内产生的功耗由下式给出：

$$P_{L,T-2}(\text{turnoff})=\frac{1}{2}\frac{(t_6-t_5)}{T}I_M V_{DC} \tag{6.8}$$

时间间隔（t_6-t_5）是由晶体管电流衰减到零的时间决定的。

以类似的方式，通过对 4 个分量求和，可以得到功率整流器的总功耗：

$$P_{L,R}(\text{total})=P_{L,R}(\text{on})+P_{L,R}(\text{off})+P_{L,R}(\text{turnon})+P_{L,R}(\text{turnoff}) \tag{6.9}$$

从时间 t_6 到周期结束时，功率整流器所发生的功耗是

$$P_{L,R}(\text{on})=\frac{(T-t_6)}{T}I_M V_{ON,R} \tag{6.10}$$

根据上述表达式，假设周期是由 t_1 时刻开始。在断开状态时间（t_4-t_3）期间，功率整流器

所发生的功耗是

$$P_{\mathrm{L,R}}(\mathrm{off})=\frac{(t_4-t_3)}{T}I_{\mathrm{L,R}}V_{\mathrm{DC}} \tag{6.11}$$

假设功率整流器的泄漏电流（$I_{\mathrm{L,R}}$）非常小，上式所描述的功耗在功耗分析中可以被忽略。功率整流器在 t_1 到 t_3 的导通期间产生的功耗可以分成 t_1 到 t_2 和 t_2 到 t_3 两个时间段来进行分析。第一段所产生的功耗要比第二段小得多，因为功率整流器的通态压降小。第二段时间段内的功耗由下式给出：

$$P_{\mathrm{L,R-2}}(\mathrm{turnon})=\frac{1}{2}\frac{(t_3-t_2)}{T}I_{\mathrm{PR}}V_{\mathrm{DC}} \tag{6.12}$$

功率整流器在 t_4 到 t_6 的导通期间产生的功耗可以分成 t_4 到 t_5 和 t_5 到 t_6 两个时间段来进行分析。由于功率整流器的漏电流较小，在第一时间段所产生的功耗是可以忽略不计的。第二时间段内的功耗由下式给出：

$$P_{\mathrm{L,R-2}}(\mathrm{turnoff})=\frac{1}{2}\frac{(t_6-t_5)}{T}I_{\mathrm{M}}V_{\mathrm{ON,D}} \tag{6.13}$$

由于功率整流器的通态压降低，该部分功耗也很小。

6.2 低直流总线电压下的应用

将上述功耗分析应用于占空比为 50% 的低直流总线电压下使用的电机控制电路，参考台式计算机主板电源，假设直流总线电压（V_{DC}）为 20V。所应用的器件阻断电压典型值为 30V。输送到电机线圈的电流（I_{M}）将被假定为 20A。由于该应用电路所需阻断电压小，通常采用单极型器件，即功率 MOSFET 作为开关器件。为了减少成本和封装的复杂性，使用功率 MOSFET 内置体二极管代替分立的反并联二极管。还可以把肖特基二极管与功率 MOSFET 集成在一起，构成 JBSFET。

表 6.1 为功耗相关的晶体管的特性。在通态电流密度为 $100\mathrm{Acm}^{-2}$ 的情况下，硅 MOSFET 的通态压降是 0.05V，IGBT 的通态压降为 0.9V，4H-SiC MOSFET 的通态压降为 0.08V。

表 6.1　阻断电压为 30V 的晶体管的特性

特性	硅 MOSFET	硅 IGBT	4H-SiC MOSFET
通态压降/V	0.05	0.90	0.08
关断时间(t_5~t_6)/μs	0.01	0.1	0.01
关断时间(t_5~t_6)/μs	0.01	0.1	0.01

表 6.2 为与功耗相关的整流管的特性。在通态电流密度为 $100\mathrm{Acm}^{-2}$ 的情况下，硅肖特基二极管通态压降是 0.5V，硅 PiN 二极管的通态压降为 0.9V，4H-SiC 肖特基二极管的通态压降为 1.0V。

图 6.5 为 20kHz 频率以下的功耗。单极型器件的开关速度快，晶体管和二极管的通态功耗是总功耗的主要成分。由于整流器的压降更大，所以整流器的功耗远大于晶体管的功耗。

图 6.6 为用 MOSFET 的内置体 PiN 二极管代替肖特基二极管的功耗，从图中可以看出，功耗明显增加。功耗增加的主要原因是 PiN 二极管的通态压降较肖特基二极管大，而且还有

开关功耗的贡献，并且开关功耗随着开关频率的增加而增加。同时二极管的反向恢复过程还会导致晶体管通态功耗增加。

图 6.7 为用 IGBT 代替 MOSFET，PiN 二极管代替肖特基二极管的功耗。从图中看到，功耗明显增加。功耗增加的原因是 PiN 二极管的压降大于肖特基二极管的压降，IGBT 的压降大于 MOSFET 的压降，还有开关功耗的贡献，而且开关损耗会随着频率的增加而增加。同时二极管的反向恢复过程还会导致晶体管通态功耗增加。

表 6.2 阻断电压为 30V 的整流管特性

特性	硅 PiN	硅 MPS	4H-SiC JBS
通态压降/V	0.5	0.9	1.0
开通时间($t_2 \sim t_1$)/μs	0.35	0.25	0.01
关断时间($t_3 \sim t_2$)/μs	0.35	0.25	0.01
反向恢复峰值电流/A	28	17	2.0

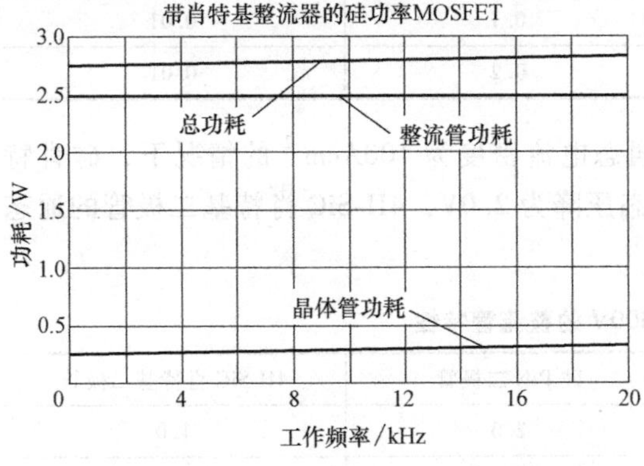

图 6.5 直流总线电压为 20V 下电机控制电路（功率 MOSFET 和肖特基二极管）的功耗

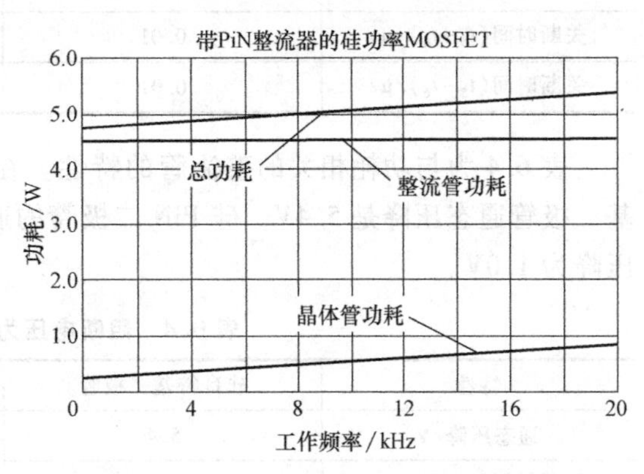

图 6.6 直流总线电压为 20V 下电机控制电路（功率 MOSFET 和内置体 PiN 二极管）的功耗

图 6.8 为碳化硅 MOSFET 和碳化硅肖特基二极管的功耗情况。从图中看到，与硅单极型器件相比，功耗有所增加。

通过以上几种情况的比较，对于低直流总线电压的应用，硅单极型器件更合适。

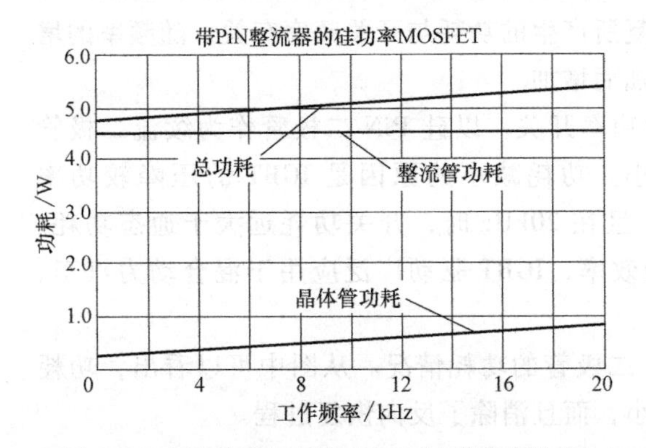

图 6.7 直流总线电压为 20V 下电机控制电路（IGBT 和 PiN 二极管）的功耗

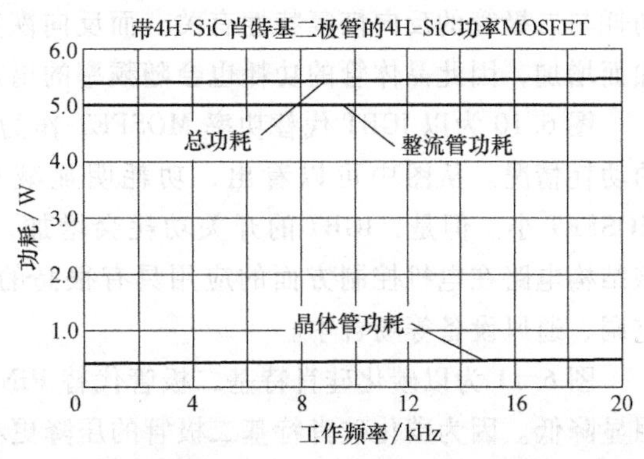

图 6.8 直流总线电压为 20V 下电机控制电路（碳化硅功率 MOSFET 和碳化硅肖特基二极管）的功耗

6.3 中等直流总线电压下的应用

将上述功耗分析应用于占空比为50%的中等直流总线电压下使用的电机控制电路，参照混合动力汽车电源的情况，假设直流总线电压（V_{DC}）为400V。在这种情况下，器件阻断电压所用的典型值通常为600V。输送到电机线圈的电流（I_M）将假定为20A。由于该应用所需要的阻断电压较大，一般采用硅双极型器件实现，即IGBT作为电源开关，PiN整流器为续流二极管。

表6.3为与功耗相关的晶体管的特性。在通态电流密度为100Acm^{-2}的情况下，硅MOSFET的通态压降是10V，硅IGBT的通态压降为1.8V，4H-SiC MOSFET的通态压降为0.08V。

表6.3　阻断电压为600V的晶体管特性

特性	硅 MOSFET	硅 IGBT	4H-SiC MOSFET
通态压降/V	10	1.8	0.08
关断时间($t_5 \sim t_6$)/μs	0.01	0.1	0.01
关断时间($t_5 \sim t_6$)/μs	0.01	0.2	0.01

表6.4为与功耗相关的整流管的特性。在通态电流密度为100Acm^{-2}的情况下，硅肖特基二极管通态压降是5.4V，硅PiN二极管的通态压降为2.0V，4H-SiC肖特基二极管的通态压降为1.0V。

表6.4　阻断电压为600V的整流管特性

特性	硅肖特基二极管	硅 PiN 二极管	4H-SiC 肖特基二极管
通态压降/V	5.4	2.0	1.0
开通时间($t_2 \sim t_1$)/μs	0.01	0.20	0.01
关断时间($t_3 \sim t_2$)/μs	0.01	0.20	0.01
反向恢复峰值电流/A	0	10	0

图6.9为以硅功率MOSFET作为功率开关，硅PiN二极管作为续流二极管的功耗情况。从图中可以看出，在20kHz的频率范围内，晶体管的功耗为总功耗的主要成分。晶体管的功耗与二极管的反向恢复特性有关，而反向恢复所产生的功耗与开关频率有关，随频率的增加而增加，因此晶体管的功耗也会随频率的增加而增加。

图6.10为以IGBT代替功率MOSFET作为功率开关，以硅PiN二极管作为续流二极管的功耗情况。从图中可以看出，功耗明显减小。功耗减小的原因是IGBT的压降较功率MOSFET小。但是，IGBT的开关功耗会增加，且在20kHz时，开关功耗远大于通态功耗。该结构电路在电机控制方面的应用具有很高的效率，IGBT驱动广泛应用于混合动力汽车、空调、通风设备等场合中。

图6.11为以碳化硅肖特基二极管代替PiN二极管的功耗情况。从图中可以看出，功耗明显降低。因为碳化硅肖特基二极管的压降更小，而且消除了反向恢复过程。

图6.12为以碳化硅功率MOSFET作为功率开关，以碳化硅肖特基二极管作为续流二极管的功耗情况。从图中可以看出，这是一种更好的技术方案。

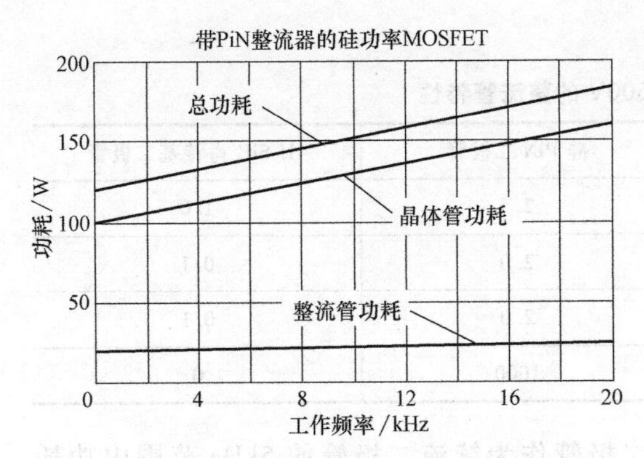

图 6.9　直流总线电压为 400V 下电机控制电路（功率 MOSFET 和 PiN 二极管）的功耗

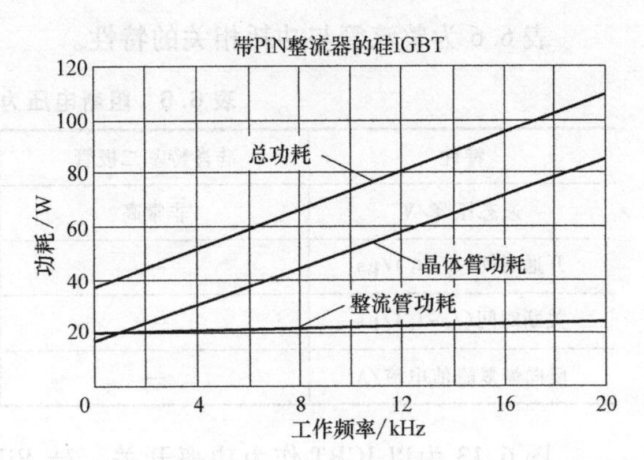

图 6.10　直流总线电压为 400V 下电机控制电路（硅 IGBT 和 PiN 二极管）的功耗

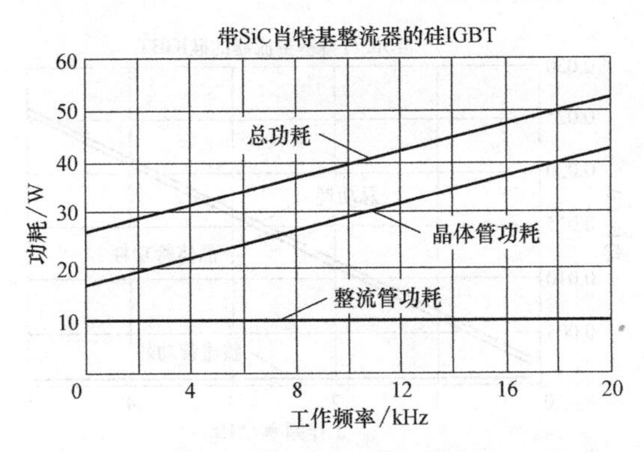

图 6.11　直流总线电压为 400V 下电机控制电路（硅 IGBT 和碳化硅肖特基二极管）的功耗

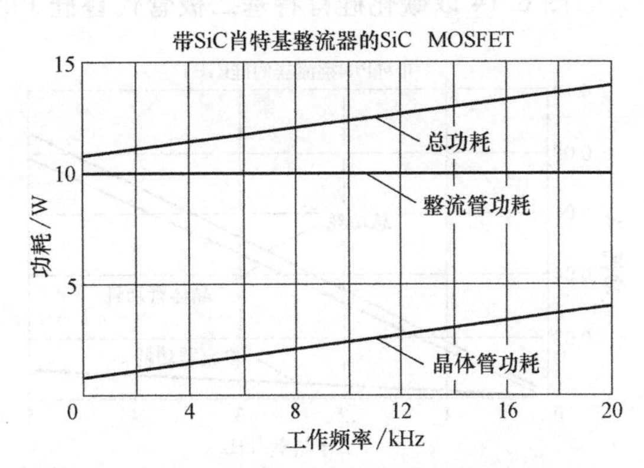

图 6.12　直流总线电压为 400V 下电机控制电路（碳化硅 MOSFET 和碳化硅肖特基二极管）的功耗

6.4　高直流总线电压下的应用

将上述功耗分析应用于占空比为 50% 的高直流总线电压下使用的电机控制电路，参照（日本）新干线子弹头列车等电力机车的电源，假设直流总线电压（V_{DC}）为 3000V。在这种情况下，器件阻断电压所用的典型值通常为 4500V。输送到电机线圈的电流（I_M）将假定为 1000A。由于该应用所需要的阻断电压很大，一般采用硅双极型器件作为开关器件，直到 20 世纪末，还用 GTO 晶闸管作为开关器件，之后用 IGBT 作为开关器件。

表 6.5 为晶体管与功耗相关的特性。

表 6.5　阻断电压为 4500V 的晶体管特性

特性	硅 MOSFET	硅 IGBT	4H-SiC MOSFET
通态压降/V	非常高	3.0	0.38
关断时间(t_5~t_6)/μs	—	2.0	0.1
关断时间(t_5~t_6)/μs	—	1.0	0.1

表 6.6 为整流管与功耗相关的特性。

表 6.6　阻断电压为 4500V 的整流管特性

特性	硅肖特基二极管	硅 PiN 二极管	4H-SiC 肖特基二极管
通态压降/V	非常高	2.5	1.0
开通时间($t_2 \sim t_1$)/μs	—	2.0	0.1
关断时间($t_3 \sim t_2$)/μs	—	2.0	0.1
反向恢复峰值电流/A	—	1000	0

图 6.13 为以 IGBT 作为功率开关，硅 PiN 二极管作为续流二极管的 5kHz 范围内功耗情况。

图 6.14 以碳化硅肖特基二极管代替硅 PiN 二极管功耗情况。

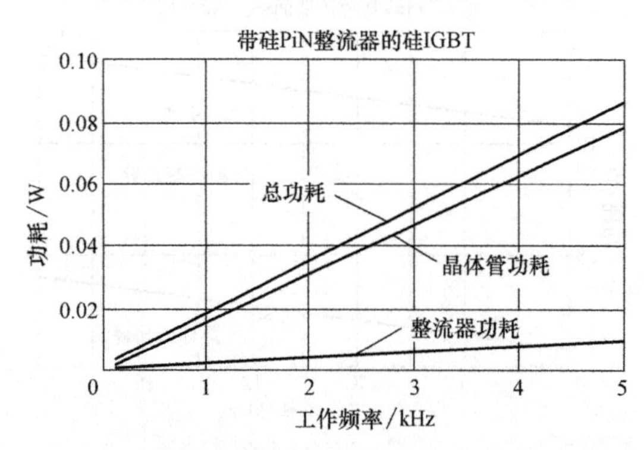

图 6.13　直流总线电压为 3000V 下电机控制电路（硅 IGBT 和硅 PiN 二极管）的功耗

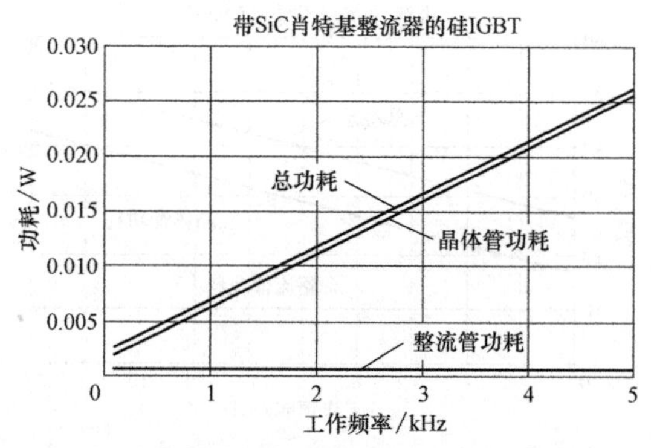

图 6.14　直流总线电压为 3000V 下电机控制电路（硅 IGBT 和碳化硅 PiN 二极管）的功耗

图 6.15 为以碳化硅肖特基二极管代替硅 PiN 二极管功耗情况。碳化硅 MOSFET 代替硅 IGBT 的功耗情况。

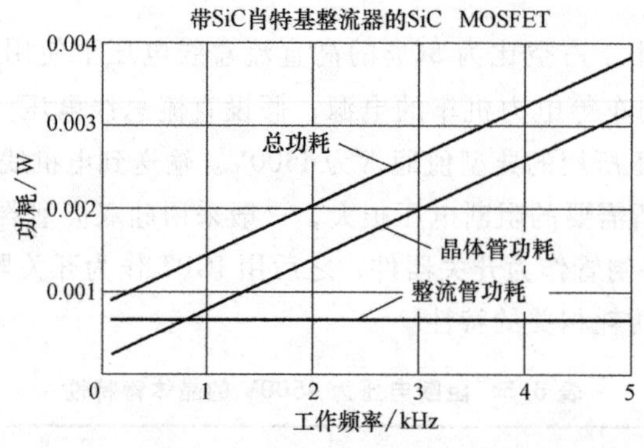

图 6.15　直流总线电压为 3000V 下电机控制电路（碳化硅 MOSFET 和碳化硅 PiN 二极管）的功耗

很显然，在高压直流总线电压下的应用，碳化硅 MOSFET 和碳化硅 PiN 二极管的组合是更好的选择方案。

参考文献

[1] BALIGA B J. 功率半导体器件基础［M］. 韩郑生，等译. 北京：电子工业出版社，2013.

[2] BALIGA B J. 先进的高压大功率器件——原理、特性和应用［M］. 于坤山，等译. 北京：机械工业出版社，2015.

[3] BALIGA B J. 先进功率整流管原理、特性和应用［M］. 关艳霞，潘福泉，等译. 北京：机械工业出版社，2020.

参考文献

[1] [illegible]

[2] [illegible]

[3] [illegible]